装备科技译著出版基金

多模可用性
Multimodal Usability

［丹麦］ Niels Ole Bernsen　　Laila Dybkjær　　著
史彦斌　等译

U0253443

国防工业出版社
·北京·

著作权合同登记　图字:军-2010-114 号

图书在版编目(CIP)数据

多模可用性/(丹)尼尔斯·奥勒·伯恩森(Niels Ole Bernsen),(丹)莱拉·迪布凯著;史彦斌等译.—北京:国防工业出版社,2018.6

书名原文:Multimodal Usability

ISBN 978-7-118-11457-7

Ⅰ.①多… Ⅱ.①尼… ②莱… ③史… Ⅲ.①人-机系统-系统设计 Ⅳ.①TP11

中国版本图书馆 CIP 数据核字(2018)第 119360 号

※

国防工业出版社出版发行

(北京市海淀区紫竹院南路 23 号　邮政编码 100048)

三河市众誉天成印务有限公司

新华书店经售

*

开本 710×1000　1/16　印张 26¾　字数 490 千字

2018 年 6 月第 1 版第 1 次印刷　印数 1—2000 册　定价 129.00 元

(本书如有印装错误,我社负责调换)

国防书店:(010)88540777　　发行邮购:(010)88540776

发行传真:(010)88540755　　发行业务:(010)88540717

译 者 序

人机交互是一个多学科交叉的领域，是计算机用户界面设计中的重要内容之一。随着以计算机为基础的技术变得越来越普及深入，实现以人为本的方式变得越来越重要，从而在实践中更加需要，关注的是计算机技术开发中人的因素。30年来，计算和行为科学方面的研究者和从业者，致力于人机交互领域。从广义上讲，人机交互一方面是指技术可能会为人们做哪些事情，另一方面是指人们如何与技术有效交互。人机交互的研究者从理论探讨（如各种行为科学描述的正式途径）、实用途径（如有效整合用户系统开发需要的技艺），以及社会难题（如效用性、可用性和可接受性的决策因素）的视角对其进行全面研究。

传统的人机交互以图形用户界面为主，基于窗口、图标、菜单并配备屏幕、鼠标和键盘，而本书介绍的多模态人机交互，更多关注的是计算机对人的话语、表情、手势等宏观和微观行为的识别。本书18章内容基于CoMeDa（概念、方法、数据处理）周期，重点对可用性的概念、24个可用性方法进行了系统研究，对收集到的数据处理进行了阐述，并将"数独""寻宝"和"算术"3个多模态交互式系统开发案例贯穿于本书主线。

正如作者所言，本书是在多模态系统、自然交互式系统以及与人融合的系统发展激增之时，写给需要可用性技术的每个人——专业开发者，学者，计算机科学、工程及媒体等专业的学生。可用性技术专家正成为销售如话语、视觉、高级触觉、生物交互的多模态技术的营销人员，译者希望本书的翻译能为上述群体提供帮助。

本书由空军航空大学史彦斌主译并统稿。参加翻译工作的还有高宪军、史彦斌、王光宇、李翠翠等同志。本书的翻译出版得到了中央军委装备发展部装备科技译著出版基金以及吉林省教育厅"十三五"科学技术研究规划项目"飞行模拟器多模态人机交互可用性研究"（2016-514）的支持，在此表示感谢。最后还要感谢中国科学院软件研究所人机交互技术与智能信息处理实验室戴国忠教授、大连海运大学刘正捷教授在本书翻译过程中的指导和帮助。

鉴于译者水平所限，书中难免存在缺点、不妥和错误之处，希望读者不吝给予指正。

译者
2018年4月于长春

前　言

　　这里讲述多模态可用性如何回应一个特殊挑战的故事。第 1 章描述本书的目标和结构。

　　描述如何使多模态计算机系统具有可用性这一设想出自欧洲相似工作组英才网——"创建与人－人交流相似的人机界面的工作组"，2003—2007，www. similar. cc。相似工作组聚集了从事多模态信号处理和可用性研究的专家，目的是为新型多模态系统创建促成技术和演示研究原型方面的结果。事实上，我们的大多数同事，在声称对系统开发和评价方面的可用性观念不太了解的同时，都在忙于提取特征和指出如何演示交互式系统产生效果的进展。有人建议作者通过研究和展示一个构造可用多模态系统的方法论用于支持很多进行中的多模态模型的可用性。

　　我们接受了挑战。第一，毫无疑问，相似工作组内强大的团队精神可以让人们接受离谱的事情。第二，我们在多模态系统可用性方面已经工作了近 20 年，所以我们很好奇——好奇于我们终于有机会去理解当传统的可用性工作，也就是说当传统集中于图形用户界面的人机交互方面的工作转变为我们今天在研究中建造的那些多模态的、高级的人机交互时究竟发生了什么。第三，我们或许已经准备好尝试使可用性和人－系统交互能被后来者所理解，经常在想为什么这个领域似乎对有些人来说很难理解，包括很多计算机科学和工程专业的研究生和博士生。最后，我们当然严重低估了试着弄明白多模态可用性所需的努力。

　　如果你也好奇，那么我们就要说，我们发现由基于图形用户界面的可用性转化到多模态可用性时，由基于图形用户界面的人机交互转化到多模态人机交互时，发生了很多的变化。有趣的是，作为人机交互领域的一个归纳，这些变化似乎使这个领域更容易通过一般模型实现解释和表达，构成本书结构和内容基础的就是这个一般模型。

尼尔斯·奥莱·伯恩森（Niels Ole Bernsen）　　丹麦 哥本哈根
莱拉·迪布凯（Laila Dybkjær）　　丹麦 哥本哈根

目　　录

第1章 概　　述

为便于读者全面系统地了解本书的结构和范围，我们先从整体上对内容进行概述。本章主要介绍作者的写作目的以及可用性工作的两个简单模型，并对多模态可用性的概念予以简要说明。

1.1 节关注于多模态系统、易懂结构以及报告进程的目的；1.2 节提出可用性工作作为许多概念、方法和数据处理（Concepts，Methods and Data handling，CoMeDa）周期模型集成在系统的开发生命周期中；1.3 节描述 CoMeDa 周期，阐明全书结构，并详细解释 CoMeDa 周期中的各个组成部分，并在第 2 章，用 3 个多模态案例说明这些组成部分；1.4 节定义可用性，并分别从概念和历史的视角对可用性本身及其研究过程进行描述，阐述从标准可用性到多模态可用性进行归纳的必要性；1.5 节讨论在现实生活中到底有多少可用性问题；1.6 节说明本书的读者群，并绘制一幅贯穿本书的浏览结构图。

1.1　本书的目标

本书有一个总体目标、一个特别关注点和一个展示目标。

总体目标是为交互式系统的可用性研究提供清晰、合理和实用的介绍。我们想要告诉读者，在开发可用的端对端系统时需要知道什么、查明什么和做什么。人们普遍认为，从系统开发的第一天开始直到完成，只要把可用性整合到开发过程中，就可以实现可用性的最优化，可以完全避免存在的可用性问题。本书将说明它能实现的原因并描述它实现的过程。

特别关注点在于构造可用的多模态系统。虽然当前很多先进、新颖的交互式系统都是多模态的，但人们对多模态可用性方面的研究工作仍然知之甚少。并且据我们所知，虽然在人机交互的多学科领域内提出过可用性概念，而且人机交互的起源和传统也已牢牢地扎根于图形用户界面开发，但是在以前，并没有系统地研究过可用性的概念。

为建立起本书的关注点，我们分析了目前主流的人机交互概念、模型和方法。可以发现，事实上，在很多重要方面和所有层级上，多模态可用性是传统的人机交互从内容到方法再到框架和理论的一个归纳。我们已经把这些顺序归纳整合到随后的结构、内容和展示中，因此读者就可以聚焦于多模态可用性，而不会感觉到卷入一场关于模式转换的学术争论。我们的学术观点是，未来的交互式系统是多模态的，而且正如我们正在尝试做的那样，未来关于可用性的书籍一定会对人机交互进行归纳和转变。

展示目标是使本书的结构和内容尽可能地容易理解，读者可以在适当的章节找到想要的内容。我们从几个简单模型入手，逐渐从较少的细节到更多的细节，从预期到扩展，尝试从结构或模型到内容建立一个整体的概念，以便某个新鲜事物出现在书中时，你已经对其有初步的了解。

注意术语：既然我们把多模态可用性视为一个被归纳的和更新的可用性观念，那么除非特定地讨论传统可用性与多模态可用性，其余情况我们简化地用"可用性"代替"多模态可用性"。

1.2 开展可用性工作的方法

掌握了可用性的主要组成后，围绕可用性进行工作就容易许多。有了基本信息，并通过某些练习，你就会真正地知道你在做什么。

1.2.1 模型1：装满可用性信息的袋子

让我们想象一下，把系统的开发进程，包括可能会进行的任何对系统的评价都看作一个整体，在系统外部，有一个袋子，装满了与优化系统可用性相关的信息。我们把这些信息称为可用性信息，规则是通过分析和利用这些信息来优化系统的可用性。可用性工作的目标就是追求这样一个袋子，所以你的任务就是大量收集它内部的信息，而我们的任务就是帮助你。

在现实世界中，可能没有人会找到袋子里的所有东西。但是，如果你忽视对可用性信息的追求，就很可能导致系统可用性完全失败。相反，如果你努力收集和利用这个装满信息的袋子，系统可用性可能令人满意。如果像所有人一样，你只有有限的资源，你就必须小心合理地利用它。

关于模型1，最后一点需要说明的是，一旦为你的项目定义了开发目标的第一个版本，也就是说，甚至在需求获取和分析之前，追求就开始了。在那个阶段，你拥有的全部只是一个对要构造的系统类型的松散设想。

1.2.2 模型2：软件工程生命周期内的可用性

让我们看看如何利用可用性信息塞满一个最初空荡荡的袋子，来开始可用性工作。这个工作是软件工程不可或缺的一部分，而我们大都把软件工程知识视为理所当然。例如，如果你需要研读测试对象，有很多好教材，找到其中一本就行（萨默维尔（Sommerville）2007，普莱斯曼（Pressman）2005）。

软件工程的重要组成就是生命周期,也就是从设想到计划、到早期版本、到成熟、到完善、到软件的废止这样一个建造系统进程的结构和内容。从线性连续的"瀑布"模型(罗伊斯(Royce)1970)系统开发到现在,有很多其他的模型被建议用来帮助开发者详细、清晰地思考他们做了什么和需要做什么,包括与客户、赞助商、同事和其他人的协调和交流等。这些模型可能是强调通过小增量开发的增量进程模型(米尔斯(Mills)1980,贝克(Beck)1999),也可能是强调迭代或者风险分析的进化模型(布恩(Boehm)1988),也可能是增量和迭代都强调的模型(雅各布森(Jacobson)等1999),等等。有些模型旨在提供比前者更适当的普通生命周期模型,其他模型旨在为特殊类型的开发进程提供模型。

　　如图1.1所示,在项目或系统开发的开始阶段——完成时间线上方显示了抽象的普通生命周期模型,模型指出在项目开始和结束之间,尤其是如果项目没有中断,将会发生以拥有开发目标、获取需求、分析需求、选定一组需求(要建造的系统规范)、系统和组件的设计、系统和组件的实际应用或构想、系统整合和评价为特点的一系列事情。所有那些"事情"可能会或多或少、同时或不同时发生;它们发生的顺序可能在不同项目中有很大的不同;有些事情或所有事情可能发生几次,甚至很多次,例如会有多次修改开发目标、重新规范、重新设计、重新实际应用、重新整合或重新评价等。几乎发生的每一件事情都可能被仔细地进行文档记录,或者走另一个极端,只存在于那些开发者的头脑中。如果这看起来过于混乱且不够真实,那么想想某些高级的多模态系统研究项目,在这些项目中,首先弄清楚项目的开发目标就需要大量的探索性编程。这种不确定性和风险显然并不是所有项目的特征,例如小型普通的商业项目,但在这些项目中的大多数问题都出自早期的、类似的系统而为人熟知。

　　注意,图1.1不包括生命周期最后的维护或评价阶段。在这一阶段,是对已

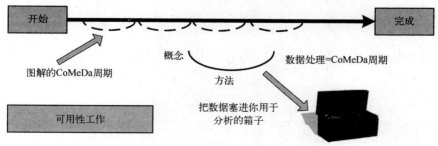

图1.1　开发生命周期中的可用性工作

经完成开发的系统进行修改。系统的研究从设想一开始直到产品完成,这个成熟的进程通常包括多个不同版本的开发,以及由此产生的图中几个通过生命周期的关口。

图 1.1 中开始—完成时间线下方描述了形成生命周期部分的可用性工作。这个工作可以看作是带有常用结构的、有时重叠的或包括其他周期的一系列大小不同的周期,也就是涉及概念(Concepts)、可用性数据收集方法(Methods)、数据(Data)处理的周期。我们称这些周期为 CoMeDa 周期。图形显示了用各种方法收集到的数据进入到 1.2.1 小节中描述的袋子或箱子的方法。用虚线画出的CoMeDa 周期说明在某个特殊项目中的可用性工作。

1.3 本书的结构和范围

本节介绍全书的结构及其理论基础。首先讨论 CoMeDa 周期,然后描述将一直用于维护连接开发实践的机制。

1.3.1 概念、方法和数据处理

图 1.2 所示为 CoMeDa 模型的内容。其中,概念部分是 AMITUDE 使用模型。为便于建立模型,要求系统应具有应用(Application)类型、模态(Modalities)、交互(Interaction)、任务(Task)或其他活动及域、用户(User)、设备(Device)、使用环境(Environment of use)等。除可用性概念外,AMITUDE 是本书的主要概念框架,原因在于为了创建可用的系统,必须在规范和设计中将

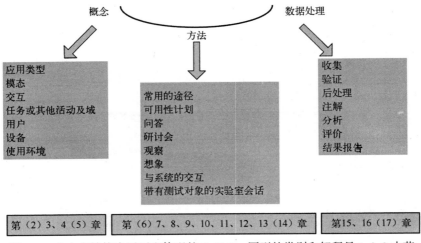

图 1.2 在本书结构中展开和体现的 CoMeDa,原型的类别和解释见 1.3.3 小节

4

AMITUDE 的 7 个方面分析到令人满意的程度。第 3、4 章将对 AMITUDE 进行说明。

一旦拥有了需要的概念，CoMeDa 周期就要求选择并应用某个可用性方法或常用的途径来获得可用性信息。第 6 章阐述常用的途径，在表 6.1(6.1 节)中列出，其次是讨论可用性规划。第 8 章(问答)、第 9 章(研讨会)、第 10 章(用户观察)、第 11 章(想象)和第 12 章(与系统的交互)描述具体的方法。所有的方法都被列在表 6.2~表 6.6 中。第 13 章提出与实验室里的用户一起工作的相关问题。这些章节中的很多方法涉及拥有实验室里的用户或测试对象，因此，在横向的节里说明这些问题是必要的。

通过常用的途径或者特别的方法获取了信息，我们就必须对收集到的信息进行数据处理。图 1.2 列出有关的数据处理步骤。第 15、16 章具体描述这些内容。

1.3.2　理论与实践的关系

现在，让我们思考这样一个问题，围绕本书的实际目标(1.1 节)，从项目第一天开始一直到项目结束，系统可用性工作都执行着 CoMeDa 周期。在每个周期中，依据 AMITUDE 模型考虑系统的使用，应用某个方法或其他途径收集或生成可用性信息，并将这些信息作为数据进行处理、评价或改善系统模型(加框文字 1.1)的可用性。本书的结构(图 1.2)反映了对 CoMeDa 组件的需要，那么，这种做法把可用性实际工作的实践以及对实例的讨论放在哪里呢?

希望读者通过阅读本书可以提高所开发系统的可用性。我们相信，人们在同步练习时会读得更好——更有选择性、更深入、更有助于长期记忆。不幸的是，同步练习并不可行，因为可用性工作从一开始就需要在 CoMeDa 周期中获得帮助。即使你已经清楚地掌握了第一个 CoMeDa 周期，那也需要阅读本书中从概念到方法到数据处理的大部分内容。并且，除了它可能会不同于读者的下一个周期——明显带有不同的概念、方法和数据处理技巧外，谁也不知道第一个 CoMeDa 周期会是什么样子。有些读者可能根本就没有开发过任何特殊系统，因此我们需要使 CoMeDa 与系统开发实践紧密联系的其他方式。

加框文字 1.1:系统 vs. 系统模型

　　每当我们使用(交互式计算机)"系统"这样的术语时，通常认为是系统模型。原因在于，只要我们有第一次实验性的开发目标、第一组需求或一个界面示意图时，系统模型就已经存在了，并且在系统最终如期实际应用和进行测试后，在实验室或商业上得以应用，系统模型可能被大幅进化，但它仍然存在。另一方面，直到系统模型的编码能够在某个硬件上运行时，系统才存在。

1.3.3 插曲、案例、实例、综述、练习

我们使用很多机制把开发实践整合到本书中,包括插曲、案例和其他实例以及有预见性的概述,这会有助于将理论知识联系到你自己的项目实践。如图 1.2 所示的本书结构图,它还包括以下机制:

插曲是追踪 3 个交互式多模态系统案例的章节,我们仔细研究这些案例,从设想开始到对有代表性的用户群参加的、受控制的实验室测试各个阶段做出报告。插曲是从案例开始的自下而上,而其他章节是从 AMITUDE 的某个方面、方法论或是用于说明实例开始的自上而下。

第 2 章中介绍案例。案例是我们自己最近在研的、相对简单的原型系统,包括一个用新模态玩熟知游戏的系统,一个高度原创的、为残疾人开发的多模态游戏和一个多模态情感辅导系统。在第 3、4 章进行案例需求分析,说明 AMITUDE 工作,并在第 5 章(插曲 2)总结结果。第 7 章(插曲 3)是案例可用性工作计划和案例设计。第 14 章(插曲 4)是案例可用性方法计划,第 17 章(插曲 5)报告案例可用性评价。

由于这些案例并不足以说明所有要点,所以还使用了其他的系统开发实例。案例和实例的主要区别是:案例描述足够详细,为了不同目的而被重复使用,而实例是用于产生特定的观点,因此较为简洁。

本书为读者引入少量的(6 个)练习。在 1.4.7 小节关于可用性的第一个练习中,我们邀请你想一想所说内容的关键含义,并展示我们自己进行比较的意见。对其他 5 个练习的答案可以在本书的网站上获取。

1.4 可用性的定义

从以图形用户界面为本的可用性到多模态可用性进行归纳,什么是可用性?它有哪些开发要求呢?

1.4.1 简介

系统可用性是指使系统适合用户的身体和头脑的要求。为更好地把握这个定义的含义,让我们把它放进概念和历史的视角,看看它的关键组件(术语和主要问题),并讨论某些具体含义。

1.4.2 可用性的特点

从概念上讲,系统的可用性是一种十分普通的东西,也可以认为是人造物的可用性。就像人出于各种目的设计和建造的数以百万计的其他东西一样,系统就是一种人造物。例如,一双鞋是人造物,通常意味着当人们穿在脚上行走时,

一双可用性好的鞋即表示非常适合穿鞋人的脚,这就是生产者制作可用性好的鞋的明显目标,因为可用的鞋往往比不合脚的鞋卖得好。进一步归纳,可用的准人造物不仅是为人而生产的,也可能为动物(奶牛挤奶机)、虚拟人(在第二人生(Second Life)网络平台和其他地方)和机器人而生产。换句话说,当第一个人造物(这里忽略艺术品)被创建出来时,可用性就随之而来了。

那么,就可用性目标而言,相比于其他人造物,是什么让系统变得特殊呢?任何对人造物的分类都或多或少提出了特定于该人造物的可用性问题。然而,当考虑系统的两个要求时,就会发现相比于其他人造物,系统确实具有特殊性。

(1)复杂性。毕竟,可用的鞋只是适合身体的单独一部分,而可用的系统一定适合用户的身体和头脑吗?错!听说过时尚吗?时尚是心理方面的,对于很多人来说选择一双时尚的鞋非常重要,有时甚至可以无视它是否穿着舒适。

不过我们仍然有很好的理由来解释,为什么虽然计算机在技术历史上出现得相对较晚,但总得来说它作为人造物在复杂性方面却往往超越其他人造物。原因是:如果第一代技术是直接被人体操纵的人造物(如剑、鞋子、门把手、铁锹等),第二代技术开始使人体肌肉力量自动化(如水车、风车、蒸汽机等),第三代技术开始使人体操纵自动化(编排),第四代技术开始使进程控制自动化(恒温控制器、控制论),那么,计算机系统就是正在更加广泛地使人自动化的第五代技术。论点即是,在发展的过程中,交互式系统提出了一系列以前从未提出过的、如何适合于人的新问题。

(2)特殊性。因为有一门科学、准科学,或者更确切地说,一个科研团队致力于交互式系统可用性的研究。本书就是关于这个今天或从今往后被称为人机交互的研究团体的。出于在这里不想推断的原因,较早技术时代的可用性几乎在相同程度上都没有成为科学研究的主题,而问题是它们原本应该成为科学研究的主题。

为逐步接近多模态可用性,下面从另一个视角简要回顾人机交互的起源。

一般意义上的可用性研究和人机交互可用性研究的起源可能是一致的。一个经常引用的人机交互的起源与计算机无关,而是涉及到第一、二、三代技术。在1940年不列颠之战中,训练有素的飞行员远比飞机更有价值,所以为了使工作环境适合于飞行员的心理特征和身体特征,使飞行员对飞机的操控更为简单,很多努力都投资在飞机驾驶舱(工具)的设计上。众所周知,在20世纪50年代和60年代第四、五代技术核电站控制自动化中,人为因素(human factors)研究受到额外的推动。在这个时间点上,术语"人机交互"(man-machine interaction)生了根,但很快就被新的"人机交互"(human-machine interaction)所取代,并且随着计算机技术的爆发式发展,更为崭新的"人机交互"(human-computer interaction)出现。换句话说,尽管人可能在燧石时代或青铜剑时代就已经开启了可用性的科学研究,但它的成功却经历了第一次世界大战以及信息学、生理学、社会学等科学的建立;同时安全至上的核能发电技术的发展、1979年美国三哩岛灾难性事故等一系列事件的发生都有助于可用性研究的财政支持。

1.4.3　人机交互的黄金时代以及后黄金时代

20世纪80年代,个人计算机的出现才真正建立起了作为系统可用性多学科研究的人机交互。因为从那时起,计算机系统从实验室和控制室扩展到大多数工作场所,很快又扩展到家庭中,不仅仅是专家,每个人都成为了计算机系统用户。那时,人机交互网络社区使用来自组成学科的理论和方法以及新开发的理论和方法,火热地研究交互式系统,并成功地建立了大量到今天还在应用的概念工具、理论基础和方法。这就是人机交互的"黄金时代",例如卡罗尔(Carroll)2003中1.1节标题。

当时的计算机系统彻底改变了计算和交互。图形用户界面拥有作为交互典范的窗口、图标、菜单、指向以及众多所见即所得的标准组件,意味着显示器上的图标将在任何时间真实反映用户的状态,例如鼠标用于指向、键盘也设计成为标准型。经典的图形用户界面很快发展到包括三维图形和动画虚拟现实阶段。系统用户是使用计算机的任何人,因此从保证图形用户界面能被新用户所理解,到确保专家用户轻松高效地完成快速增长的工作任务,当时的可用性问题范围十分广阔。本书的很多主题是作为人机交互的核心内容来研究的,例如用户建模、任务分析、任务绩效测量、学以致用研究、设备可用性分析、可用性方法的认可或否定、概念框架重构、成千上万的可用性方针以及如何将用户纳入开发论证等。

从1990年直到现在,一个充满活力的,以图形用户界面为本的人机交互网络社区一直持续发展着。在技术发展的起始时期,基于图形用户界面的系统开始为比以往更多的人、更多的目的提供服务。互联网和几年后万维网的出现,给可用性提出了一个全新的挑战,那就是用户成为偶然的过客而不是长期的固定用户。同时,因手机图形用户界面的小尺寸屏幕和无处不在的便利性,给系统的可用性构成了更大的挑战。丰富的计算机游戏和其他休闲应用程序很容易让人想到使系统适合用户还有很多方面的工作,而不是仅仅确保易用以及性能。在线社交与协同系统的蓬勃发展,给多用户系统的可用性分析施加了压力。例如,在20世纪80年代,尽管经典的人工智能遭受失败,但系统确实变得比以前更智能,这一点可以通过适应用户习惯、偏爱或用户的地理位置等这些能力来看出。到20世纪90年代末,可用性视野已经发展成为针对所有人的可用性,包括儿童、老年人、残疾人、文盲以及那些无法使用计算机的人。然而在现实中,"针对所有人"是指"针对能够使用个人计算机或类似的基于图形用户界面系统的所有人",而不是真正全体的可用性。

同时显而易见的是,经典的基于图形用户界面的系统只利用了计算所提供价值的零头,也就是说,图形用户界面为多模态在更大、更多样化的空间发展仅仅提供了微观世界。

1.4.4 多模态可用性和与人融合

从 2000 年后,以下几个发展趋势虽然获得了强大推动,却依然没有很好地适合以图形用户界面为本的主流人机交互。其一是多模态交互。在专注于模态使用而不是图形用户界面模态方面,它经常被拿来与图形用户界面交互进行比较,例如当人们开始对系统说话而不是做窗口、图标、菜单、指向菜单选择时,或者当系统开始视觉感知用户而不是等待他们的下一个键盘或鼠标输入的时候。其二是自然交互。在这种交互中,使用人与人交换信息相同的方式,也就是通过语音、表情、手势等方式,实现人和系统之间的信息交换。这种自然的交互天生就是多模态的,而且事实上,在今天的多模态交互研发中虽然不是所有,但很多都是自然交互。

自然交互和多模态交互这种"类人交流"的突出表现是存在一个更大的程序包,这个程序包包括以下计算建模:①人体感知功能,如听觉、视觉和触觉;②人体中央处理功能,如目标结构、情感和情境推理;③人体动作功能,如走路或打手势。这个程序包里的一切都是密切联系的,如果不为"类人交流"背后的中央处理、馈入中央处理的感知输入和表达人际交流的动作建模,就无法为"类人交流"建模。我们称这个程序包为与人融合(加框文字 1.2),它的巨大交互式系统潜能并不局限于应用独立的动作,而是预计要将互联网交互从目前的图形用户界面统治状态转换到更多模态的形式。

加框文字 1.2:与人融合

当试着给本小节中描述的"程序包"想出一个新名字,以及组成多模态和含义时,我们搁浅在像"仿生的""克隆""类人的""新人工智能"这样数十个或多或少用过的、部分正确部分错误的候选者上。

另一种考虑发生什么事情的方式始于图形用户界面时代熟知的桌面隐喻——假设它像上面给出的带有图标工作细目的桌面,那么个人计算机新手会立即更好、更直观地理解他们的图形工作空间。把这个好主意考虑成为使系统与熟知的东西融合的设想,这一设想后来采取了经常超越图形用户界面世界的其他形状,包括 20 世纪 90 年代以来的交互范例,如"会思考的东西""可穿戴的设施""无处不在的计算""普遍深入的计算""环境智能""正在消失的计算机"。我们正在提出的针对人机交互和可用性的大部分新挑战,也可能被视为制作与人融合的系统的设想。表达这个设想的交互范例包括"口语对话系统"、"情感性计算"、"体现会谈代理"、"认知性系统"、个人的"伙伴"和"朋友"、"生物交互"、"类人机器人"、"互联网 2"和其他没有稳定名字的范例,如实时虚拟用户表现等。

我们将本书定位为多模态可用性,因为我们希望用多模态把整个与人融合的"程序包"囊括在可用系统开发的范围内。正式地说,这是一个包含比图形用户界面模态和基于图形用户界面交互更深层次的模态和更复杂的交互,是一个对以图形用户界面为本的主流可用性和人机交互的归纳。我们的目的不是抛弃传统概念,相反,是要把对系统的开发者具有特殊的重要意义的 CoMeDa 模型的详细信息包括进来。为了实现与人融合的目的,系统使用非标准的图形用户界面模态。在第 18 章中,我们将评审本书中演示的人机交互归纳的性质和程度。

注意术语:当在本书中谈到"标准的或经典的图形用户界面"时,我们指的是基于窗口、图标、菜单、指向并配备屏幕、鼠标和键盘的传统系统。

1.4.5 "可用性"的术语解析

我们已经把系统可用性定义为"使系统适合它在环境中的用户的身体和头脑"(1.4.1 小节)。现在,让我们看看这个定义:

(1)"系统",是指交互式系统,一个我们在不同的模态中与之交换信息的系统。

(2)"适合",意义是标准的,正如在"鞋适合她的脚但不适合她的品味"这句话中,说明了"适合"可能与身体和头脑均相关。既然在某些体育锻炼中,鞋可以贴无线射频识别标签或内藏计算机芯片,那么这个实例也适合系统开发环境。

(3)"用户",主要指的是作为终端用户的人。终端用户是那些真正针对其自身目的而使用系统的人。与其他人形成鲜明对照,例如软件开发者,他们开发或维护系统,并有非常不同的可用性需求,如清晰和定义明确的模块界面。"用户"(users)的复数形式是很重要的,因为系统通常并不是为单个个体开发的。复数形式发出信号,我们一定会找出哪些人是预期用户。

(4)"环境",是特殊的物理和社会等有关的交互环境,一个可用系统也需要很好地适合这些环境。

1.4.6 可用性的分解

对可用性而言,适合是关键的。所以如果我们能够在一个贫信息主题中分析适合,那将对分析可用性提供某些首要的、具体的可掌握材料,因此是非常有帮助的。并且当我们在可用性方面开展工作时,能够使用这些主题对我们的研究内容进行分类识别。

早期的可用性理论家们谈到一个关于人为因素(1.4.2 小节)的清单。正如我们将在第 3、4 章看到的那样,这个清单既不小也不封闭和限制,所以它不是我们寻求的可用性分解。在 20 世纪 80 年代的人机交互中,可用性的研究工作主要是致力于研究所有从事计算机工作的新人如何操作系统,然后有效地开展工作。另一个关注群体是需要在高危环境中安全工作的专业人员。这些经典人机交互领域常见的主要问题是给用户提供正确的功能性,并且在广义上保证易用性。20世纪80年代以来,人们逐渐使用计算机来从事工作以外的很多其他事情,如玩游戏、使用手机短信服务或进行手机语音聊天等。因此增加了第三个问题,也就是用户体验——主要是指由使用系统产生的定性的、正面的或负面的体验,包括使用乐趣、硬件审美和时尚等。

表1.1把这些观察归纳到一个经过分解的、封闭的、有限制的可用性小模型中。标题应该被解读为主张与其他因素相同,价格和其他成本都与用户有关。所以整个想要表达的信息是,如果你真的想要系统适合用户的头脑和身体,那么就不要忘记适合他们的钱包! 正常情况下,成本并不被看作是可用性的组件,但人们仍然往往在绝大多数开发进程中都能感受到这一点。例如,在一个特定的项目中,有多少个或者具体是哪个 CoMeDa 周期能够负担得起。表1.1中主要的可用性问题全都与在上述解释过的因素相关。左侧一列把可用性分解成技术质量和用户质量,然后进一步把用户质量分解成功能性、易用性和用户体验。正如可用性本身具有"使它可用"的内置标准一样,我们把可用性分解成的这4个主要问题,每个问题各自都有相应的标准。右侧一列说明与每个问题相关的因素。我们现在依次解释每个主要问题。

表 1.1　可用性的分解

关于你的系统,什么与用户有关系(除了成本)?	
主要问题	涉及的因素
技术质量	
技术质量:系统能工作吗? 标准:它能够工作。	没有漏洞的、可靠的、稳健的、实时的、稳定的、容错的等。
用户质量	
功能性:它能做你想做的事情吗? 标准:它应该有大多数用户需要或强烈想要的功能!	用户对系统目的、需要和偏爱、时尚、习惯等理解。
易用性:你能设法使用它吗? 标准:它应该很容易学会,很容易操作。	容易学会使用的、可理解的、高效的、有效的、快速的、流畅的、可控的、安全的、容易操作等。
用户体验:使用它的体验如何? 标准:它应该给出积极的用户体验。	感性的感觉、操作的快乐、时尚、审美、社会和道德价值观、智力的快乐、吸引力、习惯、个人偏爱等。

(1)技术质量与用户质量。将技术质量列为4种主要的可用性问题之一,可能会令人感到吃惊。我们中的很多人都有这样一个直觉,即技术问题是一回事,而可用性完全是另一回事。表1.1把技术质量从用户质量中分离出来就是

承认这种直觉的真实性。我们猜想部分直觉认为技术质量在某种程度上与用户毫不相干，以至于在极端情况下，系统能够呈现出技术极为出色但毫无用处的状态，或用户可能更喜欢技术较差的系统 A 而不是技术出众的系统 B。而另一部分直觉认为有人可能会在没有可用性提示的系统上做出完美的技术工作。尽管这一切似乎都没错，但通常情况下，技术质量对用户质量具有重要的影响。

（2）技术质量。直觉上，技术质量的问题决定着用户质量问题，以至于技术缺陷能够或多或少损害上述任何问题和所有其他问题。例如，在用户测试中，如果语音合成器产生回声，那么这个系统的功能性、易用性会降低，更会对用户体验产生负面作用。又例如在用户测试中有几个烦人的缺陷或漏洞，评价系统的用户质量就可能没有什么意义。简言之，如果在技术质量问题无法解决时，其他方面也没有更好的办法。

（3）功能性。为清楚地思考功能性，在不混淆技术问题和功能问题的前提下，假设有一个在技术上堪称完美的系统。在交互式系统中，系统的功能性可以通过交互使用系统来测量。如果我们出于任何原因（工作、乐趣、痴迷于小玩意等）想做一些事情，就会积极地考察系统的功能性。因此，如果系统的功能性使我们能够得到某个想要的结果，就像在网上交到朋友或摸到一块虚拟布的质地，那么，我们就认为系统的功能性是有用的，从而系统也是有用的。如果系统的功能性使我们去做某种我们对其本身喜欢做的活动，我们往往愿意说，功能性是充满乐趣的或具有挑战性的，因此系统也是。

功能性与系统目的密切相关。但在实践中，这种关系很少像推导的那样密切。不然，系统开发者或用户早就能够从系统的目的推导出应该具有的功能，从而解决一大堆功能性问题了。正因为如此，系统功能性是开发者已经决定的，并认为是必要的、重要的、有益的，或与指定的系统目的相关的东西。但是与开发者相比，用户却可能会有不同的考虑，甚至可能对系统的目的有不同的理解，他们经常想要不同的功能性。为尝试进一步了解用户想要哪些功能性，我们必须经历一个或者几个 CoMeDa 周期。

（4）易用性。能够清楚地检验系统易用性的方式是，在完全遵守系统开发目的的条件下，使用功能性完全令人满意、技术上完美的系统，然后再检查什么能使交互出错。在这样的情况下，不存在技术问题，系统会完整呈现出我们想要的功能性。但具备功能性是一回事，功能性怎样被实际利用是另一回事。想想第一代技术的铁锹，事实上铁锹有正确的功能性只意味着它能够使用，也就是说它是个挖洞的工具。但是如果它太重、太大或太小，锹片太直或太弯，容易粘泥土，锹柄很滑导致干活时在手里转动，制作材料对你来说太硬或弹性太大，或你需要特殊的鞋使用它……怎么办？或者，如果土地是潮湿的或沙质的，也许铁锹将会得心应手，但如果土地又干又硬，我们就一事无成。或者，铁锹在以上各方面都很好,但它本身却是一个奇特的创新产品,就使用者而言需要额外的训练等。所有这些问题都是易用性问题,我们以后会遇到很多这样的系统问题。请思考这样一个事实:即使是一把粗陋的铁锹也能够有大量易用性类型的可用性问题。

(5)用户体验反映用户对系统的一切反应。所以它与用户如何对系统感知、喜欢、考虑、感觉等有关。技术问题、缺失的功能性和易用性问题可能导致挫折感,三者加起来使用户认为其无用而放弃使用系统,并把对它的体验描述成不好的。从这个意义上来说,这个实例说明了用户体验对另外 3 种问题产生累积影响的过程。相反,如果在技术和功能上一切都工作得很好,系统也很容易使用,那么产生的用户体验可能就是中立的,甚至是充满欢乐的。

把用户体验作为另外 3 个主要因素的因变量来考虑,好处之一就是考虑即使没有技术、功能性和易用性问题,什么能让系统产生错误。这可能会涉及很多不同的东西,如单调的游戏、无聊的交互、难看的设计等。

1.4.7 7 个问题

到目前为止关于可用性都讨论了哪些问题呢?

- 问题 1。表 1.1 中的标准从何而来? 为什么? 什么时候我们感到受它们的约束?
- 问题 2。标准清楚吗?
- 问题 3。在熟知的、大规模的软件产品开发中,标准被遵守了吗?
- 问题 4。默认情况下,你什么时候愿意做能有助于提高系统模型可用性的 CoMeDa 周期:在生存周期的早期、中期或晚期? 为什么?
- 问题 5。倘若你接受这些论点,你确信应该在项目第一天就开始考虑可用性吗?
- 问题 6。为什么我们不用仅仅两个主要的可用性问题①适合用户的身体和②适合用户的头脑来更换表 1.1,这又清楚又简单!
- 问题 7。表 1.1 应该有更多的主要问题吗?

回答:

问题 1。人们开发的每一个人造物都有其明确的目的,所以它能更好地为人所用。如果可用性分解成被描述的 4 个主要问题,那么它们的附加标准就描述了人造物为目的服务的意义所在。如果它服务得不好,人们对它的喜好就会减少,宁愿接受更可用的另一种选择。人们都喜欢能容易切割各种面包的面包刀、最喜欢的游戏或者最喜欢的开发环境。所以,需要特殊的论点来证明或至少解释为什么存在技术缺陷、缺少某个每个人都需要的功能性、难以学会或操作的系统难以被使用它的人喜欢。至于技术缺陷,通常我们不主张为它们辩护,充其量只能解释为什么它们还没有被处理掉。

问题 2。作为系统开发的起始,这些标准已经足够清楚,但远非精确。使标准更精确是通用的、特定于应用的可用性方针和标准的任务。事实上,在表 1.1 中的标准是所有可用性方针和标准的根本。我们将在 11.4 节讨论方针,在 11.5 节讨论标准,讨论在表 1.1 和 16.2.2 小节显示顶部的评价体系。

问题 3。答案是否定的。在可用性方面,找到完美的系统可能要比找到完美的面包刀更难。重要的问题涉及用户何时放弃、选择不同的产品、停止推荐它、开始严厉批评它等等。

问题 4。在尽可能早和有意义的情况下。因为在早期拥有一个理由充足和稳定的系统模型能够节省花费在修正需求、设计和编码上面的大量精力。

问题 5。是的。因为即使在早期也可能有 CoMeDa 周期要做,例如去收集关于开发目标和系统功能性的信息。

问题 6。试试!看起来适合头脑以及身体与我们所有的主要问题都相关,例如当硬件设备非常好地适合活动着的身体而引起积极的用户体验时。事实上,有一个学科专门研究人造物对身体的适合,称为人类工效学,我们将在 4.5 节讨论。

问题 7。也许!特别是我们想要用几个包括易用性和涵盖更多领域的主要问题取代易用性。可以查看 11.4 节、11.5 节和 16.4.1 小节中的实例涉及这些问题。

1.5 可用性的重要性

如果能够证明系统与可用性存在关系那当然好,但真正重要的问题是:在现实世界里,系统与可用性到底有多大关系呢?针对这个问题有很多的解释和讨论。让我们想一想下面 3 个实例,利用表 1.1 中的可用性分解来得出几个结论。假设系统的技术质量不存在任何问题,同时忽略成本问题,集中研究功能性、易用性和用户体验之间的关系。

实例 1:**功能性有时是最重要的**。这就是说客户需要的功能性非常糟糕,以至于几乎不需考虑系统的易用性,积极的用户体验都缩小到一句空话,"我懂(这个人造物)了!这事儿我能做(无论它是否该做)!"标准手机不易学会使用也不容易操作,它们就像是装满了不相关或松散功能性的箱子,而其功能性已经被低效、小型和仅仅勉强算得上智能的图形用户界面弄模糊了。可是,既然某个功能性是正确的——无处不在的电话通信和短信联系(手机短信服务)、语音信箱、按姓名索引的电话号码——那么我们中的大多数人就会努力学会使用它,而且大多数人在某种程度上成功了,而且仍然将手机作为重要手段来用。如果电话不在身边,电池没电或忘了个人识别密码(Personal Identification Number,PIN),都将导致另一种糟糕的用户体验。这些数以千万计的人们有可能受益于现在终于出现在市场上的只具有核心功能的、纯功能性的、更易用的手机(如老人机)。这是强调易用性的理由。

实例2:**即使系统的功能性很强,但在竞争中也并不总是赢**。视频电话会议和电子书的发展遭遇了什么呢?视频电话会议技术是在20世纪70年代开发的,20世纪80年代初成千上万的组织购买它,并没有帮助我们节省数百万的资金和路途时间。相反,视频电话会议似乎已经成为电话会议一个额外的不稳定版。直到最近,电子书也出现了类似的问题,尽管有摆脱印刷和纸张、能够在数秒内下载最新出版物的巨大优点。但是一个关键的问题可能是,视频电话会议仍不能代替本人出席,例如能够与另一端的特殊个体面对面交流,或者会后一起去酒吧喝杯啤酒。电子书仍然与人体视觉有冲突,理由相似——屏幕亮度、对比度、分辨率和更新速度——为什么如此多的人仍然更愿意把长文档打印出来,而不是凑近显示器去阅读它们,就是因为感觉阅读印刷文档速度更快、心情更愉悦。在这两种情况下,用户体验的匮乏阻碍了技术的接受程度。还要注意,与视频电话会议和电子书不同,手机(包括卫星电话)没有另一种选择。

实例3:**适当地集合**。苹果公司音乐播放器iPod结合了用户非常想要的功能性、易用性以及对大群用户来说近乎完美的、性感与时髦的用户体验。需要指出的是,它不是像前面实例中讨论的那些一样的通用技术,而是一个有很多竞争对手的产品。没有易用性,苹果公司音乐播放器iPod会有同样的成功吗?可能会,由于品牌效应。但也可能败得很惨,或者它的MP3播放器是短命的。Google搜索是另一个基于图形界面易用性的例子。

我们将在本书中主要讨论的多模态系统几乎还没有进入市场,所以上述内容要对它们的开发者告诉什么信息呢?好吧,如果你想测量用户兴趣和市场潜力,这几点是重要的:

(1)功能性不足或没有竞争对手是不长久的。强加给用户的学习、困难和非直观的操作、挫折感,如果不是所有或大多数的其他消极的用户体验,它也可能生存,但那是在遇到拥有更多可用性的竞争对手之前。

(2)在绝大多数情况下,拥有正确的功能性是不够的。记住:确认正确的功能性是其本身主要的可用性问题。可以说,大多数新系统的功能性都有竞争对手——视频电话会议有电话会议和面对面磋商会议,电子书有印刷品世界,苹果公司音乐播放器iPod和谷歌有其他具有类似功能性的产品。这就是说确保系统的易用性和系统提供的用户体验范围不会使用户支持竞争者变得更加重要了。如果他们这样做,我们也许能够确认、诊断和修复那些可用性问题,或通过增加新功能性来吸引用户,但是到那时,可能已经输掉了战斗。新的多模态技术可能别出心裁、激动人心,但计算的历史充满着别出心裁的技术纪念碑,它们未能击败做同样事情的其他方式。

1.6 读者指南

本书是当多模态和自然交互式系统和与人融合的系统激增时,写给那些想要可用性方面的实际工作简介或知识更新的每个人——专业开发者,学者,计算机科学、工程、可用性、创建性内容和设计、媒体和更多专业的学生,可用性专家,正在开始销售如语音、视觉、高级触觉、体现动画人物、生物交互的多模态技术的营销人员等。

表 1.2 指出读者可能选择的 4 条特殊阅读线路,出于对本书主题中的实践或理论兴趣,读者可能会希望跟进或避开。案例线路追踪 3 个案例系统的进展,包括设想、AMITUDE 分析,可用性需求、规划、设计、方法说明、评价。规划线路列出本书提供的可用性工作规划描述和说明;归纳线路寻求从基于图形用户界面的可用性到多模态可用性和多模态人机交互归纳出的关键点。这些点基于18.2 节提供的归纳总结得以确认。最后,计算机高手线路主要关注本书中展示的"计算机高手"关注的那些内容。

表 1.2 本书的知识结构线路

CoMeDa/线路	案例线路	规划线路	归纳线路	计算机高手线路
第 1 章	1.3.3 小节	1.3.1 小节	1.1 节、1.4.4 小节	1.3.3 小节
概念 第 2~5 章	第 2 章、3.2.2 小节、3.3.7 小节、3.4.6 小节、3.5.1 小节、3.6.3 小节、4.4.5 小节、4.5.2 小节	3.1 节,第 5 章	3.1 节、3.4.5 小节、3.6 节、4.1 节、4.2 节、4.3 节、4.4 节	3.4.7 小节、4.2.2 小节
方法 第 7~14 章	第 7 章、8.5 节、8.6 节、8.7 节、8.8 节、10.3 节、10.4 节、11.1 节、11.2 节、12.1 节、第 14 章	6.2 节、6.3 节、6.4 节、7.1 节、13.2 节、13.3 节、第 14 章	6.2.2 小节、10.2 节、10.3 节、10.5 节、12.2 节	
数据处理 第 15~17 章	第 17 章	15.1 节	第 15、16 章	16.3 节
第 18 章			18.2 节、18.3 节	18.2 节

1.7 小结

这时候,你已经准备好使用本书,了解了结构概述,一堆路线地图和 4 个全程使用的工具：

（1）CoMeDa：可用性方面的工作包括进行可用性信息收集——或生成——和数据处理的 CoMeDa 周期。

（2）AMITUDE：所有可用性工作的中心构想是正在进化的系统模型的一部分，这个模型称为 AMITUDE 使用模型（进行开发中的应用）。

（3）方法和其他途径：可用性数据的收集和生成是通过应用一系列的方法和其他途径来完成的。

（4）可用性：所有的可用性工作旨在使系统适合用户，方式是遵守高级规范，如那些在可用性分解中陈述的规范。

在第 3、4 章对 AMITUDE 分析进行描述和说明之前，我们必须在第 2 章介绍本书的 3 个多模态开发案例。

参 考 文 献

Beck K（1999）Extreme programming explained. Embrace change. Addison－Wesley，Boston，MA.

Boehm B（1988）A spiral model of software development and enhancement. Computer 21/5:61－72.

Carroll JM（2003）Introduction. In:Carroll JM（ed）HCImodels,theories and frameworks. Towards a multidisciplinary science. Morgan Kaufmann, San Francisco,CA.

Jacobson I，Boosch G，Rumbaugh J（1999）The unified software development process. Addison－Wesley,Harlow.

Mills HD（1980）Incremental software development. IBM Systems Journal 19/4,415－420.

Pressman RS（2005）Software engineering. A practitioner's approach,6th edn. McGraw Hill,New York.

Royce WW（1970）Managing the development of large software systems. Proceedings of WESTCON,San Francisco,CA.

Sommerville I（2007）Software engineering,8th edn. Addison－Wesley,Harlow.

第 2 章 插曲 1：多模态的 3 个案例

本章介绍 3 个多模态交互式系统的开发案例："数独""寻宝""算术"（2.1 节）。这些案例将经常用于说明 CoMeDa 周期和其他可用性开发活动，2.2 节进行了展望。

2.1 内容和起源

表 2.1 所列为 3 个案例的设想。事实上，这些设想并不完全是设想，或多或少都是后期通过分析、规范、设计、实际应用和评价（图 2.1）要展开的精确开发目标。

表 2.1 本书的 3 个主要案例

案例名称	案例设想："让我们尝试做一个多模态交互式系统原型……"
数独	"……它能够演示摄影机拍摄的三维手势的有用性。玩家指向棋盘，通过语音插入一个数字，这样的"数独"游戏系统如何？"
寻宝	"……它显示多模态交互如何能够使不同群体的残疾人受益，让他们在一起工作。这可能是盲人和聋哑人互相帮助找到某个东西的一个游戏，像是针对某些对镇子的生存突然变得至关重要的古老蓝图图纸的'寻宝'游戏。"
算术	"……进行探索学习的新兴范例，该范例超越智能辅导系统，将情感性学习结合起来。一定程度上就像真人老师那样教儿童学算术，这样的系统又如何？"

这里所有的多模态案例系统都是研究原型。"数独"游戏系统是由德国达姆施塔特市计算机图形协会中心的学生在科尼利厄斯·马勒尔奇克（Cornelius Malerczyk）的指导下于 2006~2007 年开发的，并于 2007 年由作者和用户一起做出评价。"寻宝"系统是由科斯塔斯·莫斯塔卡斯（Kostas Moustakas）和希腊塞萨洛尼基市希腊研究和技术中心暨信息和信息交流学会的同事们于 2004—2007 年开发的（莫斯塔卡斯（Moustakas）等 2006，阿伊罗普洛斯（Argyropoulos）等 2007，莫斯塔卡斯（Moustakas）等 2009），并于 2007 年由科斯塔斯和作者以及用户一起做出评价。"算术"系统正由本书并列作者之一进行开发，并与希腊研究和技术中心暨信息和信息交流学会的萨诺斯·查吉利斯（Thanos Tsakiris）在三维面部动画方面进行合作。

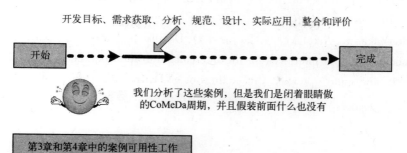

图 2.1　案例工作方法

需要声明的是,我们没有发明、规范和构造"数独"系统与"寻宝"系统。事实上,我们对它们的开发进程所说的一切开始于表 2.1 中的开发目标表达——都是为了说明我们提出的要点,与它们的实际开发只有偶然的相似之处。除非另有说明,与这两个系统的评价相关的描述和说明都是真实的。另一方面,"算术"系统尚未经过目标用户测试,除非另有说明,在其开发中展示的文档也都是真实的材料。

2.2　展望

我们的第一步是从初级开发目标,也就是从案例设想入手,通过创建和分析每个案例的使用模型,详细说明 AMITUDE 需求。这件事我们现在就能着手做,无论我们可能选择做什么,关于以后要展示的东西,我们都有更多的技术,参照图 2.1。我们将在第 3、4 章做这件事,在第 5 章(插曲 2)总结结果。我们的最终目标是优化 3 个案例原型的可用性。

如果你认为你自己的项目适合,也可以尝试为它做同样的事情,或先跳到第 6 章,了解具体的方法和常用的途径。这可能会帮助你在需求规范上起步。

参 考 文 献

Argyropoulos S,Moustakas K,Karpov A,Aran O,Tzovaras D,Tsakiris T,Varni G,Kwon B(2007) A multimodal framework for the communication of the disabled. Proceedings of eNTERFACE,Istanbul.

Moustakas K, Tzovaras D, Dybkjær L, Bernsen NO (2009) A modality replacement framework for the communication between blind and hearing impaired people. Proceedings of HCI.

Moustakas K, Nikolakis G, Tzovaras D, Deville B, Marras I, Pavlek J (2006) Multimodal tools and interfaces for the intercommunication between visually impaired and "deaf and mute" people. Proceedings of eNTERFACE. Dubrovnik.

第3章 创建使用模型

第3、4章共同完成2个任务,即为创建开发中的系统使用模型建立概念。我们把这个创建的进程称为 AMITUDE 分析,其分析结果是系统使用的需求规范。另一个任务是通过案例(2.1节)和其他的实例说明使用模型的创建过程。第3章介绍作为通用使用模型的 AMITUDE,并展示其包括的几个方面内容:应用类型、交互、任务或其他活动及域、用户、使用环境。第4章展示其余的2个方面内容:模态和设备,包括模态和多模态。每个方面的展示都附带案例分析。

3.1节把 AMITUDE 解释为用户与系统交互的7个方面的概念模型。创建 AMITUDE 分析是推进到系统模型开发的重要步骤。3.2节分析应用类型。3.3节是对用户的分析,评审用户和人在可用性开发中具有的很多角色。我们将展示人的三层模型,讨论完成用户配置文件分析的方法。3.4节介绍任务或其他活动及域,并分析语音对话系统的任务。该分析形成了关于任务模型和有用的任务分类器的归纳基础。我们认为并不是所有的系统都以任务为本,并讨论以域为本的系统。3.5节进行案例使用环境分析,展示使用环境因素清单。3.6节把用户与系统交互归纳到用户与系统信息表述和交换,并进行从基于图形用户界面交互到多模态交互的归纳。

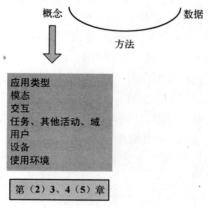

3.1 AMITUDE——系统使用模型

本节描述系统模型的 AMITUDE 部分,并证明其适当性。我们看看

21

AMITUDE 的各个方面如何分别在计算机和人机交互(3.1.1 小节)中相当不均衡地制定出来,并使用经验性数据说明正是当抽象和正式的 AMITUDE 模型提供信息给人的时候,我们才开始使系统可用(3.1.2 小节)。

3.1.1　AMITUDE 的含义

AMITUDE 是使用模型,是人在使用系统时涉及的各方面的通用模型。简单地说,作为使用模型,AMITUDE 看起来很适合的原因之一是当我们使用系统时,我们有:一个确定使用的交互设备(Devices),为完成某个任务(Task)或其他活动,在一定的输入/输出模态(Modalities)中与系统交换信息,以及在使用环境(Environment)中与应用(Application)进行交互(Interacts)的用户(User)。此时的顺序应该是 DTMEAIU!AMITUDE 只是看起来更好些而已。另一原因是,系统目标本身看起来就具有 AMITUDE 结构。从表 2.1 中得到的"数独"案例设想可以看出来,只需要增加"数独"必须在某个地方玩这个细微之处,就可以得到:

(E:)在某个地方使用的(A:)一个"数独"(T:)游戏系统,在这个系统中,(I:)[(U:)玩家(M:)指向(D:)棋盘,通过(M:)语音插入一个数字]。

因此,即使在最简单的系统目标表达中也存在着 AMITUDE。当我们为系统建立需求和设计规范时,逐渐扩大系统的目标就意味着这些内容将包括越来越详细的 AMITUDE 使用模型。AMITUDE 只是我们作为开发者需要保持正确的一部分内容,因为我们需要保持正确的内容是系统模型(1.3.2 小节)以及和它相关的一切,其中包括 AMITUDE 的各个方面。但是,当对系统可用性方面进行工作时,AMITUDE 起着非常重要的作用,其余的只被视为达到构建可用系统这一目的的具体手段,例如为系统可用必须解决的技术问题等(1.4.6 小节)。

基于这样一个假设,我们将把 AMITUDE 作为可用性开发的概念框架,这个假设是 AMITUDE 描述了开发可用性时必须考虑的系统使用的所有方面。从系统目标描述到需求规范再到精心制作的设计描述,AMITUDE 是对预期系统用户、系统要支持的任务、相关模态、目标任务、使用环境等核心内容的描述。我们将在第 3、4 章中要做的是更详细地描述 AMITUDE 每个方面的语言表述,并通过分析本书案例和其他实例的需求进行说明。由此产生的 AMITUDE 需求规范在第 5 章(插曲 2)进行总结。

在说明 AMITUDE 的各个方面之前,有必要对每个方面的概念、结构做简单的说明。先比较一下可用性。在 1.4.6 小节,表 1.1 显示可用性的高级分解。虽谈不上完美,但它却是一个常见的假设,即所有或大多数的其他可用性标准都能够归入到这个概念中,从而理想地构建一个深入而复杂、符合结构标准的可用性评价体系(16.2.2 小节)。不幸的是,我们今天拥有的远非我们希望的那样符合结构标准。

现在来看看 AMITUDE 的各个方面。对于每一方面来说,最好还是有一个经过论证完整的体系和符合结构标准的继承体系,或者一个精心构思的经验性体系。这样,我们就能够查找任何的应用类型,例如说"儿童情感性算术自我辅导系统";或者查找用户配置文件,例如说"视觉残疾的成人和青少年",能够研究它的细节和继承特征;甚至能够建议如何在可用性开发中用它来工作。不幸的是,这个完美的支持系统是不存在的,它很难建立的原因是显而易见的:新的**应用**类型和**设备**一如既往地不断涌现,新的**任务**成为交互式的,新的**模态**被应用于新的**环境**,而熟悉环境的新特征又与可用性相关。甚至我们的普通**交互**模型也在继续扩大,并且用户至少仍然保持一个继承上相当固定的常态,那么现实就是多模态和与人融合系统(1.4.4 小节)提倡对人的整体特征有全新的理解。

尽管人们在计算机和人机交互方面有所尝试,但是在 AMITUDE 的**设备**、**任务**或其他活动、使用**环境**各方面都没有完备的、符合建立标准的系统分类。在创建子体系上有可扩充的清单和各种尝试,如果能找到它们,可能仍然有用。同时,还有一些由信息和技术交流组织和其他组织制定的各种应用类型的准通用系统分类,虽然它们往往并不是高级的多模态系统,而且还没有被创建出来用以支持可用性工作。作为被研究很长时间的用户,人在很多方面都被很好地描述,并且针对交互和模态,确实存在以可用性为本的系统分类和为可用性工作提出的大量建议。

3.1.2 隐性的 AMITUDE 与显性的 AMITUDE

接下来分析对系统可用性工作至关重要的要素,它与本书的所有内容都紧密相联,也就是 AMITUDE 的两"边"或两"面"。在 3.1.1 小节已经看到,作为概念集合,AMITUDE 表达开发中系统的使用模型需求规范。因为这些需求规范只是对系统使用模型的描述,尚未接触用户,因此称为隐性的 AMITUDE。既然可用性的核心工作是预测使用模型,并使其接触实际的用户,那么我们就需要解释显性的 AMITUDE。

为此,我们先讲一个关于 AMITUDE 的前身如何出现在多模态可用性的经验性研究中的故事。伯恩森(Bernsen)(1997)在文献中对语音的功能性主张进行了分析和评价,也就是在可能结合其他模态的情况下,语音特征模态可用或不可用于表述信息。所分析的是巴伯尔(Baber)和诺伊斯(Noyes)(1993)21 份论文稿件中确认的总数为 120 个语音功能性主张。例如,研究者或使用者会主张"在战斗机座舱里语音指令是有用的,因为飞行员的手和眼睛都可能被占用,而语音甚至在头朝下、手被占用的情况下也能够使用"。换句话说,有人主张语音模态或包括语音的模态组合,是可用的或基本可用的,并通过各种因素和环境的参考来证明主张是正确的。

所有在主张里提到的因素和环境都收集整理在表3.1左边部分显示的双层体系中。第1列为9个顶层分类的修改版,各类别在第2列中通过引用的两个实例分别进行说明。第3列和第4列为每个分类与AMITUDE对应方面的关系(如果有的话)。比较显示了AMDE(应用、模态、设备、环境)与前身的等式关系,TU(任务、用户)的部分从属关系以及全新的I(交互)。从通用任务和域+交流动作到任务或其他活动及域的归纳,发现并非所有的交互都是以任务为本的(伯恩森和迪布凯(Dybkjær)2004)。从用户群到用户的归纳意味着AMITUDE可以利用人的完整描述,用户群能够从描述中加以定义。

表3.1 对比AMITUDE和前身

1997年论文	实　　例	关系	AMITUDE
通用系统	多媒体文档,自动柜员机	等于	应用类型
模态	语音输入,二维静态图形输出	等于	模态
未提出过的	未提出过的	新的	交互
通用任务和域	空间操作,非时间相关的,而是命令输入相关	一部分	任务或其他活动及域
交流动作	警告,指令	一部分	
用户群	办公室职员,没有学会盲文的盲人	一部分	用户
交互式设备	通过电话的计算机存取,无线设备	等于	设备
使用环境	公共空间,办公室	等于	使用环境
绩效参数	增加的控制,又慢又低的效率	过时的	—
心理参数	注意获取,负担记忆	过时的	—
学习参数	没有学习开销,长时保持增强	过时的	—

有趣的问题是为什么3个"参数"分类(绩效、心理、学习)在AMITUDE中没有对应词。这些来自哪里?看一看主张数据里的全套参数值:

(1)绩效:立即响应,更有效的,更好的表现,快速的,位置自由的,移动控制,手眼自由的操作,易操作性,增加的控制能力,用户忙的,更安全的,更简单的,工作量冲突,效率,避免速记,更快的,更准确的,更好的性能,更慢和不太有效的,有效性,缓慢和低效的,延迟,光标控制和描述文本中的位置非常困难的,不适宜的,困难的,速度,准确性和易用性,易评审性,连接到文本中的正确位置。

(2)心理(认知性的和某些情感性的):注意获取,专心,空间和时间上的分心,设置心情,有说服力的,人体辨别能力,视觉工作量的减少,自然状态,不自然的,认知性处理的局限性,负担记忆,清晰发音障碍,气人的,讨厌的,认可。

（3）学习:交互训练时间,没有学习开销,长时保持增强,详细阐述选项。

有经验的读者可能会注意到,对他们来说,这些数据点怎么有种古老的感觉,反映出语音在图形用户界面世界里盛行起来的一段时间。但是它们有什么特殊的地方吗? 人们总是会被一些数据点吸引,它们总是或多或少明确地与作为被关系者之一的用户相关。既然恰巧是模态研究,总会有某个相关的模态。总之,这些数据点描述模态以及 AMITUDE 的其他各个方面是如何适合用户的。所以它们不应归入表 3.1 隐性的 AMITUDE 的右列。

可用性是使系统适合于人。从 AMITUDE 角度来说,这意味着要使 AMITUDE 系统使用模型在现实生活环境中适合于人。这暗示适合的关系能够有 2~8 个相关者。其中核心就是用户,外围有 AMITUDE 的 1~7 个方面。例如,一个有 4 个方面关系的用户实例:用语音输入(模态)认证,从街道上(使用环境)的自动提款机(应用)里提取现金(任务)。但你应该不会开发这样一个系统,因为用户很可能不会接受在这种使用环境中,以这种应用方式,使用这种模态完成这种任务!

图 3.1 对我们的讨论进行了总结:在提供证据证明系统的可用性,或不能证明其可用性而接触环境中的用户之前,AMITUDE 只是使用模型的抽象概念。根据图 3.1 中显性的 AMITUDE 部分可以得出对实际可用性工作至关重要的 3 点内容:

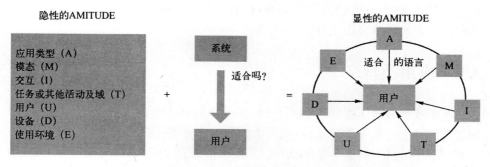

图 3.1　当系统模型的 AMITUDE 各个方面接触用户时,我们得到用适合的
语言表达的可用性信息

第一点根据在圆中心真正的用户得出,含蓄地说,有现实的环境——在 AM-ITUDE 中的 U 仅仅是开发者对用户的设想或规范。从第一天起,使 AMITUDE 7 个方面的每一个都适合位于中心的真正用户便是我们努力工作的方向,为使这种适合更加有效,我们总是在尝试抓住环境中真实用户的特征。当你耗尽知识

25

和体验还不能独立完成这件事时,就需要使用某种方法或常规途径来收集可用性信息,或者生成可用性信息,如第 6~13 章所描述。

第二点关系到连接 AMITUDE 所有方面的圆。我们明白它在银行柜员机实例中意味着什么,但这一点值得进一步明确。圆意味着,即使我们可能不喜欢隐性的复杂性,但 AMITUDE 的所有方面都是相互关联的,并且我们需要做的关于它们的某个推理也是注重整体性的。即使我们不得不单独描述 AMITUDE 的某个方面,我们也会在第 3、4 章记住这一点的。事实上,由于整体性的需要,当我们把一个关于适合的特殊结论归因于 AMITUDE 的某个特殊方面时,它有时是武断的,因为那个结论还可能涉及 AMITUDE 的其他方面。

第三点,图 3.1 中适合的语言就是可用性的语言,是前面提到的绩效、心理和学习数据点的语言。这种语言完全不同于接下来将介绍的 AMITUDE 语言的规范。本书如何处理适合的语言,也就是概念的某个结构,以及 AMITUDE 接触使用环境中的用户时所产生的对相关信息有用处的任何东西。适合的语言是我们的可用性表 1.1 的语言,是可用性需求的语言(第 5 章),是可用性方针(11.4节)和可用性标准(11.5 节)的语言,是数据分析和评价的语言(第 16、17 章),并且这种语言正在本书的很多实例中使用,所以我们肯定要找到适合的语言。在第 3、4 章的案例需求分析中,我们将适度地达到它的要求。

总之,隐性的 AMITUDE 是一个抽象概念,从可用性观点的角度允许最复杂系统的规范和设计。正是通过使 AMITUDE 接触可用性信息,我们才开始构建一个可用系统。

倘若从 AMITUDE 推理的整体来看,展示 AMITUDE 的各个方面就没有特殊的顺序。我们将从应用类型开始。

3.2 应用类型

本节我们看看通过应用类型分析,并使之明确下来的优点(3.2.1 小节)和问题。网络上有很多软件系统、应用类型的总体分类。然而,既然它们中没有一个可以准确地定位你需要的类型,那么本节就致力于给特定于项目的类型(3.2.3 小节)下定义,并用案例(3.2.2 小节)说明。

3.2.1 应用类型的概念及其使用

就应用类型,即 AMITUDE 中的"A"来说,我们指的是待构建的交互式系统类型。应用类型的概念几乎是在最粗略的开发目标陈述中出现。因此,表 2.1描述了作为"数独"计算机游戏的"数独"案例,作为"寻宝"计算机游戏的"寻宝"案例和作为情感性算术辅导系统的"算术"案例。

尽管这看起来微不足道,确定应用类型却以 3 种方式给可用性开发带来优点。第一,与应用类型不相关的一切都变得无关紧要;第二,应用类型名称和描述通常暗示或让人想到关于系统的一系列假设,例如要增加的功能性、可用性需求,需要确定的、附加系统模型特征的问题,以及为推进需求规范或取得其他各类进展必须进行的其他开发活动等。第三,对于如何在类似的系统中寻找可用性信息和其他信息,应用类型可以提供核心线索。同时,因为系统通常都属于多应用类型,所以通过分类的思想使得这些优点得到成倍的增加。

3. 2. 2　应用类型的案例

通过确认系统的应用类型,并以不同的方式使用这些设想,让我们尝试推进案例设想。

"数独"。开发者需要直接得到明确的以及含蓄的"数独"游戏规则,即使开发者本身不是"数独"的玩家,他们也能够在网络上很容易地找到简单的、明确的游戏规则。含蓄的规则可能比较困难:首先它们存在吗? 其次,如果系统忽略它们,在交互的过程中会发生什么? 开发者应该在网上仔细看看电子"数独"游戏世界,因为这将让他们想一想如何选择"数独"游戏功能性的选项。同样,那些网站中任何常用的功能性都给所有网络"数独"玩家已经习惯拥有的功能性提供提示。在游戏杂志或其他地方的任何评审也都很有趣,因为这些评审可能包括对基于网络的"数独"游戏系统所作的可用性评价点。看着基于纸张的"数独"游戏,你同样能想到任何赞成或反对的理由吗?

"数独"系统也是三维指向手势系统的类型,"三维"意味着指向手势是在三维空间里完成的,而不是在像触摸屏一样的二维表面上(即使"数独"棋盘是二维的)。检视现有的系统并找出其中的可用性问题,对于追求领先是有价值的。而且,出于游戏或娱乐的目的,寻找指向手势和语音综合的系统也是必须要做的事。同样重要的是,普通类型的游戏中本身的交互应该是充满乐趣的,具备足够的挑战性而不会无聊是必要的。开发者必须解决这些基本的游戏原则如何适用于"数独"。

"寻宝"。这个系统与"数独"一样具有普通的游戏需求,调查类似的游戏可以发现,用户必须克服一些挑战才能取得成功,多用户的游戏可能也会对此感兴趣。然而,除了这个信息以外,几乎没有其他的信息能够在表 2.1 中的目标描述里加以利用。在能更进一步之前,特别是针对指定盲人和聋哑人玩家使用的交互式模态;开发者必须进行某些创造性思考。为收集思考这个问题的素材,有必要调查现有的为盲人和为聋人开发的计算机游戏产品和原型。当然也可能已经存在盲人和聋人共用的游戏。

"算术"。与"算术"相关的应用类型包括情感性计算(皮卡尔(Picard)

1997)和情感性学习(皮卡尔等2004)。作为一个类型,智能辅导系统太宽泛而无法根据一般意义开展调查,但寻找智能算术辅导系统是值得做的,特别是儿童智能科学(包括算术)辅导。事实上,针对幼儿的情感性算术辅导设想强调对关怀、动机、愉快氛围和更多能够被详细阐述为第一需求和设计中的东西进行深思。然而,在更深入研究之前,需要对交互式模态和如何能"像真人教师那样"把算术教给儿童进行某些创造性思考。如果算术老师最终成为动画会谈角色,那么社区和口语会谈辅导(鲁皮奇尼(Luppicini)2008)、拟人化的对话机器人(Embodied Conversational Agent,ECA)(卡塞尔(Cassell)等2000)以及同伴或朋友的有关文献显然是相关联的,对于适用于儿童的寓教于乐系统开发可能同样重要。

总之,当有了第一个应用目标时,你应该确认系统的应用类型,写下关键的、隐含的事实、假设和问题,并努力寻找明显相关的信息,用它来扩大需求——并且你要能够开始做需求规范。某些开发者理出了简洁的系统清单,而其他人却在冗长的材料里编写应用想定。

3.2.3 应用类型的分类

从3.2.2小节的描述中可以看到,使用案例提取系统所属的最有用的应用类型在很大程度上取决于开发者。提取特定的应用类型总是非常值得的,例如儿童情感性算术智能辅导。这是因为,如果已经存在对这种类型的努力,甚至有可存取的文件来证明其可用性,那么这一信息就可能非常有用。更普通的类型也同样有用,例如给可用游戏收集关于默认需求的信息时,针对应用类型游戏进行了的评测。

案例构成了所有系统的特殊小样本。因此,不要求很多重要种类的应用类型,例如对安全要求严格的或高安全性的系统,但这并不影响上面给出的原则。基于可用性的思考,我们所能想到的系统类型之间的唯一区别,就是走来即用(walk-up-and-use)系统和其他系统之间的区别。走来即用是对系统的一个设想,是指对该系统的所有功能,用户能够马上使用而不需要介绍、文档、帮助、训练以及知识或体验的特殊背景。这些都是要满足的、极为苛刻的需求,没有几个系统能做到——可以说,谷歌搜索页面是一个,某些语音对话系统也属于该分类。在我们的案例中,"算术"和"数独"最接近。

事实上,还有另外一种实现应用类型的途径。这就是尽可能使用官方的、正式全面的交互式应用、系统或软件类型,并找到它们的最佳匹配。如果你目前正在开发一个基于图形用户界面的系统,这当然好,否则解决问题就只能依靠现有的产品。由于目前大多数非图形用户界面多模态系统还没有处于产品阶段,它们就不可能出现在已有的类型中。因此,有效的办法是求助于研究社区以及它们的文献、磋商会议和产品展示。

3.3 用户和人

既然用户处于可用性工作的中心,那么用户的观念在人机交互中就有很多不同的作用。3.3.1 小节挑选出很多重要的作用。就像每个人在很多方面既相似又不同于彼此这一事实,人机交互中的用户也一样。3.3.2 小节~3.3.5 小节围绕着人完成一次总旅程,从头脑开始,然后加上身体,然后加上历史、文化和性别等因素。3.3.6 小节介绍用户配置文件分析,这个分析在 3.3.7 小节应用于案例用户配置文件。

3.3.1 可用性开发中的用户和人的角色

目前为止所有的一切都表明,"用户"在可用性的系统开发中扮演着关键的角色。可用性本身被定义为使系统适合用户,意味着用户是可用性方面所有工作的目标。此外,正如我们将在整本书中看到的那样,除了那些在系统开发中原本具有的角色外,多模态可用性给用户增加了新的核心角色。

现在,基于"用户"的几个不同观念对可用性开发有用这一事实,为了尽量避免歧义性和混乱,我们将区分 3 个主要的"用户"观念,其中一个是几种不同观念的集合,描述每个观念的不同用途。

(1)人。关于"用户"的一切的基础是人。在图 3.1 中位于圆中心的用户代表真实的人,包含了用户个体或集体的多样性。这些就是我们为其开发交互式系统的人,是我们在下面所有的"用户"模型中为其建模的人,是可能会或可能不会欣赏我们开发的系统的人。我们使用图中圆里适合的语言,来描述真实的人在接触我们正在研究的 AMITUDE 系统使用模型时的行为。为理解和使用这种语言,我们需要了解人,也就是可用性信息。

(2)目标用户和用户配置文件。通常我们开发一个系统,不会只为一个人,也不会为所有可能的人,而是为介于两者之间的人。也就是说,为我们的目标用户群。为指引开发面向适合于目标用户以及能够从目标用户当中挑选出个体,我们在用户配置文件中指定他们。这就是在图 3.1 中圆圈上的 U。用户配置文件通常是由真实的人具有的成千上万的特征当中少量的特征构成的一个相当单薄的抽象概念。一个系统能够有几个独特的目标用户群,在这样的情况下,它必须为每个用户群分别进行开发。

(3)人的模型。从 5 个不同角度对术语"人的模型"进行分析,每一个角度都在可用性开发中发挥不同的作用。人的模型以不同的方式利用关于人的知识:①**设计时的用户模型**已经用了几十年,根据目标用户在交互中的表现定位和设计系统。这就好比说"假设我们有一个适合指定的用户配置文件的用户，为了使系统在更多的细节上适合用户的行为，现在让我们研究关于真实的人的知识"。②另一方面，为了使系统适合拥有特殊特征的个体用户或子用户群，在交互过程中迅速构建出了**在线用户模型**。通过操作这些模型有目的地观察用户。例如在图形用户界面中，为反映用户的最新功能选择修改菜单；在自动视频监控中，发现店内盗窃行为并通知警卫；在车载移动语音对话系统中，确认驾驶员的酒店偏爱和位置，并提供符合该信息酒店的预订；在"算术"案例中，甚至可以观察学生的行为习惯并给予针对性的建议。③**用户的虚拟形象**是虚构出来代表某个用户群的用户，作为对特殊目标用户的详细描述，使用用户配置文件。你要做的是，为帮助系统适合于目标用户，以用户配置文件的普遍性换取人的虚拟形象的细节(参照 11.2 节)。④**系统虚拟形象**是一个以某种方式像真实的人那样表现的虚拟角色或机器人，因此也是与人融合议程的一部分，参照加框文字 1.2 以及"寻宝"和"算术"案例。最后，⑤**代表性的用户群**是用很多方法收集可用性信息数据最可靠的保证，参照加框文字 3.1。

加框文字 3.1:有代表性的用户群

谁是有代表性的用户？答案可能不容易找到，所以让我们选择有代表性的用户群。群里所有的人都是目标用户，其组成按比例反映该群所有目标用户在重要的、指定的方面的作用。

实例:针对学校教师的可用性。假设目标用户群是丹麦学校里教 1~5 年级的教师。确定几个可能反映该用户群常用的、与系统开发相关的特征，如他们的最低教育水平、对丹麦学校系统的通晓程度、课程知识，流利的丹麦语音和写作等。然而，当选择测试对象或用户代表时，如果你只看他们具有的共性，你可能会得到极为错误的东西。

假设我们选择 20 位 25~30 岁热衷于计算机学习的男教师。他们都共享上面给出的目标用户配置文件，但他们根本没有反映出目标学校教师当中的巨大变化，这种变化是我们在选择一个有代表性的测试对象群时需要获取的。怎么办呢？我们看看目标用户总体方面相关的或潜在意义上相关的变化维度，如年龄、性别、教学体验时间、一般意义上的计算机体验和类似于我们正在开发的系统的体验。我们不知道在这个特殊的开发情况下这组特征是否正确，但我们的工作是通过目标用户群分析来查明目标用户具有共性，常比确认那些最终导致可用性问题的差异更容易。

为构成一个有代表性的用户群，我们必须审查目标用户总体中的比例，如有多少教师已经在教室里使用计算机，他们中有多少年龄超过 50 岁，他们中有多少男性，等等。随着我们在目标用户群分析方面工作的逐步深入，我们可能也会发现当初的一个假设是错误的，例如目标用户在丹麦语音和写作方面都很流利的假设。

3.3.2　关于人的总旅程

在接下来的几节中，我们对人进行全面分析。主要目的是为用户配置文件分析提供高级概念,这些概念同时也是任何类型可用性信息的高级组件(3.1.2小节)。

3.3.3 第一层次——头脑

与研究人体感觉和运动功能器官的工作原理不同,头脑指的是人的中央处理功能。在最高级的抽象中,人似乎具有"3+2"个主要心理能力。人们在大部分时间里同时拥有和使用这些能力,除非是在无梦的睡眠里或是严重智障。

(1)认知(Cognition)就是与感知、识别、理解、了解、猜测、假设、思考、推理、想象、心理建模、商议、学习、凭直觉知晓、探索、发现、阐明、规划、牢记、好奇、知识、解释、真理和谎言、确定性、概率等相关的一切。如果实际并不像预料的那样,就产生了惊讶。

(2)意动(Conation)就是与渴望、想要、盼望、愿意、需要、更喜欢、奋斗、追求、希望、目标、意图、意向、目的等相关的一切。目标要靠果断来选择,要靠决心来追求。

认知和意动是头脑中普通的属性,因此很难发现两个当中所有价值观有什么共性。普通语言没有上千也有数百个表示那些价值观的词语,主要因为有很多词语虽然各不相同,却经常巧妙地表达着同样的意思。

对于认知和意动的所有属性来说,是什么让它们看起来基本相似,又是什么使它们各自不同呢?塞尔(Searle)(1983)对它们分别做了生动解释:认知是由头脑到世界的适应;而意动是由世界到头脑的反映。既然认知是关于世界的本质——也就是我们感知、学习到的东西,等等——那么,只有它确实"适合"世界或本质,或者换句话说,只有匹配真实情况,认知才能成功。一个设想或任何其他认知性表述,如果与本质完全一致,它就是真的。另一方面,意动是关于人想要的情况——这是我们希望的、非常想要的、需要的、渴望成为的、努力实现的,等等——即使它可能不是世界的本质。只有世界符合或开始适应头脑想要它成为的样子,意动才能成功。

倘若有了认知和意动能力,我们就能够构想人在各方面的指挥中心:动作,监视和探究世界本质,为任何不必要的或缺少的东西咨询意动,为改变世界的机会咨询认知,以及接下来试着改变事物以达到它们的目标。所以似乎有一个明确的意识,即认知和意动是头脑的活跃力量。然而我们正在失去一个至关重要的第三能力——情感。

(3)情感是感觉,与幸福的、满足的、悲伤的、愤怒的、受到挫折的、快乐的、羡慕的、嫉妒的、心情不好的等相关的一切。所有的情感似乎都能够在强度方面产生变化。情感经常被称为感情。与认知和意动相反,情感基本上是反作用的,并依赖于认知和意动(伯恩森(Bernsen)1985)。当我们发现现实要么符合要么不符合我们想要它成为的样子时,情感就会产生。

有些人认为情绪和情感是不同的概念,因为情绪比情感为期更长,并且与发生特殊事件的关系也不明显。一个看似正确的观点认为,情绪就是对状态或事件更深入、更全面和更长期的反应,这就是为什么可能更难确认的原因。它是一种常见的假设,存在于今天最多的情感研究中,这些研究认为所有的情感都能够按照积极情感与消极情感来分类,例如奥托尼(Ortony)和特纳(Turner)(1990)的著作。确切来说,这是因为情感的发生要么称心如意,要么事与愿违。

关于情感,还有最后一重要一点需要特别注意:情感并不是完全消极的。某些积极的情感能刺激正面的心理状态,例如对完成工作和学习新事物非常重要的动机和好奇心(皮卡尔(Picard)等 2004)。事实上,这些认识对于情感性学习即"算术"案例的话题(表 2.1)是重要的。

认知—意动—情感理论解释了情感效价,也就是情感是积极的还是消极的,并有助于确定一个心理状态是否首先是情感,这就有效避免了混淆。如果你希望系统能够识别人的情感,就要确保那些状态确实都是情感,例如渴望(否!)、好奇心(否!)、愤怒(是!)。根据 18 世纪德国哲学家门德尔松(Mendelssohn)的理念,认知—意动—情感模型认为有 3 种基本心理能力。他对亚里士多德(Aristotle)主张的两个心理能力进行了发展,并建立了与其相应的理论,也就是认知以及意动和情感的某种混合。亚里士多德的理论在人机交互网络社区拥有很多的支持者。例如,皮卡尔等(2004)、特埃尼(Te'eni)等(2007)的著作中都有采用,并被人机交互方面长期的锋线人物丹·诺曼(Don Norman)(2004)详细讨论。

(4)意识和注意就像一束光照耀下可视物本身和在可视物中我们实际看到的一样,它们随时帮助认知,并受意动和情感以及我们已有的概念所影响。

(5)建设性观念:个性。有了上面提出的各种心理能力,依据从认知、意动、情感、注意和意识这些方面构成不同的能力和性情,就能构想出一个人个性的大部分,并因此描述个体间的相似之处和某些巨大差异,包括不同程度的心理创伤之间的差异。人的行为表现出的不同个性,显然决定了他们交流的能力和性情。上面给出的个性和心理状态类型能够通过用户行为观察得到系统测量方法,同时也是因为身体本身就是生物感应信息源。个性差异一直与人机交互有关系,因此我们开发定制选项来应对一系列的用户偏爱,尽量使系统发现用户需求,并遵照行事,识别用户的情感和态度,支持用户学习,考虑用户背景知识,使他们享受游戏,等等。

3.3.4　第二层次——身体

给模型加上身体，人们就会处于一个或几个状态之中。

（1）感觉，分别通过使用视觉、听觉、触觉、嗅觉和味觉进行。它们是5个经典的"感觉模态"，通过它们人们能够获得关于外部世界状态的感觉信息。实际上除了这些还有其他几个感觉模态，包括提供关于身体信息的各种内部感觉，如本体感受（身体邻近部位相对位置的感觉）和疼痛，以及其他外部感觉，如对电压和电场的感应。然而，我们将坚持本书中的5个经典感觉。

（2）动作，通过使用身体进行语音、手势、面部表情等方面的交流动作、对象操作（无论是出于交流目的还是其他）、移动（同样可能出于交流目的）、感觉器官定位，以及情感、情绪和其他中央处理状态的单独表达。动作执行可能是有意地、通过习惯、使用先天或训练的技能、非自愿地、不知不觉地、通过生理反射等表现出来的。

（3）身体状态，人可以是休息好了的、完全醒着的、累了、醉了、被麻醉了、困了、筋疲力尽的、气喘吁吁的、大汗淋漓的、晕倒了、休克中等等。他们可能是身体健康的或不健康的、健康状况良好的或有健康问题、身体残疾的。

（4）建设性观念：活动中的用户。有了上述提到的人的心理和身体特征，包括感觉和运动机能，以及用户在操作系统时应有的身体状态，在系统监控和作用下的身体状态和行为，等等，我们就能够构建活动中与某个系统交互的用户，这就生成一系列有助于解释人之间的异同以及描述他们在交互过程中的状态和活动的新因素。

3.3.5　第三层次——历史、文化和性别

为完整地构想人，除了对中央处理、感应、动作、身体状态和条件这些方面极为重要的能力和性情外，我们还需要第三层次，包括历史、文化和性别。

（1）个人历史使某人成为一个任务或领域里的、或在处理某个特殊系统或计算机系统方面的新手或专家。个人历史还在很大程度上促成用户对系统的期待和态度，并形成系统适合或不适合的习惯和偏爱。年龄同样是个人历史的基本构成。一个小孩子是拥有简短历史的人，然而会有很多变化。健康也是由个人历史决定的。因此，个人历史修改我们的中央处理、感知、动作以及身体状态和条件。学习和训练是在某个方面永久改变人的系统性尝试。

（2）文化，在依据知识、宗教信仰、道德和其他态度、习惯、偏爱、礼仪、礼貌标准、敏感性等塑造个性的方式上，是一种增强的又带有偏向的个人历史。我们也可能将一个人的语言、文字以及大量详细信息，如计量标准（重量、距离等）、日期/时间、地址格式等纳入文化的范畴。

（3）性别也是系统开发中的一个变量。由于显示出在兴趣和偏爱、情感处置、习惯等方面的统计差异，性别和性别/年龄数值，如男人、女人、男孩、女孩、男青少年或女青少年，都可能因为可用性而与系统开发相关联。所以举例来说，如果我们正在开发一份主要用于女性来完成的工作应用程序时，我们就需要努力使它特定地适合女性用户。

建设性观念：完整的人。 根据前面描述的人的概念结构，我们能够构想出完整的人的各种草图以及它们的异同，只是或许没有更多的细节。基于上面评审的 3 层可用性开发我们还能够构想有重要作用的观念，如任务或其他活动上的绩效。一个人用系统完成任务的方式主要是由下列各项决定：目标和动机、智力能力、当前情感状态、注意和意识（第一层次），身体条件、感觉—运动神经的技能和身体状态（第二层次），个人历史、文化和性别，包括年龄、获得的知识和技能、态度、期待、偏爱和习惯（第三层次），当然还有系统所体现的 AMITUDE 模型。

在使系统适合用户群的过程中，我们很可能需要更多的细节。因此，整个局面就可能会一片复杂。开发者的工作是聚焦于真正的目标用户特征，并优化系统符合这些特征。所以，我们首先开发用户配置文件。

3.3.6　用户配置文件

在可用性开发中，知识的关键用处之一体现在用户配置文件（3.3.1 小节）中，也就是为系统或 AMITUDE 中的 U 指定目标用户（3.3.3 小节～3.3.5 小节）。原则上，任何一组人的特征都能够使用。这样一来，规模巨大的样本且不断增长的系统多样化，对于我们来说就没有办法展示一个"主要用户配置文件"或类似的清单。你将不得不自己完成用户配置文件。幸运的是，在实践中你会发现，用户配置文件有时是被 AMITUDE 其他 6 个方面强烈限制的。

用户配置文件分析的目的是用可靠性分析确认和描述系统计划适合的人群。根据是否有代表性的指定用户群，用户配置文件分析有两个必要步骤和一个可选步骤。第一个必要步骤是指定用户配置文件，它把目标用户确认为适合配置文件的每个人。可选步骤是指定一个有代表性的用户群（3.3.1 小节）。第二个必要步骤是分析目标用户群或有代表性的用户群中的人。例如，假设所有的目标用户都超过 80 岁，或有代表性的用户群中某一比例的用户超过 80 岁。在这两种情况下，在用户配置文件分析中通过提问利用这个重要信息：对于我们要开发的系统来说，80 岁以上的人什么特征是重要的？可能有很多：例如 80 岁以上的人记忆不太好，他们走路不太好等等。为确保系统能被目标用户使用，这些是系统必须拥有的特征。但这种特征并不总是那么容易确认，在这样的情况下，用户配置文件分析可以得到 CoMeDa 周期里的目标用户群的经验性调查的支持。例如我们可以调查，80 岁以上的老人是否能够合理地使用语音与家里的系统进行交互，或者某个其他模态或模态组合是否是必需的。

关于用户配置文件分析的某些要点如下：

- 由于人和人之间的差异是巨大的，所以不存在某个单一的交互式系统能适用于所有可能的用户。

- 开发目标可能让人想到，单独的用户配置文件事实上可以有几个用户配置文件存在。假设目标是开发一个为居家老人增加舒适度和安全性的系统，这看起来像一个针对单独用户群的系统。然而，除了监控和给老人提建议之外，系统还要能够与护理人员及其家人交流。这个系统有多少目标用户群？在大多数情况下，回答会是 3 个群，而不只是 1 个，因此有必要为 3 个不同的用户群进行用户配置文件分析，并开发用户—系统交互。这是因为 3 个用户群的环境绝然不同，以至于交互必须为它们中的每一个都单独开发，即使该系统计划最终作为单独的集成系统来工作。在这个实例中，是步骤 2 的分析导致步骤 1 有 3 个用户配置文件的结论，它这样做的方式是展现老人、家庭和护理人员之间重要的异质性。

- 异质性是用户评测中一个关键的问题。如果所有的人都是同一的，那么人机交互将会是无限地趋向简单，因为开发者只需要开发适合他/她自己的系统。然而，问题比这要更微妙、更实际。那就是，即使我们的目的不是为了适合每个人，而只是适合所有人中的一小部分，目标用户的异质性也可能在很多方面依然存在。所以，当你想为盲人创建一个系统时，你应该做的最后一件事情才是假设所有的盲人都是完全一样的。你需要在更多的细节方面分析盲人的目标用户群，并且永远谨记以下内容，其表达的含义得到公认：当我确认异质子群 UG(x) 时，我要么（a）忽略它，使我作为开发者的工作更容易，但这样也许会导致更少的人使用我的系统，或（b）同样为 UG(x) 进行开发，通过分析几个目标用户群，分别提供定制选项，为每个群（3.3.1 小节）开发在线自适合用户模型，修改或扩展我的系统拥有的交互式模态，或者……，等等。举例来说，既然使用盲文阅读和写作的学龄及以上盲人用户的比例在各个国家差别很大，那么由盲文输入/输出到语音输入/输出的改变就能够对世界范围的目标用户群的规模产生显著影响。

- 无论做什么，你的目标用户群在很多方面都将是异质的。这没关系，只要目标群在与系统或应用相关方面是同质的就行。

- 目标用户中有 45% 不喜欢特定的系统特征。这是一个经验性的 CoMeDa 结果，并且如果它表现出厌恶以及显示 55% 的用户不想失去这个特征，你可能会放弃它。另一方面,如果动画会谈角色系统除了有助于完成任务还能闲聊,并且性格内向的人或用户中某些有头脑的商家讨厌闲聊,而性格外向的人却喜欢它,那么你就面对一个不同目标用户个性和目标结构的问题,并且还没有简单的解决办法。

- 目标用户中只有5%可能使用特殊的系统特征。这是另一个耐人寻味的经验性的 CoMeDa 调查结果。例如,如果所有的汽车驾驶员只有5%表现出有兴趣使用它,那么为什么要开发像车载语音酒店预订系统那样复杂的东西呢(伯恩森(Bernsen)2003)?
- 不知道目标用户是谁。在试验性的开发中不知道如何指定目标用户是相当常见的。解决办法是收集更多的可用性信息。
- 用户配置文件可能是错误的。理由是用户配置文件分析不足或 CoMeDa 工作不够:以真人群为目的这一构想(等于是用户配置文件分析)是错误的。结果将其他用户出人意料地成为系统的用户,或一个也没有。
- 确保 AMITUDE 的一致性。作为用户配置文件分析的一部分,总是试着确保被指定的用户配置文件与 AMITUDE 的所有其他方面相一致。

3.3.7 用户配置文件案例分析

注意下面关于用户配置文件分析的3个总体观点:第一,我们看到起作用的 AMITUDE 圆(图3.1),"整体地"推理用户年龄(用户)和语音(模态)时有助于避免 AMITUDE 的不一致性。第二,我们看到需求分析怎样与设计分析形成连续的统一体。这反映了一切确定到编程开始的详细信息层级上的迭代进程。第三,用户配置文件能够很容易地在一个生存周期里产生几个连续的、起作用的用户配置文件。

(1)"数独"。乍一看,好像很容易就能制定用户配置文件:只要找到那些有兴趣玩游戏、了解规则、能够把手—臂—手指伸向显示的棋盘,以便立体摄影机能够拍摄到手指的方向并能说出数字和其他命令的人就可以了。潜在意义上,这是一个非常大的人群,从而降低了开发一个无用户系统的风险。

随着更深入的分析,出现了几个问题:一个是语言。语言交互把用户限定在那些能够使用为交互选择的语言进行交流的人。假设对语言没有偏爱,不妨去找主要的国际语言,如英语。既然我们所追求的是一个概念的测试,那么提供一个几种语言的选择似乎就为时过早。另一个问题是用户年龄和语音。与成人的语音识别相比,针对儿童的语音识别是出了名的难做。还有,既然需要概念证明,那么就决定在使语音识别适合儿童方面避免额外的工作,因而潜在意义上会把核心目标用户限定在青少年和成年人。第三个问题是不知道游戏规则的"数独"新手。为简单起见,我们决定也忽略这个问题,而不是为新手用户制定特殊的防范措施,如解释系统需要的规则。

(2)"寻宝"。这个系统甚至比"数独"系统更具实验性和探索性,所以用户配置文件的目的就相对更温和。我们希望盲人用户和聋哑人在测试系统的过程中,尽可能多地提供用户反馈。如果反馈是积极的,就用这些反馈和其他可用性信息来源构建一个更全面的用户配置文件。因此,我们的目标是那些最好稍微懂一点计算机、有过玩计算机游戏体验的、对尝试新游戏技术有兴趣的盲人用户和聋哑人用户。我们想要避开那些缺乏动机和兴趣或在计算机和设备处理问题方面容易陷入困境的用户,因为这样的用户不大可能提供有重大价值的数据。用户将需要基本的英语,但是如果需要的话,我们能够帮助他们,并且我们能够很快教会他们需要的少量手语。另外,盲人用户必须拥有不低于一般等级的听力、敏捷和力反馈感应,聋哑人用户必须拥有平均等级的视野和敏捷。

(3)"算术"。为了使用户配置文件更为精确,我们确定开发这个系统的目的是补充课堂教学和基本乘法训练。其次,系统可能会担当替补的算术教师。这意味着系统以这样年龄段的儿童为目标:他们开始学习乘法,并且已经学过加法;根据不同的国家和学校系统,年龄可能从 6 岁或 7 岁到 9 岁不等,这是一个指定儿童发展水平的宽泛年龄范围,而我们以后也许会把它缩小,例如在获得确定最低用户年龄这一问题寻求专业的建议之后;交互的语言是英语。注意,用户配置文件的简单性基于系统用户将是那些被非常普通的学校录取的儿童。

3.4 任务或其他活动及域

这一节首先解释开发交互式系统的原因,也就是人们与其交互做事情。应用类型的分类中有一个依据是系统目的或用途(3.2 节)。3.4.1 小节解释任务或其他活动及域;3.4.2 小节说明任务分析;3.4.3 小节归纳结果;3.4.4 小节增加某些有用的任务分类器;3.4.5 小节着眼于非以任务为本的系统;3.4.6 小节准备案例任务分析;3.4.7 小节是关于计算机高手。

3.4.1 任务或其他活动及域的概念

我们把用户试用系统所从事的事情称为用户任务或其他活动。

(1)用户任务。通常,当用户与系统交互时,他们执行某个用户任务或进行其他活动。在系统工程中经常提及系统任务,其含义是指系统或组件必须能够做某件事情,所以很多系统任务不是用户—系统交互式的。我们规定,除非另有说明,在本书中"任务"指的是用户任务。

接下来的任务就是要开发系统的某个特定的现实活动,如玩"数独"或学算术。如果你在基于图形用户界面的标准人机交互任务观念方面受过训练,请直接阅读3.4.7小节。

(2)任务分解。任务能够逐层分解成子任务,子任务最终被分解成被认为是个体用户操作的某件事情。子任务部分相对简单明了,例如在这样的时候:预订到罗马的返程票是机票预订的子任务,而描述行程是机票预订子任务的子任务。然而,当开始定义个体用户操作时,我们首先需要指定要使用的单元,有用的单元是交流行为必须的。所以当你对旅行社的动画人物点头说"是"时,你正在做确认类型的单一交流行为。然而,如果使用不同类型的单元,单一交流行为还能够进一步被分解为两个身体动作,也就是点头和说"是",甚至在这个层级经常被进一步分解。任务分解单元大小的选择取决于分解的目的,并且有很多单元类型可供选择。这并不复杂,不过是对使用的分解单元加以明确、取得一致的小事而已。

(3)任务目标。任务是有目标的,并且只有当目标实现时任务才算完成,就像当"数独"游戏已经完成或机票已被预订时。通常每一个子任务就可以作为实现任务目标的步骤。

(4)其他活动。任务观念虽然复杂,但对可用性开发却有很好的帮助。然而,人们用交互式系统完成任务的某些过程并不总是显而易见。例如,你和朋友聊得正欢,你总不至于会说你是在完成任务吧?那任务是什么?或者它的目标是什么?你是否实现了目标?因此我们认为某些交互式活动并不是任务,因为它们既没有目标也没有任何完成任务需要的子任务结构。我们称这些为其他活动。

(5)域。域是一个更普通的内容区域,将用户任务或其他活动都包括在内。例如,如果任务是在美国境内预订机票,相应的域就是与美国空中旅行相关的一切,包括航空公司,它们的组织和历史、安全和其他法规、公司政策、经济舱位、飞机和其他技术、精美机票销售条件等,对应一个特殊任务或其他活动的域通常不会被特别地划定范围。

域之所以重要,原因有两个:①为创建一个可用系统,开发者往往需要了解关于该域的大量知识,尤其是在用户先于系统且独立地熟知该域的情况下。风险在于,用户可能会认为他们没有必要期待系统拥有的功能性、信息或其他东西;他们可能会发现系统中反映的域知识存在严重差错;还有可能产生法律问题。例如,系统通过电话销售机票,而关于详细的售票条件却不通知用户,行不行?②在大多数情况下,开发者必须从更广阔的域里"开创"用户任务,并且要把这个工作做好。

3.4.2 用户任务分析

当第一次看要开发的交互式任务时,经常看上去难以对任务进行归类,也很难从整体中分离出来。这是正常的,并且事实上如果刚开始的时候任务显得简单、容易掌握和符合结构标准,反而更需要小心了!你很可能是因为先入为主而不是用户想完成的任务。关于机票预订语音对话系统所做的任务分析实例来自丹麦对话系统项目(1991—1996),并且完整地以文档形式记录在伯恩森(Bernsen)等(1998)的著作中。

作为一个规则,任务分析有两个不同的部分:①从周围的域里"挖出"要开发的任务,使该任务与这些域有几个交互式片段;②把"挖出"的任务分析成子任务、操作单元(3.4.1小节)和其他东西。通常,在分析中这两部分是迭代完成的,并且由一些决策来点缀分析过程。刚才提到的两部分规则并非没有例外。例如,如果用户任务是从头开始创建的,那没有"挖出"工作要做。另一方面,任务分析是强制性的:哪里有任务,哪里就有任务目标,哪里就有任务分析,并且任务分析必须找到目标能够实现或无法实现的方式。

(1)域。某个项目的开发目标是构造一个使用用户—系统电话语音对话的、世界一流的机票预订概念验证系统(Proof of Concept,PoC,为观点提供证据)。我们把目标限定在丹麦国内机票预订,马上就面临哪些是属于本系统的任务,哪些不是的问题。在这个任务中,域就是与丹麦国内航班旅行相关的一切,我们花相当一段时间调查关于丢失的行李、哪个年龄段婴儿免票、带宠物旅行等规则,如果有的话,我们想尽可能多地了解系统应该提供多少这样的信息。我们还讨论如系统是否应该提供关于机场到最近城市的距离和联运信息等事情。我们最终选择针对相关的问答进行设计:验票办理登机手续的时间、行李、宠物、婴儿、幼儿陪同、残疾人、老年人的服务员以及普通票价、团体票价、起飞前剩余票价的定价方案和淡季与旺季的定价方案。我们本来能够提供更多或更少的系统知识,但是这个域组块似乎给大多数旅行者提供一个公平机会去了解他们购买的东西。

事实上,用户在寻找各类信息的时候所做的是一个可选的信息寻求任务,而该任务一定连接并支持着主要的机票预订任务。后者的任务不是一个信息寻求任务,而是做出购买产品的承诺。

(2)基本任务。我们接着分析用户任务中的机票预订步骤。在这个至关重要的阶段,好的做法是从基本任务——手段目的分析(Means ends Analysis,MEA)开始。因为一个任务都有一个或几个目标,所以这个做法总是适用的。然而,我们需要记住,任务经常比这更复杂。通常基本任务是指少数几个用户可能希望执行的抽象概念,并且它可能不是独一无二的,所以实际上我们可能会通过分析几个特殊的基本任务中的其中一个来开始。因此,当你仅仅是在分析基本任务的时候,想想还有什么任务。

在目前的情况下,基本任务可能是用户提供出发机场和目的地机场这两个基本信息,以及出发的日期和时间。倘若有一个航班有空位,适合这个4数据点的描述,那么为了成功预订所需的航班,用户所能做的就是"是,我买这张机票"。很简单,对吧?现在我们来看还有什么要做的,并且使用关于空中旅行域的常识来推进任务分析。同时,我们还需要回到1991年的状况:比今天高得多的飞机票价、纸质机票、纸质发票、少数几部手机,以及没有网络。

还有什么要做的?我们发现:①按照用户所指定的,可能一个航班都没有,或者指定的航班已经被订满,在这些情况下,用户可能需要从系统提供的一系列其他航班中进行选择;②用户可能还想要一张回程票,这在日期和时间需要增加额外的两个数据点;③用户可能想要一张往返票;④用户可能想要为多个人预订机票;⑤这些人可能想一起旅行或者去不同的地方,并且可能要(不要)返程票;⑥某些或所有的人可能想要最便宜的票价;⑦既然儿童票价低,婴儿票价更低或免费,那么票价就取决于年龄,所以用户必须指定旅行者是否为成年人、儿童或婴儿;⑧票价还取决于出发日期和时间,所以用户可能想改变日期和时间以得到更便宜的票价;⑨用户可能想订团体票,这意味着所有人都付较低的票价;⑩付款需要发票,这需要某种形式的用户身份证明;⑪用户可能想要在机场取机票而不是让人送到家;⑫在对话过程中的某些时候,或晚些时候,用户可能通过打电话想要改变部分或所有的上述内容。

虽然还有更多要做的,但是这12点内容足以说明,迄今为止我们只完成了基本任务——手段目的分析。这些点的内容都是相当简单的,都应该包括在需求规范里,因为一旦它们中有一个或更多缺失,或增加其他内容,我们就将构造一个完全不同的系统——不同的用户配置文件和不同的可用性特征。

当然不仅仅是这些,我们正朝着构造任务模型的方向前进,并将在以下章节中增加更多的内容。我们没有涉及的内容是任务分析的重要部分,强调任务绩效分析中容易出错的地方。例如在这些时候:用户的语音输入未被识别或被错误识别、用户需要系统澄清或重复、系统需用户澄清或重复、用户想取消或改变办到一半的事情,等等。见伯恩森(Bernsen)等(1998)的著作。

3.4.3 任务模型范围、结构和共享

让我们用前一节中的案例和实例来说明可能有助于可用性早期任务开发的一般模型。如图3.2所示,Y轴表示任务可能在不同程度上构造,X轴表示任务模型可能在开发者和用户之间不同程度地共享。图3.2中列出的这些案例和对话系统分别位于X,Y空间中不同的位置。这些位置绝不是精确定量的,而只是

反映我们对那些实例的大致判断。

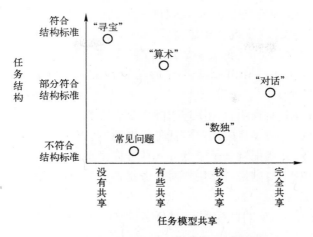

图 3.2　任务结构——任务模型共享连续统一体

（1）任务结构是任务具有一系列子任务所对应的程度。子任务可能被开发者强制实行，或者由用户普遍遵循。

（2）任务模型共享是任务模型为开发者和用户熟悉并共享所对应的水平。

任务结构和任务模型共享似乎是相互独立的。因此，"寻宝"存在一个由开发者确定但用户刚开始不知道的序列结构，因为任务早已从头开始创建（3.4.6小节）。这意味为了能够完成游戏，系统必须给用户提供任务结构的线索。另一方面，"数独"任务不符合结构标准，因为似乎没有什么能使成功完成任务更容易的特殊招式或顺序。对于"数独"开发者来说，这意味着他们必须保证按照任何可能的招式序列玩游戏都具有同样的难度，否则会有某些逆用户而设计的风险。"数独"评价将显示为什么任务模型最终没有被开发者和用户完全共享（第17章）。这就是任务分析问题。

（3）"算术"系统存在一个开发者和学龄儿童之间的任务模型适度共享的问题，只不过是因为学龄儿童对小学课堂算术教学有些了解，这就好比对教师之间至少有适度程度的了解。显然，这里需要一个经验性的 CoMeDa 周期来验证这个假设。至于任务结构，在考虑一定程度的自由性和不可预知的用户主动性（7.2.3小节）的同时，"算术"系统有一个明确定义的结构（7.3.2小节）。最后，就像我们根据经验通过 CoMeDa 周期确认的那样（10.2 节的实例，伯恩森（Bernsen）等，1998），机票对话预订任务确实有一个特定的结构被主用户群也就是习惯于为老板预订机票的公司秘书们所遵循。这些秘书们：①知道他们必须完成的核心子任务，以及②这些子任务在他们头脑里被简单的分类，源于从哪里来，到哪里去，或者旅行人数，再到日期和时间信息。事实上，③他们对我们从域

41

里开创任务的方式也基本满意。这个任务的另一个显著特点是：它可能主要被采用于在开发者和用户之间共享，仅仅就是因为几乎每个人都熟悉一般意义上的公共交通和特殊意义上的空中旅行。

这是非常对路的，因为绝大多数系统都是以任务为本的。以下 2 个强制性规则（Mandatory Rules，MR）和 4 个经验法则（Rules of Thumb，RT）总结若干影响：

- 强制性规则一：查明目标用户对任务是否熟悉。
- 经验法则一：如果目标用户对任务是熟悉的，查明在用户头脑里它包括哪些子任务，并且把这些子任务计入任务模型里。
- 强制性规则二：如果目标用户对任务是熟悉的，查明用户是否构建任务以及什么结构。
- 经验法则二：如果目标用户对任务是熟悉的并且被构建，那就为结构建模。
- 经验法则三：如果目标用户对任务是陌生的，如果有可能那就构建任务，并且给用户足够的任务结构和要完成的子任务提示。
- 经验法则四：如果任务不符合结构标准，只需增加结构即可，前题是这与用户的忠诚和偏爱不冲突。给用户足够的任务结构和要完成的子任务提示。

如果仍然不能确定对用户已经有的任务结构建模意味着什么，那么这里有一个实例。当通过电话与真人旅行社进行交谈时，用户通过说从哪里来到哪里去开始完成任务，然后再继续其他的子任务。例如，为把这个任务建模到语音对话系统中，可能让系统在问其他的子任务之前就向用户问出发地和目的地。这就是我们在丹麦系统中做的事情（伯恩森（Bernsen）等（1998））。另见加框文字 3.2。

加框文字 3.2：文字层面上的适合

直到现在你可能还认为，作为使系统适合用户的可用性设想只是一个隐性的工作。因此，尽管照字面意思人们很清楚一双鞋是否适合一双脚，但 AMITUDE 建模如何能够适合人所有心理上层面的东西（需求、欲望、期待等）可能看起来会让人觉得空洞无物。然而，作为适合的可用性应该照字面意思来领会。在当前关于任务的节中，我们这样说：我们想为某个任务开发一个系统，如果用户关于该任务已经拥有一些思考或行为模式，那就按照这些模式开发，除非有压倒性的理由去做别的事情。这种以用户为本的思考方式也可以从图形用户界面和人机交互的文献中得出结论。例如，一个主流网站可用性误差，就是从自己组织的视角编写其中的一切。这种靠冥想做出的描述性的东西，其结果就是浪费游客的时间和精力，他们试着从错综复杂的枝节问题中得到想要的信息，却经常无法得到（尼尔森（Nielsen）1999）。

构造不符合结构标准的任务是一个棘手的问题,尤其是在目标用户也对这个任务不熟悉的情况下。例如,资讯寻求的任务,例如在 3.4.2 小节的辅助旅行预订信息任务,通常是不符合结构标准的,因为用户可能按照任何顺序寻找任何一条信息。然而,这个任务很小,它的大部分详细信息能够假设为用户已经相当地熟悉。在不同的域,一名作者和一家公司(逻辑编程语言开发中心)一起做一个大型的语音对话常见问题解答系统(Frequently Asked Questions,FAQ),该系统将在一个复杂的域里回答 50 多个问题,而数百万的用户很可能并不熟悉这个域,不过为获得他们需要的信息以便休假前拿到假日津贴,这些用户可能不得不给这个系统打电话。换句话说,正因为用户通常根本没有任务模型,这个任务就接近于图 3.2 的左下角(没有共享,不符合结构标准)。

在某个基于图形用户界面的系统中,我们可以展示一个含有 50 多个问题的无序清单或者给该清单附加某个类似菜单的结构。而在语音对话系统中,一个有 50 多个详细信息的清单是禁止的,但结构是必需的。用户对域不熟悉以及不符合结构标准的任务这两个问题可以通过以下途径解决:①在打开提示对话框时,系统会提示用户明确问题,或通过语音清单做出选择,语音清单中包含 4 个最常用的用户需求以及 1 个附加选项的需求;②如果用户要求更多的选项,系统提示一个包含 10~15 个不太常用的用户需求提示清单,用户能够随时中断该提示;③有时在回复某个问题时,提供的信息可能与用户真正想要的其他信息相关。在这样的情况下,系统的反应就应该是尽快提供用户感兴趣的其他话题信息。例如,如果用户问到休假,用户能够通过系统获取关于休假的信息,并且,系统还能够通知用户在休假之日不要忘了在假日津贴表上签名(更多细节,见迪布凯(Dybkjær)2004 的著作)。因此,在这种情况下,已经证实问题发生的频率就被用作组织问题层次的唯一原则。不过有时候也有可能使用用户头脑中已有的域分类器。

3.4.4　其他用户任务分类

本小节按英文字母顺序列出能够有助于按照正确方向引导分析和提醒重要问题的各种标准任务分类。

(1)经济输入(Economic import)。任务基本上都有经济输入。假设通过完成任务,用户交了钱或其他贵重物品,要求开发工作在以下方面花费精力:向用户反馈所做的经济承诺、避免误用、保证交易安全、支持和维护用户信任,等等。

(2)法律和伦理问题(Legal and ethical issues)。某些任务可能会产生法律或伦理问题。这些问题通常涉及隐私和信息安全,同时也许涉及知识产权、人权、儿童和青少年保护,甚至更多。

（3）任务数量（Number of tasks）。系统可能是单任务的,也可能是多任务的。以机票预订任务为例(3.4.2 小节),多任务系统是为相对同质的用户群开发的,并且支持多个交互式任务,每个任务需要单独的任务分析。从可用性的角度来看,通常情况下为保持连贯性,多任务系统给用户—系统之间的交互附加了一些开发需求。多任务系统内的任务可能以不同的方式相互依存,例如一个任务支持另一个任务(3.4.2 小节)或者被另一个有较高优先权的任务中断并可随后恢复的时候,就像在我们为去寻找最近的加油站而中断语音多模态汽车导航指令一样。

（4）用户数量（Number of users）。任务可能是单用户的,也可能是多用户的。"寻宝"任务是多用户的,包括两个合作用户。多用户任务提出了并存用户之间的协调问题,这些问题在标准的单用户任务中是没有的。

（5）隐私（Privacy）。与其经济输入无关,有些任务涉及隐私。这就提出隐私保护、信息安全和确保用户信任的问题。

（6）安全（Safety）。当生命、健康或财产岌岌可危的时候,任务在安全要求上是严格的。良好的任务表现能够挽救生命或财产,或使它们避免冒险;不好的任务表现即使付出生命或财产,也未必能挽救它们。安全要求严格的任务对所有生存周期阶段的开发者提出更高的要求,包括与使系统适合用户有关的一切,尤其是评价。

（7）共享目标的任务和其他（Shared-goal tasks and others）。标准的任务观念认为任务是共享目标的,也就是用户和系统共享完成任务这一相同的目标。既然双方都应该共享尽可能高效地完成机票预订(3.4.2 小节)这一目标,那么机票预订任务就是共享目标的。你也许会认为,主张系统在这样的情况下"共享用户的目标"相当华而不实。但事实上,共享目标的语音对话具有使其不同于目标冲突对话的很多特征,那些特征有助于开发可用的、共享目标的语音对话(11.4 节)。绝大多数以任务为本的系统是共享目标的,即使包括某些形式的协商。因此,如果因为航班爆满,用户不能得到最优出发时间,在与语音对话预订系统协商后,用户也可能会满足于次优的出发时间。另外,还有根据用户优先顺序的最优化共享目标。

会议地点/日期/时间协商系统类似于机票预订系统,除了前者就其何时想要开会之外,还可能有其自己的优先顺序。在这样的情况下,即使仍然有在某地开会的共享目标,各种优先顺序也不得不相互权衡。更为复杂的目标冲突系统实例:在系统中,用户的任务是说服系统做某件系统并不想做的事,像特劳姆(Traum)等(2008)著作中的上校/医生协商系统。真人上校的任务是说服会谈代理软件里的医生接受移走该医生负责的野战医院。当然,很多计算机游戏都有类似的、敌对的或竞争的性质。

（8）任务复杂性（Task complexity）。某种程度上任务可能是复杂的或较少复杂的,这一点可以通过子任务的数量和任务深度来测量——如子任务的体系、操作的数量或其他完成任务所需要的基本单元(3.4.1小节),在多任务系统内的任务相互关系,等等。

（9）任务分类（Task classifications）。最好对所有可能的用户任务有详尽的分类方法,并且把上面列出的属性和详细的AMITUDE需求都包括进去。在20世纪80年代,人机交互和人工智能研究者梦想能制作出一个详尽的任务分类法,但失败了。我们对此保持怀疑:人拥有多少目标;这些目标中有多少能形成系统开发的基础;我们如何使它们通用化;我们怎样在某个实际上很有用的体系里构建通用目标? 今天,从文档创建(媒体创建任务?)到机票预订(预约任务?)、购买产品任务?)、常见问题解答(信息寻求任务?)和达成共识(目标冲突的协商任务?)到为了好玩跳起来尽可能多地抓住虚拟的飞行粉红色大象(计算机游戏?),似乎有无数以任务为本的系统,可并没有简单的方法来归纳它们。所以我们回归到关于应用类型的建议,也就是你创建你自己的分析与信息寻求(3.2节)的抽象概念。

3.4.5 以域为本的系统

用户任务有目标和子任务,并且在与典型的以任务为本的系统交互中,任务目标可能实现,也可能没有实现。有时实现目标需要花很长时间,就像在写本书时,花了漫长的时间完成一系列与文字处理器的交互。就像尽可能按照设计初衷帮助我们锻炼的运动练习系统一样,有时根本没有任何特殊的交互结果。系统可能没有任何能够执行的测试观念。不过,如果它一个接一个地提供关于锻炼的反馈,那么每次锻炼都可以被视为一个小的交互式任务。

既然当前系统正开始与人融合(见加框文字1.2),那我们就看看以上似乎都不适用的交互式系统。这种类型的系统包括,仅仅为好玩才有的语音会谈系统,就像"汉斯·克里斯蒂安·安徒生"(伯恩森（Bernsen）等2004)。该系统允许10～18岁的儿童和青少年与三维的动画童话故事作家在他的书房里进行语音和二维指向手势会谈,我们称这种系统是以域为本的,因为就像没有任务一样,仅为系统制定会谈的相关域,如安徒生的生活、童话故事、自己本身、他的学习和用户。注意,这个系统不是一个问答系统,因为安徒生是会谈的参与者,而不是电话应答机,也不是一经提示就讲故事的故事机。该系统拥有的是某些会谈技巧和关于它的每个域的有限知识。

3.4.6 案例任务分析

本节通过讨论和分析规范的一般问题来开始案例(表2.1)任务分析。我们将在 5.1 节展示更详细的案例任务分析。

（1）"数独"。这个已有任务的目标是完成"数独"游戏。域就是与"数独"，特别是与计算机游戏相关的一切。

尤其是如果你玩"数独"，看起来好像"数独"的用户任务分析几乎是再简单不过的。然而，这是最普通的误解：它很简单，因为还没一下子看到任何问题！想一想你会发现下面的问题。

参照 3.4.2 小节，我们大致可以区分 4 个必须仔细分析的域：①核心任务分析，在这样的情况下它是简单的：玩家把数字放置到适合游戏规则的棋盘上，直到棋盘满了为止，试着以此实现任务目标。按哪种顺序填满棋盘是用户个体策略的事情，而不是针对开发者的问题。②端对端系统操作：玩"数独"还包括启动系统、选择游戏（如根据难度）、不管完成与否都结束游戏、关闭系统。③任务描绘，即从域里开创出游戏任务，是很繁琐的。用户是否会期待拥有的支持功能性范围更广，包括在线帮助、第三方支持、得分、排名和计时等功能的定制和各种修饰。④差错处理，也就是在交互过程中误操作处理办法这样普通却经常棘手的问题，如当用户插入错误的数字或系统未能理解用户说什么的时候。

（2）"寻宝"。这个全新任务的目标是两个用户组成的团队发现隐藏的蓝图图纸。因为没有已知的这类任务，所以包括虚拟环境中子目标、步骤和操作、障碍等任务分析都是创造性的。最初，域就是与"寻宝"游戏相关的一切。"寻宝"任务分析必须创造完成的下列各项：①具有挑战性和乐趣的任务；②端对端系统操作；③任务的支持功能；④用户协调；以及应对⑤在个体和玩家互动中的差错处理。

（3）"算术"。这个已有任务的目标是理解和掌握基本的乘法，而域就是与教给幼儿基本算术相关的一切。这个任务目标基本上不同于那些更标准的对话（3.4.2 小节）、"数独"或者"寻宝"任务。因为它提出两个截然不同的一般可用性问题，而不像其他系统那样只提出一个。对于所有其他系统来说，第一个问题是相同的，也就是优化技术质量和用户质量（表 1.1）。例如说，如果"算术"系统的技术质量和用户质量是好的，那么这就意味着，它会让儿童快乐的训练，它会教儿童。第二个可用性问题是特定于学习系统的：用户真正了解他们应该通过使用系统学习什么吗？学习是一件需要长时间保持、能够改变学生的事情，然而他们应该学习的东西把他们难住很长一段时间。我们在学习系统上做的交互设计是达到学习目的的手段。此外，这个目的的实现不能完全通过评价技术质量和用户质量而被定位。而且，我们还需要做单独的长时间评估。

"算术"任务与其他案例的另一个区别是任务的复杂性（3.4.4 小节）。没有几个儿童可以通过单独一次授课就能掌握基本算术，所以必须假设学生们将在数周或数月内使用系统，完成多个授课和子任务。既然任务的目的是给学生提供基本的算术技能和理解,那就必须假设他们需要以理解为目的进行教学和技能训练。

"算术"任务分析必须:①定义从基本算术域开创的要学的算术;②指定与情感性学习设想一致的教学和训练任务;③创建端对端系统操作;④追踪每名学生的进步情况;⑤创建任务的支持功能;⑥应对差错处理。

3.4.7　计算机高手:不同的任务观念

与本书的人机交互相比,经典的人机交互有一个狭义的任务概念。虽然这只是一个粒度差异,但它在潜在意义上是令人困惑的。经典的用户任务是一个相对简单的活动,即用户能够交互完成任务,如预订从匹兹堡到波士顿途中带餐的航班,或在文字处理器上改变字体大小。在这个意义上,任务能够被分解为构成单元步骤操作的一个小顺序(3.4.1 小节),而这些步骤是用户为了完成任务应该做的。对此进行测试,可以计算个体改变文本位的字体大小需要的操作。在限制情况下,任务是单一的操作单元。在我们的术语中,机票预订和字体大小改变的实例分别是在美国预订机票和创建文本文档任务的子任务。后者是我们开发系统所针对的任务,而神志正常的人是不会为匹兹堡—波士顿子任务开发系统的。由此可见,用户任务分析往往是比经典人机交互的任务观念更复杂的活动。

为什么经典人机交互使用狭义的任务概念呢? 解释可能指的是这一事实,即很多图形用户界面系统是应该按照任何顺序应用的、非结构化的功能"袋子"。能够肯定的是,这些系统确实有一种由下拉菜单或其他形式的概念结构,但这种结构很少用任务结构来做。例如,即使你可能认为,如本书所指意义来说,在常用的文字处理器提供的大量基本功能,实际上有一个基本用户任务——例如结构化的顺序:创建文档、键入、编辑、保存、打印、重新打开文档——那么,也没有证据表明,为推动这个特殊意义上的基本任务,文字处理器已经得到开发。这与 3.4.3 小节提出的规则相冲突。有些人主张非结构化的功能袋子应该给予用户充分的交互自由。

能够肯定的是,基于图形用户界面的系统现在包括了很多具有更结构化性质的系统,例如特别是结构类似于 3.4.2 小节对话系统的填表申请。

3.5　使用环境

使用环境分析的目的是要指定设置——物理的、心理的、社会的——系统要在这些设置中使用。我们从具体的案例开始分析使用环境(3.5.1 小节),然后再着眼概貌(3.5.2 小节~3.5.4 小节)。

3.5.1　案例使用环境分析

（1）"数独"。让我们指定游戏发生在公共室内场所,如机场、展览会和人们在旅途中的其他宽敞地方,并且可能会有时间好好地玩一次"数独"游戏。在这些地点到处都会有其他的人,并且他们中的某些人可能想看别人玩游戏,这就创建了在它周围的社会环境。加上使用三维手势的性质,站在地板上玩游戏就应该是最有可能发生的。因此需要某些地板空间,所以预想的某类场地中要经常保持大量空地。既然数字要说出来,那么还有必要限制环境的噪声。公共室内空间对于语音交互来说并非完美的环境,但设法使交互可行看起来也可以,如通过适当选择传声器和假设一般来说观众会礼貌地避免在接近传声器时大声说话。同样,避免可能造成显示器对于玩家和观众不可读的过度照明问题,必须设法保护硬件不受过度的破坏和被盗。

（2）"寻宝"。这个游戏能够由玩家在同一房间或通过网络来玩。目前,该游戏的硬件设施有点重,似乎最适合放入室内,并要有能容纳两个玩家的座椅和放硬件的几张桌子的空间。如同盲人玩家要使用语音(或非语音),玩家的环境也必须保持相对安静。搭档的环境必须避免过度照明,因为聋哑人玩家会使用图形显示器。

（3）"算术"。"算术"系统既可以独立使用,也可以通过互联网使用。我们将开发为在社会上任何场所可接受的、语音会谈足够安静的、不可能影响屏幕可视性的过度照明的系统。

这些案例表明,简单的可用性推理决定要开发的使用环境决策。我们注意到几个常用的物理环境特征:公共室内空间、地板空间、桌椅,以及旨在确保模态和使用环境(图形/照明限制,三维手势/宽敞的空间,语音/环境噪声限制)之间一致性的推理。社会环境经常进入推理:"数独"游戏会发生在有观众的社会环境中;"寻宝"游戏创建由两个玩家组成的自己的社会环境;"算术"系统无处不在的使用要求提出这样的问题,即别人在场时使用语音会谈的社会可接受性;社会使用可能会增加被盗的风险和滥用造成的损害。既然在所有可能的环境中开发出无处不在的系统是不可能的,那我们就把容易的方式挑选出来,把对正确使用的责任从开发者转给用户。我们也明白妥协推理不以使用环境优化为目的、而是旨在切实可行地满足潜在意义上相互冲突的目标:尽管在强控制的环境中,如只有玩家在场的安静房间中"数独"的语音会更有效,但我们想使在社会环境中使用语音成为可能。

3.5.2　使用环境因素清单

在3.5.1小节的案例使用环境分析中,只展现出一小部分可能不得不在分析和规范过程中加以应对的使用环境因素。下面是有助于扩大我们视角的不同使用环境的简表：

办公室、书房、海滩、模拟器、设备控制室、客厅、月球、幼儿园、街道、实验室、游乐园、会议室、教室、手术室、战场、飞机驾驶舱、汽车驾驶座椅、生产线、剧院舞台、新闻编辑部、航母甲板、磋商会议地点、录制室、救护车、飞机控制室、在漆黑水里的沉船、足球场、帆板、聊天室、虚拟人生网络平台、……

这是一个真正呈现多样性的使用环境，你可以很容易地把更多的环境加进去。有趣的是，这样的清单能够创建一个使用环境属性/值的清单，如果出现在一个特殊的开发情况下，这些属性或值需要特别的分析和注意，以免不同程度地减弱系统的可用性。基于这些实例，下面是可能影响交互的环境因素清单：

- 噪声层级高/低，例如航母甲板与书房。噪声层级有变化，并且有时能够控制，有时不能。一个应用必须适合两个值。
- 外界光层级高/低，例如海滩与沉船。大多数外界光层级有变化，并且有时能够控制，有时不能。一个应用必须适合两个值。
- 对用户和其他人是危险的/安全的，例如汽车驾驶座椅/汽车驾驶座椅模拟器。危险的层级有变化，并且经常不能完全控制。
- 应力和压力层级高/低，例如飞机控制室和游乐园。应力/压力层级有变化，并且经常不能完全控制。
- 人为差错容忍高/低，例如客厅与手术室。
- 外部环境对用户注意力的要求高/低，例如飞机座舱与实验室。
- 人体感知或动作障碍存在/不存在，例如在月球上操作防护服、防护手套等的应用与大多数其他使用环境。
- 旁观者，例如火车与帆板。这经常不能完全控制。
- 观众，例如剧院舞台与新闻编辑部。这经常不能完全控制。
- 合作者取决于任务(3.4.4 小节)。
- 备份人的存在/不存在，也就是如果有交互的问题，用户能够得到帮助吗？取决于任务组织。
- 硬件损坏、被盗等的风险高/低，例如街道与某些其他使用环境。

现在，无论什么时候对 AMITUDE 其中一个方面进行分析，我们都越来越习惯于看到 AMITUDE 所有或大部分方面的密切关系。例如，如果有合作者，使用环境就有变化，任务或其他活动也会有变化，也就是从单用户到多用户，而如果合作用户应该或可能有不同的配置文件，那么用户配置文件同样可能有变化。有时，控制环境是有可能的，就像在让每个人都与危险的生产机器人保持安全距离的时候；有时不能，就像在行驶于街道上的汽车里，在这样的情况下，多模态选择可以减少危险，例如通过替换或补充带语音交互的车载屏幕。

3.5.3 物理和社会使用环境

据我们所知,至今还没有对使用环境有效的综合体系分类。至于应用类型(3.2 节)和任务(3.4 节),则很难看到哪一个能够建立使用环境类型理论,这就是我们提出经验性因素清单的原因(3.5.2 小节)。然而,区分物理环境和社会环境这两个主要使用环境可能是有用而且必要的。3.5.2 小节列出的实例表明,尽管大部分使用环境都以某种方式在物理意义上进行描述——唯一的例外是那些虚拟的使用环境——但几乎所有的使用环境同样都具有社会环境,因为在交互过程中其他人可能就在周围。因此我们应该假设,针对任何开发中的特殊系统,都必须对物理和社会使用环境加以分析。

尽管物理使用环境的理念不需要进一步解释,但社会使用环境可能有两个层级:直接的和间接的。

(1)直接的社会使用环境。不论其他人何时涉及实际的系统使用,都可能会影响系统,因此就必须对直接的社会使用环境加以分析。他们可能就像是在"数独"系统中的观众,像在"寻宝"系统中的盲人和聋哑人那样的合作者,或只是碰巧在周围的旁观者,不同的情形可能会严重影响系统使用或被其严重影响。

(2)间接的社会使用环境。在直接的社会使用环境里,其他人是交互的一部分,即使只是被其干扰。对比间接的社会环境,或被开发出的组织环境(如果有的话),大多数系统的开发是为了适合某个组织环境或其他环境,即使只在最小的意义上,就是为使用该系统,用户也必须向生产者注册。"算术"案例的目的也是简单的组织环境,也就是包括拥有大量潜在用户使用系统并保持追踪使用的环境。即使这些简单的组织环境也能够让用户的生活变得艰难,就像我们知道的那样——有注册码、密码、号码遗失提示、注册更新延迟,等等。

至于组织环境的可用性分析,另一类系统则有更多的要求。为了使系统适合组织,组织环境必须在组织特征各方面加以深入分析,例如必须加以考虑的组织目的、指令链条、工作组织、工作流量、分工和责任、工作场所合作、不同用户群间的信息共享、内部惯例和标准以及现有技术。

社会使用环境分析经常与用户配置文件分析(3.3.6 小节)相结合,尤其是对合作和组织系统。因此,在组织内部,具有不同作用和目的、不同教育和专业知识的几个用户群都可以利用系统具有的信息;另一个群可以与现有的系统做技术整合以及系统维护;第三个群可以负责更新信息;第四个群可能需要对某些信息的特许存取;第五个群首要的目的是获取系统;第六个群可能批准其获取系统;第七个群可能密切涉及其开发和评价;等等。

我们不会在本书中进一步讨论这些问题,请查阅人机交互文献,例如梅休(Mayhew)(1999)、普里斯(Preece)等(1994)和特埃尼(Te'eni)等(2007)的著作。

3.5.4 环境责任

对于绑定到特殊使用环境的系统,我们能够分析其相关内容并使用规范里的 AMITUDE 模型。但随着计算变得无所不在,系统也越来越多地被用于各种不同的使用环境,其意义并不仅仅在于该系统会有物理环境、直接的社会环境和组织环境,有时还会有虚拟环境——而在于,不管对或错,系统可用于不同的跨越物理、社会和虚拟环境中的任何地方。可用性开发应该考虑这一点吗? 如果应该,怎么办?

可以说,我们应该:①尽力使系统适合一个或几个特殊的使用环境,并且清楚地宣布"适合"。例如,语音听写系统面临着完全不同的使用环境:在火车上、在驾车时、在会议室里、在航母甲板上,或在一个安静的无线电/电视广播密室里,在译者口述同声传译产生的文本出现在电视观众的屏幕上。取决于不同的使用环境,执行听写任务可能会表现出很简单、社会意义上令人尴尬、社会意义上烦人和具有破坏性、过度产生压力或者完全不可能等各种状态。因此,我们最好只是建议系统在安静的地方使用,注意不要打扰别人,剩下其余的就是用户的责任。②提供必要的使用环境定制功能,例如手机能够定制到口袋内振动而不是大声响铃。③为未来作准备,例如开发拒绝为开车时的驾驶员使用手持手机,或拒绝由醉酒或吸毒的驾驶员驾驶的汽车等。

3.6 交互

"交互"是本书和人机交互的中心,可用性研究是使系统适合交互中的人。在本节中,我们认为,交互已经远远超过术语"交互"对适合多模态可用性、比较普通的模型可能包括和描述的含义。

20 世纪 80 年代,尽管经常以比较高级的方式描述用户交互,但本质上都是手动工具的处理。标准的图形用户界面用户所有要做的就是使用手动工具(键盘和鼠标)、观察(屏幕)操作产生的结果。用图形用户界面语言来说,这叫"对话",按下被标注的按钮并重新定位屏幕上的对象是用户—系统对话的有限实例。系统这种操作方式接近于通过旋钮、刻度、观察发生什么、确保与以前开发情况的良好延续来处理第二、第三和第四代技术(1.4.2 小节)。

早在 20 世纪 80 年代,交互就在朝着新的方向发展,今天我们需要一个综合模型来描述仍然通常被称为"交互"的类型。事实上,如果拿来描述所有的人与系统的交往,那么交互的传统设想就不适当了,几十年前就会产生潜在的误导。

在 3.6.1 小节展示归纳的交互模型后,我们在 3.6.2 小节进行讨论,当从基于图形用户界面的交互迁移到多模态和与人融合时,同样必须归纳模型的核心交流部分。这些案例依据 3.6.3 小节的模型加以分析。

3.6.1　归纳交互:信息展示和交换

图 3.3 显示分层模型,其底层不再是交互,而是更基本和普通的内容,也就是用户和系统之间的信息展示和交换。

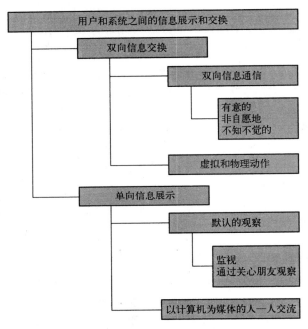

图 3.3　各种人—系统的信息交换

（1）有意的双向通信。为了从熟悉的"交互"历史根源着手,先想一想模型中有意的双向人—系统通信。这是经典的交互,就像点击链接、打开新的网页页面,向问答系统键入问题、获得答案,与系统进行自然的语音对话,或者朝虚拟角色点头、正确地解释点头的含义,并由虚拟角色的输出加以论证等。显然,经典的交互是一个双向通信的形式。此外,用户交互基本上是有意的:我们考虑的是要输入什么,然后再去做,而且我们在进行之前就会考虑系统的输出。通过训练我们可以使交互式行为自动化,这样就不再需要考虑正在做的事情的细节,而只要按部就班就行了(拉斯穆森(Rasmussen)1983)——但这并不会改变基本事实。我们所做的还是有意的,并且思考和推理至少还保存监督的作用。

（2）虚拟和物理操作。双向信息通信在模型里只有一个邻居,也就是虚拟和物理动作。原因在于,我们与系统进行双向信息通信时,虚拟和物理动作的区别似乎并不明显,例如在星球大战游戏中直接掌控虚拟、现实或物理对象的混合,或派遣克隆人的时候。这与认为雪球的形成是与雪交流的情况一样是违反直觉的。把虚拟和物理操作描述为信息的双向交流而不是交流,可能会减少误导。

(3)超越交互。让我们回到经典的交互,我们认为它受限于用户信息输入是有意的这一假设。特别是,图3.3中第三层级里的3个详细信息——双向信息通信,默认的观察和以计算机为媒体的人—人通信——包括很大一部分无意的用户输入。

(4)隐性的观察。想想用于监拍窃贼卸窗户玻璃的摄影机监控系统。对于窃贼来说,对于拍摄到的信息完全是无意的。他可能对监控一无所知,极有可能不是有意暴露自己而被摄影机拍摄到。所以窃贼不是在与系统进行经典意义上的交互,他也不是在与系统进行(双向)交流。他正在被隐性的观察。也许,隐性的观察有一个更有趣的、当然也是更积极的情况,就是通过观察来关心朋友。友好关怀系统正在出现,为帮助和协助我们,该系统与人融合并以不引人注意的方式拍摄信息,并了解我们的习惯、偏爱、个性、知识、技能等。"算术"案例就是一个实例。

(5)无意的通信。事实上,大部分人际交流都是非自愿的,其中某些交流我们可能甚至都没有意识到其发生,如满怀欲望的快速一瞥、尴尬或惊讶的表情或者声调等这些我们宁愿保守秘密却无意中暴露出的通信。多模态和自然交互式系统研究已经开始应对这些通信中的重要现象。

(6)生物传感器数据。多模态交互式系统越来越多地利用到用户的生理数据。在研究中,一个实例是把生物传感器贴在汽车驾驶员身上,用于检测驾驶员是否分心或昏昏欲睡,此时系统会采取相应措施使驾驶员避免即将到来的灾难。一般来说,生物传感器数据最可能被看作是从人到机器的单向信息,尽管用户可能知道它的某些情况,或者机器可以在刚开始的时候初始与用户开展交流。在任何情况下,大部分的数据完全是无意的。但有趣的是,某些数据却是有意的,例如身体残疾的人通过脑电图描记器(electroencephalogram,EEG)控制轮椅。与隐性的观察有所不同,这种情况下用户通常知道一定种类的信息正在展示给系统这一事实。

(7)以计算机为媒体的人际通信。不管我们是在网上聊天、参加视频电话会议、访问虚拟人生网络平台,还是使用手机,我们主要是与人交流,而不是与系统,系统仅仅是提供了通信的渠道。通常我们发现当交流不能进行,或者因为固有的限制(1.5节)导致系统无法完全使通信找到真人对话者的时候,就会有一个系统媒体。我们认为,对于以计算机为媒体的人际通信,其主要部分——人与系统的交互其实是人到系统的单向信息,因为系统并不对用户的输入做出反应,而只是把它传给另一端的人。当然,当我们操作系统媒体参加或退出视频电话会议,或设法确定问题发生的时候,我们就回到无意的双向人与系统交流。

(8)双向信息交换与单向信息展示。我们现在看到,图3.3中第二层级区分的核心就是,不管是有意还是无意,在双向信息交换中,我们都积极地使系统对我们的输入做出回应。在单向信息展示中,我们只是把输入交给系统,系统将利用这些输入做它被开发出来要做的任何事——试着识别盗贼和发出警报(默认的观察、监控);处理未来有用的输入(隐性的观察,照顾朋友);分析有用的提示信号(生物传感)或传输信号(以计算机为媒体的人际交流)。

总之,似乎有必要根据人与系统信息展示和交换,使用更全面的理念重新诠释人机交互。我们将继续在本书中使用术语"交互"和"人机交互",但是希望已经表明,它们是历史的遗物。

3.6.2 归纳双向通信:意识,主动性,行为和风格

3.6.1小节从"广度"归纳了交互,努力确保我们面对的不管是从脉冲读数,还是到虚拟克隆射击或任何图3.3中的极端东西,都能够涉及使系统适合用户的全范围用户—系统交互。本节中我们关注交互、双向交流的传统核心,试着从图形用户界面交互到多模态交互和与人融合进行"深度"归纳。

一般来说,基于图形用户界面的双向交流主要依赖键盘和鼠标输入,而多模态交互可能包括完整的人际风格交流输入。通常我们很少使用自然的人际交流,例如自然的语音作为基于图形用户界面系统的输入,这意味着标准的图形用户界面开发者不必担心如何处理自然的人际交流输入,而多模态系统和与人融合系统的开发者却必须考虑这些问题。让我们看看这对于多模态可用性意味着什么。

(1)非自愿的和无意的用户输入。我们在3.6.1小节中看到,双向交流输入既可能是自愿和有意的,也可能是非自愿的和无意的。在标准的基于图形用户界面的双向交流中,用户用键盘和鼠标输入,通常被假设为有意和自愿的。然而,自然的人际交流输入既可能是自愿的、有意的,也有可能是非自愿的、无意的。

现在让我们看看关于归纳双向用户—系统交流需要的其他3个方面:主动性、交流行为和交流风格。显然,后两个对图形用户界面开发而言很少有或没有重要性可言,但它们对有用的多模态交互和与人融合系统的开发都十分重要。

(2)通信中的主动性是指谁推动交流向前发展,或谁必须为用户—系统交流起作用以继续下去而不是停顿、结束或超时。这是一个连续体,0%的系统主动性和100%的用户主动性在一端,100%的系统主动性和0%的用户主动性在另一端。这其实与人际交流是相同的,从中我们也知道,主动性的平衡在交流中可

能转换,例如对话者 A 在对话开始时占据大部分的主动性,而对话者 B 推动对话的结束。实际上有必要区分这 3 个主要阶段标志,用户—系统的所有或大部分交流是以下 3 种方式的其中之一:

- 以系统为主导;
- 以用户为主导;
- 混合主动性。

(3) 大多数图形用户界面是以用户为主导的:图形用户界面输出摆在那里,系统提供输入操作的选择,一直等到用户选择某个操作并做出相应的响应。用户需要大量的系统功能知识以推动任务向前发展(3.4.7 小节)。对于某些任务而言,这个主动性分布的可用性已经变得很差,以至于普通用户经常在挫折感中选择放弃。常见的解决办法是填写表格,填写中系统仍然等待用户的下一个步骤,但是通过键入指令、是/否问题、强制性输入的星号 *、对用户改正内容的要求、查看下一个应用窗口的继续按钮等指导用户的每个操作步骤。结果就是,当用户选择填写表格后,交流从以用户为主导转换为以系统为主导。混合主动性的基于图形用户界面的交流还存在,主要是在用户与系统在某个虚拟世界里竞争的计算机游戏里。

回到多模态、自然的交互和与人混合的世界(1.4.4 小节),我们看到不同的画面。混合主动性的人际交流是理想状态,并且关键的研究领域是怎样理解自然交流输入。然而,大多数商业语音对话系统仍然是像基于图形用户界面的以系统为主导,例见 3.4.2 小节。

(4) 通信行为。大约 60 年前,人们发现交流不仅仅是信息交换,更是出于目的的行为,例如让某人做某事,宣布某个事实或表达一种情感。交流行为早期一个重要的分类是塞尔(1969)的语音行为分类法(15.5.5 小节)。

图形用户界面包括语音行为,如问题和命令,这也是图形用户界面交互之所以是交流的原因之一。然而,标准的图形用户界面开发者并不担心语音行为,因为它们所需的是理解系统输出的人。例如,假如菜单指令是一个提问、命令还是别的东西,不管用户单击一个菜单指令时发生的反映是否是用高难级别的语言编写的,对任何人都没有什么问题。

另一方面,在多模态和与人融合系统的世界里,系统必须能够在自然交流输入中确认和处理语音行为以及其他指令。而且还不止于此,看看我们说话写字时的行为表现,到目前为止,语音行为方面的大多数工作都集中在语音或键入语言上。然而,语音行为在本质上是比多模态大得多的自然交流行为组成部分,因为它们涉及交流的整体。未来的多模态系统将不得不处理这些自然交流的"完整"行为。

(5) 通信风格赋予了像礼貌程度、冗长与简洁这类的属性/值特点。交流风格确实应用在标准的基于图形用户界面的交流中,例如在为用户提供帮助和冗长帮助之间选择时,或者更通常地,在输出信息设计上。讨论输入到标准的基于图形用户界面系统上的通信风格,可能毫无意义。

随着我们转向多模态和与人融合的开发,事情会发生变化。为了实现与人融合,系统经常需要在语音形式或其他方面了解自然的人际交流输入。作为一个通用问题,在计算方面它是最难的问题之一。所以,作为开发者,你要尽你所能简化问题。系统的交流风格能够提供帮助,这是因为用户往往模仿系统的交流风格。在语音对话系统开发中,我们把这种现象称为输入控制,因为通过系统输出设计,可能对用户输入信息的风格有着强烈的影响,使系统任务更加容易有效理解输入信息。因此实际上,要注意不要让系统的交流形式过于礼貌,因为用户也会用礼貌的方式表达他们的输入,这就使系统对输入变得更难理解。不要啰嗦地交流,因为用户会做同样的事情。扼要中肯就好,确保系统能够理解其自身使用的词语、词组和其他结构,因为用户会重新使用它们(伯恩森(Bernsen)等1998)。

在这一节中,我们着眼于双向用户—系统交流(图3.3)。我们发现用户交流输入在多模态交互中比在传统的基于图形用户界面的交互中要复杂得多。多模态交互最终需要系统通过语音、面部表情、手势等理解自然交流。意味着当开发多模态可用性时我们必须应对的双向交流非常不同于基于图形用户界面交互的双向交流,也比它全面得多。

3.6.3 案例交互

让我们用图3.3来说明涉及案例的信息展示和交换。看来案例基本上涵盖图中的条目。

(1)"数独"。AMITUDE 规范关注可用的、有意的双向交流。

(2)"寻宝"。这个游戏必须演示可用的、有意的双向交流、虚拟操作和以计算机为媒体的人际交流。

(3)"算术"。基本算术的情感性学习需要可用的、有意的和无意的(非自愿的、不知不觉的)双向交流,通过照顾朋友的静静的观察和生物传感。

3.7 小结

本章的重点是整体演示 AMITUDE 分析是如何发挥作用的。我们坚信,为保持对分析的有效控制,对 AMITUDE 各个方面应该逐一加以分析,并且应该对5.1节总结的情况列出结论。但经常显而易见的是,可能只是在分析了出自AMITUDE 的几个不同方面的约束之后才得出那些结论。

我们正在进行第一个 AMITUDE 案例规范的工作,在 5 个方面进行了分析,还剩下 2 个,开始考虑做了什么和如何做才是有用的。AMITUDE 本身提供最初的高级支持,规定除了在整体分析以外,我们必须一个一个地分析其 7 个方面。**应用类型分析**是对案例系统的检验,因为多种有用的类型需要检查。**用户配置文件**分析非常简单,但经常因为过于详细而给新手留下深刻印象。**任务分析**是其中最重要的,甚至在早期预设计阶段也是。**使用环境分析**相当简单,尤其是相比于它可能涉及的内容。**交互分析**只是对于一个模型的每个案例的分类。

我们做的这一切似乎是纯粹基于经验的思考,当然很不现实。在一个真实的项目中,没有众多的团队讨论、网络和文献查阅、CoMeDa 周期、拟草稿和重新拟草稿等,我们不会走出这么远。然而一件事通过"纯粹的思考"能够走出如此之远,特别是,如果还有一件我们上面没有做的事正在进行,也就是为在决策前做进一步调查,需要从日益增长的一系列事情中进行维持和执行,那么这样的开始也不是什么坏途径。

参 考 文 献

Baber C, Noyes J (eds) (1993) Interactive speech technology. Taylor & Francis, London.

Bernsen NO (1985) Heidegger's theory of intentionality. Odense University Press, Odense.

Bernsen NO (1997) Towards a tool for predicting speech functionality. Speech Communication 23:181-210.

Bernsen NO (2003) On – line user modelling in a mobile spoken dialogue system. In: Bourlard H (ed) Proceedings of Eurospeech'2003. International Speech Communication Association (ISCA), Bonn 1:737-740.

Bernsen NO, Charfuelàn M, Corradini A, Dybkjær L, Hansen T, Kiilerich S, Kolodnytsky M, Kupkin D, Mehta M (2004) Conversational H. C. Andersen. First prototype description. In: André E, Dybkjær L, Minker W, Heisterkamp P (eds) Proceedings of the tutorial and research workshop on affective dialogue systems. Springer Verlag, Heidelberg: LNAI 3068:305-308.

Bernsen NO, Dybkjær H, Dybkjær L (1998) Designing interactive speech systems: From first ideas to user testing. Springer Verlag, Berlin.

Bernsen NO, Dybkjær L (2004) Domain – oriented conversation with H. C. Andersen. In: André E, Dybkjær L, Minker W, Heisterkamp P (eds) Proceedings of the tutorial and research workshop on affective dialogue systems. Springer Verlag,

Heidelberg: LNAI 3068: 142-153.

Cassell J, Sullivan J, Prevost S, Churchill E (2000) Embodied conversational agents. MIT Press, Cambridge, MA.

Dybkjær H, Dybkjær L (2004) Modeling complex spoken dialog. IEEE Computer August: 32-40.

Luppicini R (ed) (2008) Handbook of conversation design for instructional applications. Information Science Reference, USA.

Mayhew DJ (1999) The usability engineering life cycle. Morgan Kaufmann Publishers, San Francisco.

Nielsen J (1999) Designing web usability. New Riders, Indiana.

Norman DA (2004) Emotional design: why we love (or hate) everyday things. Basic Books, New York.

Ortony A, Turner TJ (1990) What's basic about basic emotions? Psychological Review 97/3: 315-331.

Picard, RW (1997) Affective computing. MIT Press, Cambridge.

Picard RW, Papert S, Bender W, Blumberg B, Breazeal C, Cavallo D, Machover T, Resnick M, Roy D, Stroehecker C (2004) Affective learning – a manifesto. BT Technology Journal 22/4: 253-269.

Preece J, Rogers Y, Sharp H, Benyon D, Holland S, Carey T (1994) Human – computer interaction. Addison-Wesley, Wokingham.

Rasmussen J (1983) Skills, rules and knowledge: signals, signs and symbols, and other distinctions in human performance models. IEEE Transactions on Systems, Man, and Cybernetics 13/3: 257-266.

Searle J (1969) Speech acts. Cambridge University Press, Cambridge.

Searle J (1983) Intentionality. Cambridge University Press, Cambridge.

Te'eni, D, Carey J, Zhang P (2007) Human computer interaction. Developing effective organizational information systems. John Wiley & Sons, Hoboken, NJ.

Traum D, Swartout W, Gratch J, Marsella S (2008) A virtual human dialogue model for non-team interaction. In: Dybkjær L, Minker W (eds) Recent trends in discourse and dialogue. Springer, Text, Speech and Language Technology Series 39: 45-67.

第4章　模态和设备

本章完成对始于第 3 章指定的 AMITUDE 使用模型概念的阐述。通过与 AMITUDE 相关的案例分析展示和说明有关模态和设备的概念。出于以下几个原因,模态涵盖面很广:第一,最基本的原因是,模态是本书从以图形用户界面占支配地位的可用性到多模态可用性进行归纳的关键;第二,模态和多模态系统往往很少出现在标准的人机交互文献中;第三,甚至模态和多模态的观念也没有被好好理解,误解比比皆是;第四,存在大量的非图形用户界面模态以及我们将介绍的关于非图形用户界面模态的理论。

在更多的小节中,4.1 节讨论当前某些关于多模态的看法,并且依据信息、传感器系统、物理信息载体、媒体和输入/输出来定义多模态和单模态系统;4.2 节阐述模态分类法;4.3 节介绍模态特征;4.4 节介绍多模态表述,讨论如何结合模态以及案例进行模态分析。最后,4.5 节结合案例进行设备分析。

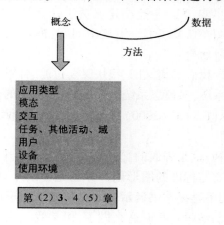

4.1　多模态系统概念

模态是与多模态相关的关键,主要是因为如果某个事物是由几个模态组成的,它就只能是多模态的,这种说法正确吗? 比方说,如果某个事物(如交互,系统等)是多模态的,它就由几个单模态,也就是本身并不是多模态的模态组成。事实上,当前绝大多数的系统都是多模态的,单模态系统是极少情况而不是一般

59

情况。

当前存在着几种关于多模态系统的解释和定义。某些存在于文档资料中，其余的更像是如果被问什么是多模态才进行答复的直觉感受，对我们帮助不大。基于3.6.1小节中介绍的作为信息表述和交换的交互观念，在4.1.2小节～4.1.5小节采用系统化方式进入媒体和模态，然后在4.4.1小节讨论其中几个。

词典中的术语"模态"并不具有太多的信息。它的其中一个定义是成为某个事物的一种方式，另一个定义是在3.3.4小节遇到的所谓的心理（视觉、听觉等）的感觉模态。我们并不知道是谁第一次使用术语"模态"来指多模态系统的元素。这个术语出现在博尔特（Bolt）的早期论文《语音和指示手势结合使用的优点》中（博尔特1980）。霍维（Hovy）和阿伦斯（Arens）（1990）的著作中第一次系统阐述它，两人提到书面文本和嘟嘟声实际上是指用作计算机系统输出或输入的不同模态。第一次的全面记述是伯恩森（Bernsen）（1994）的著作，在伯恩森（2002）的著作中得到发展更新。

4.1.1 没有发展前景的观点

这是多模态系统的两种不同定义：
- 多模态系统是以某种方式涉及多个模态的系统。

这是毫无价值的事实，实际上这个定义关于什么是多模态根本就是非信息性的。然而，它确实"好好"关注了一下这个问题：模态是什么？这里有经常潜伏在背景之中的另一种解释：

- 多模态系统是带我们远离又旧、很快又要过时、针对交互式系统的图形用户界面范例的系统，多模态系统表述新的、更高级的范例。引用奥维亚特（Oviatt）和科恩（Cohen）（2000）的著作："多模态系统完全不同于标准的图形用户界面"。

作为多模态的解释，这是虚假的，会严重误导人。此外，关于多模态是什么，除了错误地认为多模态与标准的图形用户界面无关以外，它近于空洞。我们理解你的惊奇：难道我们不是把本书展示为一个从基于图形用户界面的可用性到多模态可用性的必要归纳吗？我们这么做了，但是我们从未说过基于图形用户界面的交互不是多模态。这就是症结所在，上面给出的主张如此虚假，以至于如果你把它作为公理接受，那你就永远都会是迷惑不解的。在很大程度上，基于图形用户界面的系统是多模态的（4.3.1小节），与基于图形用户界面的系统相比，有很多不同的、多样化的、多模态的、与人融合的系统在现实、想象或纯粹的潜存于意识中；我们认为，这些系统形成了传统图形用户界面中没有被提出过的、新的可用性开发问题。事实上，有同样形成类似问题的单模态系统，当然，这些单模态系统也在本书范围之内。此外，基于图形用户界面的系统并没有过时，基于图形用户界面的交互是有用的多模态交互范例,因为是历史性的开创,它要比大多数其他类型的多模态交互更好地被探索,更为大多数人所熟悉。

4.1.2 传感器系统,载体,媒体,阈值

与系统进行交互意味着系统给我们提供信息,或者我们给它提供信息,或者我们与它交换信息(3.6.1小节)。重要的是,这个信息有很多不同的类型。现在让我们关注信息交换最终是一个物理进程这一事实。

尽管人们习惯于使用抽象的术语来思考和推理信息,但我们从不使用抽象术语与人、动物或系统交换信息。当人们交换信息时,信息是以某种方式(以声波、光或其他方式)物理呈现的,我们称它们为信息的物理载体。为了实现物理获取传播信息,人们拥有传感器系统,包括5个经典的视觉、听觉、触觉、嗅觉和味觉(3.3.4小节)。每个载体对应一个不同的传感器系统,当由一定载体传播的信息被相应的感觉接收到时,会发生什么?嗯,除非事件的物理过程出于某种原因没有做到这一点,否则必定发生的事就是进行传感的实体在相应的媒体中感知到信息,如图形或音效。因此我们得到表4.1所示的对应关系。

表 4.1 传统"人体5个感觉"的媒体—载体—感觉对应关系

媒 体	物 理 载 体	传感器系统
图形	光	视觉
音效	声音	听觉
触觉	机械刺激	触觉
嗅觉	化学刺激	嗅觉
味觉	化学刺激	味觉

在表4.1中,图形意味着看到的或由电磁波传播的信息,音效意味着听到的是由声波传播的信息,等等。你可能习惯于认为看到的一切是"图形",特别是如果你是一位以英语为母语的人,习惯于认为图形是看到的一切的"图片"子集。按照我们对术语的理解,图形是指看到的一切,包括键入文本。

真人感知的物理信息受人体传感器的局限性所限制。例如,人眼只能感知到大约 $400 \sim 700 \text{nm}$ 波段的光。同时,光的强度和其他因素也很重要。人耳能感知 $18 \sim 20000 \text{Hz}$ 频段内具有足够强度的声音。触觉信息,经常由手来收集,包括本体感受(3.3.4小节),但也能够由所有身体部位收集——必须高于一定机械力阈值才能被感知,其感知还取决于显现的、可触摸的人体皮肤各个部分的触觉传感器密度。在这些继承决策的限制内,以及由于各种因素,人体阈值因个体差异和时间推移而各不相同。

如果信息的接受者不是同一个人,那么阈值样式就不同了,如果接受者是一

个系统也同样适用。换句话说,未受协助的人体感觉系统和计算机的感觉系统之间没有阈值对称性。最终在人体感觉阈值内进行信息传感,计算机可能会变得和人一样好,甚至比人更好,并且计算机已经能接受感觉信息,其程度远远超过了未受协助的人体感觉系统能够做到的,例如传感 γ 射线、红外线或超声波的时候。此外,计算机能够感知人类在不经帮助就无法使用多少或根本无法使用的媒介信息,例如磁场。当然在这两种情况下,通过将信息转换为人能够获取的、等效的物理呈现的信息,人也能够接收相同的信息。

4.1.3　模态和可用性

基于 4.1.2 小节,我们能够用直截了当的方式定义模态,即模态,或者更明确地说,信息表述的模态,是在某种媒体中表述信息的方式。

既然媒体被连接到特殊的物理载体或传感器系统上(表 4.1),那么模态就是由媒体—载体—传感器系统三联体及其特殊的表述"方式"定义的。由此可见,模态不一定能够被人所感知。模态甚至可以在人不能进入的物理媒体中表述。不过,除非另有说明,接下来我们关注的都是人可感知的模态。

这些表述信息的"方式"有什么意义呢?事实上,如果不是因为这些不同的"方式",所有我们需要的就是表 4.1。我们需要那些"方式",也就是那些模态,因为人们使用很多非常不同的模态来表述在同一媒体中的信息。例如,我们使用图形媒体(可视的一切)来表述文本、图像、面部表情、手势和更多信息。这些是在相同的媒体中表述的不同模态。

这就是让我们直接面对模态是 AMITUDE 的一个方面这一观点的原因。这是因为,一般来说,抽象信息是否表述在一个或另一个模态中会给可用性造成很大差异。想一想不同粒度的 3 个简单实例:①盲人不能使用在标准显示器上表述的任何图形模态;②看能做到,但是试着只用图像、不用文本来表述这个句子的内容;③这当然行不通,但为盲人朗读这个句子却是非常简单的。现在让我们再想一想那些在 AMITUDE 分析环境中的实例。在实例①中,图形的使用被用户配置的文件排除(3.3.6 小节)。在实例②中,图形图像模态由于要表述的信息内容而被排除,图形文本模态所作的选择则是相反的。在实例③中,同样的内容,也就是上面给出的图形文本句子,为适合目标用户配置文件,正在非常不同的模态中,也就是口语中被表述。这是一个用多个和相当熟悉的模型进行推理的 AMITUDE 微观世界。

归纳起来,我们得到一个熟悉的生动描写:当开发可用性时,我们进行 AMITUDE 分析,而它的一个部分是旨在做出模态可用选择的模态分析。像所有的 AMITUDE 分析一样,需要的是整体的推理(3.1.2 小节),因为被选模态必须与用户配置文件、使用环境、任务中要交换的信息等相一致。

4.1.4 输入和输出模态,对称和不对称

我们看到,自然交流的用户输入比基于图形用户界面系统的标准输入(3.6.2 小节)要复杂很多。通常,就像多模态交互可能在输入和输出的复杂性剧增一样,我们需要在输入和输出模态之间保持严格的区别,以免一切都搞乱了。例如,"语音计算机游戏"是什么?如果系统采用语音输入,语音输出,或两样都做,那就会有很大的不同。此外,既然语音能够具有不同的模态,那么我们就可以迅速生成一个小的组合树形图,了解一下在这个结构中"语音计算机游戏"的位置,例如,如果我们正在进行应用类型分析(3.2 节)。

我们说,在交互的过程中,用户把输入模态输入到系统,系统把输出模态输出给用户。当人们相互交流时,通常输入和输出模态是相同的,将这种情况称为输入/输出模态对称。在今天的人—系统交互中,输入/输出模态通常是不对称的。

4.1.5 单模态和多模态系统

我们现在能够定义多模态交互式系统:

(1) 多模态交互式系统具有输入和输出,并且使用至少两种不同的模态进行输入和(或)输出。

因此,如果 I 是输入,O 是输出,而 M_n 是特定模态 n,那么[IM_1,OM_2]、[IM_1,IM_2,OM_1]和[IM_1,OM_1,OM_2]就是多模态系统的某些最小的实例。例如,[IM_1,OM_2]可能是把可识别的语音作为文本显示在屏幕上的口语听写系统。再试着举出其他的例子,我们还能够定义单模态交互式系统。

(2) 单模态交互式系统是具有输入和输出,并且使用相同的单一模态进行输入和输出,也就是[IM_n,OM_n]。

电话语音对话系统是单模态的:我们对它说话,它再回话,这样就行了!其他的实例有盲文文本输入/输出聊天,或者体现代理软件作为用户运行的功能来运行的系统。当然还有更多的实例,但真正的和潜在的多模态系统类别仍然要比真正的和潜在的单模态系统类别大得多。

4.2 存在哪些模态? 单模态的分类法

一个经典的笑话说:"太好了!现在我们知道答案了——可问题是什么?"表4.2回答了上面标题的问题,但如果我们首先使问题更明确,答案就会更清楚。

模态是在特殊媒体(4.1.3 小节)中表述信息的特殊方式。让我们关注一下

表4.1三种媒体中的模态,也就是图形、音效和触觉,暂时忽略嗅觉(气味)、味觉(味道),尽管这两种媒体也都出现在多模态交互中。今天和不久的将来,图形、音效和触觉将是多模态交互的根本。我们的问题就变成了这样:

哪些是图形的、音效的和触觉的模态?在这些模态中,哪些与可用性开发相关?

表4.2显示出媒体中所有可能的单模态的分类法。已经仔细使目前不太相关的模态紧凑在一起,所以该表能够用作构造多模态系统的输入/输出模型工具箱。我们从其视觉结构(4.2.1小节)入手,按步骤解释该表。关于计算机高手的4.2.2小节解释分类法起源和派生。4.2.3小节、4.2.4小节展示分类法的演练,4.2.5小节描述媒体的元素,也就是信息通道。

表4.2　模态分类法的一个观点

超级级别	通用级别	原子级别	亚原子级别
语言模态→	(1) 静态模拟图形元素		
	(2) 静态—动态模拟音效元素		
	(3) 静态—动态模拟触觉元素		
	(4) 动态模拟图形→	(4a) 静态—动态手势交谈	
		(4b) 静态—动态手势标记/关键词	
		(4c) 静态—动态手势符号	
	(5) 静态非模拟图形→	(5a) 书面文本→	(5a₁) 键入文本
			(5a₂) 手写文本
		(5b) 书面标记/关键词→	(5b₁) 键入标记/关键词
			(5b₂) 手写标记/关键词
		(5c) 书面符号→	(5c₁) 键入符号
			(5c₂) 手写符号
	(6) 静态—动态非模拟音效→	(6a) 口语交谈	
		(6b) 口语标记/关键词	
		(6c) 口语符号	
	(7) 静态—动态非模拟触觉→	(7a) 触觉文本	
		(7b) 触觉标记/关键词	

超 级 级 别	通 用 级 别	原 子 级 别	亚原子级别
		（7c）触觉符号	
	（8）动态非模拟图形→	（8a）动态书面文本	
		（8b）动态书面标记/关键词	
		（8c）动态书面符号	
		（8d）静态—动态口语交谈	
		（8e）静态—动态标记/关键词	
		（8f）静态—动态口语符号	
模拟模态→	（9）静态图形→	（9a）图像	
		（9b）地图	
		（9c）组成图	
		（9d）曲线图	
		（9e）概念图	
	（10）静态—动态音效→	（10a）图像	
		（10b）地图	
		（10c）组成图	
		（10d）曲线图	
		（10e）概念图	
	（11）静态—动态触觉→	（11a）图像→	（11a$_1$）手势
			（11a$_2$）身体动作
		（11b）地图	
		（11c）组成图	
		（11d）曲线图	
		（11e）概念图	
	（12）动态图形→	（12a）图像→	（12a$_1$）面部表情
			（12a$_2$）手势
			（12a$_3$）身体动作
		（12b）地图	
		（12c）组成图	
		（12d）曲线图	
		（12e）概念图	
任意模态→	（13）静态图形		

超级级别	通用级别	原子级别	亚原子级别
	（14）静态—动态音效		
	（15）静态—动态触觉		
	（16）动态图形		
显式结构模态→	（17）静态图形		
	（18）静态—动态音效		
	（19）静态—动态触觉		
	（20）动态图形		

4.2.1 分类法结构

本节描述表 4.2 的结构,使用表中说明读取该表,为理解该表,可先读 4.2.3 小节或 4.2.2 小节看看基本内容。

表 4.2 显示的是带有 4 个体系层级的树形图,分别称为超级级别、通用级别、原子级别和亚原子级别。随着我们向下一代层级移动,模态变得不太通用但更特定,通常可识别为属于多模态系统开发者的工具箱。

（1）超级级别。超级级别模态分为 4 类:**语言模态**,是指基于语言表述信息的方式;**模拟模态**,是指基于表述和被表述事物之间的相似性表述信息的方式,就像类似真实图像的图像;**任意模态**,是指事先没有任何特定意义,但出于某种目的被给予自组织意义的某种东西,就像当突出显示要加以讨论或删除的文本;**显式结构模态**,是指为标记表述的结构而插入的某种东西,就像在公共表格中的线格。

（2）继承。从超级级别开始,下面三代层级中的每一代都派生于其前身,派生使用的是常用机制,也就是为把原形模态细分成不同的、更明确的派生物模态而增加区别的机制。例如,超级级别中模拟模态的分类在通用级别被分隔成与其他模态一起的图形、音效和触觉模态,这就是在分类法中被提出的这 3 个媒体的区别。这意味着分类法是一个继承体系,每个模态都继承其原形特征,又由于用于派生它的区别而又有了自己的新特征。因此产生的一个后果是,亚原子级别模态留下相当长的、具有信息性的"名字"。因此,你能够在表中验证,（12a₂）手势的完整"名字"是"模拟模态图形图像手势"。最终的结果是,表 4.2 显示不同级的抽象模态。例如,当进行模态分析时,想一想在超级级别一般意义上的语言模型的特征,有时是有用的;想一想原子级别上的口语交谈（6a）细节,有时是有用的。如果在树形图中的模态节点有子代,则在表中用"→"进行标记。

（3）编号和颜色。除了超级级别,每个模态都在 1～20 之间进行编号。这是因为通用级别包括从 4.2.2 小节描述的基本元素中生成的最初 20 个不同模态。所有较低级的模态,先根据其通用级别的原形 1~20 进行编号,然后进一步用简单的字母数字混编相互区分。所以,如果我们从通用级别模态 5 开始,那么就会看到,它有(5a)、(5b)和(5c)3 个子代,每一个子代在亚原子级别都有 2 个子代,分别为($5a_1$)和($5a_2$)、($5b_1$)和($5b_2$)、($5c_1$)和($5c_2$)。用这种方式,就可以派生出 20 个经过编号的模态族,某些族包括 4 代,从超级级别延伸到亚原子级别。

（4）可扩展性。把超级级别原形作为根来计算,模态族几代的号码则显示 2~4 的不同。第二代族包括族 1~3 和 13~20;第三代族包括族 4 和 6~10;第四代族包括族 5 和 11,12。这是为什么呢？这是因为,除了最初的 20 个通用级别模态,只要当可用多模态系统的开发者需要时,我们就尝试创建新的区别,并扩展模态族的下一代层级。对于($12a_2$),即图形手势的延伸(15.5.5 小节)。

（5）不同观点。为什么没有对超级级别模态编号？这一点在 4.2.2 小节中进行解释,分类法的主干是通用级别,而表 4.2 中显示的超级级别只是通用级别模态的几个可能的分类之一。所以如果你宁愿用由超级级别的媒体组织的模态分类法工作,那么在本书的网站有一个那样的分类法。相比于表 4.2,它有一个不同的树形图结构,但内容相同。超级级别的第三代分类能够依据静态和动态模态之间的区别进行。

4.2.2　模态分类法的起源

分类法的范围是巨大的,它几乎包含“所有的意义”,因为计算或者最终可能来应对所有的意义。但是举例来说,分类法还没有进入嗅觉意义,并且还有在本节中变得明显的其他限制。我们认为,除了已经在某些情况下出现的更细致的区别,以及其他随着多模态系统的成熟而出现的模态之外,对于图形、音效和触觉方面的模态分类法是完备的。

现在我们简要描述一下分类法的概念起源以及从这些概念派生的原则。更多细节,参考伯恩森(Bernsen)(2002)的著作。

假设在人际或人与系统之间交换的、物理呈现的信息意义属于图 4.1 中显示的分类之一。该图表示:①模态理论目前提出在图形、音效和触觉方面表述的意义;②意义表述是(a)标准,因此是语言、模拟或显式结构之一,(b)任意或(c)非标准之一;③非标准意义被视为把某些功能应用于标准意义上的结果,就像用来创建隐喻性的或转喻性的意义的功能。

现在按照顺序分别解释图 4.1 中的概念。

（1）标准意义:①某个(子)文化里的共同含义。共同含义的正确理解对于交流、交互是最基本的,因为它允许我们在某个模态中表述信息,并使该(子)文

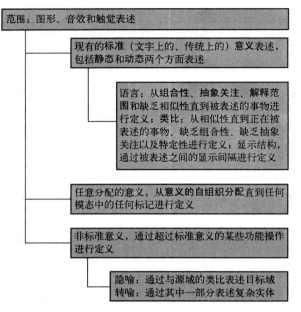

图 4.1　意义表述树形图(粗体字表述基本概念)

化里的每个人都能理解。②按照下面解释,标准意义与(共享但)非标准意义是对立的。例如,在某个语言的词表里的词语,有字典和百科全书里解释的标准意义。

(2)静态/动态:这种区别并不是从物理角度给的定义,相反是按照表述的接受者能够感知出来的结果给出定义,只要它起作用就行。例如在标准图形用户界面输出中,停止之前必须关掉的闪烁图标或声音报警——对应的是超越接受者控制产生变化的各个详细信息,如可能在任何时刻停下的电话响铃。静态表述是我们必须做点什么去改变它的一件事,而动态表述是按照自己的方式发生改变,并且如果你能够或想要让它停止改变,你就必须做点什么,例如停止动态文本在屏幕上的滚动等。因此,"静态"包括一般意义上的静态,还包括允许感知检查自由的短期周期变化的静态。

(3)组合性:这是一个语言分析中的标准概念。根据语言分析,语言意义通过近似方式至少能够被认为是从语法到语义构造的以规则为本(朱拉斯凯(Jurafsky)和马丁(Martin)2000)。例如,句子"玛丽爱约翰"是以规则为本方式构造的,如果词语顺序颠倒了,如"约翰爱玛丽",那这句话就会完全地改变了意义。

(4)抽象关注:在任何抽象级上,抽象关注是语言关注意义表述的一种智能能力。想一想句子 S:"一个女人走下楼梯。"你知道她是谁?她看上去或走起路来怎么样?楼梯和周围环境看起来是什么样子?或者楼梯是直走还是左右转弯？不知道！语言一直在做像这样非常有意义的抽象。但如果有人像照片一样逼真地画出这个女人，或给她拍一个快照，那我们就知道了。

（5）解释范围：读到上面给出的那个句子时，我们往往要做的是构想我们自己的（模拟）表述。我的表述可能与你的不同，并且两者都没有被陈述性的句子所证实。这就是解释范围：形成我们关于细节的假设和只受限于句子标准意义的理解，对此我们双方都是自由的。关于解释范围和抽象关注的更多内容，参考伯恩森（Bernsen）（1995）的著作。

（6）类比表述：这是通过表述和被表述事物之间的相似性给出定义。一幅奶牛的图画多少得像一头奶牛——如果不像，我们往往会提出图中被表述的东西是否真是一头奶牛这样的问题。然而，"奶牛"（cow）一词（德语：Kuh，法语：vache，丹麦语：ko）根本不像一头奶牛，但它却没有任何歧义。图画和词语都是表述而不是真东西——比利时画家马格利特有一幅像照片一样逼真的管子画作，题为"这不是一个管"，还记得吗？他是正确的，它不是一个管。不同的是，这幅画作是一个类比表述，而标题是非类比表述。

像照片一样逼真的图像向它们所表述的东西提出了类比关系，例如在原始草图、柱状图、盖革计数器的点击或声纳的声波标记图，以及它们所表述的东西之间，模态理论也提出了比这些关系更脆弱的类比关系。

（7）特定性：这是解释范围的反面：一个表述越是特定，它能提供的解释范围就越少。语言表述能呈现一个既不直也不弯，或颜色未指定的抽象楼梯，但真实世界却不能。它的楼梯台阶是直的或弯的，颜色是特定的。这同样适用于我们的感觉的想象。类比表述继承特定性，因为前者被用来表述后者。

（8）显式分隔：某个观念可能看起来没有太多内容。例如当创建表格或矩阵，也就是使用直线分隔行和列的时候，这有益于实现分隔和分组的目的。图形用户界面充满了显式结构——在拥有多层显式结构的微软视窗中、在下拉菜单中等。然而，显式结构也有益于其他模态，例如，我们使用嘟嘟声去标记何时用户能够在不打断语音对话系统的情况下说话。

（9）意义的自组织分配：间谍总是用这种花招来避免别人能理解他们的交流；幼儿在玩这种游戏的时候会用到它，意思是"不"反说"是"，反之亦然，直到我们认定出错；例如在给彩色文本分配特殊意义的时候，我们都会做这件事。如果自组织分配的意义迎合人心，这正是当新现象在一个语言中得到名字之时发生的事情，它就成为标准意义。像文本中的粗体：它就像把一个语言定型放到文字的旁边，标志着"这很重要！"。

（10）非标准意义功能：尽管我们往往没有意识到，但非标准意义贯穿于人际交流（约翰逊（Johnson）和拉考夫（Lakoff）1980，拉考夫1987）。例如，我们往往没有意识到的原因就是，作为引人注目的创新开始其生涯的隐喻，却终结于或濒临终结于像山的"肩膀"或名词短语的"头部"这样的隐喻。一旦终结,就需要特殊的关注来确认它们,这些词语又得像传统的标准意义那样表现,就像大多数的汉字是作为模拟记号开始的。通常,非标准意义类型学把每个类型都视为使用某个特殊功能从标准意义中创建出来的,例如隐喻("他大发雷霆"——用汽车里的水冷却故障作类比)或转喻("白宫发表声明说……"——使用白宫这一熟悉的物理实体代替美国政府行政部门)。

基于上述概念,模态分类法通用级别产生如下:①图4.1通过科学假设的方式,介绍一组互不相关的区别,这些区别旨在获取事实真相的核心,为的是表述模态理论,也就是图形、音效和触觉划定范围的物理媒体中的信息。②语言/非语言,模拟/非模拟,静态/动态,任意/非任意,图形/音效/触觉,这5组区别中每一个都使用户—系统交互中的可用性产生基本差异。③结合区别产生一个有48个潜在的模态配置文件的矩阵。④那些任意使用已建立意义的模态被清除,因为它们与标准意义清晰展示的目的不相容;而如果其他带有受限的现时相关性的模态稍后得到需要的话,这些模态将以一个完全可逆的方式结合或融合起来。结果是表4.2中显示的20个通用级别模态。相关的内容参考伯恩森(Bernsen)(2002)的著作。

分类法本身只强调标准意义,它除了能说明是来自标准意义的事物外,就像表4.2中的第三维度,它解释不了著名的界面比拟,例如桌面比拟①(加框文字1.2)。如果该表是三维的,你就会发现,有一个垂直于模拟静态图形图像的轴,而桌面比拟正位于此轴上的某个地方(9a)。

4.2.3　锐化想象

使用分类法需要:①理解它的结构(4.2.1小节);②调节想象;③理解"工具箱模态";④实践。我们把实践放到4.4.5小节的案例模态中进行分析,而把本节的重点放在模态分类法的调节想象和模态分类的演练。

(1)想象。分类法的综合性意味着它在表4.2中的表述是非常紧凑的。为"将其展开",我们将通过两个实例和一个练习来训练想象。空间维度是图形和触觉表述的重要特征,甚至音效表述(三维声音)也能够在三维度空间(高度、长度、广度)表述。空间维度针对特殊表述所作的选择经常会给它的使用目的带来很大的差异。然而我们没有在表4.2中发现空间维度的维数,说明分类法把所有的表述都归入到一维、二维和三维之中。例如,模拟静态图形地图(9b)包

---

①　桌面比拟(Desktop metaphor),在图形用户界面中,是一个将"人们在实际生活中的操作与计算机操作"合一的概念,帮助使用者容易地与计算机交互。桌面比拟将计算机的显示器比拟成使用者的桌面,其上可以放置文件与文件夹。文件可以开一个窗口体现,代表一份文本的复件放在桌上。也有称为办公桌配件(像是桌面计算机之类)的小程序可以使用。——译者注。

括在图 4.2 中显示的二维实例以及所有其他的静态图形地图,无论它们的空间维度大小。当然,我们能够通过在亚原子级别创建(9b)的 3 个子代($9b_1$)、($9b_2$)和($9b_3$)来区分维度。另外,由于普遍深入的、用户基于控制的静态和动态表述(4.2.2 小节)之间的区别,时间在分类法中无处不在。在第二个实例中,模拟图像模态位于表 4.2 中的(9a)、(10a)、(11a)和(12a)。大多数人都往往把术语"图像"与实际的二维静态图形图片联想到一起,例如照片,倘若这一事实成立,那该怎么办? 事实上原因在于图像可以是图形的、音效的或触觉的,3 个之中任何一个都能够是静态的或动态的,粗略的或写实的,并且图形和触觉图像都能够是一维、二维或三维的。如果你算得出来,你会得到被压缩成表 4.2 中 4 个类型的 28 个图像模态类型。注意,对于空间维度来说,分类法不区分粗略的和写实的表述,所以两者都能涵盖,而我们不得不选择最适合我们表述目的的类型。

(2)练习。作为一个想象练习:①试着给那 28 个图像模态类型中的每一个都想象出一个实例,这是能够做到的(可能需要一些时间);②针对它们中的每一个,都试着回答这个问题:这个表述可能为人机交互中的有用性目的提供服务吗? ③现在让我们尝试不同的角度,你可能会不得不用其他实例取代某些实例:例如说 2000 年前,所有这些图像表述类型都已经得到使用吗? ④28 个表述类型中有多少能够在像这样的一本书中被呈现出来呢? ⑤也是为了表述在一维、二维和三维中的空间维度,修改或替换 4 个音效表述,使类型总数达到 36 个;⑥,对于你刚刚生成的所有 12 个音效模态,回答问题②、③和④。

4.2.4 模态工具箱演练

让我们看一下模态家族。从本质上讲,考虑到抽象的所有层级,分类法中的所有模态都是模态工具箱里潜在意义上的有用工具。唯一可能的例外是模态 1、2 和 3。

(1)语言模态族 1、2、3。语言模态通常是对多模态交互具有关键作用、极具表现力的模态。某些书面语言使用具有模拟起源的记号,例如汉字和古埃及象形文字。此外,所有或大多数口语都包括具有相似起源的词语,就像我们走过泥浆时听到的"扑哧、扑哧"声。然而,这些起源对于语言模态的性质(4.2.2 小节)来说都是无关紧要的,这就是为什么我们基本上忽视表 4.2 中的模态 1、2 和 3 的原因。当然,这不能阻止任何人为某个游戏或其他目的创建模拟图形的、音效的或触觉的记号(或否决我们的主张)。

(2)语言模态族 4。可以说,模拟记号对模态 4,也就是使用模拟记号的手语或动态图形语言,是必不可少的。像口语一样,手语也是一种情境语言,主要是为了在特定的情境,即对话者在场,并且在共享时间、空间和环境中使用。模态 4 的子代分别是完全成熟的手语(或手势)交谈(4a)、手语标记/关键词(4b)和手语符号。任何类型语言中的标记或关键词都是一种被单独使用的、有意义的表达,就像词语或短语。符号既是正式语言,也是更为松散定义的东西,例如针对某个目的而开发的、设法进行组织或加以限制的一组表达。现有的很多手语已经开始针对能够看见的,但听力存在困难者和聋哑人开发。就像在我们的"寻宝"案例中所描述的那样,越来越强大的手语理解和生成系统正在着手构造,理解和生成手语标记/关键词和简单符号也已经成为可能。

(3) 语言模态族 5、6、7、8。除了图形手语外(4),语言工具箱模态本质上是静态的书面语言(5)、口语(6)、触觉语言(7)和动态图形语言(8),动态图形语言包括两个非常不同的族:动态图形书面语言(8a~c)和在视觉上被感知的口语(8d~f)。口语是通过视觉("唇读")和听觉,以及用静态和动态书面语言感知的。专门的触觉语言已经针对视觉障碍的人、盲人和聋哑人而开发。像图形手语(4)一样,无论是纯音频、纯视频还是视听的,口语都属于情境语言,而像盲文那样的书面语言和触觉语言是独立于情境的语言,是为不能共享空间、时间和环境的对话者进行语言交流而开发的。在情境语言表述和独立于情境的语言表述之间存在重要的差异,例如从使用电话、通过视频电话会议提供的语音信息到即时通信、在线聊天和手机短信服务,我们在使用很多由技术创建的混合语进行交流时都会感觉到这些差异。

在原子级别,模态 5~8 被扩展为:①书面文本或交谈;②标记/关键词;③符号。静态图形书面语言在亚原子级别被进一步扩展为手写和键入变化的文本、标记/关键词和符号。

在语言模态 5~8 以及它们的派生物之中——你认为目前和将来哪些在双向人机交流中最常见(图 3.3)。我们没有客观数据,但把可能的回答进行一下排队,作为得到对语言模态及其多模态组合更好的理解的方式,则是有趣的和有用的。

如果我们从最不常见的模态开始,那么模态 8(8a~8c)的动态书面语言部分,包括滚动语言和其他展示文本、标记/关键词和符号的活跃方式,似乎就只可能用于特殊的阅读目的或者特殊的用户。然而,从这里开始,估计和预测就会难得多了。

尽管视觉语音(8d~8e)似乎很少独立使用,但在各种多模态组合中有很多用途,例如教唇读,唇读作为手语(4)的一部分,事实上并不是纯粹的手势,但同样包括视觉语音的元素,它还作为视听语音(6a~6c 以及 8d~8e)的一部分。不仅在游戏方面,而且在商业网站上,视听语音输出正开始呈现出研究潮流,以支持听力轻微受损的人或在嘈杂的环境和语音对话应用中能够发挥作用。视听语音输出可能在 5~10 年后到处都是,而理解视听语音输入仍然是主要的研究课题。口语(6)是多模态视听语音的固有部分已经存在很久。在世界上说得最多的某些口语中,文本到语音的合成已经很好了,并且正在被用于很多不同的目的,就像预录式语音仍然保持的那样。口语输入仍然比视听语音输入更广泛,并且正在被用于越来越多的单模态和多模态对话系统中。

触觉语言(7)在其所有变化(7a~7c)中有很多使用实例,例如针对掌握盲文的视力困难者,不得不印刷输出以便解决阅读的问题,也可能因买得起的动态盲文输出触摸板的出现而解决。然而,很多视力存在困难的人并不掌握盲文,并且还可能有来自语音到文本的音效输入和文本到语音的音效输出这些技术日益加剧的竞争。但触觉语言如此普遍的真正原因是,在图形用户界面环境中敲打键盘和点击鼠标时,大多数人把它用作输入。事实上,鼠标点击作为触觉符号(7c)输入的主要形式,我们接受它的唯一原因就是鼠标编码简单易学。然而用鼠标操作、用扩大范围的摩尔斯代码完全取代键盘在技术上不会有问题,但这样做造成的学习挑战将是可怕的,更不用说写一段文本需要花费多长时间了。

最后,经典的图形用户界面种类,即静态图形书面语言(6)输出仍然主导着其他表述语言系统输出的方式,正广泛用于表述文本、标记/关键词和符号。出于可用性(易读性)的考虑,在其他方式中,键入种类($5a_1$、$5b_1$、$5c_1$)主导着它们的手写同伴($5a_2$、$5b_2$、$5c_2$)。在基于图形用户界面的语言交互中,大部分时间里我们都在被菜单里和其他地方的输出标记/关键词所引导,特别是遇到差错信息中的输出书面文本或在试着理解某个帮助系统的时候。

(4)模拟模态族9、10、11、12。模拟模态族在通用和原子级别上存在并行结构。在通用级别,表4.2分隔静态(9)和动态(12)模拟图形模态,并且融合静态和动态模拟音效(10)和触觉(11)。在原子级别,这些模态都有5个子代,也就是图像(9a、10a、11a、12a)、地图(9b、10b、11b、12b)、组成图(9c、10c、11c、12c)、曲线图(9d、10d、11d、12d)和概念图(9e、10e、11e、12e)。触觉图像(11a)和动态图形图像(12a)被扩展到亚原子级别,触觉图像被扩展到触觉手势($11a_1$)和触觉身体动作($11a_2$),动态图形图像被扩展到动态图形面部表情($12a_1$)、动态图形手势($12a_2$)和动态图形身体动作($12a_3$)。

图像是在任何空间维度、时间相关(或不相关)、粗略地或写实地表述某个事物的感性认识。事实上,地图是一种特殊类型的组成图,但因为人们都熟悉地图这个概念,所以我们把它留在原子级别而不是作为组成图的子代。组成图是"解析图像",也就是设法把某个事物的感性认识分解开的图像。这可以照字面意思进行,就像在一辆"分解的"手推车的静态图形组成图中那样,组成图经常与我们崭新的塑料包装的手推车一起,出现在活页宣传单上用作装配指南——或者它可以只是进行各个部分的命名。为进行分析工作,通常组成图至少要是双模态的。因此,如果组成图具有静态图形特征,那么无论是分解的还是整体的通常它显示某个事物的图像,并使用标记/关键词命名不同的部分。事实上(在作为组成图的地图中),图 4.2 中的地铁地图用小黑点表示车站名称的单模态。曲线图是定量数据的表述,使用的是空间和时间的表述手段——或信息通道,见4.2.5 节。最后,概念图使用空间和时间的表述手段来表述概念关系,如图 3.1中的 AMITUDE"轮子"。

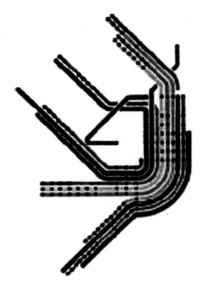

图 4.2 地铁地图

在以上 5 个类型中,图像至少在 4 个方面处于中心地位:第一,图像模态很大,因为一切事物都能够以图形、音效、触觉或想象的图像形式存在,而计算机可能最终能够理解和生成所有的图像模态。第二,其他 4 个模态都基于图像元素,与之相反,在曲线图和概念图中,我们增加图像元素,以呈现数量和抽象概念使其更易于理解;在地图和组成图中,我们通常减少图像元素,或使图像更粗略、更少写实,以突出要呈现出来的信息。第三,尽管地图和其他组成图、曲线图和概念图都是为服务于特定的表述而创建的人造物,但图像未必如此。第四,图像对语言的依靠比地图和其他组成图要少,并且这三者对语言的依靠比曲线图和概念图要少。换句话说,很多单模态图像独自产生意义(经常是很多不同的意义),有些组成图也是如此,但几乎没有任何曲线图和概念图会这样;如果表述因没有某种语言标记或注解而没有产生意义,那么这个表述至少得是双模态的。

(5)模拟图形 9、12。我们十分熟悉图像、地图、组成图、曲线图(像柱状图、饼状图、线图、散点图)和概念图的经典模拟静态图形种类,但需要记住的是,我们每天在媒体中看到的各种形式背后,都有着悠久的历史和厚重的文化。然而,

74

它们的模拟动态图形同伴却年轻得多,通常包括视频或创意动画输出显示,例如年轻的脸变成年老的脸(图像),在静态地图上伸展的道路(地图),按部件装配的汽车图表(组成图),随时间增长和递减的柱状图(曲线图),或者甚至是从根部生长的概念树形图(概念图)等。静态和动态图像图标在图形用户界面是常用的。

(6)模拟音效 10。当允许模拟图形转向模拟音效模态时,对于没有音效工作经验的人来说,事情就变得陌生了。我们都熟悉音效图像声音讯号,也逐渐熟悉音效图像。想想正在运行的汽车发动机的音效图像。如果我们设法增加语言注解,并且过滤掉无关的噪声,那么我们就有了一个能够用来在发动机故障诊断方面训练新技师的音效组成图。音效地图可能表述具有一个国家不同地区典型特征的鸟鸣。例如,地图数据量化成频率或强度的音效表述,这样的音效曲线图(或数据音效)会有很多不同用途。电影经常使用音效——音乐的流派、节奏、强度、音调——来反映危险程度、情感强度或情感效价(积极的与消极的)。音效概念图能够使用停顿符号和三维声音来制作;或者考虑把汤姆·莱雷尔有定时系统的那首歌作为文本。

(7)模拟触觉 11。模拟触觉的图像、地图、组成图、曲线图和概念图都因视力困难的人和其他人的使用而存在。过去经常主要用于"平面三维"的这些表述位于笨拙的纸板书中,由具有不同质地的材料制成以推动触觉探索。然而,一维、二维和三维的模拟触觉表述正在形成计算机输出,就像我们的"寻宝"案例那样。触觉信号,也就是对应图标和声音讯号的短暂触觉输出图像,实际存在着。模拟触觉输出能够为所有用户提供可计算的使用,例如让我们能从其触觉图像感受到一块布的质地,然后再去在互联网上购买由这种布制成的衣服。

(8)任意模态 13、14、15、16。任意模态能够单独使用,也可以作为其他形式的一部分。音效、触觉和图形警报和报警信号是典型的独立使用,其要点是能有效吸引人们的注意。作为另一个表述的典型使用,是当我们想要为了某个目的而标记任何模态和媒体中的某部分表述的时候。例如在静态图形表 17.3 中,每隔一行加底纹的做法,就是为了区分两个不同实验条件中的测试对象。

使用任意模态的某些重要方针包括以下几个方面:

① 确保目标用户能够很容易地感知任意模态,并且能够区分其他模态。

② 始终记得解释模态的含义或做了什么。既然它是任意的,这可能就不明显,甚至可能很难猜。如果不加以解释,接受表述的人就可能完全理解错误。

③ 永远不要使用已经对于特定目的具有明确意义的表述。否则可能会引起混乱和差错。很难向人们解释为什么,例如有人为开始游戏选择"停止游戏"这句话。

使用任意模态的主要成本是需要向那些接触它的人解释它的意义。使用有意义的表述是可取的,但并不总是可行的或实际的。不过,任意的表述有时也会设法理解和转变成带有标准意义的表述,如交通灯的颜色分别表示"走"、"准备停或走"和"停"之类的意思。有人可能会辩称,特别是红颜色,是非任意的、选择好了的,因为在某些文化中红色并不总是表示危险,这个想法是正确的、重要的。分类法只提出字面意义(4.2.2 小节),而红色并不在字面意义上意味着危险,它与危险相关,但也有时也表示充满激情,在不同的文化中可能还有别的意义。然而,在设计表述时考虑非字面意义在开发实践中是建议采取的方法。

（9）显式结构模态 17、18、19、20。它们是跨媒体的,可能反映在普通表格中水平的和垂直的线条(图形输出)、也可能反映在触摸屏上标记为图形用户界面按钮的输入听力区(图形输出,触觉输入)或用语音方式的暂停(音效输入和输出)中。从本质上讲,显式结构的意义是标记不同实体之间的分隔,并且通过暗示来给类似的实体分组。

（10）情境自然交流的模态 4、6、8d~8f,$11a_1$,$11a_2$,$12a_1 \sim 12a_3$。情境自然的人—系统交流在多模态系统和系统与人融合中有着特殊的作用(1.4.4 小节),所以在该演练结束时看看它的组成模态是有必要的。实际上,自然交流有两种主要形式,但它们之间共享很多模态。第一种形式包括手语(4)、视觉语音元素(8d~8f)、模拟触觉手势和身体动作($11a_1$,$11a_2$),以及模拟动态面部表情、手势和身体动作($12a_1 \sim 12a_3$)。第二种形式包括口语(6)、视觉语音(8d~8f),模拟触觉手势和身体动作($11a_1$,$11a_2$),以及模拟动态图形面部表情、手势和身体动作($12a_1 \sim 12a_3$)。我们关注本书中的第二种多模态形式,对第一种多模态形式感兴趣的读者请查阅相关手语文献。

如果想要系统生成或感知情境口语会谈(3.6.2 小节)的部分或整个交流行为,就必须用这些模态中的某些或所有来进行可用性开发:口语、视觉语音、模拟触觉手势和身体动作,以及模拟动态图形面部表情、手势和身体动作,要么是作为输入或输出,要么两者都是。在这个巨大的领域内,仍然有大量的研究要进行,而且似乎会提出需要一个自然交流行为的完整理论。然而,构建这样的系统已经成为可能,我们可以把它们的开发看作是未来多模态可用性工作的重要部分。在这个阶段我们希望去做的只有一点,就是这种开发要包括经典的可用性工作并不熟悉的一种数据处理形式。我们把这个数据称为微观行为数据(micro-behaviour data),因为我们处理人们实际物理行为上的数据,例如当他们用特殊的语言以特殊的腔调讲特殊的短语,拍某人的背或看起来忧心忡忡等。我们在第 15 章将详细地讨论与数据注解相关联的微观行为模态需要。

4.2.5　信息通道

既然模态是表述某种媒体中信息的方式,那么该媒体就会为用它所表述信息的所有方式充当感知的物理基础。不同的媒体有不同的物理基础：与触觉表述相关的是力量、硬度、质地、延展性、黏性、流动性、温度、位置、形状、尺寸、维度、空间顺序、距离与方位等；与动态表述相关的是发生时间、速度、持续时间或节奏等；与音效表述相关的是发生时间、音调、强度、持续时间、音质、节奏、时间顺序与距离等；与图形表述相关的是位置、形状、尺寸、质地、颜色、维度、空间顺序、距离与方位、发生时间、速度、持续时间与节奏等。

这样，就能够依据一组基本特征来描述每个媒体，而媒体中的任何表述都来自于这些特征，因此我们把这些特征称为信息通道。例如，无论我们区分图形媒体中的哪些模态，这些模态都构造于该媒体信息通道的有限存量清单。也就是说能够用颜色建造图形表达而不是音效或触觉表述；颜色有色调但不会有音质，而音调能够有音质但不会有色调；尽管在物理学上很普遍，力量也只是与触觉表述真正相关。某些信息通道是跨媒体的：如果你触摸、观看、聆听一块正在被敲打的铁砧，你就真正多模态地感受到敲打的节奏，包括触觉上、音效上和图形上。原则上，在特殊的媒体当中，每个模态必须在感知方式上不同于其他模态，但是要立即或在考虑单一模态例子时辨别出不同来并非容易。决定一个表述是否是静态或动态的要花时间；一个用外语说的语音声音可能被误认为是非语音的；一个图解静态图形图像可能是一个模拟手语的一部分，或"只是"一个图像。

信息通道涉及多门科学和技术，其中应用较多的某些信息通道，在信息通道层级上已经面临可用性问题。例如，图形设计有一门学科，它创建可读的东西，例如新字体和字体体例。从这里，只需要几个步骤就可以从基本信息通道一直到合成通道，并根据在表4.2中的多模态方面进行工作，如在数据表述、图表表述或图像表述方面。此外，它同时拥有输入和输出，举例来说，音效设计输出相关，也就是信息展示，那么信号处理就相关于识别信息通道和由它们构建的模态。

我们不会逐一细说信息通道，但会关注于两点。

（1）模态分析必须经常深入到信息通道细节的层级上。例如，在信息通道中选择任意模态，就像在给不同的颜色或声音分配不同的意义。或者，可能对信息通道进行修改以适合特殊用户群的变量，就像为了适合盲人用户，相比于标准语音来说，文本到语音的速度加快一倍，或替换红色和绿色以适合红绿色盲的时候。

（2）自然的人与系统交流和与人融合，需要开发者致力于以下几个方面，例如使用脸和身体的信息通道来表达各种信息的方式。这些领域没有被完全地详细计划，没有专业设计，也没有成熟的信号处理解决办法，我们将在15.5.5小节讨论。

4.3 模态实际使用

在本节和4.4节中,我们要分析关于模态的知识怎样使实际工作在多模态可用性上受益。我们需要在某个方面对案例进行模态分析,并想要得到尽可能多的支持。

4.3.1小节基于表4.2模态分类描述模态,4.3.2小节介绍模态的复杂性和可用性。

4.3.1 模态描述:经典的多模态图形用户界面

模态理论第一次在多模态可用性工作中使用的目的是使候选模态的简洁描述成为可能。基于理论的模态描述为我们提供了3样东西:①工具箱。在4.2.4小节中描述的工具箱,表明有哪些模态可供选择,并且不忽视任何选项。②我们正在考虑的候选多模态输入/输出组合的简洁描述。精确描述在多模态系统评价中也很重要。③在做决策之前收集更多可用性信息的概念。与模态、多模态及其可用性相关的其他一切都建造在分类法之上,并且使用它的正式术语,或者更可取的办法是使用它的工具箱术语。这样我们就能在已经获取的知识上面再增加知识而不迷失。

作为实例,让我们来进行一个经典的(窗口、图标、菜单、指向)图形用户界面交互模态描述。既然这涉及全触觉输入和全图形输出,那么交互必然是多模态的——甚至是多媒体的。

(1)图形用户界面输入。参照表4.2,有两种不同的通用级别触觉输入模态。

第一个通用级别模态是触觉语言(7),大多数用户通过键盘和点击设备按钮来输入触觉文本、标记/关键词和符号(7a、7b、7c)。为了写某种文档,包括手机短信服务(Short Message Service,SMS)术语,通常我们将键入文本、标记/关键词作为填表和搜索的一部分,就像按下(用词语、缩略语、特殊字符和可能的图像图标)打上更具信息性标记使用符号的键盘功能键时,或者当单击鼠标按钮或使用组合键的时候一样。如果功能键只有一个数字,这就是任意模态(15)。这意味着,为了与经典的基于图形用户界面的系统进行交互,用户必须了解任何模态的数字、鼠标单击符号的意义,了解当点击那些被标注的关键词和几个组合键符号时会发生什么。

第二个触觉输入模态是模拟触觉(11),更特定地说,是二维指向手势(11a₁),用于图形输出域里的导航,通过操纵一个光标设备把光标放到我们想要它在的地方。如果你想知道为什么上面提到的触觉文本输入没有按照分类法

78

被分类为键入文本($5a_1$),那就请记住,模态族 5 是图形之一。图形键入文本输入类似于给系统通过阅读或扫描的方式提供一个文档。

(2) 图形用户界面输出。经典的图形用户界面输出不仅是全图形的,实质上它还是全静态图形的(5、9、13、17),即使光标不断闪烁。假设系统设置有屏幕、键盘和鼠标,用户会在两个地方发现静态图形:屏幕上和键盘上。通常鼠标是一个黑盒。屏幕拥有上面带有被标注(5b)图标(9a)的桌面(9a 变成隐喻性的)。点击标准的应用图标打开一个窗口,这就是一个嵌套的显式结构(17),通常配备成行的标记/关键词(5b)、未被标注的图标(9a),也许还包括少量的键入文本($5a_1$)、某个盒状的菜单和某些文本字段、滚动条等(17)以及空白工作区(17)。颜色是产品的标准配置,它们表示某种事物(如窗口)是否活跃,因此颜色是任意模态(13)。再打开几个应用,你会看到分类法中通用级别静态图形模态的所有派生物(5、9、13、17),甚至手写符号($5c_2$)。事实上,为适应当前的文本量,滚动条可以一直是动态的(20),所以如果在工作区中的文本是滚动的,那么文本也是动态的,但后者我们称之为是一种伪动态的情况,因为你拥有控制权,能够使它在任何时间内保持静态。键盘拥有键入标记/关键词($5b_1$),包括小箭头和充作标记/关键词的东西,未被标注的图标(9a)和任意静态图形(13),例如功能键数字。键与键之间可视的和可触知的边界分别成为静态图形(17)、触觉(19)中的显式结构。

谁说标准的图形用户界面不是多模态角(4.1.1 小节)?事实上,多模态交互要比图形用户界面和计算机拥有更悠久的历史。在接下来的节中,我们对经典的图形用户界面进行一个小小的评价。

4.3.2　模态特征

关于模态的知识能够为模态分析做得更多吗?我们想知道两个要点:①对其预期的交互式作用来说,候选模态到底能够发挥多大作用?②候选模态对我们正在考虑的另外的待选模态如何起作用?我们在本节分析第一个要点,在4.4.2 小节分析第二个要点。

模态理论的中心工作是为了生成进行可用性开发的知识而分析每个模态。直到 20 世纪 90 年代中期,我们探索了解决这一问题的各种途径,但由于问题的复杂性,这些途径总是达不到预期的目标,只是在发现模态特征的时候我们才可能找到了对复杂性的处理办法。

每个模态都有很多遵循其本质的模态特征。在经验性的 CoMeDa 研究中可以发现,当不涉及交互的其他人在场,甚至对交互不感兴趣时,他们依然被系统交互的语音搞得心烦意乱。那是为什么?你想一想就会找到重要原因,那就是**语音是全方位的**。然后你从录像中会注意到,虽然很多非语音的声音很大,并在交互中一直都存在,但这些声音似乎没有把任何人搞得心烦意乱。凭着预感,你查阅语音文献,最后得出结论,对于旁观者而言,**_语音要比非语音的影响作用显著得多_**。上面给出的两个斜体句子,表达或反映了语音的模态特征。事实上,分类法(表4.2)使之更清楚,即:它不仅是语音的特征,还是音效媒体中所有模态的特征。

从AMITUDE分析的观点来看,模态具有某些有趣的特征。

第一,它们是直截了当的应用。我们进行的是查阅新兴的AMITUDE分析,检查音效或语音输入或输出是否是候选模态。如果它们中任何一个是的话,我们就用对AMITUDE其他各个方面的分析进行检查,看全方位的声音或极其显著的语音是否可能造成影响。如果可能造成影响,我们最好查明这些问题,确定它们实际上会或者我们以某个其他方式去除风险。例如,如果我们选择机场等候区内一个开放空间玩"数独"(2.1节),那么候机的乘客将被玩游戏过度打扰吗?如果我们不知道,我们可能要么在机场进行一次现场测试以查明情况,要么我们从存在风险的候机区取消玩游戏。

第二,模态特征在一定范围内是可预测的。也就是说,如果存在一个问题,特殊模态的选择会或可能解决一个以其他形式存在的问题,等等。

第三,模态特征是中性的。它们表达关于模态的事实,既没有任何价值判断,也不提供任何特定的建议。因此,当旁观者被打扰时,全方位的音效可能是消极的,但是对于那些需要在工作时四处走动的用户,或者能够跟系统谈话而无需坐在它前面的时候,又是积极的。

第四,模态特征是无条件的,它们是表达模态的基本科学,没有任何限制其范围的假设。这个特征使我们想知道模态特征就其范围而言有多么强大,因为很明显它导致了大部分普通用户和计算机高手之间的区别,无论可用性开发者需要获取100个还是10000个模态特征。在3.1.2小节中提到的语音功能研究中,以及在查看关于语音和多模态交互文献1993—1998(伯恩森(Bernsen)和迪布凯(Dybkjær)1999a、b)后续的抽样研究中,我们分析了研究者和开发者关于"什么样的模态是适合的,什么样的模态是不适合的问题"的273份调查问卷。结果是,超过95%的意见能够加以评价,但是仅仅提及到了25个模态特征,要么被证明是合理的、得到支持的,要么发现有问题的、被拒绝的。这些都在表4.3中进行了举例。此外,即使是作为模态的主题,在第一次研究中仅有少数多模态组合的语音,而在第二次研究中分析的153个主张中有更多关于多模态组合中的语音,即使如此,用于评价的模态特征数量仅仅从第一次研究中的18个上升到第二次研究中的25个。

当然,我们可能仍然需要更多,例如10倍也就是250个模态特征才能非常合理地应对为单模态和多模态系统所做模态选择的常见问题,但倘若紧凑的模态分类法本身规模有限,那么 25 个仍然是大部分可用研究的合理数量。

所以,在进行模态分析时请注意模态特征!从本质上讲,你会提出这样的问题:

① 在当前的 AMITUDE 环境中,模态 1 是有用的、可用的吗?

② 在 AMITUDE 环境中,模态 1 比可选模态 2……模态 n 更好吗?

表 4.3　模态特征,某些实例

序　号	模　态	模　态　特　征
模态特征 1	语言输入/输出	语言输入/输出模态有解释范围,因此它们不适于指定空间操作上的详细信息
模态特征 3	任意输入/输出	任意输入/输出模态强加学习开销,该开销随学习的任意详细信息数量增加而增加
模态特征 4	音效输入/输出	音效输入/输出模态是全方位的
模态特征 5	音效输入/输出	音效输入/输出模态不需要肢体(包括触觉)或视觉活动
模态特征 6	音效输出	音效输出模态可用于在低音效环境达到显著性
模态特征 7	静态图形	静态图形模态允许进行自由视觉检查的大量信息的同时表述
模态特征 8	动态输出	成为时间的(串行的和转瞬即逝的)动态输出模态,不提供感知检查自由的认知性优点(关于注意和记忆力)
模态特征 11	语音输入/输出	用本地或已知语言的语音输入/输出模态有非常高的显著性
模态特征 15	交谈输出	交谈输出模态具有很强的修辞潜力
模态特征 16	交谈输入/输出	交谈输入/输出模态是取决于情境的
模态特征 17	自发的口语标记/关键词和交谈输入/输出	自发的口语标记/关键词和交谈输入/输出模态在被(大多数人)早期学习的意义上对人是自然的。注意,自发的关键词必须有别于设计者设计的关键词,后者对实际用户并非是自然的
模态特征 18	符号输入/输出	符号输入/输出模态强加学习开销,该开销随要学习的详细信息数量的增加而增加

像往常一样,在关于使用类似模态组合系统的文献中可能包含有用的信息。然而,在研究这个信息时,除非我们依据模态特征进行思考,否则我们可能从中汲取的只能是冗长无关的条件词。让我们按照 AMITUDE 形式来表达那些模态中的一个,每个括号指的是在本书或其他地方提到的 AMITUDE 各个方面的特征:如果 A 是 $(aa\cdots an)$,M 是 $(ma\cdots mo)$,I 是 $(ia\cdots ip)$,T 是 $(ta\cdots tq)$,U 是 $(ua\cdots ur)$,D 是 $(da\cdots ds)$,E 是 $(ea\cdots et)$,那么 mb(模态 b)可能会用 x(几乎能够是任何东西)给出一个问题。任何这样的条件词或多模态设计规则都会适合我们的

AMITUDE 分析,这样的概率确实很小,因为需要涵盖多模态系统的条件词数量很大。在最好的情况下,对于某次所有可能的模态和应用的微小部分,这种基于规则的途径是可行的,例如车载语音导航系统的域。即便如此,这也很难进行。那就是为什么我们一直在某个地方寻找相对较少的数量的原因。

基于表 4.3 中说明的模态特征,我们开发了被称为语音模态辅助工具(Speech Modality Auxiliary Tool,SMALTO)的可用性开发支持工具(鲁兹(Luz)和伯恩森(Bernsen)1999)。语音模态辅助工具是一个动态的超文本系统,除了对工具本身及其模态理论基本原则的教学软件进行介绍外,还包括关于语音和多模态主张的检索数据库。近年来,萨克利夫(Sutcliffe)等(2006)描述一个多媒体设计辅助工具,它应用模态特征以及审美和其他信息作为媒体挑选和吸引力设计的方针。用户测试报告展现了基于理论的开发支持工具的早期典型版本的问题,也就是大多数用户对于掌握工具中的概念使用存在各种困难。

练习。作为模态特征思考中的练习,让我们看看 4.3.1 小节中表 4.3 中的 12 个模态特征对于描述经典图形用户界面能够说些什么。看看它们,查明哪些直接关系到图形用户界面评价。哪些你确认了? 它们对图形用户界面的影响是什么?

我们发现了 4 个主要特征:模态特征 3、模态特征 7、模态特征 17 和模态特征 18。模态特征 7 是描述图形用户界面的一个主要因素,也就是它们的静态图形输出能够显示大量的复杂信息,可以在任何时候用于检查和决策。对其可能表述静态信息的量的主要限制是合并后用于表述信息的平面大小,例如标准手机或台式计算机的键盘和屏幕。

另一方面,模态特征 3、模态特征 17 和模态特征 18,暴露出标准图形用户界面主要可用性的某些问题。

模态特征 3 产生的问题是,例如学习 10~15 个任意键盘功能键的数字指的是什么。如果用户不学习,他们就不会使用功能键,而我们强烈猜想,大多数用户并不经常使用功能键,正如很多用户并不在意活动窗口是否变换颜色。换句话说,任意模态往往产生不确定性、混乱和最终未使用的功能。你知道如果按下Windows XP 系统计算机 Shift 键超过 8 秒,会发生什么吗?

模态特征 17,尽管它是关于语音输入/输出的,但设计者设计的关键词对用户并非都是自然的。这样的关键词大量存在于图形用户界面的菜单和图形用户界面按钮上,并且不同的人用不同的方式理解词语的事实是完全确定的。这再次产生不确定性、混乱和最终未使用的功能。

模态特征 18 本质上表明符号是针对专家的:它不是我们自然语言中读和说的一部分;它需要特别的训练;如果我们不经常使用这些符号,那我们就会忘记。图形用户界面充满了进行鼠标单击、组合键、模式菜单组合的符号"系统",但很难找到它们的信息,并且系统没有用它们训练用户。这再一次产生了不确定性、混乱和最终未使用的功能。

　　总结一下,4 个模态特征表明,在使用很多出售给个人的标准应用替换成 APP(如文字处理器),经典的图形用户界面只针对训练有素的专家和经常使用的人。如果我们想把针对系统的经典图形用户界面用于更广泛和更普通用户对象时,我们就必须把鼠标、键盘、显示器输出标记、符号和任意模态多样性减少到最低限度,并确保这么做对用户完全没有阻碍。简单来说,我们保留的标准图形用户界面功能性越少,系统就更可用,就像在谷歌搜索界面或苹果公司手机 iPhone 的二维触觉输入一样。

　　具有讽刺意义的是,看看 20 世纪 80 年代人机交互的梦想,解决针对普通用户的(1.4.3 小节)、基于图形用户界面系统的可用性问题的梦想,如何悲惨地失败在大型的独立应用、网站和移动应用上。这并不意味着在基于图形用户界面的系统中整体缺乏可用性进展,而是意味着仍然存在很多针对面向大多数应用的普通用户的可用性问题。

4.4　多模态表述

　　在 4.2 节和 4.3 节研究了单个模态后,现在应该观察模态之间的关系以及模态如何能够结合在一起使多模态交互更可行。我们已经知道,多模态交互并不新鲜:图形用户界面是多模态的,人—系统交互是多模态的,甚至前计算机时代的人—机器交互也是多模态的。在图形用户界面中根本没有使用的模态,特别是大多数音效输入和输出和触觉模态,以及所有的图形输入模态,由于这些模态的巨大交互式潜力,非基于图形用户界面的和增强图形用户界面的多模态交互使这些模态处在了交互的最前沿。关于经典的图形用户界面模态以及它们如何在一起工作(4.3 节),人们已经了解很多了。然而,即使带着表 4.2 中被极大浓缩的模态工具箱,可能的模态组合也要陷入到数以百万计的单模态、双模态、三模态……十模态……的表述之中。因此,研究其中每一个组合的模态关系变得不切实际,问题是如何从理论的、基于体验的或其他方式的角度分析那些数以百万计的新多模态组合中的任何一个,并如何提供某些有用的处理方式。

　　我们从 4 个角度分析这个问题。4.4.1 小节介绍模态自然倾向的理念,对如何选择候选模态,并在不同候选模态都可以利用的情境中,提出两个带有变化的应用规则。4.4.2 小节描述候选模态之间的 7 个常见关系,这可能对思考模态分析有用。4.4.3 小节给带有大量普通人和非专家用户的、确定的可用性的独立模态组合列出了选择表。关于计算机高手的 4.4.4 小节面临两种对立的、模态组合的假设:①每个新模态组合都是独一无二的、不可分解的整体;②来自单模态的多模态表述的构想容易受到基于合成模态知识的分析和预测的影响。此时,我们最终处在进行本书案例(4.4.5 小节)模态分析的位置上。

4.4.1 选择待选模态,方法模态自然倾向

AMITUDE 分析的典型情境是,随着信息的累积,对 AITUDE(没有模态 M 的 AMITUDE)各个方面做出决策,我们会对要使用的模态以及要在用户和系统之间交换的信息收集约束条件。在某种程度上,我们开始确认候选模态,并且试着查明其中哪些模态在环境中最可用。这是我们对候选模态提示两点需求的时候,这两点需求是必要的,但还不足以使我们的模态选择达到最理想的可用状态。这两点基本要求如下:

第一点要求:候选模态要能够表达在用户和系统之间被交换的信息。

第二点要求:候选模态要尽可能适当地表达信息。

第一点要求相当明显。事实上,不同的模态经常具有不同的表现力,因此能够表达不同种类的信息。此外,某些模态有高度的表现力,如文本、交谈和图像,而其他模态有低度的表现力,如显式结构或指向手势。

这样选择模态没有多少意义:(1a)为了表达它们所不能表达的信息;(1b)为了表达不必表达的信息;或(1c)所选择模态不是表达信息的常见方式。所以我们不要选择显式结构候选者来表达用户的心率或血压(1a),或者不要选择图像来表达逻辑算子(1a)。如果我们没有给模态候选者能够胜任的工作,我们就不选择这种模态(1b)。但是,如果已经列出的候选者不能表述我们需要的所有信息(1c),我们就确实要增加新模态。

上面提到的第一点要求中的 1a、1b 和 1c 是选择待选模态中比较容易的部分。因为这些分项要求都是基于模态是否能够完全表述某个类型的信息。在实际的 APP 开发中,我们不得不考虑的至关重要的另一点,就是模态能不能充分地表述好我们想要展示的信息。这就是第二点要求所力求达到的。

我们经常会遇到有几个可用的模态能够表达我们希望表达的信息。例如,所有的文本模态都能够表达同样的信息,无论它们是静态的还是动态的,是图形的还是触觉的(表 4.2),甚至是音效的,例如朗读的文本。然而,对于表达需要表达的东西,模态并不总是同样地适当。某些实例如下:为尽可能有用和可用地表达某些种类的空间地理信息,我们开发了地图;为尽可能有用和可用地表达事物的感性外观,我们开发了图像;为尽可能有用和可用地表达算术关系,我们开发了算术符号;为尽可能有用和可用地表达数量之间的关系,我们开发了曲线图。我们说,上面这些模态对于表达相应的特殊类型的信息都很适当,也就是:①它们能够表达信息;②总体上它们有用和可用地表达了信息;③它们是当前对于各自的目的最有用和可用的。换句话说,**自然倾向**指的是由模态和要表达的

某种类型信息组成的适当对子,并且经常是用相同或不同模态的竞争表述之间"自然(也可以说是历史)选择的结果"。在这里,我们不能走进历史背景,但作为一个实例,我们可以看看数据图形可用性方面的精彩文献及其从17世纪以来的开发实例(塔夫特(Tufte)1983,伯廷(Bertin)1983)。

有时候我们可以很容易在两个候选者之间进行选择,虽然两者都能够表达要表述的信息,但其中一个比另一个更适当。例如我们能够把一个人适当地、像照片一样逼真的图像精确转化到能够被100%重新构想(计算机全程完成)的一个多页文本描述,这就是用两种不同的模态表述。但是显然一张图片可以胜过千言万语。还有,显示这个人的长相,图像比文字适当得多。爷爷奶奶更不会用几张文本页取代他们的孙女在墙上的照片。能够肯定的是,这是一个极端的情况,因为它显示的信息相等但具有非常不同的自然倾向。在很多其他情况下,我们的选择是在那些基于适当但没有巨大差异地表达信息的模态之间进行。

除了适当的单模态,还有很多适当的双模态、三模态等组合,如静态图形文本和图像,带有标记/关键词的曲线图和解释它们的文本,见4.4.3小节,因此:

1. 除非其他因素不利,否则如果有任何一个适当的候选者存在的话,选择它对用户和系统之间要交换的信息进行表达。

(1)有时几个模态同样适当表达同一信息。例如,静态图形文本、静态触觉文本和文本到语音,对表达某些信息基本都是同样适当,例如讲一段故事。那么我们就寻找在它们之间进行选择或我们使其中几个可行的其他原因。

(2)有时一个模态在外部条件上是适当的。例如,口语输出可能一般情况下都很适当,但噪声层级性可能使听觉存在难度。一个可能的解决办法是给口语输出增加一张表情丰富的脸,其声音和嘴的同步将有助于确保用户在所有可能情况下的正确识别。就其本身而言,视觉语音的适当性要比音效语音差,但它们组合在一起就要胜过单独的视觉和音效语音。另一个解决办法是,当口语输出变得难以使用时,提供文本输出。

2. 如果模态是有条件的适当性,那要么就试着用无条件适当性的另一个取代它,要么用另一个同样适当或不太适当的、条件无关紧要的模态补充该模态。

(1)有时没有适当的模态。一个典型的情况就是要表述的信息是新的或非标准的。然后我们就不得不尽我们所能地创新,例如创建一个新符号或新触觉信号,或因为得到大量隐喻性意义的支持而选择比其他模态更容易记住的任意模态——就像选择绿色来标记食品菜单上最健康的菜品一样。当然,我们的创新可能并没有达到适当的程度,但我们尽力了。

(2)有时出于各种不同的原因,适当的模态也不可用。这是很重要的一类情况。这里有某些实例类型:

· 用户残疾。例如,①在大多数情况下通过键盘完成触觉文本输入是适当的,但如果用户肢体瘫痪,我们就可以选择通过眼睛凝视来实现图形文本输入。用户通过一次凝视一个字母来输入文本。②针对盲人的口语报纸。

- 缺乏信息来源和资源。例如,和嫌疑犯照片一样逼真的图像是适当的,但我们只有目击者的口头描述,无法完成虚幻图像的产生,所以我们选择传播这一描述。
- 技术的局限性和不可利用性。例如,通过类像素触点的高分辨率触觉输出影像(Mussio 等 2001)会很适当,但技术并没有发展到那一步。
- 屏幕和键盘上没有足够的可利用基板面输出。例如,静态文本对于描述按钮功能性是适当的,但是相反,我们通常选择标记/关键词和(或)图像图标(见 4.3 节)。
- 挑战用户。例如,输出口语关键词更适当,但是在我们想让游戏更难的情况下,我们会选择迫使用户学习和记住任意声音。

我们假设 AMITUDE 的所有方面以及其他几个因素,如上面清单中提到的缺乏来源和资源、技术的局限性,可以强制选择不太适当的模态。此外,正如最后一个实例所示,开发者可以通过使用不适当的模态,试着让游戏更具挑战性。需要注意的至关重要的一点是,选择不适当的模态总是要让用户承受额外的负担。

3. 如果不能使用一个适当的模态,那么在选择不太适当的模态之前,就要仔细寻找同样适当的另一种选择。在选择不太适当的候选模态时,要特别注意并具有创新性,以使它们尽可能可用。

到目前为止,我们已经简要分析了待选模态的方法,目的是确保有足够的模态表达所要表达的信息,并确保这些模态尽可能适当。然而,我们有很多的理由解释为什么我们可能想在用户—系统交互的几个不同模态中以并行序列方式或作为另一种选择来表达至少一部分要交换的信息。例如:

① 自然交流实现了。整个身体通过语音内容、韵律、声调、面部表情、视线、图形和触觉手势、头和身体姿势以及更多来表达精神状态,如渴望或抑郁,这样就会产生一个真诚的印象。单一交流行为(3.6.2 小节)经常同时通过语音、面部表情和手势来表达,如:"我不知道(眼睛睁大,眉毛上扬)、(前臂置于躯干前,手掌向上朝外移动,肩膀上耸)"。在通过语音表达的时候,除了视觉上不能区分的音位外,相同的音位信息在视觉和音效两方面进行表达。

② 一般展示做到了。就像在显示图像或表格和用文本或交谈进行解释,以及为了强调或确保理解和记忆力而用这两个模态重复要点的时候。

③ 教学和训练做到了很多。为了在用户的长期记忆里锁定信息,在几个模态中使用重复和详细阐述。

④ 例如通过音效的、图形的有时甚至是触觉的手段能够进入相同的对象和事件,沉浸式、准写实的展示在自然感知的模仿中实现了。

⑤ 娱乐展示通过以各种各样的方式夸大输入和输出做到了。

⑥ 可定制的系统可能做到了,以适合不同的用户偏爱、使用环境、用户配置文件等。例如,用户可能被提供了另一种选择:听写文本(音效的或视听的口语文本输入)或键入(触觉文本输入)。

4.4.2 待选模态之间的关系

4.4.1 节说明,在很大程度上模态推理利用了模态之间的关系。即使我们最终选择一个单模态的解决办法,这一方案无论如何也应该基于这样的考虑:几个待选模态中哪一个在 AMITUDE 环境中更适当,因此暗含着对多种模态关系的考虑。而如果考虑选择使用多模态的解决办法,那我们无论如何也应该设法确保被选择的模态对于要在用户和系统之间交换的信息同样都是充分的,并确保它们之间没有冲突。本节系统阐述模态之间的关系。

表 4.4 所列为(不同)模态之间的 8 个常见关系。为什么我们谈论模态之间的"关系"而非"组合",其原因是表中的某些关系并非是组合,它们也不必在相同的 APP 中获得组合。这个表可能仍然不完整,但确实给开发者提供了很多的选择。关于该主题的文献包括使用多模态的优点清单,例如贝努瓦(Benoit)等(2000)的著作,以及关于模态组合抽象类型学的早期成果。马丁(Martin)(1995)描述了 6 种类型的潜在可用模态合作:互补性、冗余、相等、专业化、并发性和转移。尼盖(Nigay)和库塔(Coutaz)(1993)依据抽象层级、模态使用和多模态融合描述了多模态系统的特征。

表 4.4　不同模态之间的 8 个常见关系

1. 关系类型	2. 所起作用	3. 配合	4. 针对用户群
互补	有必要表达单一交流行为的几个模态	紧密的	相同的
增加	把不同模态的不同的表现力加起来,以表达更多的信息	松散的	相同的或不同的
冗余	在不同的模态中,部分地表达相同的信息	紧密的	相同的或不同的
详细阐述	在不同的模态中,部分地表达相同的信息	紧密的/松散的	相同的或不同的
备选	在不同的模态中,粗略地表达相同的信息	松散的/无	相同的或不同的
替代	在不太适当的模态中,未能表达相同的信息	无	相同的或不同的

1. 关系类型	2. 所起作用	3. 配合	4. 针对用户群
取代	在不太适当的模态中,取代更适当的模态,以表达相同的信息	无	特别的
冲突	人体系统不能处理模态增加	紧密的	无

（1）互补是通过在几个模态中用几条不同的信息来表达单一交流行为的关系,就像当我们使用口语交谈以及图形或触觉指向来表达"把那个[指向]放在那里[指向]"。如果我们不指向而只是说话,那么这种口头表达在指示意义上就会含糊不清到毫无意义的程度;如果我们只是指向,那么交流行为的整个要点就失去了,因此它的意义也就失去了。尽管很严格,但是互补性却是相当常见的。注意,互补性不能存在于任意模态组合中,而是需要两个或多个模态在信息表现力方面有不同的和确实互补的优点。

（2）增加是为了表达所有需要表达的信息而增加在不同模态中展示的信息的关系。如果你已得到的待选模态不能表达所有的信息,那就寻找额外的模态来表达其余的信息！例如给放映幻灯片增加声音,给文本增加图像,给怎么做的建议增加亲自动手示范等。注意,模态增加并不总是有效,有时会产生模态冲突。

（3）冗余,像互补一样,冗余是一个非常严格的关系,凭借这一关系,在一个模态中表达的交流行为,通过同一信息在另一个模态中进行的部分或全部的表达而得到了补充。自然交流充满了冗余,例如在视听语音中;冗余在创建沉浸式交互中非常重要,例如我们在配有字幕的电影和电视中能够发现冗余;等等。在某些环境中,手臂指向和其他形式的指向,如视线指向,被赋予定义明确的语义,例如意味着"这是什么？"这样,当我们指向某个事物时,指向本身就带有这一意义。如果我们同时说"这是什么？"那就有了完美的冗余:我们可能要么说要么指向,而所要传达的信息确实是相同的(伯恩森(Bernsen)2006)。有时冗余是部分的,例如有人进行了就其本身非常有意义的口头评论,并且通过只能基于语音被理解的手势来伴随该评论的时候。同一信息能够在几个模态中表达,只有在这个意义上冗余才能存在。

（4）详细阐述是通过重复和变化使用几个模态来传达信息的现象。例如,显示图像并用语音描述,或显示文本并用语音详细阐述。当单独一个(替代物,见下文)模态不够用,而用第二个模态增加以修补信息缺乏时,就像将标签添加到图标中很少有用户可以解码时,详细阐述在图形用户界面设计中就很常见了,详细阐述的另一种形式是为富有经验的用户提供图标,以及给新手用户提供更长、更具信息性的鼠标取词或者甚至是文本。

（5）备选模态通常通过为每一个变化提供或多或少同样适当的模态(4.4.1

小节)用于迎合在用户配置文件、用户偏爱、使用环境或设备可利用性中的 AMI-TUDE 变化,例见 4.4.1 小节。两个备选模态的选择可以通过同一应用的设置、定制和自动适应或通过其他可选的应用来完成。

(6)替代模态引起信息损失,在有不会引起信息损失的更适应模态时使用,但不是均可使用,例如缺乏输出基板面时就不可用(见 4.4.1 小节)。

(7)取代与备选类似,除非取代模态不如它所取代的模态更适当。多模态能够使可用性实质上针对所有的人,取代就是关键原因,因为实际上适合有某种残疾的目标用户的模态,其信息表述的完全取代,或多或少使取代可行。

毫无疑问,有很多原因会导致这 7 个关系的失效,它们或多或少都会导致不可用的互补性、增加、冗余、详细阐述、另一种选择、替代物或取代。在这一点上,关于这种巨大变化的情况知之甚少,我们只是强调这种重要情况。

(8)冲突是因为人体系统不能处理候选模态组合而导致增加出错。你可能出席过这样的讲座:说话者启动一个以口语为特点的论证,然后当讨论这个论证时,视频或展示幻灯片同样含有音效模态。导致的结果是听众很难跟上任何同步的语音流,因为人体系统无法同时注意到两个不同的语言信息流。不太严重的冲突是由尼尔森(Nielsen)指出来的,他认为,一般来说将网站上的图形动画的使用减到最少是最好的(尽管有它能够有用的情况,尼尔森 1999)。相比于静态图形,图形动画较高的突出性不断地"用力拉着"用户的视觉注意,导致用户在查看网站页面其余内容时出现分心。

表 4.4 中的第 3 列描述了 3 种不同的方式,通过这些方式,我们设法使在开发中相互关联的各种模态表述相互协调。紧密的协调(或微观层级的协调)意味着在不同模态中的表达应该在一起解码,例如在互补性和冗余关系中。松散的协调意味着模态形成同一整体即宏观层级的信息表述或交换的各个部分,如图像和文本形成本书的部分内容。无协调意味着模态没有形成同一整体的表述或交换的各个部分。

表 4.4 中的第 4 列可以让人想到结合模态的新方式。可以说,互补性模态总是针对相同的用户群。我们假设它们必须这样,因为它们必须作为相同的信息在一起解码,模态的取代是针对特殊用户群的,或者取代是针对同一用户群的,可能存在这样的情况吗?对于所有其他的模态关系而言,似乎这些表述能够为不同的用户群服务。例如,我们可以给音效语音增加视觉语音来帮助那些处于嘈杂条件下的人们,但是通过同样的标记,这种应用随后也可能会使一群新的听力困难的、苦于纯语音输出的用户受益。

4.4.3 已有的可用性模态组合

通过使用 4.4.1 小节中的规则,我们排列了很多待选模态,它们能够共同表述系统及其用户之间要交换的信息。此外,4.4.2 小节有助于明确在那些候选者之间存在着什么样的关系,并且同样可以让人想到新的待选模态。我们还能做些什么来支持模态分析呢?

有一件事情不错,那就是既定的模态组合清单,也就是经过用大量普通的、非专业人员的用户进行大规模测试,并且证明了其可用性的组合清单。即使我们的一个候选模态构造属于这个清单,它可能仍然最终会有特殊应用环境方面的可用性问题,但至少它在可用多模态上表述了成功的概率。有必要想一想下面的清单,作为用户和系统之间信息表述和交换的范例清单。每个范例都有一个未申明的范围,或者都表述了一组成功的和高度可用的核心实例。如果我们的系统超越了这组实例,那么该范例可能就不会继续成为范例了,见 4.4.5 小节的例子。

这里是一个符合建立标准的独立模态和模态组合的简短清单,如果需要则使用表 4.2 的分类解码。

(1) 动态图形图像输入,如摄影机监控。

(2) 口语交谈输入,如传声器监控。

(3) 静态图形文本和(一维、二维或三维)图像输出,如在书籍和网站中。

(4) 静态触觉文本和(一维、二维或三维)图像输出,如盲人用的书籍和触觉设备显示。

(5) 静态图形文本、关键词和地图、曲线图或图表(合成的或概念的)输出,如在数据图形中。

(6) 动态图形文本和(二维或三维)图像输出、口语交谈、音效图像和非语音声音输出,如在嵌入字幕的电影中。

(7) 触觉关键词和指向及简单符号输入、图形输出,如简单的搜索引擎。

(8) 触觉指向和简单符号输入、静态和动态图形输出、非语音音效输出,如在很多计算机游戏中。

(9) 口语交谈输入/输出,如在通过电话的会谈中。

(10) 动态图形图像输入/输出,如在儿童趣味练习游戏中。

(11) 触觉身体动作输入、动态图形图像输出,如在虚拟现实手术训练中。

(12) 口语交谈输入、图形(三维)或触觉(二维)指向手势输入、静态或动态图形输出,如在指向和谈论到的视觉图像、文本或算术符号中。

(13) 口语交谈输入/输出、触觉(二维/三维)指向手势和身体动作输入、静态触觉和图形图像输出,如当医生用双手检查扭伤的脚踝并问是否"这里"受伤的时候。

(14) 情境动态自然输入/输出交流,包括视听口语交谈、视觉面部表情、手势和身体动作、触觉手势和身体动作,如在小酒馆里的吵架。

（15）情境动态自然输入/输出交流,包括视觉手语交谈、面部表情、手势和身体动作、触觉手势和身体动作,如在小酒馆里的快乐交流。

该清单列举了有各种非交互式的、纯输入或纯输出模态和模态组合((1)~(6))实例,其次是交互范例((7)~(15))。到目前为止,其中某些范例只存在于人际交互中。有趣的是,如果交互在人之间有效,并且本质上能够被系统模拟,那么它就会在人和系统之间有效。标准的图形用户界面是存在的,正如在谷歌一类的简单搜索引擎所说明的那样。

4.4.4 对模态进行组合

如此详细地讨论模态分析,是因为我们相信,对于人机交互来说,至关重要的是把多模态可用性置于坚实的基础之上,或者至少置于市面上最好的基础之上。对于缺少的基础来说,缺乏单模态的有关理论和分类法一直是一个原因。然而,似乎还有第二个相关原因。

多模态经常被错误地认为是相当新的东西(4.1.1 小节)。我们猜想,与此观点相关的是一种假设,即模态组合是独特而又不可分析的进程,这一进程创建了表述的新特征。从合成模态的性质及其与人体系统的联合交互的角度,也就是用人的学习、感知、中央处理和动作起作用的方式来看,这些特征无法进行预测,或者无法进行解释。数百万可能的模态组合中每一个都是独一无二的整体。如果是这样的话,模态分析是没有意义的。开发者所能做的就是在试错的基础上选择输入和输出模态,经验性地查明多模态组合是否有效。

相反,我们的观点是,既然我们有单模态的理论,那么多模态的表述就能够被理解为构想于单模态的表述,这类似于科学方面其他建设性的途径——从元素到化学、从词语到句子、从软件技术到系统的整合。像化学合成一样,模态组合有时也很复杂,但这并不排除对多模态可用性的分析和预测。多模态可用性是由单模态合并,并考虑其与人体系统的关系这样极其透明的进程决定的。当元素系统即将生成时,化学才作为系统的科学开始前行。多模态可用性必须基于对单模态的理解。

实际上,模态分析、候选者选择和可用性预测都受到上文均已展示的下列工具的支持:模态分类法(4.2.1 小节和 4.2.4 小节)、模态特征(4.3.2 小节)、信息通道(4.2.5 小节)、模态自然倾向(4.4.1 小节)、模态关系(4.4.2 小节)、已有的多模态组合的知识(4.4.3 小节),以及一般的 AMITUDE 一致性分析。然而,这些工具的正确使用决不会使我们的系统独立于 CoMeDa 周期。我们始终需要经验性地测试模态组合在其系统和 AMITUDE 环境中的实际工作情况。现有工具及其未来扩展到更好的工具在很多情况下能做的是有助于避免突如其来的风险。一切都是平等的,关于被选择的模态或模态组合,包括关于它们的技术实现的知识知道得越少,可用性信息的收集就不得不越充实,风险也就越大。例如,如果我们从 4.4.3 小节的清单中选择自然交流情况,我们就可能会陷入与今天在技术上可行的事物的各种妥协中,这样作为结果的系统就会需要充实的经验性输入和测试才能变得可用。

更多关于本节的主题,见伯恩森(Bernsen)(2008)的著作。

4.4.5　案例的模态分析

为进一步了解下面的模态分析,有必要查阅 7.2 节中的案例设计说明。

(1)“数独”。“数独”游戏背后的设想是演示三维图形手势输入(2.1 节)。从交互的观点来看,三维图形手势输入(2.1 节)是一流的模态,因为对于用户来说它不需要任何外围设备,用户所要做的就是执行自然的指向手臂姿势。例如,这会使得增加语音输入成为自然的选择,从而使用户从使用键盘设备或进行书面语言输入的手写板当中解放出来。语音输入将进一步在设计阶段中指定,但必须包括“数独”所需数字 1~9 的符号,并且可能还必须包括几个口语命令。对于输出来说,中心内容将是一个静态图形图像“数独”游戏棋盘。设计将不得不决定我们是否需要给显示器增加各种静态图形图像图标,很可能用静态图形英语键入标记进行标注。我们可能还需要某些英语输出信息,包括口语的或键入的。换句话说,我们通过情境说话和关于视觉对象的指向完全放弃了标准的图形用户界面输入模态和支持交互的设备。

倘若我们知道关于模态的事情,那就要问问了,这就是可能有用的多待选模态设置吗?注意,设置与 4.4.3 小节的清单 12 密切对应。然而,相似性不是同一性,出于什么原因还可能是危险的,所以让我们更深入地进行了解。假设不用语音交谈输入,我们计划用语音数字符号和某些设计者设计的口语关键词。这两样可能会引发可用性问题,参照表 4.3 中的模态特征 17 和模态特征 18。此外,依靠三维指向手势玩“数独”是否与范例 12 中提到的一边说话一边指向足够相似?或者它完全就是别的东西?它可能是后者,因为你在玩“数独”时会需要很多指向!第三,范例 12 提到作为另一种选择的三维图形和二维触觉指向手势。我们选择了前者,不是出于优越的可用性的原因,而是因为我们想要探索它——但后者是否可能是更有用的选择?第四,既然我们很明显是有意选择一个“最低必须限度的”模态组合,那么我们的目标用户就可能想要增加模态。

预测性的模态分析要从那些众所周知对人来说是自然的、非常类似的交互范例开始,要发现范例和案例之间的模态差异,并通过模态特征和任务知识分析这些差异。要得到上面给出的“数独”模态分析的有效性的印象,参见第 17 章(案例 5)。

(2)“寻宝”。相比于“数独”,“寻宝”游戏更为复杂,并且总体上不受任何既定的交互范例支持。我们想要确认适当的候选模态(4.4.1 小节),以便确保盲人和聋哑人用户能够完成任务。

① **输出**。为提供平等进入游戏虚拟环境操作的机会,针对盲人用户我们把虚拟环境表述为静态触觉三维图像,针对聋哑人用户表述为静态二维图形增强图像地图,也就是带有像建筑物、森林或墓地这样重要地点的超级增强图像的标准二维地图。为有助于导航,我们给带有针对名字和地点的静态键入关键词的图形图像地图以及带有语音关键词的触觉图像作注解。因此,当盲人用户在虚拟环境中进行导航并到达游戏的重要地点时,该地点就会以语音关键词对用户做提示。我们针对内部场景选择相似的候选模态,例如当用户访问一个房子或者一个地下墓穴时。我们通过针对对象颜色的任意非语音声音给盲人用户的游戏添加细节,以及针对给盲人游戏伙伴发信号而使用单一的任意非语音声音,这样游戏里的一个步骤已经成功地由盲人用户或聋哑人用户完成了。相应地,聋哑人用户可以视觉观看从盲人用户那里到达或被成功发送到盲人用户那里的信息。

设计阶段可能会为盲人用户介绍某些情况下的语音交谈输出,例如通过给用户第一个要达到的目标来启动游戏。当由盲人用户标明地址时,聋哑人用户将收到转化为由体现代理产生的图形手语的讯息。当由聋哑人用户提供消息时,盲人用户将收到转化为口语关键词的讯息。使用关键词而不是交谈的原因是,关键词足以指向到虚拟环境中的重要地点。最后,聋哑人用户将能够在静态图形虚拟环境增强图像地图上监控盲人用户的动态变化位置。

② **输入**。盲人用户将针对在三维触觉空间内移动而使用触觉身体动作。触觉符号将用于作用于对象上。相应地,聋哑人用户将针对导航和对象操作而分别使用触觉指向和触觉符号,这次是进入到一个熟悉的静态图形虚拟环境输出环境当中。当与盲人用户交流时,聋哑人用户将①针对语言讯息使用图形手语,以及②为了把一条路线画到图形虚拟环境地图上而使用触觉身体动作。这个二维绘图将被转换成三维触觉,并形成盲人用户触觉虚拟环境地图的一部分。当与聋哑人用户交流时,盲人用户将使用口语关键词。

怎么样?我们拥有的是一个不错的方案,用于在两个可选的和进行部分取代(表4.4)的输入/输出模态世界——一个盲人用户世界和一个聋哑人用户世界——之间取得一致,在这两个世界中,其中一方用户可利用或产生的所有信息,也可为另一个所利用,只不过几乎总是在不同的模态中加以表述。事实上,使用相同模态的唯一情况是,双方用户点击某个设备以产生触觉符号。这种模态结构对模态分析是有用的,因为我们能够个别分析每个玩家模态"世界"的可用性。

③ **聋哑人用户**。聋哑人用户的多模态输入/输出在很多方面类似于计算机

游戏,参照 4.4.3 小节的范例 8。当然,聋哑人用户的世界还缺少非语音的音效,并且要增加虚拟环境地图上的静态图形关键词、手语关键词输入和地图上绘图。在地图上绘图对于增加路线显然是适当的;手语对于传达关键词是适当的;地图上的关键词对于表述位置是适当的。只要交流的关键词指到聋哑人用户地图上被标注的重要地点,倘若用户足够精通手语,用户所要做的就是从地图上读一个关键词,然后用手语表达出来,那么这些关键词就不会引起可用性问题。总之,如果聋哑人用户熟悉手语,具有触觉输入所需的敏捷,那么这个用户的多模态界面可能基本上就是可用的。

④ **盲人用户**。盲人用户的多模态输入/输出世界对于我们进行分析来说并不轻松,主要是由于我们不熟悉用关键词表述三维触觉虚拟环境的方法,以及这个虚拟环境会怎样与盲人用户一起工作。相比于视觉,盲人对三维触觉信息是否有不同的敏感性?对它他们是否有更好的记忆?相比于聋哑人用户的图形虚拟环境,盲人用户的触觉—音效虚拟环境是取代而不是备选(表 4.4)。聋哑人用户可快速进入图形图像地图的结构和内容,而盲人用户则必须通过在地图里四处移动才能辛辛苦苦地建造虚拟环境的地图存储。这是模态取代的一个好主意,但是我们必须研究它在经验性 CoMeDa 周期里如何可用。

对于表达游戏目标来说,语音交谈当然是适当的,并且只要确保将盲人用户交流的关键词指引到触觉虚拟环境里被标注的重要地点,就不可能引起可用性问题。然而,对于盲人用户来说,关于特殊重要地点的知识需要①在虚拟环境的探索中已经遇到过这一地点,和②在寻找中进行管理以记住它的标记,和③能够找到它。既然这是一个计算机游戏,只要通过③,则①就不是可用性问题。相反,而被认为是针对盲人用户的游戏挑战的一部分——至少只要不造成他们太多的困难就行。任意非语音声音针对颜色和游戏阶段的使用存在一个不同熟悉程度的可用性问题理由,参照表 4.3 中的模态特征 3。再说,开发者可能会争论说,这本身就是游戏挑战的一部分。

(3)"算术"。除了输入/输出触觉手势和身体动作,以及视觉手势和身体动作输出以外,"算术"系统以来自 4.4.3 小节的自然交流范例 14 为特征。因此,教师将成为"会说话的脸",这是拟人化的对话机器人(Embodied Conversational Agent,ECA)的一种限制情况(没有身体)(卡塞尔(Cassell)等 2000)。学生与教师的口语会谈将受类似于经典图形用户界面的某种事物的支持。为了允许学生们练习算术表达式的键入,"算术"将包括呈现为静态图形输出的触觉键入输入。为了允许学生们仔细研究教师说了什么,"算术"同样将包括教师所说一切的静态图形键输出(参照表 4.3 中的模态特征 7)。为了通过语音内容和韵律、视觉面部表情、眼神和手势加强对学生感情的默认观察,系统将使用生物传感器进行心率和皮肤传导性监控(图 3.3)。静态图形输出将包括某些标记/关键词。

师生会谈类似于教室里的日常人际交流和一对一的教学训练,教师和学生之间具有完全的自然情境交流,双方同样要写算术表达式,并且教师要观察学生的兴趣、动机和情感。不过与真实的人际交流也有一些不同,主要包括以下几点:①教师只是一个会说话的头像而不是实体;②系统冗余打印了教师说的所有内容;③学生必须佩戴生物传感器才能进行;④系统将做不到比真人教师更经常地理解学生的自然交流输入、感情和所有事情。

答复①,我们不知道调查结果,其大意是说一个缺少了的身体在像"算术"这样的系统方面具有负面可用性影响。答复②,我们不知道学生们是否更喜欢纯语音输出,或纯键入输出,而不是同时两者都有。至于③,我们不知道是否会有任何由于戴生物传感器而产生的消极情感。答复④,这是一个重大而复杂的可用性风险。一个应变手段是全键入型的学生输入。

换句话说,"算术"系统是一个可用性的雷区,主要是由于它要模拟很多自然人际交流。拟人化的对话机器人经常有意义重大的可用性问题,见普伦丁格尔(Prendinger)和石冢(Ishizuka)(2004)以及鲁特考伊(Ruttkay)和佩拉绍(Pelachaud)(2004)著作中关于拟人化的对话机器人可用性讨论。

4.5 输入/输出设备

模态和多模态是关于抽象的信息如何在媒体、它们的信息通道中以及模态的不同形式上进行物理意义的表述。输入/输出设备形成抽象体系的第三层级:抽象信息→模态→输入/输出设备。每当在某个模态中存在用户和系统之间的信息表述和交换时,系统就需要输入/输出设备,就像用户需要眼睛、耳朵、脸、手等。输入/输出设备提出了自身的可用性问题,所以本节是关于 AMITUDE 分析的设备分析部分。

有这样一些输入/输出设备:麦克风、扬声器、数据手套、无线射频识别标签、眼睛扫描仪、视点追踪器、图形显示器、摄影机、控制器、键盘、力反馈设备、生物传感器和加速度计等。输入/输出设备依赖现有技术,如针对硬件的图形显示技术和针对软件的计算机图形,并且可能与复杂的软件系统一起,如馈入高级图像处理软件程序包的网络摄影机。

在讨论输入/输出设备时,有效的简化通常不仅指的是设备本身,而且指的是使设备执行某个特殊任务的技术,如呈现语音韵律或追踪真实背景杂波上的面孔。在当前多模态系统的世界里,我们可能需要上面列出的任何设备,并且不能保证每次买到我们所需要的东西。另外一种情况,我们可能得到某个硬件和某个软件开发平台,需要在该平台上开发系统的目标功能。例如,开发针对儿童声音的高品质的、通用的语音识别器,必须在用户对象总体声音和他们可能在交互中使用的语言种类(词汇和语法)的数据代表方面加以训练。此外,我们可能必须收集训练数据。所有这些需要 CoMeDa 周期,而我们在下面的方法和数据处理节中提出这些问题。

既然人类工效学还提出了各种各样非计算机化的设备(像铁锹或门的球形把手)和对象处理(如举重物),那么应对使输入/输出设备适合于人这样的学科也可以称为人类工效学,或者更为特定地称为计算机人类工效学,并可以认为是人机交互的特殊分支。尽管人类工效学的研究者是经常进行医学训练的人,但是这个领域也需要充分利用心理学以及硬件和软件设计,因为人类工效学者不仅研究现有的设备和它们使用的长期效应,还帮助制造更好的设备,也就是新的设备。

4.5.1 设备分析

设备分析的目的是确认和选择可用设备。吸引人的是把设备选择看作是 AMITUDE 分析简单的最后一部分,或看作是确认待选模态之前的最后一道手续。然而,把设备分析视为对 AMITUDE 的其他方面没有约束效应是一个危险的简化。输入/输出设备是 AMITUDE 中的正式成员,并且可能会尽可能多地限制 AMITUDE 的其他方面,就像这些方面可能限制设备选择一样。当然,为了分析设备,我们必须对要使用的模态有初步设想,但是即使我们有了设想,结果却也可能是另一回事,例如当前并没有适合的可供输入或输出模态的设备。在这样的情况下,我们必须考虑是否希望靠自己把它建造出来或放弃它。例如,你可能有这样的艰难时刻:定位自动生成表达各种不同情感的语音合成器。如今好的合成器能够很容易地进行配置(贴标签)以生成快速的或大声的发音,但与生成表达愤怒、紧张或兴高采烈的声音还有很大差距。

或者假设我们想要系统判断用户的脸看起来是不是快乐,然而实践中发现,如果用户脸背后的视觉背景是统一的颜色和质地,那就只有以合理的稳健和可用方式才可能实现。在这样的情况下,我们必须选择要么放下发现面部幸福提示的雄心,限制使用环境的规范,要么研发不依靠视觉环境控制的可用的面部幸福指示计。

上述实例说明了 AMITUDE 规范过程中由设备引发的一般问题。让我们看看 6 个常见的问题。

上面给出的情感韵律实例是设备不可用的情况,主要是出于模态的原因,给定了模态的候选者,但目前却没有适合的设备。我们假设设备不可利用的情况可能存在于 AMITU(D)E 的所有方面。换句话说,①我们 A、M、I、T、U 或 E 规范中的东西需要一个目前不存在、不可获得或以其他方式不容许的设备,以至于我们要么不得不研发它,要么改变我们的规范。

上面给出的面部幸福实例是一个有条件的设备可用的情况,主要是出于使用环境的原因,我们能够有设备,但是只有限制了使用环境规范才能使用。我们假设有条件的设备可用可能存在于 AMITU(D)E 的所有方面。②对于 A、M、I、T、U 或 E 每一个方面来说,如果我们使制定的规范更有限制性,我们就能够拥有想得到的设备。

如有相反的情况,也就是设备激增的问题,③倘若新兴的 AMITUDE 规范出现,在很多可用的设备中选择哪一个? 在人机交互的历史中,这个问题已经引起人类工效学研究的爆发。例如在 20 世纪 80 年代,当调查人工输入设备及其对于不同类型任务的适宜性时(格林斯坦(Greenstein)和阿尔诺(Arnaut)1988,麦金利(Mackinlay)等 1990),不过是试着研发一种可以手写输入文本的标准鼠标而已,就像当时那样,在今天这也是不可行的,主要是由于我们缺乏对设备的精确控制。这种工作可能导致人类工效学标准的建立,参照麦肯齐(MacKenzie)(2003)。在设备中进行选择有时会很难,尤其是如果我们包括了促成技术,有时花费一个 CoMeDa 周期在候选设备之间进行仔细比较是可取的。

还有第四类情况,④设备已经有了,但某个事物可能会发生影响并妨碍它的使用,例如在这句话中:"我想构造一个能监控汽车驾驶员生物信号的系统,但强烈的迹象表明,出于个人舒适、任务绩效或社会适应的原因,驾驶员并不想佩戴生物传感器"。如果我们想不出包装生物传感器的任何方式以便汽车驾驶员能够接受戴着它们,也想不出把它们嵌入车内环境的任何方式,那我们就可能会放弃系统设想或当问题能在适当的时候加以解决的希望中继续进行。

在多模态系统研究开发中的典型情况是,⑤不知道设备是否将是可用的。设备可能存在或不得不按照项目进行研发,但在延伸技术获取以前没有精确照此制造、或至少被测量可用性的某个设备存在问题。最好的做法是分配相当多的资源尽可能早地进行设备可利用性调查,以及备有可行的应变策略,以免设备不可用。

设备分析的一个特殊情况涉及模拟现实主义,例如在虚拟现实或混合现实训练模拟器中:⑥模拟设备是否同样都做到了对应该模拟的东西进行了写实复制? 例如,很多当前的汽车模拟器很好地模拟了触觉驾驶输入(转向盘)和视觉输出之间的对应关系,但未能提供在加速、减速、改变方向、道路表面质地上的反馈以及由于方向和表面质地中的变化而产生的噪声层级和噪声成分中的变化。问题是模拟设备也许不应该用于收集这些类型的数据,因为模拟器不会可靠地表述真正的驾驶。

还有其他的问题,如长期使用设备对健康的影响,这一点在此我们不想探究。始于 19 世纪 70 年代末的标准打字机键盘布局说明设备能够为了自身利益变得更好,但效率可能变得很低。开发标准打字机键盘使打字杆在键入过程中不会发生冲突和阻塞,但不得不让键入速度变慢。

4.5.2 案例设备分析

本节展示基于案例设想(2.1 节)、案例模态分析(4.4.5 小节)和任何其他案例 AMITUDE 信息(第 3、4 章)的案例设备分析。我们使用 4.5.1 小节中所做的 6 个问题作为清单。

(1)"数独"。事实上,"数独"系统是以演示摄影机拍摄的三维手势有用为动机和目的的设备。这个游戏需要相当大的图形显示器用于站立时的指向;需要立体的摄影机和图像处理设备进行三维指向从手臂、到手再到手指手势的获取;需要麦克风进行语音输入接收;需要语音识别器等。

所有需要的设备都已存在,而且似乎没有什么会对它们的使用产生不利的影响。既然语音输入仅仅是几个关键词,而且我们已经排除了儿童的声音(3.3.7 小节),那么我们就可以期待大多数的语音识别器都会有效工作,并且不打算进行候选者的比较研究。然而,我们可能会遇到一个标准数字输入的问题,原因是相对于长词语而言,识别器往往更容易混淆短词语。解决方法是使用长词语,如说"数字 8"而不是"8"。很可能图片处理软件只有在受控的使用环境中才会正常工作。另一个关键的不确定性是对于玩"数独"指向手势输入如何实现可用。如果三维指向手势输入对于玩"数独"游戏无效,在此情况下我们又没有应变计划,那么项目将会失败。

(2)"寻宝"。聋哑人用户会使用到图形显示器、鼠标和摄影机等。该项目将开发简单的转换器用于①语音到信号语言转换;②信号语言到语音转换;③二维模拟图形到三维模拟触觉转换;④简单的信号语言识别器。①和②只能把少量的标记/关键词从一个模态转换到另一个模态,而④只能有效识别几个信号。③必须单项转换。盲人用户将使用扬声器、带按钮的模拟触觉力反馈设备(如按钮)进行探索和作用于三维触觉虚拟环境、文本到语音和颜色到声音的转换器。倘若新设备程序要求具有简易性,那么这些事做起来将是可行的,触觉虚拟环境也是如此。至于应变手段,信号语言输入/输出能够很容易地被文本键入输入/输出所取代,而图形到触觉转换器的应变手段是找到其他的游戏挑战。真正待解决的问题是对于探索和作用于触觉虚拟环境,盲人用户需要发现商业触觉力反馈设备如何可用。

(3)"算术"。"算术"系统包括带有图形显示器、鼠标和键盘的图形用户界面。此外,该系统还有扬声器;麦克风和儿童声音专用语音识别,包括简单的情感—动机韵律识别功能;生物传感器,用于监控心率和皮肤传导性;摄影机,带有依据项目制作的图像处理软件,用于提取简单的面部表情和手势提示来展现学生的情感和动机状态。假设遇到严重的带有语音识别的可用性问题,应变手段就是学生输入的键入文本;假设遇到带有韵律识别、面部表情和手势提示的问题,就问学生。语音识别器将通过比较研究加以确认。

上面提供的生动描写可能对于今天高级的多模态系统开发仍然具有代表性。4.5.1 小节中经过编号的清单、设备或者它们的软件经常被开发为项目的一部分①;经常需要以更具约束性、不太雄心勃勃的规范为形式的应变手段②;有时需要比较性的设备评价③;设备、可用性经常形成项目打算演示的一部分东西⑤。拿每个设备分析与每个案例所作的 AMITUDE 使用模型的其余设备分析进行比较,我们没有发现对使用计划好的设备产生不利影响的任何因素④——但是我们一旦运行 CoMeDa 周期进行系统模型检测,这种情况可能会改变。只有关于模拟现实主义的点⑥与案例无关。

4.6 小结

通过案例分析以及模态和设备分析,本章完成了 AMITUDE 分析的全面展示。这一点适合于本书的标题和新模态、模态组合和新奇多模态应用的出现,模态展示已经非常广阔。我们已经试着传播如何在紧凑的模态分类法中以图形、音效和触觉媒体用模态进行工作的意义。分析了各种工具和视角以支持创建和分析多模态组合,包括模态特征、模态适当性规则、模态关系和可用多模态组合清单。此外,还总结出了设备相关可用性问题清单用于设备分析。

把第 3、4 章放到一起看可得出结论,它们常用的目标是介绍理论和实践中的 CoMeDa(图 1.2)的概念部分。这一点我们用下列方式已经做到了:第一,把 AMITUDE 各个方面展示为 7 个结构化的概念组,以通过整体(基于约束)推理分析项目目标和指定整合的使用模型;第二,把那些概念组应用于本书案例 AMITUDE 分析的案例中。重要的是,这都是用来自可用性开发进程重要部分的抽象概念做到的,所以现在该把可用性工作放到更广泛、更平衡的视角当中,就从第 5 章(插曲 2)中案例 AMITUDE 分析的总结开始,以及从第 6 章开始的 CoMeDa 工作方法部分。

参 考 文 献

Benoit C, Martin J-C, Pelachaud C, Schomaker, L, Suhm B(2000) Audio - visual and multimodal speech - based systems. In:Gibbon D, Mertins I, Moore RK (eds) Handbook of multimodal and spoken dialogue systems. Kluwer Academic Publishers,Boston:102-203.

Bernsen NO(1994) Foundations of multimodal representations. A taxonomy of representational modalities. Interacting with Computers 6/4:347–371.

Bernsen NO(1995) Why are analogue graphics and natural language both needed in HCI? In:Paterno F (ed) Interactive systems:design,specification and verification. 1st Eurographics workshop,Focus on computer graphics. Springer:235–251.

Bernsen NO(2002) Multimodality in language and speech systems – from theory to design support tool. In:Granström B,House D,Karlsson I (eds) Multimodality in language and speech systems. Kluwer Academic Publishers,Dordrecht:93–148.

Bernsen NO(2006) Speech and 2D deictic gesture reference to virtual scenes. In:André E,Dybkjær L,Minker W,Neumann H,Weber M (eds) Perception and interactive technologies. Proceedings of international tutorial and research workshop. Springer,LNAI 4021.

Bernsen NO(2008) Multimodality theory. In:Tzovaras D (ed) Multimodal user interfaces. From signals to interaction, Signals and communication technology. Springer:5–29.

Bernsen NO,Dybkjær L(1999a) Working paper on speech functionality. Esprit long–term research project DISC year 2D eliverable D2.10. University of Southern Denmark.

Bernsen NO,Dybkjær L(1999b) A theory of speech in multimodal systems. In: Dalsgaard P,Lee C–H,Heisterkamp P,Cole R (eds) Proceedings of the ESCA workshop on interactive dialogue in multi–modal systems,Irsee,Germany. ESCA,Bonn: 105–108.

Bertin J(1983) Semiology of graphics. Diagrams,networks,maps. Translation by Berg WJ. University of Wisconsin Press,Madison.

Bolt RA (1980) Put–that–there:voice and gesture at the graphics interface. Proceedings of the 7th annual conference on computer graphics and interactive techniques. Seattle:262–270.

Cassell J,Sullivan J,Prevost S,Churchill E (2000) Embodied conversational agents. MIT Press,Cambridge.

Greenstein JS,Arnaut LY(1988) Input devices. In:HelanderM(ed) Handbook of human–computer interaction. North–Holland,Amsterdam:495–519.

Hovy E,Arens Y(1990) When is a picture worth a thousand words? Allocation of modalities in multimedia communication. AAAI symposium on human–computer interfaces. Stanford.

Johnson M,Lakoff G(1980) Metaphors we live by. University of Chicago Press,

Chicago.

Jurafsky D, Martin J H(2000) Speech and language processing. An introduction to natural language processing, computational linguistics, and speech recognition. Prentice Hall, Englewood Cliffs.

Lakoff G(1987) Women, fire, and dangerous things: what categories reveal about the mind. University of Chicago Press, Chicago.

Luz S, Bernsen NO(1999) Interactive advice on the use of speech in multimodal systems design with SMALTO. In: Ostermann J, Ray Liu K J, Sørensen JAa, Deprettere E, Kleijn WB (eds) Proceedings of the third IEEE workshop on multimedia signal processing, Elsinore, Denmark. IEEE, Piscataway: 489-494.

MacKenzie IS(2003) Motor behaviour models for human-computer interaction. In: Carroll JM (ed) HCI models, theories and frameworks. Towards a multidisciplinary science. Morgan Kaufmann, San Francisco.

Mackinlay J, Card SK, Robertson GG(1990) A semantic analysis of the design space of input devices. Human-Computer Interaction 5: 145-190.

Martin J-C (1995) Cooperations between modalities and binding through synchrony in multimodal interfaces. PhD thesis (in French). ENST, Orsay, France.

Mussio P, Cugini U, Bordegoni M(2001) Post-WIMP interactive systems: modeling visual and haptic interaction. Proceedings of the 9th international conference on human-computer interaction: 159-163.

Nielsen J(1999) Designing web usability. New Riders, Indiana.

Nigay L, Coutaz J (1993) A design space for multimodal systems: concurrent processing and data fusion. International conference on human-computer interaction. ACM Press, London: 172-178.

Oviatt S, Cohen P(2000) Multimodal interfaces that process what comes naturally. Communications of the ACM 43/3: 45-53.

Prendinger H, Ishizuka M(eds) (2004) Life-like characters. Springer Verlag, Berlin.

Ruttkay Z, Pelachaud C (eds) (2004) From brows to trust. Evaluating embodied conversational agents. Kluwer, Dordrecht.

Sutcliffe A, Kurniawan S, Shin J (2006) A method and advisor tool for multimedia user interface design. International Journal of Human-Computer Studies 64/4: 375-392.

Tufte ER(1983) The visual display of quantitative information. Graphics Press, Cheshire.

第 5 章　插曲 2:案例现状和接下来的步骤

　　为创建用于案例(5.1 节)的 AMITUDE 使用模型,也就是 AMITUDE 规范,本章总结了第 3、4 章所作的 AMITUDE 案例分析,阐述可用性目标、需求和评价标准,扩展案例规范以包括可用性需求(5.2 节)。既然案例使用模型似乎已经由纯粹的思考产生出来,那么 5.3 节就要求对从第 6 章开始选定的可用性工作赋予更广泛的、更现实的视角。

5.1　案例 AMITUDE 使用模型

　　表 5.1~表 5.8 总结了来自第 3、4 章的使用分析的案例模型。注意,表中增加了任务分析。

表 5.1　案例开发目标和现状

系　　统	开 发 目 标	现　　状
数独	用于演示视觉三维手势+语音输入有用的研究原型	由德国达姆施塔特市计算机图形协会中心的一位同事和学生们建造,用户由作者进行测试
寻宝	用于演示盲人/聋哑人交流与合作的研究原型	由希腊塞萨洛尼基市希腊研究和技术中心暨信息和信息交流学会的同事们建造,用户由作者和该学会的一位同事进行测试
算术	用于演示儿童认知性—情感性基础算术辅导同伴的研究原型	正在由作者之一与希腊研究和技术中心暨信息和信息交流学会合作进行开发

表 5.2　AMITUDE 案例规范或早期使用模型——应用类型

系　　统	应 用 类 型
数独	单人玩家、数字益智计算机游戏;"数独"游戏;三维指向手势;指向手势和娱乐用语音
寻宝	双人冒险计算机游戏;"寻宝"游戏;多用户游戏;残疾人用游戏
算术	情感性学习;幼儿用智能算术/科学辅导;动画会谈代理;口语辅导;同伴、朋友;幼儿用寓教于乐媒体

表 5.3　AMITUDE 案例规范或早期使用模型——模态

系　统	模　态
数独	输入:英语口语符号和关键词,三维视觉指向手势 输出:二维静态图形,包括图像棋盘、图像图标,可能带有英语键入标记,英语键入文本
寻宝	盲人用户输入:三维模拟触觉导航,用于作用于对象的触觉符号 盲人用户输出:三维静态触觉图像(城市风光、风景、室内、地下),英语口语关键词,任意非语音声音,可能是英语口语交谈 聋哑人用户输入:二维模拟触觉指向和画线,用于作用于对象的触觉符号,三维美国信号语言关键词 聋哑人用户输出:二维静态图形图像地图,静态图形英语键入文本,产生美国信号语言的三维动态图形体现代理
算术	输入:英语口语会谈和(或)英语视觉键入文本会谈,视觉英语键入符号,触觉符号,视觉面部表情,视线,手势,触觉心率,电生理学的皮肤传导性 输出:英语口语会谈,二维静态图形英语键入文本会谈,符号和标记/关键词,显示面部表情和视线的三维动态图形面部图像

表 5.4　AMITUDE 案例规范或早期使用模型——交互

系　统	交　互
数独	双向交流(无意的)
寻宝	双向交流(无意的);以计算机为媒体的人际交流;虚拟操作
算术	双向交流(无意的);默认的观察(通过有同情心的朋友);生物传感

表 5.5　AMITUDE 案例规范或早期使用模型——任务

系　统	用户的任务或其他活动及域
数独	任务目标:完成"数独"游戏 一般任务:在适合规则的棋盘上增加数字,直到棋盘填满为止 域:与"数独"游戏,特别是与计算机相关的一切 任务分析:选择开始游戏;选择游戏难度;一个接一个插入数字;可选:删除或取代已插入数字;如果玩家不想继续可以重置游戏;当游戏成功完成时获得祝贺;停止游戏或选择新游戏 问题:联机帮助,保存选项,分数保存,难度定制,装饰
寻宝	任务目标:双人用户团队网上合作找到隐藏的绘图。要创建的任务步骤:目标、步骤、障碍、规则 域:与"寻宝"相关的一切 任务规范:①盲人用户被告知找到红色壁橱。借助于口语提示和乐声色编码,发现房间里有红色壁橱的房子后被告知去市政厅。②聋人用户获得这个通过动画代理转换成信号语言的信息。盲人用户发现市政厅并被市长告知去寺庙遗址。③盲人用户搜索寺庙遗址的铭文。④被发现的高深莫测的书面信息作为信号语言发送给聋人用户。她/他推断出去墓地,发现密钥,读出密钥上的铭文并执行信号语言以告诉盲人用户密钥干什么用。⑤盲人用户得到语音形式指令,发现并进入地下墓穴,发现箱子并取出要发送给聋人用户的地图。⑥聋人用户解开地图上的谜语,在地图上绘制路线并把带有转化成三维沟槽路线的地图发送给盲人用户。⑦盲人用户依靠触觉沿沟槽前行,进入森林,沿着开沟槽的森林路径前行,最终定位宝藏

系　统	用户的任务或其他活动及域
算术	任务目标：理解和掌握基本乘法 测试任务：类似于毫不费力地完成任何两个 1 到 10 之间的数字相乘并计算正确 域：与教儿童基本算术相关的一切 任务分析：作为新生，对于基本加法技能进行筛选测试；得到用户身份证明；使用身份证明随意进入和离开教学和训练；被教授基本乘法；训练基本乘法和乘法表；获得帮助，包括差错更正、差错解释以及如何避免。获得成绩、分数和其他进步指标 问题：辅导策略，如何组织教学和训练，如何使策略个性化，情感性策略，情感感知

表 5.6　AMITUDE 案例规范或早期使用模型——用户

系　统	用　户
数独	成人和青少年：熟悉"数独"游戏规则；能够视觉上阅读英语；能说基础英语；能够执行三维指向手势；平均等级（无重大疾病）的语音、视觉、敏捷、耐力
寻宝	用户1：青少年或成年人；视觉上有残疾，平均等级的听力；了解基本英语口语；能意识到力反馈；能够执行触觉输入操作 用户2：青少年或成年人，听力上有残疾，能够视觉上阅读英语；能够产生美语手语；能够画线；能够进行鼠标点击 双方：最好具备某些计算机读写能力；计算机游戏体验和技术好奇心
算术	6~9岁（二或三年级）：有英语说话和阅读技能以及有限的口音；知道基本加法但不知道基本乘法；有平均等级（无重大疾病）的语音、听力、视觉、敏捷

表 5.7　AMITUDE 案例规范或早期使用模型——设备

系　统	交　互　设　备
数独	输入：麦克风和语音识别，立体摄影机和图像处理 输出：大型图形显示器
寻宝	输入：带有可点击按钮的力反馈设备，鼠标，摄影机和图像处理，语音识别 输出：力反馈，扬声器，图形显示器，文本到语音
算术	输入：麦克风和语音识别，键盘，鼠标，摄影机和图像处理，用于心率和皮肤传导性的生物传感器 输出：扬声器和文本到语音，图形显示器

表 5.8　AMITUDE 案例规范或早期使用模型——环境

系　统	使　用　环　境
数独	公共空间，室内，低/有限的噪声，照明，空间，宽敞的、无设备损坏和被盗的风险
寻宝	室内，低/有限的噪声，照明适当，椅子和桌子
算术	独立或通过互联网的无处不在的使用，低/有限的噪声，照明适当，公共空间条件下使用

5.2　案例可用性目标、需求和评价标准

此时有必要仔细看看表 5.1~5.8 中的 AMITUDE 模型,并且提出本书中到处存在的问题:被指定的这个系统可用吗?试着通过查阅表 1.1 中的可用性分解来回答这个问题。我们并不知道系统是否会像被指定的那样进行工作,它甚至还没有被设计出来,那么谁又如何能断定呢?在这个阶段我们能说的就是,我们正在力图制定可用系统的 AMITUDE 规范来保证系统可用。

不过,还有一个相关的问题,即我们早在开发中就能够,并且应该提出这件事,那就是我们**怎样断定系统是可用的呢?**我们能够通过制定可用性评价标准并以要在 16.2 节中讨论的其他方式来断定。这是直截了当地去理解,并且几乎是微不足道的:如果我们有了可用性评价标准,那么就能够将其应用于测量系统可用性的某个方面,对吗?但是我们真正想知道的是两件事:①我们从哪里获得标准,或者实际上我们怎样为我们自己的系统建立标准?②为什么我们这么早就需要这些标准?

下面我们讨论第二件事。现在,当我们说我们很早就需要在整个开发中具有至关重要作用的一组核心可用性评价标准时,请相信我们。现在让我们建立该核心可用性评价标准的步骤。

我们为了一个具体的目的(1.4.7 小节)而构造人造物,包括系统。1.4.6 小节中的高级可用性分解说明,对于人造物来说完成它的目的意味着什么。换句话说(步骤 1.1),当我们提出案例系统目标时,在某种程度上我们能够推导出一些高级的可用性目标。例如,玩"数独"系统也应该是有趣的。而当我们(步骤 1.2)把案例系统目标(2.1 节)列举进入上面 5.1 节中实际的案例需求规范中时,在某种程度上我们能够从规范中推导出更特定的可用性需求。例如,在需求规范中我们宣布,"数独"要使用三维指向手势来玩,这暗示着指向手势必须易于通过默认进行控制。如果没有指向手势不易于控制这一特殊原因,那么我们就有"指向手势必须易于控制"这样的可用性需求。有时可用性需求变得有针对性了,以便于它们能够直接作为可衡量的可用性评价标准进行服务,例如"测试用户应该在 30min 内至少完成两场游戏"。

总之,关于可用性评价标准来自哪里或如何查明它们大概应该或能够对特殊系统做什么,没有什么神秘的。在确定系统目标时,我们就开始研究它们,并且在进行需求规范和设计时,我们继续产生更多、更精确的版本。确切来说,我们对于如何测量某个特征,要力求达到哪些测量结果(目标值),要指定多少、哪些可用性需求时从不演绎,我们只是尽我们自己最大的力量。

表 5.9 所列为针对案例的可用性需求。可用性需求除了特定地提出可用性

以外,与一般意义上的软件需求相同。如同 AMITUDE 使用模型规范一样,可用性需求是针对系统需求规范的一部分。可用性评价标准从定量或定性角度指定了确定可用性需求是否已经得到满足(16.2 节)。16.2 节还将表明,我们有不同于通过可用性评价标准判断系统可用性的方法。

表 5.9　案例的可用性需求

系　统	技术质量	功 能 性	易 用 性	用户体验
数独	有效性度量标准:稳健性最大。每交互 2h 允许有一次死机或其他破坏性的差错	用于玩"数独"的基本功能	有效性度量标准:指向手势易控制 有效性度量标准:语音输入被正确理解 有效性度量标准:系统易理解和操作 生产力度量标准:测试用户应该在 30min 内至少完成 2 场游戏	满意度度量标准:用这种方式玩"数独"游戏很有乐趣 满意度度量标准:还想玩,例如在机场
寻宝	有效性度量标准:同"数独"	用于玩这种游戏的基本功能	有效性度量标准:短暂指令后触觉口语导航和触觉对象操作是可能的 生产力度量标准:最多 30min 完成游戏	满意度度量标准:玩这种游戏很有乐趣,前景远大 满意度度量标准:挑战层级适当 满意度度量标准:肯定会玩完整版、改进版
算术	有效性度量标准:同"数独"	适当的教学和用户建模功能 有效性度量标准:良好:在由用户和系统感知的感情和动机之间相称	有效性度量标准:接近走来即用,没有指令 生产力度量标准:所有学生取得很大进步,10h 后 1/3 通过最终测试 安全度度量标准:用于儿童自学是安全的	满意度度量标准:"我非常喜欢那位老师,她喜欢她的工作和学生,她只是在她不得不苛刻时才那样,她能断定我是否在课堂上有问题,然后我们谈论这些问题,这很有帮助。她的某些实例很有乐趣,并且一个人必须做乘法题来选择什么很有乐趣。当她为我们设置陷阱,而一个人能够通过努力学习获得很多分数时,也很有乐趣"

有效性度量标准、生产力度量标准、安全度量标准和满意度度量标准请查阅 16.4.1 小节中的国际标准化组织标准。

现在来看第二件事,**为什么我们这么早就需要可用性需求?** 因为如果没有一组变成可用性评价标准的早期可用性需求,例如直到当我们与用户一起测试系统并不得不创建某些评价标准以理解测试数据的时候,我们就要在黑暗中摸索工作。有时候,在软件工程的混沌里,这种情况已经出现了,通常发生的事情就是后期设计标准以适合系统,而不是努力开发该系统以适合预先指定的需求。事情能够变得更糟,例如:评价标准被开发出来,不仅要去适合系统,还要用于系统的各个方面,结果是该系统不过是一个可怜的可用性失败者罢了。

我们将在第 16 章讨论评价,并且在评价第 17 章中的系统时应用表 5.9 中的"数独"可用性需求。注意,表 5.9 中的"算术"用户体验条目显示了定义可用性需求的不同风格,也就是作为一系列来自系统用户的目标引用语。功能性一列显示了"算术"原型是 3 个关于可用性里面更加雄心勃勃的一个,因为"数独"和"寻宝"条目只讲到了"基本的功能性",意味着测试用户必须能够玩游戏,而不是为实现系统最理想地可用可能想要不同的或额外的功能性。"算术"条目讲到了"适当的功能性",意味着用户不应该想要不同的或额外的功能性。因此,要满足表中的功能性需求,"算术"开发者就应该期待在可用性方法应用上比"数独"和"寻宝"开发者消耗更多的资源。

5.3 面向可用性工作的更广阔视角

尽管表 5.1~表 5.8 显示在为每个案例建立使用模型时,我们已经到了什么地步,但在我们对表中信息产生方式的展示中还是存在不足。第 3、4 章可以让人想到 AMITUDE 使用模型是由单纯的开发思考产生的,参照图 2.1。一般认为这都是虚假的和误导性的! 事实上,通常在良好的早期使用模型背后存在的,不仅是很多开发者的体验和讨论,而且是我们从第 6 章开始展示的很多方法和其他途径的早期应用。

所以参照图 5.1,我们应该:①从第一天起已经制定出案例的可用性工作规划;②已经使用了确定开发目标需要的途径;③完成了可用性需求;然后④已经制定了 AMITUDE 和可用性需求规范。这就是完成可用性工作的应用程序。

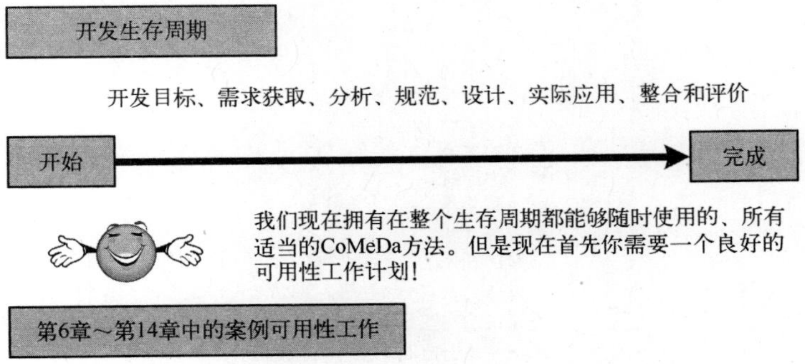

图 5.1　在案例方面应该如何进行工作

第6章 常用的途径、方法和计划

CoMeDa 周期是为提高系统可用性(1.3.1 小节),应用 AMITUDE 概念和可用性方法来收集可用性数据进行分析的过程(1.3.1 小节)。在第 3、4 章中介绍了 CoMeDa 的概念部分之后,我们继续介绍收集可用性信息的方法。本章分析了常用的非正式的可用性信息收集途径,并介绍要在第 8~13 章系统化描述的可用性方法。另外,还说明用于管理可用性的两个工具:一般的可用性工作计划和特定的可用性方法计划。

6.1 节描述了收集或产生可用性信息的常用方式,我们对称其为"方法"是否更适当感到犹豫。某些方式第 3、4 章被提到或者甚至被用作 AMITUDE 使用模型案例分析的一部分,在第 5 章(案例 2)中进行总结。6.2 节介绍用于收集可用性信息的一般方法,这些方法将在第 8~12 章进行说明,并且受第 13 章中如何与用户在实验室工作讨论的支持。6.3 节展示了可用性工作计划,这一工具有助于安排哪些方法应当在生存周期内时要使用。6.4 节描述了可用性方法计划,用于说明在可用性工作计划中排定的每个应用方法的详细计划。

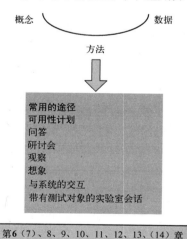

6.1 常用的可用性途径

本书的基本论点是:可用系统是通过掌握足够多的、正确的可用性信息,并正确使用这些信息(1.2.1 小节)而创建的。与可用性信息收集方法相反(6.2节),我们收集或生成可用性信息的某些方式很少有或没有符合建立标准的、一般的或系统的、能够被学会、忘记、破坏、丝毫不差地仿效的规定程序。我们称这些非正式的方式为途径而不是方法,现在来看看本节中最常用的途径,如表6.1所列。

表6.1　用于收集可用性信息的6种常用的途径

途　　径	收到的可用性数据/信息	主要用于生存周期阶段	条　　件
思考	创建设想、约束等	所有阶段	无条件
理论	可应用于系统的知识	分析、设计阶段	是否存在相关理论
相关的系统和项目和(或)关于它们的文献	设想、目标、风险、规范、设计、功能性、内容、评价结果、方法论等	分析、设计、评价阶段	类似的系统或项目是否存在
直接相关的经验性数据和(或)关于它的文献	用于分析或其他用途的数据,能够转换的结果,训练信息等	分析、设计、实际应用、评价阶段	是否存在相关经验性数据或文献
在自身项目上的描述性来源	设想、目标、风险、规范、设计、功能性、内容、评价结果、方法论等	所有阶段	除非没有描述性来源存在
来自相关项目的体验	设想、目标、风险、规范、设计、功能性、内容、评价结果、方法论等	所有阶段	人们可利用体验

大多数读者可能都熟悉表6.1中的所有途径,而且其中几个已经在本书得到了应用。例如,我们在第3、4章建立案例 AMITUDE 分析中使用了思考;在第4章中提到了模态理论;并且在3.2节中描述了获取相关系统和项目的应用类型使用。现在我们要在6.1.2小节~6.1.6小节中更加详细地分析这6种途径。

6.1.1　思考

在可用性开发方面,"思考"广义上是指使用常识、自由讨论、分析、规划、反思和一致性检查、问题诊断,对来源(文献、方针、编码、本书)在使用前和使用中维持至关重要的理性态度,确保遵循方法或数据处理程序中需要的所有步骤,并已经正确实施,得出结论并做出决策的活动。在生存周期的所有阶段,思考是必不可少的,特别是对于新手学习和发现自己可能适得其反的偏见,思考是非常需要的。始终都要先提前考虑接下来的几个步骤,再把它们搁置一段时间,三思而后行。在一天结束的时候,只有你和你的团队的思考才能使项目不分散,确保它尽可能朝某个有意义的目标沿直线前进。

思考是发现和解决问题的途径,同时思考也是做出决策的途径。但是,某些问题仅仅通过开发者的思考无法解决,而是需要其他来源和方法来解决。我们在第3、4章使用了可用性开发者对案例的思考,但我们也意识到,无论它基于多少体验,当它开始使系统适合真人的时候,纸上谈兵的思想还是有局限性的。

6.1.2 理论

有些现有的理论以及正在开发的理论,包括 CoMeDa 概念、方法和数据处理,针对的是很多现在和未来与多模态可用性相关的主题。所以在从以图形用户界面为本的可用性到多模态可用性进行归纳和与人融合时,我们并不是进入了理论真空。相反,我们借用了理论开发领域的许多宝贵财富。当然,你也可能进入了某个没有理论存在的领域,但是很可能之前有人已经想到了你的问题,并且以某种方式表达了一些想法。某些实际问题如下:需要什么类型的理论、什么时候使用该理论、期待从该理论中得到什么。

（1）深度理论还是应用理论。深度理论是包括人文和社会科学在内的科学学科或正在被开发的跨学科理论,并致力于研究原则、结构、基本实体和机制、普遍性和解释力等方面。应用理论是指当交互式系统研究者和开发者,在文本中发现的,要么①在一般意义上的可用性,要么②关于特殊类型的应用,本书的类型是①。类型②的文献主要通过不同交互范例周围的网络社区产生,参照1.4.4 小节的加框文字 1.2。请查阅这类文献！它可能包括用于你特殊目的的操作信息。为它出力！你的系统极有可能在几个方面都是独一无二的,我们都想了解这几方面。

（2）在可用时更喜欢应用理论而不是深度理论。一般人都更喜欢由其他开发者产生的应用理论而不是直接进入深度理论。首先,在陌生的科学学科里获得立足点是一项艰苦的工作。另一方面,把深度理论应用于交互式系统开发往往同样是艰苦的。理论的"所有者"——在心理学、社会学、组织理论、会谈理论、电影理论,或者诸如此类的东西方面——通常不关心我们需要的应用理论种类,所以你可能需要自己动手。有人不得不去做这件事,这是正确的,他们花费精力让人非常感激,但你不一定,除非你喜欢它。

（3）一条双行线。一个有趣的观点涉及深度理论的适用性。如果你想冒险进入某些域方面的深度理论,那么你可能会发现你需要的东西——例如说,某个现成的理论片段——并直接应用这个片段,例如在应用方面的实体上详细规划理论实体,然后做出必要的推断？当然,这种情况会发生。然而,一般情况下,你会发现你并不能够尝试使用现成的那些应用理论片段。相反,你可能会遭遇到下面 4 种情况之一:①你会发现相互矛盾的理论,它们都是正在研究的重要科学部分,但你实际需要的是坚实的、既定的理论。②你会发现全部的学科,根本不热衷于大理论,如人类学、实验心理学和会谈分析等。它们中的某些更喜欢讲述非常详细的故事,某些更喜欢进行高度集中的实验,但这些故事和实验确切地提出你所需要的相关信息是不可能的。③你会发现你相信能够直接应用的东西,只是后来才发现,你正在应对的现实要比理论让人想到的或采用的更为丰富。我们在语音对话方面合作的工作就印证了这一点(11.4节)。事实上,在这个特殊的情况下,我们从反方向进行工作,先开发一套协调性原则,然后试着在现有理论上详细规划这个结构。最后的情况④是这样一个境地:你根本找不到与你想要理解的东西相关的任何东西。这可能是少有的,不过话说回来,科学方面的东西与我们的问题相关这一事实远远不能确保其工作效用。

情况③可能很重要。我们相信这种情况会经常发生:有正确的理论,而且经常有优良的和坚实的理论层次。但既然其开发者没有面临我们碰到的对于可用性的具体问题,那么理论就从未切入到我们能够直接应用它的点上进行开发。想一想交流行为(3.6.2小节),塞尔(Searle)(1969)开发了一个有5个基本类型语音行为的理论(15.5.5小节)。然而,对于很多交互开发的目的来说,我们还需要塞尔没有提供的更细致的区别。然而,到了充分交流行为的理论,包括协调语音、面部表情、手势、视线、姿势、动作的时候,就几乎没有任何理论了。同样,那些模态中的每个模态都已经得到了广泛的研究,但它们进入充分交流行为的协调却没有研究。假设你对如何处理像组合语音和指向手势输入那样明显受限的某个东西的应用理论有兴趣,你所有可能发现的东西对该问题复杂性的早期研究(兰德拉金(Landragin)2006,伯恩森(Bernsen)2006)。有趣的是,我们在该领域需要的理论可能将主要来自交互式系统研究者。我们是尽可能快地需要理论的人;我们生成大量能够用于理论开发的数据,并且我们开发数据处理工具(15.5.6小节)。

(4)应用理论成本很低。如果找到能够直接使用的、构建合理的应用理论,那么就能够以低成本取得大踏步的进展。因为概念工作和人的经验性工作已经完成,所有我们需要做的事情就是理解和应用。注意,理论不仅用于指导开发,它也在基于理论的评价方面用于检查是否在系统模型设计方面(16.4.2小节)已经遵循了理论。

6.1.3 相关系统和项目

与我们自己的或在其他方面相关的系统或项目,以及那些描述它们的文献可以在可用性上提供有价值的输入。我们可能会发现一些描述可用性目标和推理的论文或产品展示,那些论文涉及像我们自己的项目相同的应用类型、任务、域或模态。我们都往往对发现竞争对手系统的可用性和其他方面的优点和缺点具有浓厚的兴趣。对相关系统信息的另一个使用是当系统必须在某些方面与它们相匹配时候。

6.1.4 相关经验性数据

获取有助于使系统可用的原始经验性数据也是可能的,例如分析类似环境中手势的语料库,或用于训练精神状态识别器的面部表情数据等。通常情况下,数据收集工作费用浩大、难以抓住或很少能够直截了当地重新使用,所以如果出现这些数据,就将是宝贵的资源。获取数据后,必须要处理得当(第15、16章)。

能够有助于提高系统可用性的经验性数据并不必是原始数据。事实上,与抓住可重新使用的原始数据的机会相比,在文献中发现潜在意义上有用的经验性数据分析结果的机会更高。这些数据经常在6.1.3小节讨论中发现。

在从一个系统到另一个系统各种各样的转换中需要注意的关键问题——推理、数据或数据分析结果——就是存在着比较粉笔和奶酪这种外貌相似但实质不同的风险。假设系统针对的是不同的用户群,那么这种差异可能使转换无效。

一般情况下,这个问题实质上是不存在的,因为两个系统是相同系统的不同版本,只是关于要调查的特殊特征不同而已。例如,洛佩兹(López)等(2008)把一个语音对话系统的纯语音(单模态)版本与另一个在其他方面相同但说话者是拟人化的对话机器人的版本进行了比较。对两个带有用户的版本进行测试后,调查结果显示,纯语音版本比拟人化的版本中的系统语音对话更令用户印象深刻。既然在两种情况下语音对话都是同样的,而且还有人认为基于拟人化的对话机器人系统在技术上比纯语音系统更令人印象深刻,那么问题是为什么测试用户会有与预期不同的反应呢?作者提出了这一解释:因为拟人化的对话机器人比单模态语音对话系统表现得更像是一个人,用户不知不觉地提高了他们对拟人化的对话机器人与真人总体相似性的期待,随之而来的就是,拟人化的对话机器人的语音对话绩效没有给测试用户留下特别深刻的印象。

对于这样的调查结果,我们都应该问,第一,解释正确吗?第二,如果我们领会了这一解释,它能否被转换到我们的系统中?第三,如果我们做出决定它能转换到我们的系统,那么我们应该从中获取哪些借鉴意义?在目前的情况下,已经达成了某些共识,认为这一解释是正确的。如果拟人化的对话机器人比洛佩兹等(2008)描述的那个更原始,那么转换就可能是无效的。如果拟人化的对话机器人类似于比较实验,那么我们就可能会考虑使它更原始,以便于用户会发现它的外表和非语言行为与其语音对话行为一致。

6.1.5 描述项目的来源

所有稍大型的项目通常都会生成大量的文档记录,无论它们是学生项目、获得资助的研究项目还是商业项目。包含在记录里的大部分可用性信息会作为在本书其他地方描述的活动结果产生出来——AMITUDE规范、可用性工作规划,现场研究,等等。所以,为了完整性,本节的目的是简单地提及在其他地方没有被讨论的可用性上的项目来源。这些来源可能是早期的需求规范、项目草图、建议、招标材料和合同附件、描述的目标、途径、需求、风险、系统和用户质量目标、环境、互用性,后来变成需求规范、开发者的会议备忘录、域描述、客户输入、系统文档、技术测试报告、评审报告、变更请求、问题清单,等等。任何此类文档都可能提供重要的可用性信息,在相关联时应该加以重视。

6.1.6　经验

在研发系统的过程中,经验始终是有价值的资源。因为它给学习的需要指明了捷径,并且使项目免遭高风险试错活动的破坏。即使是一个完全创新的多模态系统,仍然有很多种类的经验可能对于可用性开发派得上用场,包括带有AMITUDE 概念分析的经验、带有方法的经验,包括在带有用户进行工作方面的经验、在数据处理方面的经验、规划经验和来自构造类似系统的经验等。在后一种情况下,重要的是要明白相似性会延伸多远,以及因此确定哪种经验是相关的。在前一种情况下,本书在很大程度上是一个尝试,为的是从惨痛经验中获得明确的教训以帮助别人避免反复试错。

与软件工程的其他部分类似,在众多用于收集可用性信息的候选方法中进行选择,经常受到开发者熟悉方法(已有经验)的严重影响。然而回头一想,如果本书包括一个碰巧是陌生的更适合的方法,那么我们建议无论如何都要应用它,就从阅读它接下来的描述开始。学习新的东西永远都不会太迟,而通过运用正确的心态并遵循少量的常识规则,就能够避免反复试错。

6.2　用于可用性的方法

从现在开始到第 13 章着重分析可用性的方法。本节的目的是综述将展示的所有方法,以便于读者能够选择重要的方法而无需阅读所有方法。如果选择需要与用户在实验室里工作的方法,那么应该直接阅读第 13 章。

让我们回想一下这些方法都用于干什么,它们如何被应用,对你来说意味着什么。这些方法用于收集研发可用系统需要的可用性信息,不能以任何其他的、经常是成本更低的方式来获得,如通过一个常用的途径(6.1 节)。每个方法都应该是 CoMeDa 周期(1.3.1 小节)的一部分,在该周期内使用 AMITUDE 概念,应用该方法收集并处理数据。如果应用所需的方法并处理得当,那么产生的结果就是系统将适合目标用户。

有很多方法可以用于收集各种可用性信息。可用性方法是一种在系统生存周期的特殊阶段或甚至在它开始之前用于收集特殊类型的可用性数据的符合建立标准的程序。可用性数据,也就是可用性信息,是对正如表 1.1 中分解的系统模型可用性的任何组件产生影响的信息。

在将要展示的方法中,某些方法主要关注的是可用性开发,某些方法主要关注的可用性评价。然而,正如第16章所示,所有的可用性数据分析本质上都会加上可用性评价,所以在可用性开发和评价方法之间不可能有任何原则性的区别。甚至在提出开发目标,像用于我们案例(2.1节)的那些目标时,已经采用了诸如"人们会喜欢这个系统!"这样的评价。人们普遍认为,可用性评价对于开发是不可或缺的,应该在整个生存周期中迭代地执行,目的是尽可能早、尽可能多地发现和确定伴随着正在进化的系统模型的问题。注意,几个方法起源于其他科学,如心理学和社会科学,并被迁移到人机交互中。

6.2.1小节讨论以用户为本进行设计,并且将其连接到AMITUDE。6.2.2小节介绍5组要展示的方法。6.2.2小节还分别介绍6个分异因素,这些因素有助于表达在图形用户界面环境和多模态环境中的方法的相对重要性。6.2.3小节~6.2.7小节每部分都评审一组方法。6.2.8小节讨论要选择哪些和多少方法。6.2.9小节展示在第8~12章用于描述24个方法中每个方法的模板。

6.2.1 可用性方法以用户为本

既然作为真正的人,用户是可用性的根本(图3.1),那么用户就总是以这样或那样的方式具体存在可用性方法的某些方面——无论是物理意义上或者只在想象当中。人们普遍认为,在系统研发的全过程,在开发和评价方面,保持与目标用户的密切联系对于使系统适合目标用户是至关重要的。这是在众所周知的以用户为本进行设计背后的原则。对于交互式系统,以人为本的设计进程的ISO 13407(1999)标准,是很多以用户为本进行设计的基础途径(图11.16)。我们以术语AMITUDE表达的哲学体系时,系统开发必须带有对下列情况的关注:用户怎样工作,他们需要什么,他们的技能是什么,等等,以便于研发的系统适合他们。这与系统模型主要反映开发者设想的开发途径形成对比,并且如果最后的系统不适合用户,那么反过来用户就必须适应系统。以用户为本进行设计的观念非常受到认可,它没有更多的学派味道,例如协调性设计或参与性设计(格林鲍姆(Greenbaum)和金奇(Kyng)1991,尼加德(Nygaard)1990,夏普(Sharp)等2007)。

大多数以用户为本进行设计的方法都对应该在某些生存周期阶段完成的特定活动提出了建议。可用性专家协会发表了一张名为对用户体验进行设计的海报,它显示了一个典型的以用户为本进行设计的进程(可用性专家协会2000)。在这张海报中,建议以用户为本进行设计的方法按照4个阶段分类,如图6.1所示。

此时,回顾并展望与可用性专家协会的以用户为本进行设计是有用的。

(1)回顾本书到目前为止的内容,对图6.1中以用户为本的理念意见一致。然而,我们需要AMITUDE框架来取代图中推荐的部分AMITUDE分析。当图形用户界面被认为是理所当然的时候,是不需要对于模态和交互进行分析的,并且也很少需要对应用类型和设备分析,这就会使 AMITUDE 减到 aTUdE。图 6.1 对应关于常用的途径的 6.1 节,商业上基于图形用户界面的开发可能对经验性数据分析(6.1.3 小节)也有兴趣这一情况除外。

(2)展望方法各章和第 7 章(插曲 3)设计,我们将离开简洁的商业图形用户界面世界,在那个世界中,推荐一组要应用的特殊方法进行应用是可能的,即使是以特殊的顺序(图 6.1);接下来,我们分析图 6.1 中提到的所有方法以及其他的方法,其中某些方法对于多模态可用性具有特殊的重要意义,并且考虑到大量多模态工作的新颖性,我们修正了这些方法中的优先顺序。进一步展望数据收集规划和数据处理与多模态系统相比,基于图形用户界面的商业系统很少需要这些工作。

作为练习,试着①在图 6.1 中找到尽可能多的图形用户界面系统的提示;②使用图中那些提示匹配常用的途径(6.1 节);③用本节后来评审的那些提示匹配图中的方法,可以与我们在本书网站上的调查结果进行比较。

以用户为本进行设计的活动	
分 析 阶 段	
会见关键股东制定愿景 把可用性任务包括进项目计划中 召集多学科的团队以确保获得完整的专业知识 开发可用性目标和目的 进行现场研究	查看竞争产品 创建用户配置文件 开发任务分析 文档用户想定 文档用户绩效要求
设 计 阶 段	
开始自由讨论设计的概念和隐喻 开发屏幕流和导航模型 进行设计概念的演练 开始用纸和铅笔进行设计 创建低保真原型	在低保真原型上进行可用性测试 创建高保真详细设计 再进行可用性测试 文档标准和方针 创建设计规范
实 际 应 用 阶 段	
进行不间断的启发式评价 在设计实际应用时与交货团队密切工作	尽快进行可用性测试
部 署 阶 段	
使用调查以得到用户反馈 进行现场研究以得到关于实际使用的信息	检查使用可用性测试的目的

图 6.1　可用性专家协会提出的开发进程中以用户为本进行设计的活动
(本活动清单来自可用性专家协会(2000)并经尼科尔·塔福亚(Nicole A. Tafoya)授权)

6.2.2　本书中展示的可用性方法

取决于不同的开发阶段,经常有多种可选择的方法用于收集可用性信息。由于存在很多方法,而且其中很多非常相似,因此我们不打算展示一组"完备"

的方法。我们的目的一是展示一个广泛和多样化的方法集成,它能涵盖①端对端系统的开发和评价,②各种可用性信息(1.4.6小节);二是讨论和说明多模态环境中的方法。各种方法有典型的和不太典型的应用,并且有时当我们对不太典型的应用方法进行延伸时,方法之间的区别就变得模糊或细微,而一个方法就可能会变异为另一个。出于这个原因,我们经常用"通常"或"正常情况下"的词语限定关于方法使用的陈述。

本节依靠简单而直观的分类介绍各种方法。尽管所有的方法都服务于收集可能接下来会被分析并利用的数据(第16章),但它们表述不同的数据收集。这些方法能够分为如下所示的5组,每组中都标明了方法的数量:

- 问答(6)
- 研讨会(3)
- 观察(5)
- 想象(5)
- 与开发中的系统进行交互(5)

通过6.2.3小节~6.2.7小节中的表可以对每个组进行预览,对于每一种方法,当它通常在生存周期内使用时,都描述它的名字、被收集到的可用性数据类别、方法与之相关的系统类别。注意,表中所作的归纳只是近似的总结,对于其中大部分来说,例外情况总是存在或能够设想的。

表中的第一列文字中包含为数字1~6或星号*,我们在方法展示中讨论这些代码。它们的作用是提供关于以下问题的简单概述。当前,大多数方法都被用于图形用户界面的环境中,既然我们在更宽广的多模态环境中讨论各种方法,那么有趣的就是要问,对于每一种方法,在多模态环境中它是否比在图形用户界面环境中更重要或更不重要,或者环境是否没有差异。如果环境确实产生差异,重要的就是问为什么。下面的清单列出了6个分异因素,到目前为止我们已确认它们分别对图形用户界面环境和多模态环境中的方法的相对重要性产生影响。如果你在一个创新的多模态系统上工作,为了更容易接近某些对项目非常重要的方法,你可能把这些因素用作筛选程序。注意,这是早期工作,可能有其他因素,并且显示出来的生动描写在其他方面可能是不完整的。分异因素包括:

(1)用户—系统界面的性质。特别是标记的图标和菜单在图形用户界面上的使用、默认交互的风格以及大多为静态的用户界面,都与很多非图形用户界面系统的动态自然交互相反。

(2)用户对系统类型的熟悉度。对系统类型越陌生,用户需要能够可靠判断、亲自动手的交互式体验就越多。否则,用户将以那些不足信息想象出来的东西为基础进行判断,这可能与现实没有多少关系。

(3)技术突破。如今到处都是图形用户界面系统,多模态系统只是新兴的,所以某些方法可能在今天主要用于图形用户界面系统,尽管在未来这些方法可能被用于所有的系统。

（4）系统类型与现实开发有多近。高度创新和实验的系统很少用于实践应用,而这就会对某些方法的相关性造成差异。

（5）针对用户收集数据的类别。非图形用户界面系统往往需要收集图形用户界面系统不需要的各类数据,而且收集这类数据可能还需要新方法。这是由于技术性质不同、很多旨在使人及其行为自动化而不是作为工具服务于人的非图形用户界面系统中的差异造成的。

（6）普遍缺乏知识。对于很多创新的非图形用户界面系统来说,需要应用特殊方法的知识并不存在。这就增加了使用那些目前能够使用的方法的需要。最终,还会创建出到目前为止还缺失的知识。

因此,对首次参加测试的用户来说,关于他们对"寻宝"游戏（2.1节）的期待进行访谈很可能是在浪费时间,因为他们在尝试前对于要说什么根本没有任何想法。当我们从基于图形用户界面的系统来到非图形用户界面的系统时,某些可用性方法就在重要性方面有所得而在其他方面有所失了。如果下面表中的方法用星号 * 标记,那就意味着没有适用的分异因素。在第 8～12 章的多模态意义条目下能够找到进一步的讨论,参见 6.2.9 小节方法展示模板。

6.2.3 方法组 1:问答

当使用来自表 6.2 的问答方法时,我们在访谈或调查问卷中提问题。取决于不同方法,问题可能会也可能不会涉及被提问者与之即将进行或刚刚进行交互的系统,问答方法的描述见第 8 章。

表 6.2 问答方法

问　　答	主要适用的生存周期阶段	可用性数据收集	适用的系统
用户调查:访谈或调查问卷(2)	项目开始之前;交互	需要、意见、态度、意图、任务、反馈	熟悉的或可易于解释的类型
客户:访谈或调查问卷(3,4)	项目开始,分析;交互	需求、目标、需要、偏爱	已被商业化的类型
域专家:访谈或调查问卷(5,6)	分析,早期知识和想定引出,初期设计,交互	AMITUDE 各个方面的深度和细节	所有类型,倘若专业知识存在的话
筛选:对潜在测试对象的访谈或调查问卷(*)	任何时候,交互	作为测试对象的适宜性,给定目标或规范	所有类型
测试前访谈或调查问卷(2)	第一个设计完成及以后,交互之前	用户对系统的期待。用户事实和背景	能够让针对用户期待的基础存在或被合理给予的类型
测试后访谈或调查问卷(2,3,4,5,6)	第一个设计完成及以后,交互之后	体验、意见、建议。用户事实和背景	所有类型

6.2.4　方法组2:研讨会

在表6.3研讨会方法中,我们分组与对系统有兴趣的人会面并讨论。会议可能会或可能不会涉及到与开发中的系统进行交互。基于讨论会议的方法在第9章中具体分析。

表6.3　研讨会方法

研　讨　会	主要用于生存周期阶段	可用性数据收集	在哪些系统上
中心小组会(2)	经常是某个初期设计(至少某些想法)完成以后,没有交互	设想、态度、意见、想要、需要	能够使被参与者清楚地解释和理解的类型
股东会议(4)	从生存周期开始到结束	需求、目标、需要、偏爱、设计、安装	所有类型
研讨会和涉及用户或其代表的其他会议(2)	任何时候,取决于目的	需求、需要、意见、偏爱、反馈	所有类型

6.2.5　方法组3:观察

使用表6.4中的观察方法,观察人们从事那些对使系统可用有重要作用的事情。这些方法可能会,也可能不会涉及与开发中的系统的交互,并且可能会或可能不会涉及与被观察的人的交互。观察主要是由真人观察者在现场或实验室里实时进行。观察主要包括微观行为和宏观行为。微观行为,如4.2.4小节结尾处解释的那样,是人体动作和其他行为在身体执行上的实际细节,如当某人感到惊讶时眉毛如何动和动多大幅度。另一方面,在宏观行为的观察中,这些细节不会给人带来利益,而被完成的操作却能带来,并且情感和其他生成的精神状态可能也会带来利益。观察方法将在第10章中具体分析。

表6.4　观察方法

观　察	主要用于生存周期阶段	可用性数据收集	在哪些系统上
现场方法,宏观行为的:现场观察和通过师徒关系学习(3)	分析,早期设计。没有要开发的系统的交互;后期评价:交互	所有AMITUDE各个方面,对用户、任务和使用环境的特别注意	主要是针对组织的系统。完成由要开发的系统支持或完成的任务的人必须存在
现场观察,微观行为的(1,5,6)	分析、设计、实际应用;没有交互	行为和交流细节,中央处理细节	系统感知,中央处理和像人一样表演
分类排序(5,6)	早期设计;没有交互	人头脑里的分类结构	所有系统
用户—系统交互过程中实时的用户观察(2,4,5,6)	第一个设计完成以后;交互	行为,问题出现	大多数类型。对于运动中的移动系统难以处理
对正在做类似任务和活动的人进行的实验室内的人体数据采集(1,5,6)	分析、设计、实际应用;没有与要开发的系统的交互	宏观行为和微观行为以及交流细节,中央处理细节	系统感知,处理或像人一样表演。针对系统的组件训练数据,例如语音识别器

6.2.6 方法组4:想象

我们使用想象方法(表6.5)进行分析、指定、设计和评价系统功能性以及用户—系统交互。想象方法在第11章中具体分析。

表6.5 想象方法

想 象	主要用于生存周期阶段	可用性数据收集	在哪些系统上
用例和想定 *	规范和早期设计	任务或其他活动	所有类型
虚拟形象 *	分析,早期设计	特殊用户类型的交互式行为	所有类型
认知性演练(＊)	早期设计及以后	交互"逻辑",人为认知如何处理系统	所有类型
基于方针的开发和评价(6)	后期分析,早期设计及以后	与方针一致	用于方针存在的类型
标准(6)	后期分析,早期设计及以后	与标准一致	用于标准存在的类型

6.2.7 方法组5:与系统交互

让用户与某个版本的系统模型进行交互并记录所发生的事情是可用性数据的丰富来源,并且能够以如表6.6所列的很多不同方式进行。交互方法在第12章中具体分析。

表6.6 基于系统交互的方法

与系统交互	主要适用的生存周期阶段	可用性数据收集	适用的系统上
实体模型:低保真度和高保真原型(1)	设计	对于交互、可理解性、功能性和用户行为上列举的媒体是粗粒度的	能够被做成实体模型的类型
"绿野仙踪"(1,5)	第一个设计完成及以后直到可利用的完全实际应用	行为和交流细节,中央处理细节,功能性,域涵盖率	涉及自然交互的类型
实际应用原型(1,5,6)	第一个实际应用及以后	行为和交流细节,中央处理细节,功能性,域涵盖率	所有类型
现场测试(1,3)	大部分实际应用的系统和接近最后	交互样式,功能性,域涵盖率	达到现场测试阶段的所有类型
有声思考(1)	第一个设计完成及以后	人体头脑里的结构和处理,易用性	不针对自然交互系统工作

6.2.8 方法的选择

对方法数量(24)感到震撼吗? 不要这样,每种方法都是特定的,或多或少是你将来需要收集的数据。

在特定的项目里要使用哪些方法,以及使用一个特殊方法在资源方面要花费多大成本取决于很多因素。在查看这些因素之前,要注意计数方法。尽管很多方法能够单独使用,但是通常这些方法还是以集群方式出现。例如,如果对一个有代表性用户群的系统进行实验室测试,那么在进程中可能用到不少于 5 个方法:首先,筛选测试对象(表 6.2);然后,当对象出现在实验室里时,给他们一个测试前调查问卷(表 6.2);使他们与实际应用原型进行交互(表 6.6);在此过程中我们观察他们(表 6.4);这之后,给他们一个测试后访谈(表 6.2)。各种方法的实验室测试集群是单一的进程,规划和执行起来也是如此,并且如果进行两次,例如说有一年间隔,那么你已经在这个项目上进行了 10 次可用性方法应用。

具体使用哪些方法在很大程度上取决于①所需可用性信息的种类,但也有其他因素,包括②项目是否为研究性的或商业性的、高度创新或较少创新的、基于图形用户界面或多模态的,以及③当前的开发阶段。如果我们正在构造一个像"寻宝"那样在视觉、听觉和触觉等模态上都很难解释、真正创新的多模态系统,那么使用假设人们已经了解交互很可能就没有什么意义了。一个更富有成效的途径是通过使用不依靠方针和标准存在的想象方法来开始,因为可能没有任何方针和标准(表 6.5),然后继续前进到交互方法,只要我们有原型系统用于"绿野仙踪"模拟的设计,然后让人们去测试(表 6.6)就可以。注意,交互方法可能是集群的一部分,就像上面提到的实验室测试集群变异。

商业性项目可能被视为比研究性项目更为下游的版本,例如说 10 年后才能完成。到那个时候,人们可能对使用的技术很熟悉了;方针和标准可能已经开发;领域专家也出现了;并且周围可能有潜在的客户。现在,我们能够考虑使用早期调查(表 6.2),关注各个小组(表 6.3)以及方针和标准(表 6.5),然后继续前进到交互方法(表 6.6)。迪布凯(Dybkjær)等(2005)的著作对从研究到商业开发的多种方法应用的变化样式进行了比较研究。我们发现,不同的可用性评价目的会影响被应用的可用性评价方法的数量和种类。

影响使用方法的其他因素还包括项目的④技术和用户质量要求(1.4.6 小节);⑤在可用性方法方面的团队专业知识;⑥规模;⑦持续时间和⑧预算。

方法的应用成本是一个重要因素。成本取决于:①选择的方法;②方法应用的规模;③项目的技术和用户质量要求;④数据处理的规模和深度。方法的应用成本涉及很多因素:规划、联系测试对象、招聘测试对象、会话准备、与人员(客户、股东、测试对象、用户)进行的会话、支持人员、报酬、旅行和数据处理等。想象方法(表 6.5)往往相对成本很低,因为开发团队自己就能够应用它。既然不用为人们的时间付钱,某些会议(表 6.3)成本也相对很低。如果可利用,领域内的专家必须付钱,有时还得大方些(表 6.2),通常由于其规模的影响,调查的成本也可能很高(表6.2)。当测试对象和用户参与进来,并且必须被定位、筛选、邀请、签约、运送、招待、测试、访谈、酬金等(表6.2、表6.3、表6.4和表6.6)的时候,成本还会上涨。数据处理成本往往被忽视,通常这是可理解的。然而,多模态系统开发经常需要广泛的(和高成本的)数据处理(第15、16章)。

可用性打折。针对可用性开发中 CoMeDa 周期的成本方面,尼尔森(Nielsen)(1993)提出了可用性折扣的设想。他的论点简单明了,认为在工业系统开发中的涉及少量可用性工作,如小小的一组可用性方针和某些简单的 CoMeDa 实践的应用,有总比没有好。为了稍微提高可用性,我们大可不必试着理解成千上万的可用性方针,每个步骤都组织用户测试,执行无穷无尽的心理实验。

按照尼尔森的设想,正常情况下使用不同的方法运行两个或两个以上的小规模评价,并且最好带有一定的时间间隔,比用单独一个方法运行一个较大规模的评价效果要更好一些。其中一个原因是(特别是在生存周期的早期)我们往往能在最初的几次评价会话中发现重要的问题;如果这些问题很严重,那就没有必要在改正它们之前浪费时间进行进一步测试。正常情况下,特别是当严重差错已被纠正时,我们会想要再次评价系统的可用性。第二个原因是,没有任何一个单独的方法能够展现各种可用性差错、问题或弱点,或让人想到各种各样的需求和设计设想。两种不同的方法互为补充,有助于找到更多的可用性问题。

第7章(案例3)讨论针对我们案例的可用性方法选择。

6.2.9 方法展示模板

在6.2.3小节~6.2.7小节介绍的方法,将在第8~12章进行详细分析。为了应用可用性方法,采用有用的信息而迭代建立的方法展示模板如表6.7所列。

至于每一种方法,无论是方法名称还是范围,描述或类型,在文献里都是统一的。通过下列方式,我们已经建立了方法描述:①征集候选方法清单;②起草每种方法的描述;③通过查阅每种方法的不同描述对方法进行修正完善;④利用我们自身发现的相关体验和资源,组成被展示的方法清单。

表6.7 方法展示模板

模板内容	解 释
简要介绍	该方法是关于什么的简要描述
何时你能使用该方法以及它的范围是什么?	在生存周期里该方法何时最频繁地被使用以及该方法能够用于什么种类的系统? 注意,该方法在其他生存周期阶段可能同样有用。你是那种情况的评判者
多模态意义	对基于图形用户界面和多模态开发的相对重要性
方法的工作思路	该方法如何工作的简短一般描述。在规划和运行下提供细节
应用该方法需要的资源	人、设备、材料等

模板内容	解　释
系统/AMITUDE 模型	AMITUDE 使用模型和系统模型更通常需要的状态,可能的情况下该方法对状态起了什么作用
规划	该方法应用前你需要准备什么？
运行	该方法应用时,要做什么？要明白什么？
数据	通常要收集哪些数据？如何后处理数据？从数据中你可能想要获得什么以及用数据干什么？
优点和缺点	该方法使用的优点和缺点,有时与其他方法相比较
实例	一个或多个方法说明

6.3　编写可用性工作计划

　　众多可用性方法就像闪亮的珠子:你需要一条串绳,把它们连接起来,使它们作为一条项链而变得有用。把各种方法连接起来,并使它们变得对项目有用的串绳就是规划。就灵活性而言,最好是把可用性规划分为两个步骤:第一个步骤为要在项目生存周期内进行的可用性工作安排进度,包括与 AMITUDE 分析、方法应用和数据处理有关的所有活动(1.2.2 小节)。我们把这个步骤称为**可用性工作计划**,并在本小节中进行讨论。第二个步骤是针对每个方法应用和后续数据处理的详细计划。**这就是 6.4 节描述的可用性方法计划。**

　　可用性工作计划是项目计划的一部分,除了可用性以外,该计划还包含很多问题。可用性工作计划确定工作的范围,目的是促进可用性开发并测试和测量与可用性需求和评价标准的一致性,最终产生一个适合它们的系统。初步计划应该写于项目开始时,它考虑可用性工作编入预算的数量以及关于该项目的与可用性相关的任何其他事情。预算、项目目标和已知的可用性需求与风险加在一起,在初步计划中确定要使用的方法及时机。图 6.1 中以用户为本进行设计就可以被视为一种简洁的可用性工作计划。

　　如果你还没有单独的可用性预算,那就想一想吧,可用性对于项目、你需要和想要实现的可用性目标以及任何已知的风险是多么的重要。也许从一开始就该建立很多的可用性需求。既然需求对可用性工作计划很重要,那么就应该估计一下,在此背景下会有多少时间留给可用性工作。注意,雄心勃勃的目标、高风险和低预算不是一个好的组合。质量需要成本!

　　可用性工作计划,包括它的风险清单,应该定期更新以适应变化。我们在本书中不讨论风险管理的细节,见德马科(DeMarco)和李斯特(Lister)(2003)的著作,但必须要强调一点,风险管理是软件开发的重要部分,并与可用性工作高度相关。

在商业性项目中,应该将工作计划的变化保持在最低限度,但是由于优先顺序的变化或客户的新需求,我们无法保证不会需要一个额外的方法或更改方法。在研究项目中,可用性工作计划往往会随着时间而改变,这是因为很难从一开始就能预测确切地需要什么。当工作计划基于 AMITUDE 规范和可用性需求时第5章案例2,就应该始终进行全面的工作计划评审。

除了描述精心挑选的、要以特殊顺序应用的可用性方法集合外,工作计划也可能包括其他内容,例如最后期限和一些至关重要的开发问题等。如果项目有确定的最后期限,那么关于应用特殊的方法并处理收集到的数据所花费时间的知识,就会针对何时使用某些系统交互方法给出一个绝对最后期限(表6.6),这就再次确定了针对何时开始准备应用该方法的绝对最后期限。

还有,通常高级的多模态项目都有至关重要的开发问题,如进行某种多模态精神状态的识别工作。使用工作计划和针对识别成功的标准,我们就能计划把可用性方法迭代应用于面向标准价值的识别进展测量,如果证明目标值实现起来比预期更容易或更难,就需要反复修正计划。如果事情变糟或依旧糟糕,我们早就警告过,这可能就到了放弃计划 A,而采用方案 B 的时候了。"但这难道不是一个纯粹的技术目标吗?"嗯,如果项目完全是关于改进用于信号处理和输入融合的技术,这就可能是一个纯粹的技术目标。然而,如果我们正在构造一个让真实用户使用为目的的交互式多模态系统,那么系统的精神状态识别和解释功能的质量就成为可用性需求。

永远不要忘记,工作计划及其时间/精力日程表必须是现实可行的。事实上,需要相当多的信息才能决定何时使用哪些可用性方法,至少包括:①有多少和哪些要花在可用性上的资源;②在项目环境中,应用一个特殊方法需要多少时间和其他资源;③在整个方法应用中,有没有需要特别注意、至关重要的问题。这些考虑和决定的描述形成了可用性工作计划的一部分。注意,有时可进行效费分析来估计像特殊的 CoMeDa 周期这样的可用性活动在何种程度上降低费用。

概括来说,可用性工作计划就是对与可用性相关、需要满足可用性需求的开发和评价的工作——AMITUDE 分析、方法应用、数据处理——的范围进行定义的工具。这个计划必须与预算、时间、团队能力和其他资源实际相关。可用性需求形成工作计划的基础,而工作计划则描述什么时间做什么事,为的是能够收集可用性信息、处理数据和及时利用其分析暗示的内容。就像 AMITUDE 使用模型是系统需求规范的一部分一样,可用性工作计划是项目时间计划的一部分。

在可用性工作计划中排定的每个方法必须在可用性方法计划中加以解释和详述。

6.4　编写可用性方法计划

可用性方法计划对整个项目的可用性工作计划方法条目进行扩展(6.3节)。事实上,可用性方法计划包括方法应用前的准备、方法应用和后续的数据处理和分析,这些将在第15章和第16章讨论。"那好啊,"——我们听到你说——"但为什么还要更多的计划和书面工作呢?"(加框文字6.1)它产生的真正问题是,即使我们已经精心设计了用于系统评价的可用性方法计划,但事情可能仍然会出错,正如在第17章(案例5)中对于"数独"系统测试所作的说明那样。换句话说,编写计划并不是在添乱。

可用性方法计划至关重要,原因主要有两个。首先,确保该方法应用时,确实能收集到项目需要的可用性信息。如果这部分的准备出现严重错误,那么方法应用就可能会浪费时间和精力。其次是为了避免使用可能会影响数据质量或数量差错的方法应用。很多可用性方法在时间和精力方面成本很高。如果方法应用在内容、质量和数量方面不能产生需要的数据,使用另一种应用可能就是必要的,这意味着发生了严重的资源损失。更糟糕的是,项目的时间日程表可能不允许使用另一种方法,在这样的情况下,该项目就会遭受能够以各种方式影响系统可用性的结果带来的最终损失。

注意,如果计划的目的是为了评价,那么方法计划有时也被称为测试计划、评价计划、评价协议或测试协议。同时,我们更喜欢计划这一提法而不是协议,因为它强调所需规划的总体性。而且,既然我们正在应对开发方法和评价方法两个方面,那我们就更喜欢通用的方法。在任何情况下,每次打算在可用性工作计划中应用某一个方法,都要制定详细的方法计划。好消息是,一旦制定了,方法计划都能够在一定程度上多次使用。

加框文字6.1　下次再制定可用性方法计划?

你和同事3个人花费数周时间准备并实施一个超过3天的用户测试。最后一天,你发现没有对谁操作摄影机这一问题达成一致意见。结果,测试中没有用户—系统交互的录像。你没有记录下来用户实际上与你日志文件可能显示相反的内容。此时,如果这是你在缺乏方法计划方面犯下的唯一错误,那你应该感到幸运! 最有可能的是,你的粗心大意还会导致某些事件,例如1/3的用户从未露面;一台测试机安装了错误的系统版本;某些用户从未取得过进展;因为系统瞬间死机,并且也没有人出面修理;访谈者找不到进行访谈的房间,最终在拥挤的自助餐厅里找到了测试对象。

方法计划有时包含集群方法,例如用实时观察对实际应用原型进行的测试,紧随其后的是测试后调查问卷。另见第14章(插曲4)中的案例方法计划实例。

接下来,6.4.1 小节分析方法计划中的典型详细信息。这些点中每一个在 6.4.2～6.4.8 小节中都会提出。

6.4.1 概述

方法计划描述了与应用可用性方法相关的一切,从数据分析的结果应该关注的内容,到应用该方法所有必需的步骤,再到关于什么人、什么时间、什么时机、负责什么所有这些实际问题的答案。目的是描述①方法应用或数据收集和②后续的数据处理,一定要十分小心,参与其中的每个人在数据收集过程中都要确切了解要做什么,并且每个人都要确切了解关于被收集到的可用性数据应该做什么。

方法计划不需要冗长的文档,它只需要已经被仔细考虑过,这需要时间才能达到成熟状态,特别是对于这类规划如果你是新手的情况下。如果你想重新使用一个较早的、成功的方法计划,即使你是该计划的忠实追随者,也不要机械地复制它。这是因为即使方法没有发生变化,计划细节往往也发生了变化,例如角色、参与者、想定或设备等。

方法计划中典型的详细信息包括:
- 目的:确切的数据收集目标;
- 特定的目标:确保得到正确的数据;
- 避免事先训练:在与数据产生者的交流中;
- 测试对象招聘:确保得到正确的测试对象;
- 第三方:如果有的话,不能是来自实验室的人,不能是开发者,也不能是用户;
- 人员:角色和职责;
- 位置、设备、其他材料、数据处理、成果展示;
- 脚本:针对方法应用。

注意,虽然方法计划清单想要包含我们的 24 个方法(6.2.2 小节)或者更多,但某些观点并不适用于某些方法。因此,建议创建自己的首选方法计划结构,只是要牢记方法计划的目的是收集可用性信息。在评论下面的观点时,我们有时会提到将在第 13 章进行更多细节的内容。第 13 章讨论与实验室里的用户一起工作,以及从运行实验室会话的视角来应对很多方法计划问题。

6.4.2 数据收集目的

例如探讨安装系统的工作场所,总是从清晰地陈述数据收集的目的开始;测试系统是否能满足指定的可用性需求;或者通过用手机进行的语音对话收集关于人们可能想要完成的任务设想。显然,数据收集的目的是决定选择计划方法居于首位的关键因素(6.2.8 小节)。

6.4.3　得到正确数据

明确数据收集的目的并选择了某种方法之后,必须详细指定通过分析收集到的数据想要获取什么知识。注意,通过各种方法获得数据是方法计划的核心,也就是通过分析能够从收集到的数据中学到什么。至关重要的是使数据收集的目的具有可操作性:如果你没有细心地为数据收集做计划,那么数据就不一定会包括信息。

把每个方法应用作为提出特定问题的方式来思考:如果你不提问,就没有人会告诉你,然后提问的机会也会消失。

6.4.4　避免事先训练

无论使用哪种方法,参与的人总会产生可用性信息。这些数据产生者可能是你自己——如果你应用某个想象方法的话(6.2.6 小节)——或者是会议参与者、测试对象、专家或其他人。与数据产生者的交流通常对于确保收集正确的可用性信息是至关重要的:若要产生正确的数据,先决条件是调查问卷提出正确的问题、会议具有正确的议程并得到坚持、给测试对象提供正确的口头或书面指令、任务、想定或提示;等等。倘若从数据产生者交流的重要性上看,方法计划应该投入足够的时间去仔细开发要与数据产生者交流的内容和方法。正是交流出错你才遭受了事先训练数据产生者的风险。

在可用性方法应用的环境中,启动是通过影响数据产生者的行为使数据产生讹误的一般现象。在 CoMeDa 周期里,方法应用的整个设想是能可靠地收集用于使系统可用的可用性信息。如果数据产生者在数据收集进程中受到影响,产生反映进程本身而不是系统特征的信息,这就挫伤了收集数据的目的。所有我们留下的就是讹误的数据、浪费的资源,以及我们这一偏见:如果不是讹误的,那么数据原本也可能已经不稳定了。这当然不好,再看看这两点:①事先训练的风险附着于数据收集器——例如你——与数据产生者并不相同的所有数据收集方法之上。这当然不能阻止你自己犯错误,例如在应用想象方法的时候。这些错误不叫启动效应。②启动的起因是多方面的,在诚实的 CoMeDa 周期性背后起作用。只有不诚实的数据收集者才有意识地试图通过影响数据产生者使数据产生讹误。看一看加框文字 6.2。

尽管在加框文字 6.2 和 13.3.5 小节中的事先训练实例来自交互方法应用(6.2.7 小节),但它们清楚地让人想到,事先训练的发生可能伴随涉及与数据产生者进行交流的任何可用性方法。特别是关于使用问答方法(6.2.3 小节)时如何避免事先训练已经进行了相当多的工作,并且在整个方法各章将密切关注事先训练。一般的建议是,一旦并只要你在数据产生者的公司里,就认为你自己是个效力于非讹误数据的演员,并且在任何时间对系统模型都保持绝对中立的立场。这样的行为确实让人觉得虚假,但它可能有助于避免出卖你和事先训练别人的自发性。

加框文字 6.2　启动对象

我们把测试对象包含进来,因为我们想就用户和我们的系统模型面对面如何行为收集数据。由此可见,我们不想以任何能够使数据产生偏离的方式影响——或启动——测试对象行为的方式。不幸的是,测试对象可能以很多不同的方式被启动了,而重要的是要用避免启动这样一种方式仔细计划每个与测试对象进行的会话。启动效应能够非常微妙并难以发现。

基本上,无论你告诉测试对象还是以书面形式交给他们,都可能引起环境中的启动效应。态度同样存在启动效应,任何与测试对象有意的和无意的交流也能够产生启动效应。他们要与你的系统进行完美交互,如果你对于该系统明显地兴奋,那么他们就会以为,如果他们表扬该系统而非批评它,你就会很高兴。同时,如果主试者指导测试对象如何说话、指向,等等。这里没有恶意的意图,对吗?然而,如果数据显示那些测试对象几乎总是遵循主试者显示给他们的样式而不是遵循众多可能的可选样式之一来说话、指向,那么不要惊讶(马丁(Martin)等 2006)。如果你想要测试对象自发地对系统说话,那就不要给他们提供完整的书面想定文本,因为他们只是会大声朗读而已。如果他们那样做,你的收集自发的交互数据的希望就落空了。解决这个问题的方式之一在 13.3.5 小节中加以说明。在数据收集中,用户自发性经常是珍贵的,并且你可能不得不很精明才能获得它。

与事先训练相关的事实是,测试对象在会话过程中从他们的所做所为中学到了什么。他们很精明,学得很快,并得出自己的结论,所以会话结束很早以前他们就可能已经不再是新手数据产生者了。

6.4.5　招聘测试对象与第三方

当需要邀请人担当数据产生者时,某些可用性方法需要招聘测试对象。方法计划应该指定在什么时间,通过什么方式招募多少用户或测试对象。就像在 13.2 节中详细解释的那样,招聘可能要花相当多的时间,并且往往会造成比招聘者预料的更大的难度,所以对此要提前准备好。

其他方法需要涉及第三方,如领域专家、专家评价者或客户。计划必须包括关于要涉及多少这样的人或组织、他们将是谁和如何以及何时与他们取得联系这样的信息。这些人可能会很忙,所以你可能会因日期延误而毁掉一切。

6.4.6　人员角色和职责

可用性方法必须由人来应用,所以方法应用计划涉及角色和职责的分配,例如想定或调查问卷设计者、测试对象招聘者、主试者、试验者(13.4.7 小节)观察者(在现场或实验室)、支持系统、支持设备、确保数据被记录和记入日志、领域专家、助手、维修组技术员、主席、会议秘书、访谈者、数据分析者和结果展示者。这是一个长清单,不仅是因为有很多不同的可用性方法,而且是因为单独一个方法的应用就可能意味着 5~10 个不同的作用,而单独一个人能够做所有的事是不常见的。此外,共享方法计划和执行常常是有利的,而且对于某些方法来说,这是必须做的事,例如对于"绿野仙踪"的模拟。对于成本有效性来说,涉及的每个人都应该始终有同样的角色,因为练习指定的角色可能是必要的,而且某些角色还需要一定的专业知识。

除了角色分配之外,方法计划还应该包括针对每个角色何时何地如何做什么、使用哪些设备和其他材料以及与谁合作的书面指令。角色指令可能与常用方法应用脚本(6.4.8 小节)是分隔的。如果需要角色训练,例如为能够运用一套方针或担当魔法师,那么同样必须加以计划。我们推荐鼎力支持你的同事召开会议,会上你们可以一起仔细检查方法计划。可能也需要支持某个小范围会议,以确保在方法应用过程中对其任务的共同理解。

6.4.7 地点,设备,其他材料,数据,结果

可用性方法的应用需要一定的物质基础,主要包括地点、设备以及一些材料等,详见 13.3 节讨论。

(1)地点。方法应用的地点可能会在任何地方——在会议室、滑雪道、客户的生产车间等。当你知道地点的性质和方法应用需要花多长时间时,你应该确保适合地点的可利用性。这件事做起来可能很繁琐,需要与主办方组织见面,如果有的话,还需要书面许可、预约和更多东西,并且如果你运行迟缓可能就变成不可能了。

(2)设备。拟定所需设备的清单。如果方法应用地点不能提供清单中需要的某个设备,那就把它带到那里。仅确保要使用设备时有设备可用可能并非足够好,应把它装配好,并在测试对象或其他参与者到达之前对它进行测试。如果你要在实验室外使用设备,那就要在随身带走它之前测试一下它是否正常。此外,在方法应用过程中,辅助人员应定期检查,看看一切是否仍按预期那样正常,例如摄像机、录音和日志等。

(3)其他材料。每个方法计划进程取得和生成文档,包括时间计划、研讨会参与者清单、测试对象指令,等等。某些材料在准备就绪时(3.1 节),对于所有或大多数的方法是基本的,例如系统模型及其 AMITUDE 使用模型规范。有时还需要更特殊种类的材料,如在一定环境里进行录制的许可,或者为确认测试对象通过知情同意来参与而要他们签字的表格,以及允许使用为特定目的收集到的数据。

（4）数据收集、数据处理、结果展示。方法应用的目的是数据收集，从上面给出的内容就可以明显地看出，方法计划中的大部分描述了数据收集的方式方法。数据收集后面紧跟着的是数据处理、分析和数据分析结果展示。方法计划包括数据处理和结果展示的规划，描述到什么时候由谁来完成（第15、16章）。

6.4.8　方法脚本

方法脚本是一种简单的工具，它利用和查阅上面讨论的方法计划详细信息以及方法应用之前、过程中和之后将会发生什么事的日程表。它描述了方法将在何时何地要被应用、谁参与、谁招聘测试对象、哪些材料和设备必须到位、会话日程表和后续的数据处理等。例如，脚本可以描述会话的日期和位置，将有多少测试对象参与，将由谁来招聘他们，在联系他们时需要提供哪些信息，将使用哪些设备，在会话过程中需要哪些材料，会议将如何进行，以及收集到的数据将会怎么处理等。

为便于概述，把会话需要的东西纳入一个清单，例如硬件、软件和各种材料，例如对涉及的人员的指令、用户指令、想定和调查问卷。

如果更多的人涉及应用方法并做好准备，那么书面脚本就会使得到其他人的正确输入变得更容易，并且服务于确保进程的一致性。

第14章（插曲4）显示了方法脚本的实例。

6.5　小结

本章已经介绍了可用性工作的核心部分，通过各种非正式的可用性途径以及适当可用性方法的仔细选择来收集或生成可用性信息。常用的可用性途径是开发进程中有助于确实了解系统可用性的常用信息来源。可用性方法是用于开发进程中或甚至在开发开始之前收集可用性数据的符合建立标准的程序。在本书中展示的方法有5个分类，即问答方法、研讨会、观察、想象和与系统模型的交互。可用性工作计划定义、安排和帮助管理整个生存周期内的可用性开发以及评价活动。可用性方法计划扩大可用性工作计划中的每个方法条目，并对方法将被如何应用和收集到的数据将被如何处理的脚本进行详细编写。

参 考 文 献

Bernsen NO(2006) Speech and 2D deictic gesture reference to virtual scenes. In：André E，Dybkjær L，Minker W，Neumann H，Weber M（eds）Perception and interactive technologies. Proceedings of international tutorial and research workshop.

Springer, LNAI 4021.

DeMarco T, Lister T (2003) Waltzing the bears: managing risk on software projects. Dorset House Publishing Company, New York.

Dybkjær L, Bernsen NO, Dybkjær H (2005) Usability evaluation issues in commercial and research systems. In: CD-proceedings of the ISCA tutorial and research workshop and COST278 final workshop on applied spoken language interaction in distributed environments (ASIDE). Aalborg University, Denmark.

Greenbaum J, Kyng M (eds) (1991) Design at work: cooperative design of computer systems. Lawrence Erlbaum Associates, Hillsdale.

ISO 13407(1999) Human-centred design processes for interactive systems. http://www. iso. org/iso/iso_catalogue/catalogue_tc/catalogue_detail. htm? csnumber = 21197. Accessed 22 January 2009.

Landragin F(2006) Visual perception, language and gesture: a model for their understanding in multimodal dialogue systems. Signal Processing 86/12: 3578-3595.

López B, Hernández Á, Pardo D, Santos R, Rodríguez M (2008) ECA gesture strategies for robust SLDSs. In: Proceedings of the Artificial Intelligence and Simulation Behaviour Convention (AISB). Aberdeen, Scotland.

Martin J-C, Buisine S, Pitel G, Bernsen NO (2006) Fusion of children's speech and 2D gestures when conversing with 3D characters. Signal Processing Journal, Special issue on multimodal interaction. Elsevier.

Nielsen J(1993) Usability engineering. Academic Press, New York.

Nygaard K(1990) The origins of the Scandinavian school, why and how? Participatory design conference 1990 transcript. Computer Professionals for Social Responsibility, Seattle.

Sharp H, Rogers Y, Preece J (2007) Interaction design-beyond human-computer interaction. 2nd edn. John Wiley and Sons, New York.

Searle J(1969) Speech acts. Cambridge University Press, Cambridge.

UPA(2000) What is user-centered design?

http://www. upassoc. org/usability_resources/about_usability/what_is_ucd. html. Accessed 4 February 2009.

第7章　插曲3：案例可用性工作计划、设计

　　7.1节讨论案例的可用性工作计划。基于5.1节的案例AMITUDE规范，我们采取下一步骤并进行某个案例设计，7.2节增加在多模态世界很可能被称为外观听觉和感觉的案例。

7.1　案例可用性工作计划

　　本节说明在6.3节中介绍的、针对案例的可用性工作计划(5.1节)。既然我们没有任何可用性工作计划就已经完成了案例AMITUDE规范(5.1节)，那么可能会提出两个问题：①从每个案例生存周期的开始直到案例设计的开始，关于本书中24个可用性方法(6.2节)，我们可能使用哪些方法？②从今以后我们将或可能使用哪些方法？

　　(1)各种早期方法都可能用于案例开发。既然所有的案例都是高级的多模态系统，那么我们就期待出于更大的利益，不能在早期(设计前)使用某些可用性方法，例如因为某个案例系统对于潜在用户而言太陌生了，仍属于远离应用、客户和实际股东的高级研究或超越了可利用的专业知识(6.2.2小节)。为检查这些期待，让我们以某个细节来看看案例，因为将要出现的生动描写很可能就是今天高级的多模态系统工作的代表。

　　"数独"如今很可能已被大多数人所熟知，只有与"数独"系统进行的语音和指向交互才是崭新的、陌生的、需要概念证明的，处于工业开发上游的位置、没有被可利用的专业知识明显涵盖。然而，它的交互设想是自然的和熟悉的，因此对潜在的用户和其他人解释起来相对容易一些。

　　倘若从这些观点看，为建立5.1节中描述的"数独"使用模型已经使用下面的各种早期方法似乎就是没有生产价值的(生产价值不足的)(5.1节)：例如，微观行为域观察方面(6.2.5小节)，因为早就没有人在用想象的方式执行用户任务了；用于语音和三维指向输入的方针或标准方法(6.2.6小节)，因为据我们所知，除了图形输出以外，没有任何统一的方针或标准集合；在语音三维指向输入方面的专家方面(6.2.3小节)，因为没有任何专家；客户访谈(6.2.3小节)和股东会议方面(6.2.4小节)，因为在技术的概念证明之前很难找到客户或股东。最好的情况不过是可能会找到一家可能会考虑担当客户和股东的娱乐公司。

另一方面,宏观行为域方法(6.2.5 小节)可能被用于查明人们如何在纸上或通过互联网玩"数独"。虚拟形象(6.2.6 小节)可能描述对"数独"具有不同专业知识或在耐力方面不同的用户。

对"寻宝"的生动描写甚至更具限制性。不仅使用了上面给出的"数独"不可应用的各种方法,而且出于同样的原因也适用于用户调查(6.2.3 小节)、中心小组会(6.2.4 小节)和宏观行为域方法(6.2.5 小节)。唯一的早期方法使用似乎是实验室内的人体数据采集、实例和想定(6.2.6 小节)以及在以用户为本的开发中通过会议和研讨会(6.2.4 小节)对用户群的涉及,所有这些也能够用在"数独"案例中。否则,这一切就是把设计完成并用于用户测试(6.2.7 小节)的早期原型。

至于有多少和哪些可用性方法可能在早期和出于利益被应用,比起"寻宝"来说,"算术"更像"数独"。由于不熟悉技术,用户调查(6.2.3 小节)几乎不会产生很大的收益。对儿童算术自我辅导的方针或标准(6.2.6 小节)并不存在,但对系统的图形和语音对话部分的方针或标准确实存在。然而,带有教师的中心小组会(6.2.4 小节)可能会在辅导内容上提供输入,并且有趣的是能够招聘一个学校作为"客户"进行有意义的客户访谈(6.2.3 小节)、股东会议和用户研讨会(6.2.4 小节)。专家与教师的访谈(6.2.3 小节)显然是相关的,宏观行为域方法(6.2.5 小节)、用例和想定及虚拟形象(6.2.6 小节)也是如此。

总之,在不同程度上,在高级的多模态系统早期开发中应用各种可用性方法是可能的,但高度创新的系统往往会减少可用性方法的数量,某种程度上会把重点转换到针对交互式系统模型测试的"后期"方法上(6.2.7 小节)。

(2)各种方法可能从设计开始就用于案例。图 7.1 所列为用于"算术"系统的可用性工作计划框架(6.2.8 小节)。作为练习,使用 6.2 节中的方法概述,尝试为"数独"和"寻宝"制定工作计划。图 7.1 显示,方法集群(6.2.8 小节)将用于"算术",并且我们已经同样把用户测试方法集群应用于"数独"系统和"寻宝"系统(伯恩森(Bernsen)和迪布凯(Dybkjær)2007)。

图 7.1 显示了"算术"可用性工作计划方案。方案包括了花在方法应用以及准备、应用和数据处理上的时间(这里以人周为单位来测量)

可用性工作计划		
项目名称:算术	工作计划作者:LD	计划 v.2 版 日期:2008.12.02
项目日历时间:18 个月		项目开始日期:2008.07.01
项目总体资源:36 个人月		
可用性工作:总共 12 个人月,要花在常用的途径、方法、数据处理和出现的不可预测问题上		
开发目标:参照表 5.1,用于演示儿童认知性—情感性基础算术辅导同伴的研究原型		

AMITUDE 需求:见表 5.1~表 5.8			
可用性需求:见表 5.9			
规划的方法			
何时	方法	人周	已完成
第 2 个月开始	用例和想定	1 周	×
第 2 个月开始,与用例和想定重叠	虚拟形象:与不同学生类型的会谈设计测试	1 周	×
第 2 个月结束	专家与 2 位算术教师访谈	3 周	×
第 3 个月	重新访问用例和虚拟形象,扩展用例	3 周	×
第 3 个月结束	检查面容可理解性的分类排序;10~15 个学龄儿童	2 周	×
第 4 个月	认知性演练	2 周	
第 6 个月	结合实时观察和测试后访谈,与基于控制台的实际应用原型进行交互;6 个学龄儿童	5~6 周	
第 8 个月开始	实验室内的人体数据采集:面部表情,手势,用于组件训练的生物数据;6 个学龄儿童	8 周	
第 12 个月	与完全实际应用原型进行交互,进行实时观察和测试后访谈;6 个学龄儿童	5~6 周	
第 15~18 个月	在学校的现场测试;10~20 个儿童	8 周	

图 7.1　可用性工作计划框架

你可能会错过潜在测试对象的筛选(6.2.3 小节)。原因是,测试对象将是具有适合年龄和背景的普通学龄儿童。适合这个描述就足够筛选了。我们可能已经对课堂上的算术教师(6.2.5 小节)进行了宏观行为域研究,而不是选择教师作为访谈域的专家。我们也可能已经使用了我们的方针(6.2.6 小节)进行协调性的语音对话(11.4 节),但是既然我们制定了方针,就很可能在实际应用过程中不恰当地使用它们。我们也可能已经使用了测试前访谈或调查问卷(6.2.3 小节),但由于对技术不熟悉,导致几乎不会产生很大的收益。最后,我们可能已经应用了早期交互方法(6.2.7 小节),但是因为已经进行了快速原型测定,所以已经进行了几次实际应用原型的测试,逐渐增加测试之间的交流功能性。

总的来说,我们在"算术"系统上的多模态可用性工作利用了大约 10 个可用性方法,其中有几个还将多次重复使用。这是——或者应该是——高级的多模态研究原型开发进程的典型情况。

注意,至少在以下方法应用中存在微观行为数据收集:①专家访谈:关于情感性学生微观行为的问题;②分类排序:要求学生为面部微观行为分类;③与实际应用原型进行交互:向教师咨询收集对学生口语、面部和手势的微观行为进行分析的数据;④在实时观察中对他们做笔记;⑤实验室内的人体数据采集:收集用于组件训练的微观行为。

7.2 案例设计

基于其 AMITUDE 使用模型(5.1 节),本节描述"数独"、"寻宝"和"算术"各系统的设计。受篇幅限制,不允许讨论用于很多特定的设计决策的设计理论基础——论点从正反两方面论证了设计决策(卡罗尔(Carroll)和罗森(Rosson)2003),但我们希望,设计自己会从描述和想象中脱颖而出。我们在接下来的方法和数据处理各章会提到设计。

7.2.1 数独

(1)设计策略。保持简单:使用户任务可行,但消除外部存储选项、得分保存、装饰等。限制单一类型差错显示的在线帮助和游戏难度选择的定制选项。

(2)整体交互设计。主屏显示棋盘和标记新游戏和重置游戏的图标。棋盘是一个 9×9 的方形矩阵,由九个分隔的方框构成,每个矩形由 3×3 的小方框组成用于存放数字。

图 7.2 所示为游戏主屏和一个成功完成的游戏界面。注意,这个画面和下面的图形均来自一个实际应用的游戏版本,而不是早期的设计草图。在图形里游戏成功的标准就是所有的行、列和合成的 3×3 方框都包括所有从 1 到 9 的数字。游戏开始,显示玩家已经指向新游戏图标(左上角)并弹出图 7.3 显示的副屏,通过指向容易级的选择框开始下一场游戏。系统产生带有 60 个给定数字的棋盘,这样玩家必须填补剩余的 21 个方框。仔细检查图 7.2 中的棋盘,显示的60 个给定数字字体略小于插入数字,而且这些插入数字是在背光方框中显示。给定的数字在游戏过程中不能修改,而插入的数字能修改。图 7.3 中可提供的选择分别会产生 45 个(中级)和 30 个(高难级别)已填充方框的开始棋盘。

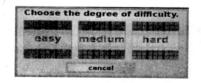

图 7.2　正确解答的《数独》游戏　　　　图 7.3　高难级别

如果玩家在游戏过程中觉得难度太大,那么指向图 7.2 中新游戏下方的重置游戏图标,就会弹出如图 7.4 中显示的副屏,它提出警告,继续重置游戏意味着退出当前的游戏状态,只留下固定的初始化游戏数字。

按照"数独"的游戏规则,如果一个(或多个)插入数字与给定的或先前插入的数字相冲突,那么棋盘列和涉及的 3×3 方块将如图 7.5 中那样突出显示(用红色),图中最左边的列包括一个给定的和一个插入的数字 9。在系统提供的在线帮助实例中,很明显必须移动最顶部的数字 9,因为它是唯一一个涉及冲突的插入数字。注意,在线帮助并不会告诉玩家这个数字应该向哪里移动。因此,数字 9 要么进入左数第二列顶部的方框,要么进入该列顶数第三个方框。既然"数独"游戏应该是确定性的,那两个方框就只有一个最终能够是正确的,即使如此,把数字 9 放这在这两个位置之一,暂时不会引起差错标记字体。

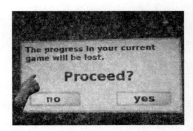
图 7.4　重新开始游戏

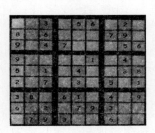
图 7.5　最左列中的突出显示表明差错

最后,如果玩家已经成功解答了"数独"的谜题,就会出现在图 7.6 中显示的祝贺文本。

图 7.6　游戏成功完成时的祝贺

(3) 数字交互,指向和说话。在游戏过程中,用户的关键操作是把数字插入到棋盘的某个方框中。为了插入数字,用户必须①指向空的或已插入数字的方框,并且②说出"1"和"9"之间的数字。说话和指向的时间顺序无关紧要,因为在数字插入到指向的方框之前系统会等待,直到接收到口语关键词组和指向操作这两项内容。要删除一个非给定数字,玩家必须指向方框,并且要么说"删除这个/那个",要么说"消除这个/那个"。要用另一个数字取代一个已插入的数字,玩家必须指向旧数字并说出新数字。

要做出指向输入操作,玩家必须站在地板上的标线外(没有图片显示),面

135

对屏幕,伸出手臂和食指以引导光标到屏幕上的预定位置。因此,事实上,图 7.4 中的玩家不是在做指向输入操作而是在注视着屏幕,同时保持食指就绪。只要游戏在运行,玩家能够在任何时候说话。对于产生图 7.2 和图 7.3 中的系统操作,不需要口语输入,但对于开始新游戏或重置游戏(图 7.2),口语输入则可能作为冗余或备选操作(4.4.2 小节)。

7.2.2 寻宝

(1)设计策略。创建表 5.5 中描述的、在其中要执行 7 个任务步骤的虚拟三维触觉城镇风景和周围风景。确保在第一个系统版本中起主要作用的盲人用户能够得到足以完成任务的提示,包括确定房屋、房间,包括不同颜色壁橱的房间各部分的位置,确定所有其他的重要信息(市政厅、市长、寺庙遗址、铭文、地下墓穴、箱子、沟槽、森林、宝藏),打开大门、壁橱和箱子,自始至终都能获得完成操作与否的反馈。

(2)整体交互设计。为了找到物体或沿沟槽前进,盲人用户在触碰物体时发出的提示语音,在诸如"房子""墙"或"壁橱"的引导下,利用像铅笔一样造型的触觉力反馈设备与系统进行交互(图 7.7)。为了处理发现的物体,比如打开门或箱子,用户点击设备上的按钮。为了提供操作成功的反馈,比如在箱子里发现了地图,系统将成功操作的结果反馈给聋人用户时会发出哔哔声。当确定宝藏的位置时,系统通过语音祝贺盲人用户。除了三维环境中触觉的挑战外,系统还为盲人玩家提供经过设计的障碍,除了散落在沟槽里的岩石,用户必须"爬过去"才能继续沿沟槽前进。

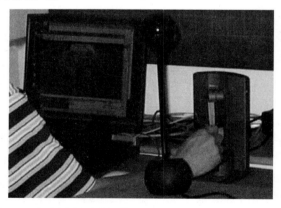

图 7.7 来自用户测试的快照,显示了测试对象、触觉设备、
用户面前的笔记本电脑屏幕和摄影机

玩这个游戏之前,为了把 5 种不同的颜色与 5 种不同的音乐声音联系起来,必须对盲人用户加以训练。颜色用于当盲人用户必须找到红色壁橱(图 7.8)这

一步时。图7.9显示了聋哑人为与盲人用户交流到宝藏隐藏的森林的路径而使用的游戏风景地图。图7.10详细显示了森林区域。

图7.8　门右边的红色壁橱
（图片使用经过科斯塔斯·莫斯塔卡斯（Kostas Moustakas）的许可）

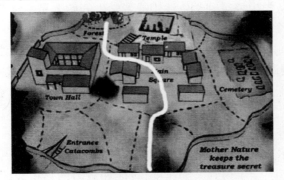

图7.9　带有由聋哑人简要画出的、前往宝藏区域的路径的市区及其环境地图
（图片使用经过科斯塔斯·莫斯塔卡斯（Kostas Moustakas）的许可）

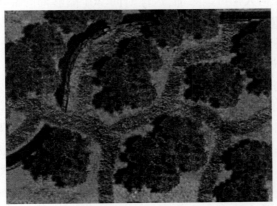

图7.10　图7.9的上部可见的、开出沟槽的森林区域线路地图
（图片使用经过科斯塔斯·莫斯塔卡斯（Kostas Moustakas）的许可）

7.2.3 算术

（1）设计策略。①指定授课流程；②指定学生进入教学和训练；③指定每堂课的整体内容；④指定教师的个性——目标、态度、行为等，由 5.2 节中的可用性需求指导；⑤基于上述各点，编写基于控制台的、没有语音的、键入文本输入/输出的第一版程序；⑥设计定型第一版带有教师动画面孔的图形用户界面；⑦增加语音输入/输出；⑧增加情感/态度检测。

（2）整体交互设计。授课流程用下列主要辅导组件加以指定：

● 程序开始：

针对开始学习乘法需要的基本加法技能筛选学生；

选择学生和分配身份证明（密码）。

● 主程序阶段：

授课开始，从学生登录到学生注销或者学生开始上另一堂课；

3 堂课为一个序列组，教授对乘法的深度理解；

每堂授课结束，要评价完成情况、还要学多少、学生需要关注什么；

训练（子）授课，用于在两方面训练技能：1 到 10 之间任意两个因数的乘法以及乘法表，训练主要是监督新学生和有困难的学生，对学得更好的学生不太监督；

测试，用于进入更高的课堂；

考试，以演示基本乘法的掌握；

授课末期成绩：学生得到关于速度、技能和毅力的累积成绩，这一成绩要与他人的成绩相比较；

授课末期，任何人都可以参加，这段时间学生能够询问课程情况、课堂上发生的事情、教学和教师的评论，等等。

● 结束阶段：

所有考试通过，演示了基本乘法的掌握。

我们省略了相当复杂的筛选学生部分。

"算术"的整体内容如下。**第 1 次课**：学习如何陈述和编写乘法问题；乘法不同于加法，有时比加法更实用；0 和 1 的特殊角色。**第 2 次课**：小数字的乘法（1、2，特别是 3）；小数字能够隐藏在其他数字中；如何编写乘法问题；乘法比加法更强大；像加法一样，乘法中数字的位置是可交换的。**第 3 次课**："大表"的详细教学，也就是 4、5、6、7、8、9 和 10 的乘法表，包括它们之间的相同、不同和其他关系，哪些难学以及为什么，"为什么"要根据静止部分的类推和其他可能对数字加深理解的技巧加以解释。

图 7.11 描述了在实际应用的、基于控制台的版本中的针对教师的个性等的设计原则。注意,算术教师梅(Mae)共有三个助手:乘法器(MultMachine)、九九乘法表(TableMult)和阿尔穆里曼(AlMullyman),各有不同的角色和个性。

设 计 原 则
只允许有必要的算术条件的、课堂上的学生:筛选学生,加防护的密码进入课堂
通过实例、类比、解释、多问题观点、比较和重复,在学生基本理解乘法时安装。例如,乘法就像跳跃(类比)
教练以使乘法技能自动化。由两个角色完成:乘法器和九九乘法表
密切监控问题的解,分析和改正,如果错了进行解释,并说明什么是对的。例如,如果不理解由 0 进行的乘法,准备好解释
密切监控学习努力和进步,如果学习缓慢,就分析和改变策略。鼓励学生。例如,接受更高数字的挑战之前学习 4 的乘法表,完美做好第 1 次课
密切监控不确定性、挫折感、失望、无聊和生气。做出反应以便缓解。例如,对所有与由 2 相乘有关的特殊分段授课
总体上引导辅导,但在可能和有意义时,允许学生有选择和主动性的自由。遵循最初的指令和绩效监控后,在用乘法机器和九九乘法表学习时,学生能够很容易地定制和修改各级的难度
把学生作为一个独一无二的个体来对待,称呼每个学生的名字
对学生迄今为止所进行的综合记忆加以演示
始终如一地演示爱和道德的权威。梅老师是热情的、母亲一般的、包容一切的,但又是严格的,当学生使用脏话时要从累计成绩中减分
显示教师只是人,并不完美(除了算术)。由真人教师梅和两台机器乘法机器和九九乘法表以及真人阿尔穆里曼组成的团队完成辅导。梅教课,课后与学生进行任何人都可以参加的讨论,并组织一切。乘法机器教练自由式乘法,九九乘法表教练乘法表。阿尔穆里曼年纪大、脾气暴躁,但是记得与每个学生相关的一切,如果学生想要立即重复一堂课,他就重复。每个团队成员都有自己的个性。团队会谈很幽默,也展现了团队成员对他人的相互态度,这引起学生对团队成员和他们的关系产生了兴趣,导致任何人都可以参加授课小结时的评论和问题
使用幽默和惊奇
对会议增加非算术视角。非算术、与课程无关的话题主要与团队成员、他们的个人特点和关系相关
(根据分数)为速度、技能和毅力发奖
在可能的和合理的时候,使用来自计算机游戏的竞争性结构。例如,迄今为止一个学生总是能够得分高于其他任何学生的得分,只不过是更多重复课或更多训练的结果。学生的累积成绩,在每次课的最后都与其他学生的成绩相比较,就在任何人都可以参加的课堂小结之前,学生能够自己进行竞争

图 7.11　"算术"设计原则

图 7.12 显示了乘法器在与网站访问者进行会谈。在图 10.3 中显示了三维的梅老师。

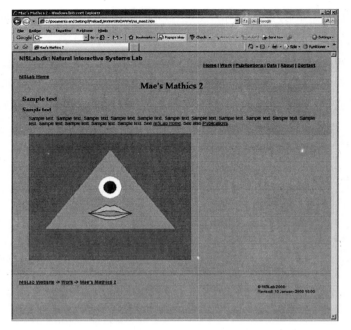

图 7.12 在网上口语会谈中的乘法机器

参 考 文 献

Bernsen N O, Dybkjær L(2007) Report on iterative testing of multimodal usability and evaluation guide. SIMILAR deliverable D98.

Carroll J M, RossonM B(2003) Design rationale as theory. In: Carroll J M (ed) HCI models, theories and frameworks. Towards a multidisciplinary science. Morgan Kaufmann, San Francisco.

第8章 问 答

在关于多模态可用性方法（6.2.2 小节）五章中的第一章里，展示的所有方法中都使用了问答。问题由开发团队的成员来问，由潜在的或实际的用户、客户或专家来答。当需要很多人回答一组深思熟虑的问题变得很重要，而讨论很少或毫无意义时，问答是收集可用性信息的一个很好的途径。既然要描述的所有方法都利用访谈或调查问卷，那么在此首先描述一下访谈和调查问卷的关键内容，然后展示利用这些技术的 6 个方法。

8.1 节、8.2 节分别讨论访谈和调查问卷的目的、变化、技术、数据、优点和缺点，并使用 6.2.9 小节中的方法描述模板在 8.3 节展示用户调查；8.4 节展示客户访谈和调查问卷；8.5 节展示专家访谈和调查问卷；8.6 节展示筛选；8.7 节展示测试前访谈和调查问卷；8.8 节展示测试后访谈和调查问卷。

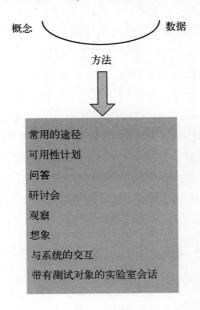

141

8.1 访谈

访谈(道尔(Doyle)2006,罗布森(Robson)2002,夏普(Sharp)等2007,斯廷森(Stimson)等2003)是指对话,其中一个人,即访谈者,通过提问题从受调查者或受访者那里收集信息。

8.1.1 目的

访谈是一个灵活的工具,用于随时收集系统生存周期里的可用性信息。取决于不同的目的,访谈者和受访者之间的对话一般采取略微不同的形式。在可用性开发和评价中使用访谈的关键目的主要包括以下几点:

- **用户调查访谈**。通常都是在任何特殊的开发进程中独立地进行(8.3节);
- **场景启发访谈**。对客户或(潜在的)用户进行访谈,以引出在目标还没有被很好理解的生存周期早期阶段所需要的想定或其他信息(8.4节);
- **知识引导访谈**。生存周期早期,专家要被详细地提问关于与域和任务相关的知识和进程,目的是在系统中实现这一信息(8.5节);
- **筛选访谈**。用于选择具有正确背景或技能的测试对象,例如在进行用户调查或系统测试之前(8.6节);
- **测试前访谈**。用于与系统模型进行交互之前收集用户的态度和期待(8.7节);
- **测试后访谈**。用于与系统模型交互之后立即收集用户对可用性的反应、印象和意见(8.8节)。

访谈可以通过电话或面对面、在实验室里或其他地方完成。

对于所有的或大多数的访谈来说,除了在访谈"主体环节"中收集到的信息以外,收集关于受访者的实际信息是常见的。

8.1.2 结构化的、非结构化的和半结构化的访谈

访谈可能或多或少会是结构化的,因此有必要区分一下非结构化的、结构化的和半结构化的访谈之间的不同。

(1)在结构化的访谈中,对每个测试对象都要提问题,并展示答案选项;除澄清目的之外,很少有或者根本没有与受访者的会谈。除了调查问卷(8.2节)对于展示复杂的回答选项更可取以外,结构化的访谈就像是在朗读调查问卷。从

4.3.2 小节的模态特征 7 和模态特征 8 就能够查明原因！当信息收集的目标清晰,并在一组特定问答选项的明确表达变得可行的时候,结构化的访谈工作可能会进行得很好。

（2）非结构化的访谈更像是基于访谈者计划好话题的会谈,话题可能通过问题或以其他方式问起。通常,计划即话题清单对所有被访谈的测试对象都是相同的,除非是不同的用户群在不同条件下使用系统。在这样的情况下,不同的条件经常在访谈者提起的话题中被反映出来。例如,非结构化的访谈可用于探索性的环境中,目的是在生存周期早期引出想定。

（3）半结构化的访谈综合了来自结构化的和非结构化的访谈的特征。它经常将特定的问答选项和欢迎自由式回答的更广泛问题组合起来,而访谈者为了使测试对象详尽阐述已经提供的答案,能够利用这个机会来问一些后续问题。否则,除澄清的目的外,基本没有与受访者的会谈。

无论选择哪种访谈形式,总是要和同事或其他人运行几个测试访谈来测试提问是否按照预期的方式工作。

8.1.3　封闭式问题与开放式问题,事先训练的问题

除了访谈结构以外,问题格式是从受访者那里完全掌握所需可用性信息的重要工具。问题可能是封闭式的,也就是这些问题有一组预先确定的可选答案。这是用于结构化的访谈和在一定程度上用于半结构化的访谈中的问题类型。是/否问题是一个简单的实例,不必书写任何需要事先准备好的答案。其他封闭式问题有大量预先确定的答案,这些答案可能源于问题本身的逻辑或被访谈者所下的定义,并作为可供选择答案的构成范围展示给测试对象。例如询问某天是星期几会产生 7 个回答选项一样的常识性问题。但如果你想知道测试对象玩计算机游戏是否每周不超过 2h、2~10h 或超过 10h,那你就必须解释,这些都是选择内容。

问题也可能是开放式的、没有预先确定的答案集合。这是用于非结构化访谈和半结构化访谈的问题类型。例如,当测试对象被问及"手握虚拟手柄感觉有多自然?"的时候。这个问题关注自然状态——你必须准备好去解释的东西——而不是在其他方面事先定义好测试对象的标准答案。与不需要标准答案的比较广泛的话题一样,开放式问题经常欢迎访谈者和受访者之间的对话,前者寻求能够清晰地理解测试对象对所提问题的看法。即使所有其他的访谈问题都是封闭式的,把问测试对象是否有任何附加评论这样一个最后的开放式问题包括进去,通常也是一个好主意。

如果希望对所有从测试对象那里收集到的信息进行比较,通常就会对所有

的测试对象以相同的顺序问同样的问题。为此,通常选择结构化的或半结构化的访谈,以确保所有或大多数的问题都是封闭式的,并且避免会谈。对半结构化访谈中的开放式问题,可能会被用于收集关于封闭式问题回答的深度信息,(参照图 8.9 中的问题 6、8、15 和 20)。访谈中的会谈,以及改变问题的顺序,都会为每个测试对象创建不同的访谈环境,并且可能会影响想使用的数据。注意,如果你怀疑提问题的顺序可能影响测试对象的回答,那么可以平衡一下效果,例如通过以一个顺序向一半的测试对象问你的问题,以另一个顺序问另一半的测试对象(17.1.3 小节)。

为了避免事先训练测试对象(6.4.4 小节),在向所有测试对象提问时,举止要采取完全中立的方式,并且行为要保持始终如一,既没有对问题的暗示、没有诱导性的问题,也没有提示性的身体"语言"! 注意,保持中立可以完全兼顾保持友好和轻松(8.2.2 和 8.2.3 小节)。

还要记住,如果一个问题或一个话题从你准备好的清单中错过了,或没有以其应有的方式表达,那么你将永远错过测试对象对它的输入。在结构化的或半结构化的访谈过程中,永远都不要临时准备去修补错过的问题。如果一个至关重要的问题错过了,那么就要在下一个访谈之前考虑把它包括进去(13.4.6 小节)。

8.1.4 访谈运行

以轻松的方式开始访谈并保持这种方式。在访谈正式开始之前,让测试对象表达任何出现在脑海中的评论。如果在访谈前没有进行此项活动,那就要解释此次访谈的目的和数据的用途。结束访谈前,通过感谢测试对象,你可以问问是否还有什么测试对象想要评论的、未被访谈考虑到的问题。图 8.1 就如何进行面对面的访谈给出了建议。

进行访谈的步骤
● 提前到达访谈要进行的地点。
● 尝试确保访谈地点尽可能安静并免受打断。
● 确保所有的设备处于良好的工作状态。
● 向参与者介绍每一位在场的人。
● 向参与者保证讨论的一切事情都是保密的,并征得同意。
● 使用清晰和简单的语言,给参与者留出思考和说话的时间。
● 将人们的回答反述回去有助于检查你对他们表述的理解。
● 做一个好的聆听者,并且要问原因和方法。
● 如果访谈看起来可能比预期要持续更长的时间,就要与受调查者协商,使继续访谈能够被接受。

进行访谈的步骤
● 收集统计对象的总体信息,如年龄、性别和种族划分。
● 不要给你不能够解决的问题提供建议或回答。
● 对任何材料都要贴标签和标注日期,包括磁带、笔记、地图或其他物品。
● 在访谈后立即对所发生事情做出反思。评审已经产生的任何材料。在访谈进行的方式上有什么弱点吗?任何话题有没有错过的?什么样的新问题出现了?

图 8.1 来自格里·斯廷森(Gerry Stimson)等(2003)的进行面对面访谈的步骤

在结构化的访谈中,你可能只是大声读取准备好的问题,确保向所有测试对象都以同样的方式和顺序提问这些问题。你具有主动性,并且要坚持计划好的问题。

在半结构化的访谈中,提问题,并且在需要和计划好的时候进一步调查测试对象,看看你是否能够在进入下一个问题或话题之前收集任何附加信息。小心,不要进行得太快,给受访者留出时间,防止错过一个重要的评论。

如果进行非结构化的访谈,那么提出的问题和由访谈者提出的话题就是开放式的,并没有事先确定的答案可供选择。既然这是一种会谈,那么测试对象就可能采取主动性并触及与计划好的那些不同的话题。一定要把会谈柔和地带回到计划好的、尚未提出的话题上。还要记住,在迅速生成问题时,要中立地表达自己,并确保计划内容上的所有点都包括在每个访谈中。

在整个访谈中都要做笔记。尤其是在非结构化的和半结构化的访谈中,做笔记要负担的注意力和记忆力达到了这样的程度,即可能要考虑在访谈中对访谈者或者像访谈者那样有能力的做笔记的人进行明确分工。如果要对会话进行录音或录像,那么访谈者或者最好是技术人员应该监控录制设备是否在顺利运行。

8.1.5 数据

考虑一下是否要录制访谈音频或视频。这样做的优点就是,根据录制下来的数据以澄清对访谈过程中所做笔记的解释总是可能的。然而,完成访谈录制要耗费时间,并且严格来说也不总是需要。如果你决定录制访谈,一定要有按照预期方式工作的设备。

数据来自于访谈会话中做的笔记和录制的任何音像记录。手写笔记必须打印出来用于记录,并方便多个人之间的比较分析。某些笔记的结构化可能在数据分析之前就需要,并且把问题和回答输进电子表格或使用某个其他工具来创建访谈概述经常是有用的。如果你录制音像记录,就应该想一想是否有必要抄录这些内容。大多数情况下,这几乎不值得费力去做,特别是如果你已经做了很好的笔记。

如果在访谈过程中不愿意做笔记,而更愿意依靠录制的音像记录,那么就请记住,这会使消耗在倾听测试对象上的时间翻倍。进行抄录则需要更长时间。我们的一般建议是做笔记,并且只把音像记录作为笔记在要点上不清楚的时候的应变和补充手段。如果你与同事合作分析你的笔记,那么就准备好去发现吧:你明白的东西别人却不明白,甚至你的笔记连你自己也看不明白了。

数据处理和分析参见 8.2.5 小节和第 15 章、第 16 章。

8.1.6 优点和缺点

与调查问卷相比,访谈更灵活、更情境化和更个人化。这是因为你有可能解释问题和要求对有趣的和重要的测试对象评论进行解释,并提供细节。这有利于得到比通过相应的调查问卷收集到更丰富的结果。还有,访谈允许收集更自发的反馈。

然而,你需要敏锐地意识到你要如何表达你自己,既不是为了事先训练测试对象,也不是为了确保你在他们中的每个人那里寻求到同样的信息。这使得进行访谈比人们想的更有难度,更令人疲惫。而且这是访谈所具有的灵活、情境化和个人化性质的缺点,不管你多么小心,对每个接受访谈的测试对象保持行为方式完全相同基本上是不可能的。此外,进行访谈是非常耗时的,尤其是从非结构化的访谈中开始分析数据的时候。

要知道,肯定的回答有时可能太肯定了,例如因为测试对象想让你高兴,不要把他们视为现在或将来的真实系统用户或被并非事实的设想和前景所激动。

注意,通过电话的访谈并不能包括像图片一类的任何图形材料,除非能够得到技术支持,比如来自网站。

8.2 调查问卷

调查问卷[杜马斯(Dumas)和雷迪希(Redish)1999,霍姆(Hom)1998,罗布森(Robson)2002,鲁宾(Rubin)1994,夏普(Sharp)等人 2007,瓦洛尼克(Walonick)2004)]是一个结构化的问题清单,用来以自由式编写或勾选预定义答案的方式从受调查者那里获取信息。原则上,调查问卷是一种成本相对很低的收集可用性信息的手段。

8.2.1　目的

调查问卷能够用来在生存周期内随时收集可用性信息。它们被用于各种目的，比如用户调查、场景启发以及来自客户和（潜在）用户的其他信息、来自专家的知识引导、测试对象筛选、用户测试前质询和测试后质询等。因此，调查问卷通常被用于和访谈相同的目的，并且调查问卷更像结构化的或半结构化的访谈。

有时测试对象被要求当场填写调查问卷，有时在测试对象收到和填写调查问卷之间可能会有几小时或几天的时间间隔。任何情况下，测试对象都有比他们在访谈中回答问题时更多的时间来思考他们的回答。

调查问卷基本上可能包括三种类型的问题。首先，确定事实问题。这可能是关于测试对象的年龄、性别、民族等对象总体统计问题，这些问题通常应该包括相称的教育、职业、习惯、知识等问题，比如测试对象以前是否进行过模拟器训练，如果进行过，用的是什么样的模拟器；或者可能是关于测试对象使用系统的体验问题，比如系统在交互中死机多少次，或者在能够选择时测试对象是使用触摸屏还是鼠标。

第二，测试对象兴趣、信仰或看法的相关问题，就像汽车生产商组织要求驾驶员从清单中选择开车时愿意使用的通信服务类型。

第三，测试对象对其使用过的系统感知和评价的相关问题，例如他们是否觉得在交互中受到控制。

取决于它们的目的，某些调查问卷包括所有三个类型问题的混合，而有些调查问卷则关注于单一的类型。

像访谈的问题一样，调查问卷的问题是开放式的或封闭式的。

8.2.2　调查问卷的设计方法

详细指定你想收集的信息，然后开始设计尽可能有助于高效获取这些信息的问题。每个问题的回答接下来将如何以及为何目的被分析和使用都要指定。这将有助于你获得相关信息，而不是获得你不知道用来做什么的回答。

尽量保持调查问卷简短。10 页的问题甚至在开始之前就可能容易把人吓跑，或者可能中途放弃。仔细地想一想每个问题，对每个问题你必须知道答案还是很高兴知道？如果是后者，这个问题就扔到一边吧。在书面表达问题时要小心。这些问题应该清楚、确凿，不应该以任何方式事先训练用户，不要使用技术上或其他方面的行话。

为调查问卷给出有意义的标题和细致的布局。把介绍性的信息放在前面。告诉调查对象你是谁、调查问卷的目的是什么。包括如何填写调查问卷的简要提示。鼓励受调查者填写，并确定回答都将被机密地对待，并保证完全匿名。如果填写调查问卷有奖励,要明确提到这一点。奖励和对调查问卷内容的兴趣往往是增加回答率的两个因素,尤其是如果测试对象没有以你为前提填写调查问卷时。

至关重要的是要使用易于理解的、简单直接的语言。图 8.2 对提问题时要注意的问题给出了建议,参照《创建性的研究系统》(2007)。

如何设计和构建问题
● 使用中立的明确表达。不要事先训练测试对象。例如,你不应该问:"差错信息易于理解吗?",而是"你能理解差错信息吗?",或者是"你如何看待差错信息?"
● 不要问双重问题,比如"你喜欢 A 和 B 吗?"(或"你喜欢 P 还是 Q?"),除非 A 或 B 能够加以选择,比如通过单选按钮。否则,喜欢 A 但不是 B 或更喜欢 Z 的测试对象不知道如何答复,或可能只是简单地说是或否。
● 问题必须适合于所有回答,所以不要使用像这样的问题:"你有哪种计算机? 1. 苹果麦金塔计算机;2. 戴尔个人计算机"。如果你包括了答案选项,那么这些选项就必须相互排除或完成。如果你为测试对象列出一组选项从(多个选择)中进行选择,那么记住,要包括"其他"或"无",以便于测试对象总是能够回答。
● 在答案方面,问题必须创建出可变性。因此,不要选择基本上只有其中一个会被选中的选项,那样的话你就能预测了。
● 不要想当然地看待事物。所以不要问像下面这样的问题:"你满意你的计算机:是或否?"即使在今天,有些人也没有计算机。
● 如果你问了问题,测试对象对问题不知道如何立即回答,却首先将不得不进行调查(比如"你每月的预算哪一部分花在了 X 上面"),那么很多人只会给你一个估计,这可能意味着答案方面的大差错。
● 包括"不适用"或"不知道"选项可能是一个好主意。例如,如果你问"你更喜欢什么类型的计算机游戏?",那么测试对象可能会回答"不适用",如果他/她不玩计算机游戏并且对此也没有兴趣的话,或者用户可能会回答"不知道",如果他/她对他/她知道的游戏没有特殊偏爱的话。
● 在使用定义模糊的词语时要小心,它们对不同的人可能意味着不同的东西,例如"大多数"或"最"。
● 只使用众所周知的词语以及只使用你确定每个人都知道的缩略语。
● 考虑一下分支是否真的有必要,也就是对于只是应该回答某个特殊条件是否得到满足这样的问题,例如是否拥有一个便携式计算机或以前尝试过某个特殊程序,有其子集是否必要。分支可能会使受调查者感到糊涂。
● 如果你要求测试对象确定优先顺序排列详细信息表,那么表中最多不要超过 5 个详细信息。另一方面,潜在的偏爱选择清单可以很长。
● 避免没有明显不同于另一个问题的问题。这种模糊性招致每个测试对象难以考虑到意义上的有意不同,往往产生对问题的不同和虚假的解释。不要让测试对象难以考虑到问题之间的关系,从而难以考虑到答案的一致性。
● 把相关的问题分组。测试对象对这些问题不一定了解很多,能创建一个所有问题及其关系的完整模型。把问题分组就能使获得彼此关联的问题的概述并因此按照预期回答每个问题变得更为容易。

图 8.2 设计调查问卷的建议

设计一个"任何其他意见"的问题以激起受调查者想到其他问题没有涵盖的内容,通常是一个好主意。

因为可能影响测试对象的回答,所以有必要仔细考虑一下问题的顺序。如果你在问题中提到一种特殊类型的软件,然后寻求受调查者知道的软件,那么他/她可能就会提到那个特殊软件,仅仅就因为早些时候它被提到过。像这样的不相关性的累积很快就会使测试对象的回答毫无价值。问题顺序还可能影响到填写调查问卷的复杂程度。一个经验法则(由图8.2限制)就是把简单的问题放到前面以鼓励测试对象继续填写,而把有难度的或敏感的问题放到最后。

如果一系列的问题有相同的答案选项,比如重复出现"好—中—差","好—中—差",等等,人们对这些选项往往就习以为常了,随着往下填写,他们对问题就不做太多思考了。如果你必须有这么长的一系列问题,那么就尽量对不同的受调查者以不同的顺序来提问,以便不是机械式地来回答相同的问题;或者把这些问题分成较短的系列,之间用其他问题进行串连;或者修改问题的效价,改变所有问题都正面陈述的做法,以便有些问题进行反面陈述。除非受调查者因已经回答了太多类似的问题而变得头晕眼花,否则这一做法会引导他们仔细思考每个答案。例如,你可以把"在差错情形中,系统的反馈非常好"这一正面陈述变成"在差错发生时,没有来自系统的有用反馈"。同意第一个陈述的受调查者应该不会同意第二个。

在使用调查问卷前,有必要让别人试用或评论一下。这可能会展现出某些问题在其他方面含糊其辞或没说清楚。

8.2.3 提问题的方式

提问题有几种方式。下面我们描述3种常用的方式,另见《创建性的研究系统》(2007)。

第一种方式是要求人们在一系列的选项中勾选一个。在单项选择中,受调查者从明确答案的清单中勾选一个。多项选择题经常采取评定量表或同意量表问题的形式,例如要求人们通过从一组"优秀"到"不好"排列的选项中勾选一个来评定系统的等级,参照图8.3中的问题5。你也可以使用语义分化量表,在这张表里,人们通常按5~7个等级对某物进行评定,两端用双向形容词,例如"非常好"和"非常差",参照图8.3中的问题10。或者你可以要求人们依据某种陈述给他们的同意或不同意评分,例如从1到5评分,其中1分是强烈不同意,5分是强烈同意。后一种做法通常用里克特量表来表达,参照表8.3中的问题7和问题8。里克特量表相当常用,通常使用5个或7个等级。

第二种方式是数值型开放式的,例如"你平均每天有多少小时玩计算机游戏?",参照图 8.3 中的问题 2。为回答这些问题,受访者被要求在不同的范围内进行选择,例如没有、2 以下、2~4 或 4 以上,参照图 8.3 中的问题 3。

第三种方式是通过开放式问题进行。在这个方式中,问题要用书面文本来回答,例如回答"你建议哪些改进?",参照图 8.3 中的问题 12。

2. 你家里有多少台计算机:

3. 你的年龄?   <20   □
（只能在一个方框上打钩）   20~40 □
                            40~60 □
                            >60   □

…

5. 一般而言,你会如何描述你与网络交互的体验? 你会说它是
非常愉快的   □
有些愉快的   □
既不是愉快的也不是不愉快的   □
有些不愉快的   □
非常不愉快的   □

…

	强烈同意	同意	中性	不同意	强烈不同意
7. 经常难以找到你在网上寻找的东西:	□	□	□	□	□
8. 口语交互非常有用:	□	□	□	□	□

…

10. 你会说,控制汽车导航系统的口语交互是
非常有吸引力的 □   □   □   □   □   □   非常没有吸引力的
…

12. 你能想象出结合网页的口语输入和输出
会有哪些优点吗?
（写出你想要写的尽可能多的文本）

图 8.3 调查问卷例子

8.2.4 填写调查问卷

有一些非常特殊的受访者确实会拒绝回答问题。然而,调查问卷可以是不同的,它为其使用创建了一个主要问题,也就是确保某个调查问卷是由很多足以收集到所需可用性信息的人在填写。针对 6 种不同目的(8.2.1 小节),调查问卷的用途也不同,并且涉及的受调查者从几个到数以千计,因此填写一个调查问卷的难度至少取决于以下状况:

（1）调查问卷是否会以你为前提作为某个会话的一部分来填写。

（2）受调查者以前是否曾同意填写调查问卷或收到过未经请求的调查问卷。

（3）受调查者对你的系统有多大兴趣。

（4）受调查者被你关于系统的交流和调查问卷本身带来多大推动。

（5）受调查者被提供的奖励带来多大推动,比如一盒巧克力或者参加抽奖,而且还可能会产生更大的奖励,如假日旅行。

（6）填写和交回调查问卷的容易程度。

（7）最好通过电话而不是通过电子邮件或信件,在商定的或以其他方式确定的最终期限之前和之后,随访和提醒受调查者交回填写好的调查问卷,在这方面你会坚持多久。

最好的状况是(1),受调查者以你为前提作为商定进度的一部分填写调查问卷。这几乎能够保证100%的回收率,只要他们有舒适的工作环境、充裕的时间,以及如果他们有什么问题可得到帮助的承诺。既然(1)常常是不切实际的,那么第二个最好的状况是(2),受调查者同意或承诺填写调查问卷。以受调查者自身来看,承诺只能获取一个极低的回收率,特别是调查问卷如果是在参与某个实验室或现场测试或其他会话之后进行,而不是之前填写。那时候你就不得不通过交流、奖励在动机上努力了,要以某种方式、经常的温馨提示等,使受调查者自己觉得参与了或者甚至就是团队的一部分。棘手的情况是(3),虽然受调查者接受了未经请求的调查问卷,但对于填写内容和交回时限,没有任何约定。这时候你可能会看到一个也许只有5%的回收率,你必须努力增加到15%~20%,要尽一切你能想到的可能来推动测试对象填写调查问卷,并尽量方便他们进行。

调查问卷回收率总是重要的,经常是至关重要的。这意味着,需要函告或招聘的受调查者的数量必须考虑估计的回收率。如果你需要30个受调查者,并且估计回收率为25%,那么你就必须招聘或函告120个测试对象;而如果最坏的回收率是12.5%,那么你就很可能应该找到240个。尽管这很简单,这些数学计算还是震惊了很多人,因为240人,那是多大的工作量! 而如果你把目标减少到20个受调查者(最差的状况,需要160人),那么你可能需要冒得不到足够数据的风险。事实上,所有低于100%的回收率都可能引起对数据代表性的提问:也许仅仅就是靠退休金度日的人交回的调查问卷吧? 因为他们有的是时间。此外,作为一条规则,如果你没有回收足够的填写好的调查问卷,那么就别指望能有时间去招聘额外的受调查者。

在有数百个用户参加的现场测试中,你可能抽验用户对象总体而不是给每个人一个调查问卷,但是比如在匿名下载 APP 系统的情况下,如果你有任何手段能在第一时间联系他们,你就不会这么做。还要记住,你可能回收到填写了一半的调查问卷,特别是调查问卷比较长的情况下。

8.2.5　数据

填写好的调查问卷就是数据。如果这些都在纸上,那么其内容就应该进入数据库或电子表格。如果调查问卷可供网上使用,那么测试对象的回答就应该自动保存在数据库里,便于以后的电子表格输入。有能够帮助把回答归纳到里克特量表的问题和其他问题的工具。数据也可能被输出到统计程序包中用于运行各种统计。

分析你需要做什么,取决于你对数据的使用。结果应该很好地进行展示,例如在附带简要解释的示意图和组成图中。此外,重要的是你要尽力得出基于数据的更广泛的结论,总是要仔细想一想数据能够和不能支持哪些主张。另见第15、16章中的数据处理和分析。

8.2.6 优点和缺点

调查问卷是一个收集事实和主观可用性信息的、成本相当低的方式,信息可以来自大量的受调查者,特别是如果可供网上使用的话,人们自己就能够把数据输入到数据库里。其他优点还包括:①大多数人都熟悉一般的调查问卷风格,并已经时常接触过各种调查问卷;②通过使用调查问卷,可以确保所有参与的人回应的是完全相同的问题、句法和一切;③调查问卷能够随时随地填写;④有对填写好的调查问卷进行解释并给予支持的工具。

如果有很多问题或者很多甚至可能是地域上分散的参与者,那么调查问卷就往往比访谈更具有成本效益。还有,调查问卷可以包括图片和视频,这一点通过电话的访谈做不到(如果与网站相协调则除外,而那是一个挑战)。

然而,如果你能不确保受调查者在离开实验室前填写好调查问卷——或者如果你没有首先运行一次实验室会话——那么,即使你相当努力地加以避免,回答率仍然可能很低。还需注意,如果调查问卷是在实验室外面交回,那么原则上你并不知道是谁填写的,即使它们带有受调查者的名字。

与面对面的访谈不同,填写好的调查问卷不会伴随语调、手势和面部表情发生,并且没有机会寻求或澄清额外的信息,除非受调查者被事后访谈。不能理解的输入将原封不动地保留。

如果很多受调查者无法读懂问卷,例如由于诵读难度、粗通文墨、文盲或年龄等因素,就不要使用调查问卷。还要记住,对于很多群体的人来说,在计算机上填写复杂的调查问卷是很难的。

另外还要明白,有利的回答有时可能过于有利了,例如因为测试对象非常喜欢系统的设想,以至于使他们对已经进行交互的实际系统模型的感知存有偏见。

8.3 用户调查

用户调查(巴特里(Battey)2007,《创建性的研究系统》2007,《专业问题调查研究》2006,罗布森(Robson)2002,可用性网 2006,瓦洛尼克(Walonick)2004))是一个基于访谈或调查问卷的方法,用于询问潜在的用户对新系统和系统设想的需要、态度、意向和意见,以及用于询问实际的用户对某个系统的满意度或问题。

(1)方法使用的时机及范围。在分析阶段之前或者早期,调查通常用于潜在的用户,之后则用于实际的用户。因此,如果很多用户已经使用系统有一段时间了,你就能够进行用户调查,以查明他们的满意程度,以及可能存在的问题。如果想联系相对多的用户,通过调查问卷进行的用户调查可能就是唯一可行的选项。用户调查不仅能够在商业开发中,而且还能够在研究开发中发挥作用。例如,我们已经使用它们测定丹麦私营企业和公共组织对语音对话系统的兴趣,参照图 8.4 中的实例。

(2)多模态的意义。早期的用户调查通常假设潜在的用户对提出的系统或系统类型相当熟悉。对于高级的多模态系统来说情况经常并非如此,那么在生存周期早期的用户调查方法的应用就偏向了图形用户界面环境方面的使用(6.2.2 小节)。即使是对系统不熟悉,按照附加在调查上的材料对它相当直接地加以解释,以便受调查者在回答问题时知道他们正在谈论什么,有时候也是可能的。这通过电话是很难进行得,并且还要冒事先训练的重大风险,因为提供的材料可能是用户了解系统的唯一信息来源。不过,那就是我们在图 8.4 中的实例中进行的工作:我们把一个语音对话系统的小宣传册附加到展示的调查问卷上。这也可能为我们的"数独"案例工作,而用这种被描述的方式解释"寻宝"和"算术"很可能是武断的(2.1 节)。对实际用户的后期调查没有偏向图形用户界面环境方面的使用,而能够用于我们所有的案例。

(3)方法的工作思路。一组对可能的或实际的可用性开发活动有重要性的问题已经建立起来,并向潜在的或实际的系统用户提出。这些问题可以由信件、电子邮件或互联网传送,或者通过电话、实际会面或其他方式提出。一般来说,基于访谈的调查可能比基于调查问卷的调查产生更好的反应率,但需要付出更多的劳动力:即使发放的调查问卷数量增加一倍也比电话访谈容易得多。

关于丹麦版语音对话系统的调查
1. 组织名称:_____ 填写人:_____
2. 行业
□农村　　　　□零售　　　　□信息技术　　　　□金融部门
□协会(如针对残疾人的)□出版商/报纸　　□保险业
□煤气、水、供暖、电力　□医院　　　　　□市镇
□制造业　　　　□行政机关　　　□运输/旅游(如出租车、轮渡、公交)
其他:_____

3. 关于组织的附加信息
    a. 雇员人数：_____   b. 估计每天收到电话的数量：
    □0~50   □50~100   □100~250   □超过250   □不知道
    c. 与电话相关的是什么？
    □交换机和接收   □客户对货物、材料、计划、机票等的订购
    □对来自客户和(或)供应商的信息/数据的接收   □针对划界领域内客户的信息
    □其他：_____   □没有任务
    d. 目前在你的组织里，客户电话如何处理？
    □总是通过个人援助   □尽可能通过按键式(声音反应)系统
    □以某个其他方式，请描述：_____   □不知道
4. 如果你的组织目前使用按键式系统，那么只回答这个问题。
    a. 你们在使用该系统的目的：_____
    b. 你对该系统是否满意：
    □是   □否   □不知道
    如果否，请对不满意进行描述：_____ _____
    c. 关于客户对你系统的意见，你是否调查过或收到过输入信息：
    □是   □否   □不知道
    如果是，他们的意见是：_____
    d. 目前的系统能够处理未来你想应对的任务，这是否是你的感知：
    □是   □否   □不知道
5. 以下问题提出语音对话系统是否将是有用的，并且是否在你的组织有一个自然的位置。
    a. 你认为在你的组织里，语音对话系统能够优化哪些任务？
    □交换机和接收   □客户对货物、材料、计划、机票等的订购
    □对来自客户和(或)供应商的信息/数据的接收   □针对划界领域内客户的信息
    □其他：_____   □没有任务
    b. 今天在你的组织里，有多少资源(人)用于处理你认为语音对话系统可能部分或全部取代的那些任务？对于在问题 5a 中勾选的每个分类，请注明每天的小时和分钟的估计数字。

针对语音对话系统的可能任务	小时和分钟的估计数字/天
交换机和接收	
客户对货物、材料、计划、机票等的订购	
对来自客户和/或供应商的信息/数据的接收	
针对划界领域内客户的信息	
其他	

    c. 用几个字描述一下语音对话系统应该具有哪些有利于你的组织的特征(比如开放 24h/天，处理像例行程序一样的任务，降低成本)：_____
6. 对于优化处理组织里的来电的决定，下面每个论点将有哪些重要性？(每个论点打钩)

	很重要	有些重要	不太重要	不重要	不知道/不相关
你能够提供比今天更好的服务(24 小时服务，更具用户友好性，减少等待时间，等等)					
你能够改进组织的图像					
你能够把标准电话处理得更快更好，比如订购表格、机票等					

	很重要	有些重要	不太重要	不重要	不知道/不相关
你能够更好地利用人的资源					
你能够使人员从枯燥重复的工作中解脱出来,并且给他们更激动人心的任务					
你能确保当前的和系统的、用于战略规划的数据收集(营销、决策支持等)					
其他:					

7. 依你的意见看,是否会有一个你行业内针对丹麦语语音对话系统的市场?
　□是　　　　　　　　□否　　　　　　　□不知道
8. 你是否想要获得丹麦语语音对话系统开发的附加信息?
　□是　　　　　　　　□否
9. 你是否有兴趣参与丹麦语语音对话系统开发,并成为客户?
　□是　　　　　　　　□否
公共组织的注意事项:注意,关于公营和私营组织之间得联合项目,我们可能从 Erhvervsfremmestyrelsen 那里申请财政支持。

图 8.4　用于调查市场兴趣的调查问卷(原文译自丹麦语)

（4）应用该方法需要的资源。潜在的或实际的目标用户,可能是匿名的、或不得不被验明身份的、或隐藏在有代表性的用户群(3.3.1 小节)中,因此有必要识别出来。访谈和调查问卷两者都能够被运行于匿名的测试对象,当要求用户在网上对系统匿名填写调查问卷的时候,或者去博物馆对游客访谈关于计划建立的博物馆应用的时候。访谈需要访谈者、访谈脚本,有时还需要录制设备(8.1.5 小节)。基于问卷的调查需要设计调查问卷,目前电子调查问卷比纸质版本(8.2.5 小节)更容易处理。

（5）系统/AMITUDE 模型。如果该方法用于在项目开始前收集信息,就不需要模型。如果调查结果是消极的,可能永远也不需要! 如果调查用于收集反馈,那就必须有一个受调查者原本有机会使用的已执行的模型。

（6）计划。基于 6.4 节描述的详细信息编写可用性方法计划。从收集可用性数据(6.4.2 小节)的目的开始,某些标准实例如下:

- 针对你计划开发系统的潜在市场;
- 收集与你当前的系统版本相关的修改愿望。

然后使该目的(6.4.3 小节)具有可操作性。这是可用性方法应用中一个至关重要的步骤,也就是说调查针对语音对话系统的潜在市场(图 8.4),为了实现这个目的,确切来说你需要向人们提问什么呢? 可能是关于他们对相关按键式技术的体验、他们对技术创新的态度,以及很多其他的东西。接下来是需要用 8.1 节或 8.2 节的建议将信息转化成为一系列有序的、以语言表达的问题的艰苦过程,并且注意避免事先训练(6.4.4小节)。你必须决定是否使用调查访谈或调查问卷，所以有必要查阅一下8.1.6小节、8.2.6小节中它们各自的优点和缺点。

接下来到了该考虑联系或招聘用户的时候了。除非你计划函告匿名的用户，否则很可能需要函告有代表性的某类用户群。这可能是一个有代表性的目标用户群(3.3.1小节)或某个更一般的群，就像一些有代表性的组织可能会有兴趣使用针对某种APP的技术。有这样的公司，专门提供对市场调查和构建数据库的帮助，这些数据库可以支持关于潜在用户组织的信息搜索。

基于这种特殊情况下的可利用资源、需要的精确性(置信区间)和任何其他相关因素，决定你需要多少用户(8.1节和8.2节)。小规模、有代表性的样本将反映提取出来的目标群情况，较大的样本会更精确地反映目标群特性。注意，把用户数量翻倍并不能使精确性翻倍。例如，要使从250个用户的样本中获得的精确性翻倍，很可能需要1000个做出反馈的用户。对于如何计算样本大小，请参考《创建性的研究系统》(2007)。

如果你发送未经请求的调查，那么函告指定的个体比发送调查给像"秘书"或"产品经理"这样的工作头衔要好得多。另见8.1节、8.2节中的如何设计并测试访谈和调查问卷。

（7）运行。见8.1.4小节、8.2.4小节中的如何进行访谈以及得到填写好的调查问卷。

（8）数据。见8.1.5小节、8.2.5小节中的来自访谈和调查问卷的数据，以及第15、16章中的数据处理和分析。数据分析经常会涉及统计学。早期调查的目的可能是要做出决定——基于个人问题的回答——是否要开发一个特殊系统，或者要开发什么样的系统。例如对于每个问题，后期调查可能会考虑有多少用户抱怨，以及他们发现的特殊问题有多严重。这可能会作为基础服务于决定对系统做出哪些变化。

（9）优点和缺点。用户调查的主要优点是，不用经过请求或事先联系而且不用他们到你那去，就有机会成功地联系很多用户。基于访谈的调查通常能创建更好的、更快的回答率，但费用成本更高，因为有人会拒绝参与、拒绝进行访谈和拒绝记下回答因而消耗费用。费用成本最高的是你要会见用户这样的一种访谈。每次访谈你经常要花费比通过电话更多的时间，并且可能增加旅行时间，尤其是你要去某些不同的地方。

主要缺点是存在低回收率的风险，特别是对于未经请求的调查问卷来说，这可能严重影响数据的可靠性。甚至中等的回收率都可能产生带有强烈偏离的数据。例如，不要在工作日给家里打电话收集关于家用多模态系统的信息，因为会有很多人在上班，你无法成功地联系上。就像专业民意调查人员所做的那样，在下午晚些时候或者晚上早些时候打电话，以避免得到小孩子、失业者和退休者的过度表述,他们总体上不是具有代表性的目标群。还要注意,受教育程度低或阅读能力差的人对书面调查往往有较低的反应率。

(10) 实例:市场兴趣调查问卷。图8.4中的调查问卷来自2000年丹麦市场的一项调查,此次活动旨在调查对电话对话系统的兴趣。从数据库中提取了13个行业(问题2)中的大约200个组织,并且通过邮件联系。例如对于行业差异、遍及全国的地理分布、公司规模这些因素,这个样本是有代表性的。这些组织收到了调查问卷、附函、解释语音对话系统的折叠式说明书,回收率为13.5%。因为没有时间,此次调查没有通过电话追踪调查。

8.4　客户访谈和问卷调查

尽管标题如此,但本节的重点完全在于通过访谈收集关于系统的目标、需要、环境、时间限制等的可用性信息。这就是我们所说的客户访谈(克罗(Crow) 2001,拜厄斯(Bias)等2007)。原因很务实,即通过访谈或调查问卷向客户提问题的形式被其他方法涵盖了。要想查明你的客户对他们正在使用的系统作何考虑,或者潜在的客户需要什么、想什么或做什么,那就应用用户调查(8.3节)吧。而如果你想去一个客户那里查看、讨论和学习,那就应用10.1节中宏观行为域方法吧。

(1) 方法使用的时机及范围。客户访谈是在系统生存周期早期与一个或少数几个真正的客户进行的,以收集供AMITUDE(3.1节)的规范和设计使用的信息为目的访谈。如果你开发现货供应的软件,并且没有作为客户的强大经销商,那你就更应该考虑使用宏观行为域方法(10.1节)或中心小组会。因此,客户访谈是典型的企业对企业的活动。如果你着眼于特殊的客户(群)(9.1节),并且能够找到愿意担当这样角色的潜在客户,那么它们同样可以用于研究项目。

(2) 多模态意义。客户访谈必然需要客户参与。既然很多高级的多模态项目还没有客户(包括我们的情况(2.1节)),那么客户访谈就严重偏向了基于图形用户界面的系统。参照6.2.2小节中的因素3"技术突破",以及因素4"系统类型与现实开发有多近"。如果你正在致力于一个甚至没有人可能成为真正客户的系统研究,那就想一想用户调查是否可能有助于收集关于潜在客户的信息(8.3节)。

(3) 方法的工作思路。客户访谈通常以客户为前提来执行。例如,因为关于使用环境存在某些不确定性,或者什么是真正需要的和优先考虑的事情还是未知,所以典型的目标是获取关于特殊AMITUDE(3.1节)或其他系统模型方面的信息。问题不仅必须切题,而且在一定程度上必须可自由回答。这样,一方面收回的信息不会模糊得无法用于制定基于可靠信息做出的规范和设计决策,而另一方面你不用毫无必要地限制收集到的信息。

（4）应用该方法需要的资源。一个或更多的客户、访谈者、访谈脚本、可能的话再加上录制设备（8.1.5小节）。

（5）系统/AMITUDE模型。如果已经存在系统模型，那么通常会以提纲形式存在。该方法的目的是收集将有助于指定模型的信息。

（6）计划。基于6.4节中描述的详细信息，编写可用性方法计划。从收集可用性数据（6.4.2小节）的目的开始，例如通过将其分解为一系列标题，然后在每个标题下增加更详细的问题以使该目的（6.4.3小节）具有可操作性。当然，我们不知道你的细节，但既然我们描述的客户访谈应用于可用性的分析和设计，那么你就可以使用AMITUDE（3.1节）和1.4.6小节中的可用性分解作为系统思考的框架。然后使用8.1节中的建议，把你的信息需要转到一系列有序的以语言来表达的问题上。

通常，客户组织是已知的，但确认要参加交谈的人可能是必要的。提前安排好与受访者进行访谈的日程，每次访谈计划1~2h。交谈对象的选择很可能取决于你想要知道什么，但在大公司里，确认适合的人，也就是那些实际上掌握你正在寻找的信息的人，可能是一个挑战。他们可能是经理、营销人员、支持人员或其他人。

（7）运行。见8.1.4小节中的进行访谈。

（8）数据。见8.1.5小节中的访谈数据，以及第15、16章中的数据处理和分析。数据分析通常关注从收集到的数据中提取尽可能多的AMITUDE信息。

（9）优点和缺点。客户访谈是项目早期全面了解客户需要、偏爱和需求的极佳的低成本方式。这有助于促进对系统的普遍理解并避免误解（另见8.1.6小节中一般的优点和缺点）。数据的可靠性可能会受到各种因素的影响，例如客户并不总是知道他们想要什么，或者在下次会面中他们想要不同的东西。

（10）实例：客户访谈脚本。图8.5显示了客户访谈脚本的重建摘录。大约8年前，在与少数几个客户访谈中，我们提到了类似的问题，目的是确认有兴趣参与语音对话系统开发和部署的组织。我们访问的客户表达了他们有兴趣对图8.4中的调查问卷做出反应。当时我们并没有带一个充分详细和直截了当的书面访谈脚本，而是在会面过程中采取了更加自组织的途径。因此我们错失了编写和使用访谈脚本的某些明显好处，也就是①我们没有要提出问题的清单，并且可能已经错过了提出重要问题的时机；②我们没有办法确保向访问的组织提出同样的问题；非常重要的是，③访问这些组织之前，我们没有以这种方式——不得不创建完整的、直截了当的访谈脚本迫使你思考——强迫自己思考而得出结论：哪些信息对我们的收集工作是至关重要的。除了提问题，我们解释了语音对话系统和它们能做什么、不能做什么，并且给出了音频文件实例。会面目的是要确定组织是否拥有政策、期待、任务、用户等，这些会使他们对获得这样一个系统感兴趣,并使我们提供令人满意的语音对话系统变得现实起来。对于一个我们为其开发常见系统(3.4.3 小节)的组织来说,情况最终如此。

对客户关于语音对话系统的访谈问题

......
- 您以前谈到过对语音对话系统感兴趣,请描述一下您认为语音对话系统在您的组织中可用于什么。
- 哪些常规任务要通过电话处理?
- 与这些常规任务有关的电话占电话总量的多大百分比?
- 这些电话有多少是由语音应答系统处理的,有多少是由人工处理的?
- 您会考虑哪些任务由语音对话系统处理,为什么?
- 请详细解释与这一/这些任务相关的工作流程。
- 用户是谁?
- 您期待您的组织可能在哪些方面会受益于语音对话系统处理这个任务/这些任务之一或更多?
- 这些利益对您的组织有多重要?
- 在介绍语音对话系统时您主要关心什么?
- 这些关心对您的组织有多重要?
- 对于我们已经讨论过的任务,您是否已经测算过用户满意度? 如果是,结果是什么?
- 您对语音对话系统有哪些体验?
- 对于用户对语音对话系统的满意度,您有哪些最低需求?
......

图 8.5　客户访谈脚本的重建摘录

8.5　专家访谈和问卷调查

我们描述的某些方法涉及或可能涉及外部专家,例如当我们在研究域专家(10.1 节和 10.2 节)、在实验室(10.5 节)里记录他们或在应用方针方面(11.4 节)得到他们帮助的时候。专家访谈和调查问卷的目的是利用项目团队缺失的 AMITUDE 专业知识。我们对专家的概念是非对应的:成为专家很难,而一旦你是专家,你就能够提供其他专家经常会同意的解决办法。如果你只是在寻找一个做过类似于你正忙之事的讨论同伴,那么在这个意义上你不是在找专家。

(1) 方法使用的时机及范围。该方法主要用于系统生存周期的较早阶段。当分析和指定需求和设计的时候,甚至更早要调查可行性的时候,或例如后期在多模态融合实现、测试数据分析或系统最终评价的过程中,也是完全有可能涉及专家的。

只要确实存在相关的专业知识并可供项目使用,专家访谈或问卷调查就能够用于收集关于任何类型系统的 AMITUDE(3.1 节)任何方面的深度可用性信息。对于哪些专业知识经常可供使用，其中一个方面是任务和域。因此举例来说，如果你想要建立能够与人融合的角色，其范围无论是关于全球变暖的知识和推理，还是关于探戈舞步方面的技巧，只要能够观察和改正用户的误解或失策，那么请教专家关于角色应该有的能力可能是个好主意。

（2）多模态意义。基于图形用户界面的和多模态的可用性开发两者都能够受益于使用专家访谈和问卷调查。不过，根据6.2.2小节的分析，可以指出它们之间的两个区别。首先，如果要进入高级的多模态系统开发，你就会发现专业知识并不存在或者是惊人地匮乏（参照因素6"普遍缺乏知识"）。可能在某个地方有关于通过盲人进行的多模态虚拟世界导航的专业知识，参照"寻宝"案例（2.1节），但接下来再一次可能没有，或已有的、匮乏的专业知识可能对我们无用。当然，专业知识可能是丰富的，就像对于图8.6中的"算术"案例实例。其次，多模态系统经常需要关于微观行为的专业知识，这与图形用户界面大不相干。

对小学算术教师关于乘法教学的问题

1. 当儿童开始学习乘法时他们多大岁数：平均来说？

2. 在哪个年级：平均来说？年级范围？

3. 在继续学习早期乘法之前，他们被教给哪些其他种类的基本运算：加法？减法？其他？请解释。

4. 您是单独还是连同其他基本运算教授早期乘法？请描述。如果连同其他，请解释为什么。

5. 在早期乘法上，也就是直到理解和掌握10×10的双因数乘法上，您花费多少课时？日历时间多少？什么决定您继续教授？

6. 多少百分比的课堂时间花在①教学使用书面材料，您的解释和实例，以及课上的问题；多少百分比的课堂时间花在②训练使用乘法数字方面的口语和书面练习？

7. 估计一下在指出的日历时间内掌握早期乘法儿童的百分比。

8. 如果一个儿童学会了简单乘法，您如何得知？

9. 您使用哪些书面材料？请附上复印件。

10. 您如何解释简单乘法：照材料上所说？使用您自己的隐喻和其他手段？如果是后者，请描述。

11. 学生们是否有家庭作业：哪些？

12. 学生们是否使用计算机？如果是，为了什么？

13. 学生们是否分组学习？如果是，他们做什么？

14. 某些乘法表是否比其他的引起更多的问题？如果是，哪些？为什么，您的想法？

15. 举出1~3个您考虑在儿童乘法学习中至关重要的问题。

16. 对于在学习简单乘法中在规定时间内没有获得成功的儿童，您是否能按照某些描述进行分组，可能分成不同的组？请描述每个组。

17. 您是否使用口语或书面测试？如果是，请描述：它们的目的；测试；您如何评价结果。

18. 解释您去早期乘法并继续前进的标准：它是否简单得过时了？是否有展现儿童是否已经达到一定平均等级的测试？如果是，请描述该测试并解释您如何评价结果。其他？请解释。

图8.6　关于小学算术教学正在起草中的问题（原文译自丹麦语）

（3）方法的工作思路。如果你需要深度挖掘专家的头脑，但没有备好一组经过提前分类的、准完备的精确问题——要么是因为你缺乏创建这么一组问题的专业知识,要么是你需要对几个问题进行更多的讨论——那你就应该运行一个相当非结构化的访谈,要考虑到迅速产生的后续问题,这可能是典型的情况。然而,如果你想收集来自几个专家的可比信息,那反过来你就可能想要使用问卷调查。

注意,提问一位外部专家经常是半正式、一次性的事情,按照礼节一般要有充分的准备,保证精确性和效率。这意味着生存周期计时是很重要的:在你准备好之前不要提问专家!提问专家2个月后才发现那些真正应该被提出的问题会让人懊恼不已。电话或由基于网络的信息支持的视频电话会议可能是面对面会议可行的替代品。

(4)应用该方法需要的资源。一位或更多专家。对于访谈,需要访谈者、访谈脚本,可能的话再加上录制设备(8.1.5小节)。另外,还可以选择的是调查问卷。

(5)系统/AMITUDE 模型。系统模型可能以提纲形式或更加详细的形式存在。使用该方法的典型目的是收集有助于决策的信息和给 AMITUDE 使用模型增加相关的细节。

(6)计划。如果缺乏专业知识,首先就要确保已经确认了一个或几个专家以及明确谁愿意帮助。客户经常有在其组织里的相关专业知识,但如果没有经过确认的客户,你就必须四处寻找专业知识。如果你没有找到,就要选择一个不同的方法。如果专家从事相关业务,那就确保在展示敏感的东西之前留意任何机密性问题。

如果你找到专家,那就基于6.4节描述的计划详细信息,编写可用性方法计划。从收集可用性数据(6.4.2小节)的目的开始。某些要引出的信息实例如下所示:

- 可能有助于生成想定和用例(11.1节)或验证设计中的域和任务细节的任务或域知识;
- 某些模态组合的利弊,例如用于"算术"案例(2.1节)的口语交谈输入/输出和键入文本输入/输出的可能组合。

然后,为了使该目的具有可操作性(6.4.3小节),注意不要在局限方式限定在问题本身,反而排除重要信息的引出。然后使用8.1节或8.2节的建议,把信息请求转换为问题。你必须决定是否使用访谈或问卷调查(8.1.6小节和8.2.6小节)。

(7)运行。见8.1.4小节、8.2.4小节中如何进行访谈和得到填写好的问卷调查。记住,专家可能根本不愿意和你分享自己的专业知识,并且可能要花些时间才能理解到相同的知识层面。我们曾经通过电话询问一位语言学家如何用意大利语向人问候。他回答说,这取决于很多的因素,以至于随后的访谈偏离了方向。后来,通过诠释了我们想做的事情进而说服了他,虽然在这样的情况下是必要的,但是也花了很长时间。很有可能的是,如果我们反过来发送专家调查问卷,他或许真就不会当回事。

（8）数据。见 8.1.5 小节、8.2.5 小节中的来自访谈和调查问卷的数据,以及第 15、16 章中的数据处理和分析。专家数据分析通常包括信息构造,其次是:①考虑可行性,也就是系统如何能做到这一点? ②与预期比较,有时会产生重大的惊奇;③对将什么合并到以及如何合并到 AMITUDE 模型和系统使用模型中进行更广泛地规划。如果你对几位专家问同样的问题,你有时可能会惊讶于他们分歧的程度,让你在比以前感到更加困惑。

（9）优点和缺点。问专家一系列系统化的问题,主要的优点就是,一旦你发现可利用的专业知识,①你只有物质（问题）可担心,在这个意义上做起来就很简单了;②你是从可靠信息源那里得到的,并且最重要的是,③你能够得到旨在完全解决你的问题而不是别人问题的可用性信息。出于项目的重要性,甚至可能免费或付出很少的报酬就可得到专业知识,即使费用成本很高,如果真需要,可能也值得花费。主要的缺点也许就是有时专家不同意。另见 8.1.6 小节、8.2.6 小节中访谈和调查问卷的一般的优点和缺点。

（10）实例:算术专家调查问卷。表 8.6 显示了一个摘录的压缩形式,摘录来自在小学教算术的富有经验的丹麦学校教师的问卷调查,参照"算术"案例。

8.6　筛选访谈和问卷调查

筛选（鲁宾（Rubin）1994）用于确保测试对象拥有用于参加旨在收集可用性信息的会话的正确配置文件（3.3.1 小节）。因此,筛选并不是一个用于收集可用性信息的方法,而是一个在我们描述的很多方法应用之前经常使用的工具。

（1）方法使用的时机及范围。如果数据收集会话的参与者必须拥有特定的配置文件,或参与者分组必须拥有特定的构成法,那么就必须使用筛选,除非这一点能够以其他的、更简单的方法得到确保。例如,如果我们需要一个有代表性的用户群（3.3.1 小节）,除非已经以某种其他方式建立了需要的群构成法,否则筛选就是必要的。我们可以通过间接筛选得到测试对象,例如通过在一个特殊的年级里招聘学龄儿童,并向学校教师和家长确保所有的儿童都适合参与并允许这样做,或者我们只是与碰巧出现在博物馆的人一起工作。

（2）多模态意义。筛选的需要似乎很大程度上与要被开发的系统是否是多模态的或基于图形用户界面的并不相关。多模态交互和与人融合可能比基于图形用户界面的交互需要更多样化的用户配置文件,但这确实是一个很小的多模态偏离,因为筛选是非常常用的。至于我们的案例 2.1 节,"数独"需要筛选,"寻宝"也需要间接的筛选,"算术"系统也是。

（3）方法的工作思路。基于测试对象选择标准——用户配置文件,有代表性的用户群规范,其他——确认潜在的测试对象,联系他们,并使用标准来选择你所需要的对象。选择可以通过访谈或调查问卷进行,也可以使用邮件、电话、面对面等 8.1 节和 8.2 节任何适当的方式进行。

（4）应用该方法需要的资源。目标用户,有代表性的用户群或其他适合数据产生者配置文件的人。对于访谈,需要访谈者、访谈脚本。对于问卷调查,需要调查问卷。

（5）系统/AMITUDE 模型。直接来说,新兴的系统模型不是筛选的部分,但存在于针对应用的测试对象选择的标准背后。

（6）计划。即使对于筛选,基于 6.4 节描述的计划详细信息编写可用性方法计划也是可取的。例如,从确认潜在的测试对象着手,这可能要花时间,并且很繁琐,因为他们是人群中的少部分人,而且他们很难说服,或者你需要他们中的很多人,参照 13.2 节中的测试对象招聘。筛选用于与实验室测试方法（12.1节、12.2 节、12.3 节、12.5 节）、实时观察（10.4 节）和测试前与测试后提问（8.7节、8.8 节）结合。招聘测试对象的方法在集群形式的方法中共享,而其他大多数准备必须针对每个方法单独进行。

建立测试对象选择标准。如果这些标准不能从现有的 AMITUDE 使用模型中输入,那它们就必须加以开发。之后,你需要给潜在的测试对象设计一组问题,给能够明确展现一个人是否满足选择标准的问题开发答案。这虽然不是火箭研发科学,但它也不是微不足道的,因为你不能就这样问,例如"你的身体状态是否好到足够测试我的系统?"相反,你会经常必须建立关于一个人的某些事实,从而以这些事实上推断出来测试对象是否满足某些标准。在实例中,访谈能够当场确定一个人的法语水平,但调查问卷不能。这个实例有点不寻常,因为问的筛选问题通常都是相同的,无论是通过访谈还是通过调查问卷传达。

为避免出现遗漏我们需要信息的、表达模糊的自由式回答,通常问题都是具体的和切题的（8.2.2 小节和 8.2.3 小节）。不论使用访谈还是问卷调查,问题都应该是简短的。对于不适合的测试对象,不需要浪费更多的时间,无论是你的还是他们的。

你不必记录筛选访谈的会话。潜在测试对象的回答应该让你不会怀疑他们适合作为测试对象或不适合。

选择访谈还是使用问卷调查取决于很多因素,因此很难提供一般性的建议。一旦你知道给谁打电话,那么简短的电话访谈就是好的方法,因为它们有很高的回收率,并且你和测试对象建立了个人联系。基于网络的调查问卷是有用的,尤其是对于对你在印刷品上或其他地方登出的广告做出回应的大型测试对象人群。

（7）**运行**。见8.1.4小节、8.2.4小节中的进行访谈和得到填写好的调查问卷。

（8）数据。见8.1.5小节、8.2.5小节中的来自访谈和调查问卷的数据。你不应该把太多时间花在数据分析上。采用适当的问题设计，从回答中决定一个潜在的测试对象是否适合应该是很快的。如果有疑问，就不考虑那个人，除非测试对象是少有的。例如，如果你正在组成一群有代表性的用户，那么很有可能的情况就是，某些所需的第一批潜在用户的配置文件缺少函告，而结果其他所需的配置文件却是绰绰有余的。然后你将不得不联系更多的潜在测试对象。

（9）优点和缺点。在某种程度上，数据产生者身份具有可以反映可用性数据质量的重要作用。因此，筛选是确保质量数据的关键工具。测试错误的对象，就像尽力到达某个目的地时使用了错误的地图一样，见8.1.6小节和8.2.6小节中访谈和调查问卷的一般的优点和缺点。

（10）实例："数独"测试筛选。图8.7所示为测试"数独"案例系统（7.2.1小节）寻找测试对象时使用的筛选访谈脚本。"数独"由各种各样的用户来玩，包括（不太小的）儿童、成人和老年人，男人和女人，新手、偶尔的玩家、技能高超的玩家以及不同背景的人们。把我们的用户配置文件限制到成人和青少年（3.3.7小节）后，我们想要一组测试对象表述刚才提到的用户差异，测试对象要符合资格，即资源只能考虑到一个10~15人的较小用户群。

我们的目的是为了保证合理的性别和年龄平衡，也就是至少有40%的男人和至少40%的女人，分别有大约三分之一的测试对象要在30岁以下、30至50岁以及50岁以上。此外，我们计划在下面三个技能层级上都有4个测试对象，每个层级保持近似的性别平衡：

① 在"数独"方面没有多少或根本没有体验，但有兴趣（再次）尝试；

② 在"数独"方面有些体验，成功完成过易—中—难的游戏；

③ 能够完成困难级的"数独"游戏。

为了确保测试对象具有不同的背景，我们规定了有相同职业的测试对象一定不能超过两个。

潜在的测试对象可以通过电话或面对面联系，并且以图8.7中的访谈问题为基础在招聘之前筛选。

用户筛选访谈脚本
下面的问题将提问潜在的测试对象，以确定我们是否需要他们的参与和在哪个测试用户分类。
名字　您叫什么名字？
年龄　您多大了？
性别　您的性别？
教育　您的教育程度是什么？

职业 您做什么工作?

英语知识 您的英语知识=无,很低,一般,好,很好?

　游戏体验 您以前是否玩过"数独"?

如果是:

您玩过多长时间?

您玩到多高程度?

您是否经常玩? 如果是:

您多久玩一次?

您是否已经试过在互联网上玩"数独"游戏?

游戏强度:描述您玩和正常解答的游戏的难度。

如果否:

什么让您有兴趣参与测试我们的"数独"游戏?

　类似系统的体验

您以前是否已经试过理解口语输入的系统?

如果是:您以前是否已经试过理解口语和指向输入的系统?

注意:没有多少或没有"数独"体验的用户,如果有可能,其特点是只玩过一点点;不常玩;不善于解答"数独"游戏,除了相当容易的。

图 8.7 给潜在的"数独"系统测试对象的筛选问题

8.7 测试前访谈和问卷调查

测试前访谈或问卷调查(杜马斯(Dumas)和雷迪希(Redish)1999,鲁宾(Rubin)1994)用于在测试对象测试系统模型以前收集可用性信息(参见第 12 章)。通常,其目的是为了收集测试对象关于系统的期望数据,并为了与对相同的测试对象收集到的测试后数据(8.8 节)相比较。

(1)方法使用的时机及范围。测试前访谈和问卷调查主要在实验室用户测试之前使用,例如该测试应用了"绿野仙踪"(12.2 节)或实际应用原型(12.3节)方法。一般情况下,测试前访谈和问卷调查不用于现场测试(12.4 节),一定程度上是因为这将以某种方式与现场测试的设想和用户决定是否及何时使用系统的自由发生冲突,另一部分原因是因为你需要预先接触用户而很多现场测试是不提供的。

在测试前提问中寻求的预期可用性信息,通常是关于测试对象对系统(类型)的看法和态度、他们对交互性质和质量的期待或他们计划中的交互策略。这种方法需假设测试对象能够合理地形成合乎条件的和具体的预期,要么是因为他们熟悉系统类型,要么是因为能对系统以及访谈或调查问卷做足够好的解释。

(2)多模态意义。如果系统对于测试对象是不寻常的、难以解释的或不熟悉的,那么测试前访谈和问卷调查很可能不会产生多少重要数据。这就让人想到,该方法偏向了基于图形用户界面的系统,见6.2.2小节中的因素2用户对系统类型的熟悉度。另一方面,如果系统能够被成功地解释给测试对象,那么为了找到预期和测试过程中发现的现实之间的重要差异,获得关于系统预期的数据就可能是有趣的。关于系统(类型)如何能够被期待普遍接受,这些预期可能讲述一些事情,这可能有助于确定最好地提供关于它的信息的方法。

至于案例(2.1节),我们可能使用了如图8.8所示的对"数独"系统的方法,而测试前调查问卷对"算术"系统的用户(岁数小的儿童)毫无意义。甚至测试前访谈的效果都似乎令人怀疑。对于"寻宝",由于系统的性质,该方法将不被推荐。

《数独》测试前访谈脚本

输入和输出。您应该回答下列问题,只需从下列内容中选择一个词语或数字:1=不适合的,2=有些不适合的,3=既不是不适合的也不是适合的,4=有些适合的,5=适合的。1(不适合的)是最差的,5(适合的)是最好的,而3(既不是不适合的也不是适合的)恰好处于中间。(注意:把这些度量标准在纸上打出来交给测试对象,或把这些度量标准写在测试对象清晰可见的黑板上)。问题是关于您对系统的输入和系统对您的输出。

1. 您是否想象过指向输入对于像"数独"这样的游戏有多适合?
2. 您是否想象过口语输入对于像"数独"这样的游戏有多适合?
3. 您是否想象过屏幕输出对于像"数独"这样的游戏有多适合?
4. 您是否想象过指向输入与口语输入和屏幕输出的组合对于像"数独"这样的游戏有多适合?
功能性。接下来的问题是关于您想象要如何玩游戏。
5. 通过指向,您将能够做什么?
6. 通过对系统说话,您将能够做什么?
7. 您期待屏幕上有哪些信息?
用户体验。接下来的问题是关于您想象玩游戏是什么样子。
8. 以描述的方式解答"数独"游戏会是什么样子?
9. 比较纸上或互联网上的"数独"游戏,您看到您要尝试的游戏有哪些优点和缺点?

图8.8 为"数独"案例构建的测试前访谈脚本

(3)方法的工作思路。测试前访谈是在测试对象与系统模型交互之前进行的。根据测试发生的地点和方式的不同,访谈可以通过电话或面对面完成。例如,取决于交互是单用户还是多用户,访谈可以与单个、两个、三个用户进行。多用户访谈一般比单用户访谈更难处理。测试前调查问卷可能在测试对象来实验室之前或一到那里就填写好了。

在测试前提问测试对象时,经常对相同的测试对象在测试后访谈或调查问卷中收集到的信息进行比较。为便于比较,部分或全部的测试前访谈或调查问卷的问题,在测试后访谈或调查问卷中经常重复(带有必要的更改),试比较图8.8和图8.9。

166

如果在筛选过程中(8.6节)没有收集到足够测试对象的背景信息,那么这些信息可能是作为测试前访谈或调查问卷的一部分被收集了。

　　(4)应用该方法需要的资源。是目标用户或构成有代表性用户群(3.3.1小节)的测试对象。对于访谈,需要访谈者、问题或话题清单,可能的话再加上录制设备(8.1.5小节)。对于问卷调查方式,需要调查问卷、足够的时间以及填写调查问卷的安静场所。

　　(5)系统/AMITUDE模型。测试前提问假设与系统模型的后续交互是计划好的。任何系统模型版本都可以,只要用户能够与之交互。通常情况下使用详细的版本。

　　(6)计划。基于6.4节描述的计划详细信息,编写可用性方法计划。从收集可用性数据(6.4.2小节)的目的开始。如果你计划使用测试前访谈或问卷调查,那么正常情况下你会想要使用测试后的类似东西以获得用于比较的数据。此外,通常你的主要目标是测试后提问,我们建议首先设计测试后提问(8.8节),然后计划好相应的测试前提问,参照8.8节,以保证测试前后访谈或调查问卷的设计达到一致。这要通过提升测试后问题的实质来完成,这些测试后问题能够在测试前有意地被提出、进入测试前的问题中并进行必要的调整。使用相同顺序的、相同种类的封闭式或开放式问题。通常,对于在与系统交互前就被提出来说,某些测试后问题就太详细了。

　　确认测试对象,以便能够联系他们,并与他们达成协议(13.2节)。注意,测试前提问可用于与其他方法的组合,也就是实验室测试方法(12.1节、12.2节、12.3节、12.5节)之一,可能的话再加上用户实时观察(10.4节)、筛选(8.6节)和测试后提问(8.8节)。测试对象招聘在集群形式的方法中共享,而其他大多数准备必须针对每个方法单独进行。

　　挑选出所有作为访谈者、做笔记者和录制设备负责者的人员角色。见第13章中的关于拥有实验室测试对象的一般建议。

　　(7)运行。在回答预期问题之前,我们建议必须告知测试对象关于系统足够多的信息,以便能够预期与系统的交互,这样他们就可以基于提供的信息开始详细分析交互。这种方法如何有效实施,其目的是为了使测试前提问对"数独"系统(2.1节)或3.4.2小节中分析的语音对话系统有意义,所有我们必须告诉测试对象的就是要通过指向屏幕,说出一个数字或某个其他命令才能玩"数独"。对于语音对话系统,所有我们需要说的就是,要通过与一台机器而不是与一个人谈话才能进行机票预订。

　　这么简单却可能有效的原因是,测试对象:①事先熟悉了任务;②明白使用描述的模型与系统交互的含义。这可能同样对"算术"案例(2.1节)有效,而我们没有看到它对"寻宝"(2.1节)有效,因为测试对象事先不熟悉"寻宝"任务,很可能也不熟悉用到的这种三维触觉交互——例如,它不像在黑暗中用你的双手感觉道路。另见8.1.4小节、8.2.4小节中的进行访谈或得到填写好的调查问卷。

（8）数据。见8.1.5小节、8.2.5小节中的来自访谈和调查问卷的数据,以及第15、16章中的数据处理和分析。例如,数据分析经常被用于比较测试前数据与测试后数据,目的是看看是否满足了用户的期待,是否改变了用户的态度和观点,或者能否展现任何其他对系统进一步开发有重要性的差异性或相似性的数据集合。此外,正常情况下这些数据集合形成了应在总体上分析的更大测试数据资源集合的一部分。

（9）优点和缺点。测试前访谈和问卷调查的使用频率远远少于测试后访谈和问卷调查（8.8节）。原因很可能是,在售的应用系统有机会获取用户的技术构想,而我们不总是需要了解这些。然而,这方面的知识对适应关于技术的交流可能是有用的,并且对测试后访谈和问卷调查数据的解释可能提供重要的提示。如果人们相信我们能够用技术做很多事情,他们可能会更容易失望于我们已经做过的事情;如果他们持怀疑态度,那么他们可能是积极地感到惊讶,而如果我们足够聪明能够引起他们的热情,那我们就能够从细节中学到东西了。另见8.1.6小节、8.2.6小节中访谈和调查问卷的一般的优点和缺点。

（10）实例:"数独"测试前访谈脚本。为评价图8.9中的《数独》系统,图8.8中的问题基于测试后访谈脚本构建起来。除了注意事项外,注释应该由访谈者大声朗读出来。注意,访谈之前,测试对象必须要有一份对被测试系统的描述。否则,问题将毫无意义。

"数独"测试后访谈脚本

输入和输出。 您应该回答下列问题,只需从下列内容中选择一个词语或数字:1＝不适合的,2＝有些不适合的,3＝既不是不适合的也不是适合的,4＝有些适合的,5＝适合的。1（不适合的）是最差的,5（适合的）是最好的,而3（既不是不适合的也不是适合的）恰好处于中间。（注意:把这些度量标准在纸上打出来交给测试对象,或把这些度量标准写在测试对象清晰可见的黑板上）。问题全部是关于您对系统的输入和系统对您的输出。

1. 您认为指向输入对于像您刚刚试过这样的游戏有多适合?
2. 您认为口语输入对于像您刚刚试过这样的游戏有多适合?
3. 您认为屏幕输出对于像您刚刚试过这样的游戏有多适合?
4. 您认为指向输入与口语输入和屏幕输出的组合对于像您刚刚试过这样的游戏有多适合?

质量。 接下来的问题全部是关于您认为要如何玩游戏并如何与它交流。

5. 当您指向某物时,系统理解您到哪种程度?
6. 使用指向输入在其他方面工作得怎么样?是否有问题?哪些问题?
7. 系统对您说的话理解到哪种程度?
8. 对系统说话在其他方面工作得怎么样?是否有问题?哪些问题?
9. 系统对语音输入和指向输入的组合理解到哪种程度?
10. 使用组合的语音输入和指向输入在其他方面工作得怎么样?

---

11. （与指向和语音相比较）您遗漏其他输入信息的方式到哪种程度？

12. 从看屏幕能理解要做什么有多易或多难？对于某些显示在屏幕上的内容,您是否有任何问题？哪些问题？

13. （与通过屏幕相比较）您遗漏其他输出形式到哪种程度？

14. 一般来说,使用组合的指向输入与口语输入和屏幕输出用于系统交互,情况如何？

15. 玩游戏有多易或多难？对于玩游戏,您是否有任何问题？哪些问题？

16. 您在玩游戏时感觉受到哪种程度的控制？

功能性

17. 您是否认为系统为您提供了玩"数独"需要的全部功能,或者您是否遗漏了什么？如果是,什么东西？例如:

- 从您通过指向能做之事中遗漏的任何东西。
- 从您通过对系统说话能做之事中遗漏的任何东西。
- 屏幕上遗漏的信息。
- 其他遗漏的信息。

这对我们能够改进游戏是重要的。

用户体验

18. 您是否想过以您刚刚试过的方式解答"数独"游戏？

19. 比较一下传统的纸上"数独"游戏,或者可能的话,比较一下网上的游戏,您认为您刚刚试过的游戏有什么优点和缺点？

20. 如果您在公共空间的某个地方偶遇该系统,那您是否会再玩一次？如果是,为什么？如果否,为什么？

图 8.9　"数独"测试后访谈脚本（原文译自丹麦）

8.8　测试后访谈和问卷调查

测试后访谈或问卷调查的目的（杜马斯（Dumas）和雷迪希（Redish）1999,鲁宾（Rubin）1994）是从测试对象那里收集关于他们刚刚用于测试的系统的可用性信息。

（1）方法使用的时机及范围。测试后访谈和问卷调查能够在任何系统模型用户测试后使用。例如,在第 12 章中描述的测试之后:实体模型（12.1 节）、"绿野仙踪"（12.2 节）、实际应用原型（12.3 节）、现场测试（12.4 节）和有声思维（12.5 节）。这些方法中的大多数通常被应用于实验室。需要注意的是,测试后访谈需要接触用户,在大多数现场测试（12.4 节）中这可能很难或不可能。例如,如果系统正在某个公共空间中测试,而你去那里分发调查问卷,很有可能你不会收回多少填写好的问卷调查,无论你是试着让人们立刻填写调查问卷,还是要求他们过后交回填写好的调查问卷。在这样的情况下,你可以通过像 3～5min 简短的访谈得到更多的数据。

（2）多模态意义。尽管该方法对于可用的交互式系统开发是重要的,但是无论这些系统是基于图形用户界面的还是基于多模态的,测试后访谈和调查问卷的整体意义对于多模态系统都显得更高一些。原因在于,如7.1节所述,一些方法的早期应用对于某些高级的多模态系统是不可行的,结果这些系统到了测试阶段才第一次见到真人。这使得通过测试后提问收集到的可用性信息格外重要,因为能获得可用性数据的其他方法少之又少。正是在这个意义上,现有的方法才偏向了多模态系统,参照6.2.2小节中描述的以下因素:缺乏用户熟悉度(因素2)和技术突破(因素3),开发的上游(因素4),针对用户收集的数据(因素5)和普遍缺乏知识(因素6)。

所以如果你要进入高级的多模态中,那就查看一下这个方法!对于本书的案例(2.1节),测试对象的迭代测试后提问是可用性数据的基本来源。刚才提到的偏离对"寻宝"最适用,第8~12章中的几种方法对此不可应用(7.1节)。

(3)方法的工作思路。进行测试后访谈,是在测试对象与系统模型交互之后、交互的记忆仍然生动并且能被自然而然地表达的时候。访谈可以通过电话或面对面完成。前一种方法对于远程用户或分散的现场测试用户(12.4节)有用。可以允许非结构化的讨论作为测试后访谈(8.1.2小节),但通常愿意拥有(半)结构化的部分以便从所有的测试对象那里得到可比数据。

与测试后访谈相同,测试后问卷调查用于用户调查,也是在已与系统模型交互之后。如果交互发生在实验室里,通常要求用户当场填写调查问卷;如果不是,在交互和填写调查问卷之间可能会有几小时或几天,可能还存在把所有调查问卷填写好并交回的麻烦。在任何情况下,用户都将比测试后访谈中回答问题有更多的时间。出于这个原因,简要访谈测试对象,即使会同样收到调查问卷,可能也是一个好主意。

例如,测试后访谈可以与单个、两个、或者更多用户进行,取决于交互是单用户还是多用户,或者有声思考的方法是否被用于两个用户与一个系统模型一起交互(12.5节)。有时值得考虑的另一个选项是邀请相同或部分相同的测试对象参与几个系统迭代测试,以收集关于如测试对象所感知的进展的数据。

如果在筛选(8.6节)或测试前的提问(8.7节)过程中没有收集到足够的测试对象背景信息,那么这些信息应该作为测试后访谈或调查问卷的重要内容。

(4)应用该方法需要的资源。目标用户是构成有代表性用户群(3.3.1小节)的测试对象和已经与系统模型交互过的测试对象。对于访谈,需要访谈者、访谈脚本,可能的话再加上录制设备(8.1.5小节)。对于问卷调查,需要调查问卷,而且如果是要在实验室处于你的控制之下填写,就需要足够的时间和安静的填写场所。

(5)系统/AMITUDE 模型。任何系统/AMITUDE 模型版本都可以,只要测试对象能够与之交互,也就是在早期实体模型与接近最后系统的模型之间的任何模型。

（6）计划。基于第6.4节描述的计划详细信息，编写可用性方法计划。从收集可用性数据（6.4.2小节）的目的开始。使该目的具有可操作性，并且不要忘记收集任何关于可用性需求的相关数据（5.2节）。列出哪些数据必须被收集的所有话题是必要的，确保不要忘记它们中的任何一个，然后指定每个话题更精确的信息需要。决定是否使用访谈、调查问卷或两者的结合。使用第8.1或8.2节中的建议，把你的信息需要转到有序的一系列以语言来表达的问题上。

对测试对象进行确认，以便能够联系并与他们达成协议（13.2节）。注意，测试后提问可用于与其他方法的组合，也就是实验室测试方法之一（12.1节、12.2节、12.3节、12.5节），可能的话再加上用户实时观察（10.4节）、筛选（8.6节）和测试前提问（8.7节）。测试对象招聘可以在集群形式的方法中共享，而其他大多数准备必须针对每个方法单独进行。

挑选出所有作为访谈者、做笔记者和录制设备负责者的人员角色。

查阅第8.1.6、8.2.6小节中的访谈和调查问卷的利弊。如果测试发生在实验室里，那就计划在他们与系统交互之后可以访谈每个测试对象或交给每个测试对象一份调查问卷。如果他们在填写调查问卷时有任何问题，承诺予以备用。即使访谈是通过电话进行的，也应该在交互后完成。确保你与测试对象有一个协议以便这样做。

另见第13章中的关于规划实验室会话的一般建议。

（7）运行。分别见8.1.4、8.2.4小节中的进行访谈和得到填写好的调查问卷。

（8）数据。见8.1.5、8.2.5小节中的来自访谈和调查问卷的数据，以及第15、16章中的数据处理和分析。分析通常关注于提取信息，这些信息能够帮助评价系统接近于使它的可用性需求令人满意，有助于弄清楚需要哪些改进措施。除此以外，第17章（案例5）展示了基于图8.9中的测试后访谈脚本的分析报告。通常，测试后访谈和问卷调查形成了应在总体上分析的更大测试数据资源集合的一部分。

（9）优点和缺点。测试后访谈或问卷调查在交互式系统开发中是非常重要的，因为对于收集关于当前系统模型怎样与真人一起工作的可用性信息这种方式，没有另一种方法可供选择。该方法可在高级的多模态系统开发中被迭代使用，并且如果其他几个可用性方法不能应用，那么它就显得尤为重要。在与有代表性的用户群迭代使用时，该方法有助于掌控甚至高度创新的开发走向真正可用的结果。

使用该方法的代价是方法集群的规划、执行和数据处理的总成本较高，组成方法集群的通常是：①运行测试（第12章）、带有实验室里的用户（第13章）、

②观察测试对象(10.4节),③测试后提问(本节),可能的话再加上④筛选(8.6节)和⑤测试前提问(8.7节)。所有收集到的数据必须加以处理和分析(第15、16章)。见8.1.6小节、8.2.6小节中访谈和调查问卷的一般的优点和缺点。

(10)实例:"数独"测试后访谈脚本。图8.9中的访谈脚本用于"数独"案例系统(2.1节)评价过程中的半结构化测试后访谈。除了注意事项外,脚本中的注释应该由访谈者大声朗读出来。注意,关于名字、年龄等没有问题,因为我们已经在筛选访谈(8.6节)中查询了这些信息。

脚本说明了关于编写和使用访谈问题的几个注意事项:

你忘记了自己的教训。这次我们忘记了要包括一个总是使用的问题,也就是结束语,有时会引发有用信息的、几乎必须的"还有任何其他意见吗?"问题。

问题可能过于细致。3个问题对子(5+6、7+8、9+10)最终表述了没有被测试对象共享的、太细致的和以研究为本的区别。因此,几个测试对象往往答非所问,然后对下一个问题也没有进一步的评论。

出现不可预测的问题。在测试过程中,我们意识到正缺少一个重要问题,也就是测试对象是否发现,正是他们在玩游戏过程中的所学促使他们改变了自己的交互方式,但太迟了。

实例:常见问题测试后调查问卷。设计了如图8.10中的调查问卷放在网上,我们将其使用在一个基于电话、用于回答关于丹麦假日津贴常见问题的商业语音对话系统开发过程中(3.4.3小节)。

常见问题测试后调查问卷							
下面您会看到很多我们想要您回答的问题。对于前7个问题,关于您对我们正在开发的语音对话系统的意见,我们要求您在量表里从1(最积极的)到5(最消极的)勾选您的回答。在任何情况下,如果您选择4或5,那么我们对您能够写在问题8下面更为详细的评论就会非常感兴趣。对您可能有的其他任何评论也在这里表示欢迎。今年晚些时候我们打算测试该系统的新版本。如果您愿意再次参与,请勾选问题9下面的"是",并回答问题10。我们将在那些通过填写调查问卷把他们的评论送给我们的人中,通过抽签选择10位获胜者,每人一盒巧克力。如果您想参与抽奖,请记住回答问题10。							
问题	最积极的	1	2	3	4	5	最消极的
1. 该系统是否能够做您期待的事?	是的,确实						不,当然不
2. 您是否得到了您想要的信息?	是的,我得到了我想要的所有信息						不,我一点儿都没得到我想要的信息
3. 在系统里导航情况如何?	容易						困难
4. 您对帮助功能有什么看法(如果您用过它)?	我完全得到了我需要的帮助						没有用处

5.	您对与系统交谈有什么看法?	方便、有效				耗费时间,不是一个好体验
6.	系统是否理解您说的话?	是的,一直				不,任何时间都不
7.	您对系统的语音有什么看法?	好,容易理解				令人烦恼,难以理解
8.	您对问题1~7回答的评论+任何其他评论。					
9.	以后当我们运行新评价的时候,我们是否可以联系您?	是		否		
10.	可选:姓名和地址(包括电子邮件和(或)电话号码)。	姓名,地址,电子邮件,电话				

图 8.10 常见问题语音对话系统开发过程中使用的测试后调查问卷(原文译自丹麦语)

参 考 文 献

Battey K(2007) Survey questions and answer types. http://www. surveyconsole. com/console/showArticle. do? articleID=survey-questions. Accessed 17 January 2009.

Bias R,Butler S,Gunther R(2007) Customer interviews and profiles. http://theusabilityteam. com/customerinterviewsandprofiles. asp. Accessed 17 January 2009.

Creative Research Systems(2007) Survey design. http://www. surveysystem. com/sdesign. htm. Accessed 18 January 2009.

Crow K(2001) Customer interviews. http://www. npd-solutions. com/interviews. html. Accessed 17 January 2009.

Doyle JK(2006) Chapter 11:Introduction to interviewing techniques. http://www. wpi. edu/Academics/GPP/Students/ch11. html. Accessed 7 February 2009.

Dumas,JS,Redish,JC(1999) A practical guide to usability testing. Rev edn. Intellect Books.

Hom J(1998) The usability methods toolbox. http://jthom. best. vwh. net/usability. Accessed 19 January 2009.

QuestionPro(2006) Designing your online survey. http://www. questionpro. com/buildyoursurvey. Accessed 7 February 2009.

Robson C(2002) Real world research. 2nd edn. Wiley-Blackwell,Oxford,UK.

Rubin J(1994) Handbook of usability testing. John Wiley and Sons, New York.

Sharp H, Rogers Y, Preece J(2007) Interaction design - beyond human-computer interaction. 2nd edn. John Wiley and Sons.

Stimson G V, Donoghoe M C, Fitch C, Rhodes T with Ball A, Weiler G(2003) Rapid assessment and response technical guide. 9. 4 Interviews. WHO, Geneva, http://www. who. int/docstore/hiv/Core/Chapter _ 9. 4. html. Accessed 17 January 2009.

UsabilityNet (2006) User survey for design. http://www. usabilitynet. org/tools/surveys. html. Accessed 7 February 2009.

Walonick DS (2004) Excerpts from: survival statistics. http://www. suu. edu/faculty/wright/nfs4480/surveys. pdf. Accessed 19 January 2009.

第9章 研 讨 会

在关于多模态可用性方法(6.2.2 小节)5 章中的第 2 章里,展示的所有方法:一方面关注开发团队代表之间的讨论,另一方面关注客户代表和潜在的或者实际的用户。研讨会主要有 3 个优点:一是能够生成并详细阐述新的设想;二是共同深入讨论摆在开发项目面前的问题和难题;三是有助于达成协议和共识。这些优点使精心准备的研讨会成为可用性信息的重要源泉。此外,会议往往是低成本的。

9.1 节描述中心小组会;9.2 节描述股东会议;9.3 节描述会议和研讨会更具多功能的使用。

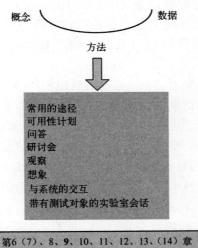

9.1 中心小组会

中心小组会(霍姆(Hom)1998,尼尔森(Nielsen)1997,夏普(Sharp)等 2007,西尔弗曼(Silverman)2006,可用性网 2006a)是一个有点非正式的技术,它有助于收集关于潜在用户的设想、态度、观点、感知、愿望、需要等涉及被提出加以讨论的特殊可用性问题的信息。中心小组会通常是一次性的。

(1) 方法使用的时机及范围。中心小组会有助于研讨系统的设想或模型。

通常在早期阶段,例如早期分析,为的是帮助发现潜在的用户想从系统中得到什么。在这样的情况下,并没有与系统模型的交互。然而,中心小组会也能够用于评价参与者会前用过的系统,并可以展现问题和发现未完成的期待等。

据我们所知,大多数研究项目不使用中心小组会,尽管事实上它们中的很多可能从早期与真人进行的中心小组会讨论中受益颇丰。

(2)多模态意义。只有参与者能够很快牢固掌握要讨论的系统设想或模型,早期的中心小组会才能产生可靠的可用性数据。既然对于某些高级的多模态系统概念来说这是不可能的,那么中心小组就似乎有点偏向基于图形用户界面开发(6.2.2 小节)因素。因此,对于我们"寻宝"案例(2.1 节)来说,组织早期中心小组会很可能是徒劳的。如果我们想要测试对象讨论某个不熟悉的和难以想象的模态组合,那么他们可能不得不先与系统交互。

(3)方法的工作思路。假设参与者有一个起因于应用设想的结构化的话题讨论。组长负责召开、协调和结束讨论。值得注意的是,中心小组会的目标不是建立共识,而是收集存在于中心小组中的所有不同意见和态度等。中心小组会也不是开放式自由讨论会,因为要讨论的问题会前就相当详细地准备了。典型的会议持续 1.5~2h,这不是很长的时间,并且提倡周密的会议安排。如果有不同的目标用户群(3.3.6 小节),每个目标群都召开一个会议可能是个好主意。

(4)应用该方法需要的资源。潜在的目标用户(3.3.1 小节)、熟练的组长、可能的话再加上整个会话期间做笔记的记录员(推荐)、带有讨论话题的脚本、可能的话再加上系统模型表述和其他材料、录音或录像设备。

(5)系统/AMITUDE 模型。在中心小组会的早期使用中,经常会存在系统模型提纲,小组会的目的是收集能支持关于 AMITUDE 的决定、其他系统模型的需求和优先顺序的可用性信息。该方法的后期使用假设一个实际应用模型。

(6)计划。基于6.4节描述的详细信息编写可用性方法计划。从收集可用性数据(6.4.2 小节)的目的开始,并以此来指导脚本的创建,这个脚本带有要讨论的问题,并且对于说明和讨论,帮助决定要包括进来哪些额外的材料(6.4.3 小节)。

如果要在会议上显示视频、演示或实例,就要提前检查以便能够按照计划显示。你可能还想要一个在会话期间填写的简短的调查问卷,当然调查问卷必须提前准备(8.2 节)。

必须招聘大约 4~12 个测试对象(13.2 节)。重要的是测试对象要对你想讨论的话题真正有兴趣,所以进行正确的招聘是重要的。你可能需要在选择进程中使用筛选(8.6 节)。

必须找到有经验的组长,他理解会议目标,能够主持好小组讨论,保持会议处于正轨,并确保每个人都发挥作用。如果你想要有记录员,那么这个人同样必须事先找到。

另见第 13 章中的关于实验室会话规划的一般建议。

(7)运行。创建良好的氛围。让参与者介绍自己以便互相了解。组长负责发起讨论,让会议保持顺畅以及对要讨论问题的关注。介绍要讨论的内容可能需要演示或视频的支持,对于引发讨论是有用的。组长或者最好是记录员应该在整个会话期间做笔记。

非正式的讨论方式可能效果最好。试着使它愉快活跃起来! 鼓励大家提出意见和想法,并鼓励交互和小组讨论,尽量避免出现集体思考。最重要的是,以正确的方式问正确的问题,问题应该是非指令性的,并且应该避免那些是/否的问题。记住,问题应该是从数据产生者那里引起进一步信息的刺激物,参照图 9.1。

会议由组长宣布结束,他为占用大家的时间而感谢参与者,并且可能的话分发奖品。另见第 13 章中的关于进行实验室会话的一般建议。

(8)数据。数据包含会议笔记和录制的任何音像记录。至少中心小组会的音频内容应该被录制下来,但同样经常要使用录像,这可能对于检查测试对象对某些陈述或问题的隐含反应有用。确保获得使用音像记录的必要许可(13.3.4小节)。如可用性方法计划中所反映,数据可能会也可能不会被译音,取决于其未来的使用和可利用资源。如果数据分析必须保持在最低限度,那么就要求组长与记录员合作,写一个简短的会议总结,要突出显示最重要的结果(另见第15、16 章中的数据处理和分析)。

(9)优点和缺点。中心小组会能以低成本接触真人并发现用户需要和需求,以其他方式重新获得这些需要和需求则要花费更大的成本,例如通过在家中或工作场所访问用户。在开发调查问卷或访谈问题或在开发过程中决定以后测试内容的时候,收集到的可用性信息也可能有用。在用于系统评价时,中心小组会展现了用户对某种产品的想法,以及他们对其未来开发所具有的哪些优先顺序、偏爱、态度和期待。

由于通常在会议过程中不与系统交互,中心小组就不会产生关于用户指定系统实际用途的信息。这样,收集到的数据可能是不准确或具有误导性的,因为在用户说他们做什么或主张他们想要什么与他们实际做什么或需要什么之间,有时会有很大的区别。如果参与者并不完全熟悉讨论的问题,还将增加数据的不可靠性。此外,还存在集体思考的风险,也就是某些更有权威的参与者会影响其他人默认他们的意见,尽管事实上他们不同意。他们避免提出自己的观点,因为他们发现这么做更方便或害怕显得愚蠢。

(10)实例:通用的中心小组问题。图 9.1 显示了可能由中心小组组长使用的非指令性信息需求的实例。

如何给中心小组问题措词
• 给我一个……的[图片、描述] • 我想大家一起来[讨论、决定]…… • 告诉我到底发生了什么,当你…… • 描述一下做……是什么样子 • 告诉我关于……告诉我更多关于…… • 有人概括这一切…… • 我们来看看[停顿],我遇到了麻烦,不知道应该如何为此给客户措词…… • 给我举一个实例。 • 向我解释…… • 让我提出一个问题…… • 我不知道如果……,你会做什么 • 我想听到的是你是如何应对…… • 互相问一下以发现…… • 我不认为我全都了解了。这是我到目前为止了解到的,告诉我我漏掉了什么或没有正确了解什么…… • 哦,听起来你像是在说…… • 那是有用的。现在让我们听一听某些不同的想法…… • 有人可能如何那么做?

图 9.1　通用的中心小组问题

（这些问题经西尔弗曼（2006）并经乔治·西尔弗曼（George Silverman）授权进行复制）

9.2　股东会议

　　股东会议(可用性网 20066)通常在客户代表和来自开发团队的人之间举行——都称作股东,因为他们对要开发的系统有共同的专业兴趣。股东会议的目标是展示、交换关于现状、需求、功能性、其他系统模型和 AMITUDE 相关各方面(3.1 节)、交货、未来进程和目标的信息,讨论和建立关于上述各项的共识和协议。

　　（1）方法使用的时机及范围。从项目开始的整个开发进程中,股东会议均可使用。一系列股东会议通常形成与客户在开发进程中进行协作的核心部分。

　　该方法有两个主要的局限性：一是大量的现货供应产品开发情况；二是研究项目。在前一种情况下,如果没有股东可利用,中心小组(9.1 节)和有时更持久追随项目(9.3 节)的用户群反而可能被雇用。尽管很多研究项目没有真正的客户和最终的用户,但我们对带有高级的多模态系统项目潜在股东的会议已经拥

178

有很好的体验,已经获得关于客户、公司组织和应用方面的兴趣、公司—客户对话音像记录的存取等的实质性建议。例如,这需要你找到一个组织,它是潜在的股东,并愿意在你的项目中承担股东的角色,至少在一两次会议上。

一种非常早期的股东会议是关于是否要介绍组织里的新技术。我们和一个大型的公共运输公司的职员开过这样的会议。随着一个会议变成了几个,我们注意到,从一个会议到下一个会议,来自组织的股东数量持续增加。如果说之前没有的话,那么当工会代表开始出席时,我们觉得被认真对待了。

(2)多模态意义。股东会议通常假设存在真正的客户,因此该方法一般来说就比高级的多模态系统项目(6.2.2 小节因素 4)更相关于基于图形用户界面的开发。就像很多今天的非图形用户界面系统属于实验研究系统一样,企业方面经常被遗漏或仅以某个抽象的形式展示。因此,股东会议往往会偏向基于图形用户界面的系统,在这一点上,我们的案例(2.1 节)当中没有一个可能会经得起股东会议的检验。

(3)方法的工作思路。股东会议的持续时间可以从不满一小时到一天或更长,并且涉及拥有关于预计使用知识的人和系统用户,例如项目经理、开发者、终端用户、获得者代表和来自营销、训练和支持的人。通常,股东会议拥有重要特定项目后果的约定,而不是组织松散的自由讨论活动。

注意,你需要交谈的股东不一定在第一次会议上出现,但他们中所有的人,首先得被确认并邀请才行,例如来自正在使用系统而你并不知道的用户群的代表。

如果出于某种原因,预定的会议不能按期召开,为了不失去契机,那就考虑通过电话单独访谈股东。然而要注意,单独访谈排除了至关重要的联合讨论和共识建立的基本原则,如果允许持续太长时间的话,就可能产生针对项目的问题。异步的群电子邮件讨论并不是一个可行的方法。

(4)应用该方法需要的资源。股东、会议协调者、进行会议记录的记录员、精心准备的、要讨论的问题清单(议程)。

(5)系统/AMITUDE 模型。系统模型可以处于任何开发阶段,取决于在生存周期里会议召开的时间。股东会议产生的结果有助于引导系统的进一步开发。

(6)计划。基于 6.4 节描述的详细信息,制定可用性方法计划。从收集可用性数据(6.4.2 小节)的目的开始。基于你想要收集的可用性信息和你想要讨论的问题,准备会议议程,以使目的具有可操作性(6.4.3 小节)。会前把议程分发给参与者,以便他们能够增加或修正详细信息以及使自己准备好积极参加会议。

决定日期和时间,邀请参与者,预订房间。如果日期或时间有问题,试着调换。

（7）运行。会议由管理议程的协调者主持。协调者必须小心避免在次要问题的冗长讨论上浪费时间。记录员在整个会议期间做笔记，并且必须特别小心地把所有的决定、结论和优先考虑事项记入备忘录。

如果证明了由于信息缺失以至于无法做出决定，那么如何能够找到信息，一旦被找到后如何继续进行，会议重要的内容就是要对此达成协议。假设在讨论过程中状况不明或产生分歧，那么就应该在会议中把问题指出来，以便作为后续工作的基础。一般来说，要让参与者随时准备行动，否则就有失去基本可用性信息的风险。

（8）数据。股东会议通常会产生会议记录，包括被讨论的问题、优先考虑事项、结论和已做出的决定，可能的话再加上重要的论点和观察等。通常，股东会议不录制音频或视频。会议记录中包括所有做出的决定和优先考虑事项及结论，都应该送给参与者进行确认。需要的可用性数据可能包括在会议记录中，或出自我们自己的笔记，见第15、16章中的数据处理和分析。

（9）优点和缺点。股东会议对于成功将系统修改成适合特殊客户是必不可少的。在系统开发的早期把股东召集到一起是个很好的机会，能够在系统设计之前就对 AMITUDE 和可用性需求进行讨论并达成协议，后期的股东会议有助于进行必要的调整以保持项目处于正轨。

从方法使用中得到什么，取决于你准备的讨论问题清单以及对会议的管理成效。如果你忘记带来重要的问题，那就不能保证别人会带来。如果协调者不小心，那么讨论就可能跑题，重要议程问题就可能未被讨论，也可能匆忙就做出了决定。股东不一定要互相一致，也不一定与你一致，并且从一个会议到另一个会议，他们不一定是始终如一的。

（10）实例：通用的股东会议问题。图9.2列出了经常与股东会议有关的问题和难题。注意，很多问题都让人联想到早期会议。还要注意图形用户界面环境。作为练习，你可以试着发现哪些 AMITUDE 方面（3.1节）、哪些方法和其他途径、哪些可用性需求正在被考虑，并与我们在本书网站上的调查结果比较一下。

图9.3是一个常见问题语音对话系统项目，是由我们和软件公司共同开发的，参见3.4.3小节。图中显示了议程，在每个议程要点后都带有非常简短的讨论总结和优先考虑事项。议程来自"指导委员会会议"的系列股东会议之一。该项目有3家合伙人。所有合伙人都由一个常驻代表在股东会议上作发言人。其他人取决于会议的关注内容依需求参与。图9.3中提及的会议包括一个来自用户方的人。在点2下有一个附注"假日津贴要点"。要点清单总结了在会上讨论的假日津贴的各个方面，而为了保持简短，没有被包括在实例中。

股东会议问题实例

- 为什么系统正在开发？总体目标是什么？它将如何被判断为成功？
- 预期的用户是谁，他们的任务是什么？为什么他们要使用该系统？他们的体验和专业知识是什么？
- 其他股东是谁，他们可能被可用或不可用系统的后果如何影响？
- 股东和组织的需求是什么？
- 技术的和环境的约束是什么？什么类型的硬件将用于什么环境？
- 什么关键的功能性被需要来支持用户的需要？
- 系统将如何被使用？整体工作流程是什么，例如从决定使用该系统，通过操作它直到获得结果？用户能够实现什么，这一典型的想定是什么？
- 可用性目标是什么？（例如，易用性和易学性有多重要？用户应该花多长时间来完成他们的任务？使用户差错降到最低是否重要？应该使用什么样的图形用户界面风格指南？）
- 用户如何获得援助？
- 是否有任何初期设计概念？
- 是否有现有的或竞争对手的系统？

图 9.2　股东会议上可能讨论的问题和难题的实例

（这些问题来自可用性网（2006b），并经可用性网经理奈杰尔·贝文（Nigel Bevan）授权进行复制）

议程/总结

1. 一般意义上的假日津贴，特别是信息部分，常见问题。

2. 假日津贴，支付方针。

见下面的假日津贴要点。

优先考虑事项：LK 检查假日津贴表格是否可以通过传真提交。

3. 基于纸张的信息系统模型讨论。

被全面讨论，并导致一个更新模型。愿望清单已被初始。

HD 通知，供应商已经执行了第一个版本，并进行了某些测试。LD 通知，来自测试的对话正在被译音。

优先考虑事项：下一个版本将会在本周的周四或周五进行测试——这一次带有来自客户的雇员。LD 和 DS 将协调完成指令和测试。

图 9.3　来自股东会议关于语音对话系统的议程和总结

9.3　带有用户代表的研讨会等会议

鉴于中心小组会（9.1 节）和股东会议（9.2 节）是专门通过讨论收集可用性信息的方法，我们所说的研讨会或会议意在涵盖研讨会对收集带有潜在或实际用户代表的可用性信息的其他使用。

（1）方法使用的时机及范围。研讨会等较短的会议能够在生存周期里随时使用，从需求获取，再到界面设计直到基于系统演示的、关于用户—系统交互和功能性的可用性反馈。亲身体验是进行讨论的最好背景。

该方法能够用于各种各样的项目。某些研究和商业项目在开始时就创建了目标用户群,在整个生存周期与他们一起工作,使用研讨会或会议作为主要的协作媒介。为了在探索新技术的早期阶段产生大量的可用性信息,主要涉及高度推动的、善于表达的、相当精通计算机的用户代表,这是该方法的一个显著优点,尤其是在研究项目中。

(2)多模态意义。无论项目是基于图形用户界面的还是多模态的,其结果的可用性就是为了从带有真人的、偶尔或有规律的研讨会或会议当中受益而存在。此外,如果项目是人们相当不熟悉的创新性多模态项目,例如"算术"和"寻宝"(2.1节),那么由于用户的不熟悉,一次性的研讨会或会议可能是徒劳的(6.2.2小节因素2)。在这样的情况下,建立更永久的、追随项目的用户代表群就是值得考虑的选项。

(3)方法的工作思路。研讨会或会议的范围从开放的头脑风暴会议①(open-ended brainstorming sessions)到有非常明确的目标的会话,并且可能是一次性的,或者是自始至终涉及相同的用户代表和开发者的系列的一部分。收集到的可用性数据的影响,除了其他因素,主要取决于会议目标的及时性、项目设想和系统/AMITUDE 模型展示程度、用户代表的资格和热情、主席的选择、用户输入在项目框架内是否显得合理和可行。

研讨会或会议应由协调者主持,并且应该有人做笔记。通常一次会话持续半天到几天。

取决于它们的目的,研讨会和会话可以有很多不同的运行方式。我们只提一个,也就是亲和图解。

亲和图解(Affinity Diagrams)。在自由讨论会话中构建结果的一种方法就是使用亲和图解(参照硅远东网站(2004)、平衡计分卡研究所(1996)和夏普(Sharp)等(2007)的著作)。该方法用于在生存周期早期征求用户设想。给参与者一个非常简短的陈述练习,例如"确定涉及开发便携式虚拟触觉系统的步骤和难题"。参与者自由讨论并产生设想,每个设想都被写下来,可以写在能贴到墙壁或展板的便签上。

自由讨论后,所有的笔记一次一份都粘贴在墙上,以便自然地分组在一起。当所有笔记展示出来时,参与者被要求给每个组一个名称或标题。例如,可能会有算法小组、应用设想小组、核心功能小组和设备开发小组。亲和图通过用线条连接标题和小组来绘制,或仅仅是显现于展板上的布局。

---

① 头脑风暴,是一种为激发创造力、强化思考力而设计出来的方法。可以由一个人或一组人进行,参与者围在一起,随意将脑中和研讨主题有关的见解提出来,然后再将大家的见解重新分类整理。在整个过程中,无论提出的意见和见解多么可笑、荒谬,其他人都不得打断和批评,从而产生很多的新观点和问题解决方法。——译者注。

182

（4）应用该方法需要的资源。潜在的目标用户（3.3.1小节）或实际的用户，所有这些用户都有能力和热情，敢于在群里大声表达见解；熟练并了解要讨论材料的会议协调者；制定备忘录并熟练做笔记的记录员；议程，可能的话再加上系统模型，再加上要展示的其他材料和一组计算机及软件。

（5）系统/AMITUDE模型。系统模型可以处于任何开发阶段。研讨会或会议不管在生存周期内什么时候举行，其结果都馈入其进一步的开发当中。

（6）计划。基于6.4节描述的详细信息，制定可用性方法计划。从收集可用性数据（6.4.2小节）的目的开始。基于想要收集的可用性信息和想要讨论的问题，准备会议议程，以使该目的具有可操作性（6.4.3小节）。会前把议程分发给参与者，以便他们能够增加或修改项目以及使自己准备好积极参加会议。准备好你打算展示的任何东西，如幻灯片、宣传单、产品展示，或者可能就是调查问卷（8.2节）。如果你需要其他人进行展示，确保他们同样做好准备。

如果会议或研讨会是一次性的或者是系列中的第一个，那么必须确认参与者信息，这未必直截了当地去做。12年前，我们花了几个月的时间在丹麦小岛上安置计算机爱好者，他们为建立魔法休息室（一个以并行方式使用聊天和口头会谈用于小组会议的系统），想在以用户为本的、参与性的设计进程中互相协作并与我们协作（伯恩森（Bernsen）等1998）。在确认参与者后，需要确定日期和时间并邀请他们。如果某些参与者对会议的成功是至关重要的，那么在邀请其他人之前首先要确保他们能来。如果研讨会持续超过一天，那你可能就得安排住宿，或者至少要提供住宿和交通信息，你可能还得安排午餐和晚餐，并预订房间。

如果要有亲身实践的会话，那就要确保使用一个带有足够计算机的房间，并且系统模型和其他任何需要的东西都已装进计算机。另一种选择是要求参与者自带笔记本电脑。在这种情况下，必须确保软件可供笔记本电脑在研讨会之前安装，或使其可供在会议上下载或播放CD。在这两种情况下，对发现不能对所有笔记本电脑都能顺利进行安装的情况要有准备，如果在研讨会过程中每个人都必须进行安装的话，存在浪费时间的风险。

（7）运行。研讨会或会议由负责保持议程中设定时间进度表的协调者主持。确保有充足的时间来讨论关键的议程及其详细信息，因为这是得到想要的可用性数据的关键。因此，负责制定备忘录的记录员具有关键的作用，要细心地记录包括所有做出的与系统可用性潜在相关的评论。备忘录和笔记应该反映出用户提议、更喜欢、喜欢或他们遗漏或想要改变的内容，以及任何其他重要的观察。研讨会或会议既不需要达成共识，也不需要得出任何特殊的结论。然而，如果结论得出了，或有关于重大事情的共识，这当然应该记录下来。

（8）数据。在研讨会或会议上产生的数据是以备忘录和笔记的形式存在的。如果或多或少已经与实际应用的系统模型有了交互,那么可能还有日志文件或录像。否则,研讨会或会议不录制音频或视频。备忘录应该交给参与者进行确认。数据分析的深度取决于会议的意义或其结果。正常情况下,任何日志文件或音像记录都会被分析。它们分析的详细程度取决于资源和预期效益,见第15、16章中的数据处理和分析。

(9) 优点和缺点。研讨会或会议是与实际或潜在用户见面讨论的极佳机会。即使包括亲身实践的会话,该方法与第12章中描述的测试方法十分相同:在有任何东西进行测试之前,它能在生存周期早期使用;它有讨论和交换体验的时间;它通常需要有能力的参与者,而不是有代表性的用户群;并且会议组织起来相对简单,只要能找到适合的参与者。无预约的参与者、不好的气氛、无法保证时间的软弱协调者、或者未准备好的议程,都可能导致差劲的结果。

研讨会可能成本较高,取决于有多少参与者、其持续时间,尤其是人们从哪里来。如果你以前没有准备过研讨会,那么你会有一段艰难的时光和严酷的学习,特别是因为需要精心地准备和执行,为的是依据收集到的可用性数据量做出值得付出的努力。

我们有建立一个更永久的用户群并一起工作,使他们成为项目中的某类参与者,并与他们定期见面的经验。但是要注意,在会议进度表、准备、与参与者的交流方面,这是一个有效的途径,而在时间、努力和金钱方面,这是一个沉重的成本。

(10) 实例:研讨会议程。图9.4的议程来自关于多模态注解工具的欧洲"自然交互活动工具工程"研究项目中举行的研讨会。主持人的名字被略去,但通常包括在每个展示条目中。该研讨会举行于生存周期后期,并且实际应用的工具可供用户代表尝试。事实上,大约10~15个参与者已经熟悉了其中的一个工具,而其他人都是新手用户。粗略来讲,第一天的时间花在展示"自然交互活动工具工程"软件和其他多模态注解工具上,而第二天关注亲身实践会话和获得来自参与者的尽可能多的反馈。除了其他事情之外,他们还被要求填写一份在其亲身实践体验基础上的调查问卷,并在讨论过程中做笔记。

《自然交互活动工具工程》项目研讨会的最后议程,比萨,2003年6月5~6日	
6月5日,星期四	17:30—18:00 使用"自然交互活动工具工程"项目工具的手势注解
09:30—10:00 欢迎致辞和会议目标展示	
10:00—11:00 "自然交互活动工具工程"项目审查	18:00—18:30 得分:用于多模态交流、基于"铁砧"编码工具的注解方案
11:00—11:30 咖啡间歇	

11:30—12:30 "自然交互活动工具工程" 可扩展标记语言工具箱环境	20:00 在比萨的联合晚餐
12:30—13:30 观察者	6月6日,星期五
13:30—15:00 午餐	09:30—09:45 到达
15:00—16:00 "自然交互活动工具工程" 视窗工作台	09:45—11:00 亲身实践的会话
16:00—16:30 戴尔莫尔感知人工智能研究所智能会议室,媒体文件服务器,音频/视频追踪,多模态交互的建模	11:00—11:30 咖啡间歇
	11:30—13:00 亲身实践的会话(续)
	13:00—14:30 午餐
16:30—17:00 咖啡间歇	14:30—16:00 结构化讨论,报告来自上午会话的反馈
17:00—17:30 使用基于可扩展标记语言的文本技术创建多模态、多层级的有注解语料库	16:00—16:30 咖啡间歇
	16:30—17:00 作总结讲话和得出未来计划

图9.4 来自带有多模态注解工具(潜在)用户的研讨会的议程

参 考 文 献

Balanced Scorecard Institute(1996) Basic tools for process improvement. Module 4:affinity diagram. http://www. balancedscorecard. org/Portals/0/PDF/affinity. pdf. Accessed 18 January 2009.

Bernsen NO,Rist T,Martin J-C,Hauck C,Boullier D,Briffault X,Dybkjær L, Henry C,Masoodian M,Néel F,Profitlich HJ,André E,Schweitzer J,Vapillon J (1998) A thematic inhabited information space with "intelligent" communication services. La Lettre de l'Intelligence Artificielle 134-135-136 Nimes,France 188 -192.

Hom J(1998) The usability methods toolbox. http://jthom. best. vwh. net/usability. Accessed 19 January 2009.

Nielsen J(1997) The use and misuse of focus groups. http://www. useit. com/ papers/focusgroups. html. Accessed 4 February 2009.

Sharp H,Rogers Y,Preece J(2007) Interaction design - beyond human - computer interaction. 2nd edn. John Wiley and Sons,New York.

SiliconFarEast(2004) Affinity diagram. http://www. siliconfareast. com/affinity. htm. Accessed 18 January 2009.

Silverman G (2006) How to get beneath the surface in focus groups. http: //www. mnav. com/bensurf. htm. Accessed 17 January 2009.

UsabilityNet(2006a) Focus groups. http://usabilitynet. org/tools/focusgroups. htm. Accessed 4 February 2009.

UsabilityNet(2006b) Stakeholder meeting. http://usabilitynet. org/tools/stakeholder. htm. Accessed 17 January 2009.

第10章 用户观察

在总共5章关于多模态可用性方法(6.2.2小节)中的第3章里,以不同的方式展示的所有方法都用到了用户观察,但观察的中心有时落在用户上,有时落在使用环境或由用户产生的东西上,有时同时落在这几部分上。此外,观察可能通过放大或缩小来获取不同类型的事件。特别是,放大为多模态交互和与人融合获取具有核心重要性的微观行为。

经常使用观察方法的原因并不是这些方法对于查明人们在环境里真正做什么有用处。观察是不可或缺的,因为它展现的大部分是那些被观察的人们即使试过也无法告诉我们的那些东西。很少有人对他们在工作中或在家里每分钟的所作所为做过细致的生动描写,而他们更不会去细想他们如何做他们做的事、他们如何应对事件、或他们如何思考事情。既然我们的目标是使系统适合人,那么就没有其他方式能比得上从通过观察他们开始了。

10.1节描述宏观行为域方法;10.2节描述宏观行为域观察;10.3节描述卡片排序法的归纳,称之为分类排序;第10.4节描述系统模型测试过程中的用户观察;10.5节描述实验室内的人体数据采集。

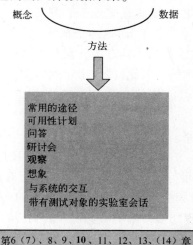

10.1 宏观行为域方法

现场观察方法具有很多不同的名称和描述,但与本书的目的却有很大的相

187

同之处,我们用单独的标题展示了我们为这些目的所做的大多数事情。方法的范围从现场访谈、环境查询(拜尔(Beyer)和霍尔茨布拉特(Holtzblatt)1998,加夫尼(Gaffney)2004,亚历山大(Alexander)2006,霍姆(Hom)1998,夏普(Sharp)等2007,可用性网2006a)和现场观察(夏普等2007,可用性网2006b)到民族志研究(罗布森(Robson)2002,夏普等2007,霍姆1998),而我们使用宏观行为域方法这一术语涵盖他们的大部分用法。为了收集他们在环境里做什么和如何做的可用性信息,一切都是基于观察或访谈现场的人。另外,宏观行为和微观行为(10.2节)域方法之间的区别,似乎是我们自己提出的。

(1)方法使用的时机及范围。宏观行为域方法通常在生存周期早期使用,以调查潜在的用户如何"在自然环境中"实际工作或做事。结果用于帮助生成AMITUDE(3.1节)需求和设计系统输入,这些系统将支持或取代在现场调查的任务或其他活动。无论活动是否受到计算机支持,这些方法都需要那些对系统开发有重要意义的人存在。尽管通常被用于为各个组织开发系统的时候,但这些方法有着更广泛的使用范围,而被观察的人可能是在自己家里、在工作场所或其他任何地方并不需要成为系统开发的专业人员。

在开发进程的后期,访问部分已安装系统某个版本的目标用户时,这些方法还能够被用作评价方法。在这种情况下,这些方法被用于发现要求系统模型加以改进的问题。

(2)多模态意义。有很多好机会能让多模态系统以及与人融合的系统来支持现有活动或使之自动化,包括正在受到基于图形用户界面系统支持的这些活动。例如,"数独"和"算术"(2.1节)这两个案例系统的开发受到了可用性数据的支持,这些数据是通过宏观行为域方法分别对在家里的"数独"游戏玩家和在课堂上的算术教师收集到的。因此,即使由于通过基于图形用户界面系统实现的技术突破,这些方法可能依然主要用于今天的基于图形用户界面的开发(6.2.2小节因素3)。

(3)方法的工作思路。宏观行为域方法被应用于人们举行重要活动的地方——在办公室,在家里,在船上,等等。传统上他们的核心是观察没有被注意到的人,或与他们"在一起",因为那是获得"生态学上有效的"数据的方式,但这可以被补充,可以用澄清和解释的请求,是在被观察的人能够自由回答请求的时候,可以用访谈,甚至可以用假扮某个活动主人的学徒的角色。民族志的研究可能需要数年时间,但重要的是要强调,现场方法经常能被采用的前提是在每个被观察的人身上花费2~5h。

(4)应用该方法需要的资源。通常一段时间有一个观察对象,1~2个来自开发团队的同事,带有问题的脚本,一部分问题要收集哪些可用性信息,另一部分问题要通知被观察的人,可能的话再加上录音或录像设备以及一个或多个简短的访谈脚本(8.1节)或调查问卷(8.2节),需要的话再加上许可(13.3.4小节)。

(5) 系统/AMITUDE 模型。系统模型可能以提纲的形式存在。宏观行为域方法的典型目的是收集支持需求规范、设计决策和模型优先顺序的可用性信息。

(6) 计划。基于6.4节描述的详细信息编写可用性方法计划。从收集可用性数据(6.4.2小节)的目的开始。使用该目的指导脚本的创建,这个脚本带有需要相关信息的话题和想要通过观察或通过向他们提问(6.4.3小节)来回答的问题:物理环境如何;心理、社会和组织环境如何;谁与被观察的人协作;那个人在做什么;哪些物理和信息目标就在眼前;它们被用于做什么;与重要活动相关的个体和社会目标是什么;它们想要改变什么和如何改变,等等。

如果你要在工作场所访问,去之前尽量掌握关于工作场所的信息。这有助于聚焦数据收集计划。坚持收集有关人的信息,例如姓名、年龄、性别、教育背景、工作经历、任何需要的其他详细信息,要么通过访谈,要么要求他们填写一个小的调查问卷。在这两种情况下,必须提前准备相关问题。

准备好如何告诉别人关于你自己、你的项目、你为什么访问他们、访问计划和你打算把收集到的数据用于做什么这些情况。把这些情况写下来,以便每个人都得到相同的信息。

作为一个规则,观察带有相同配置文件(3.3.1小节)的5~6人就可产生相当可靠的数据,但是即使只有观察2~3人的时间,可能仍然会得到有用的数据。确认和联系想要访问的人。如果你感兴趣的活动正在进行,例如带有两个不同配置文件的人,你就需要观察更多的人。与个人达成有关访问的协议,如果访谈者是组织里的雇员,可能同样需要与管理人员达成协议。你可能还需要来自管理人员的官方许可(13.3.4小节),特别是在打算录像的情况下。确保访问在普通的一天进行而不是在没有什么事发生的一天进行,尽管那样的话人们有更多的时间给你。

考虑一下如何让人们积极合作并对你有信心,而不是充当不引人注意的旁观者,特别是如果你计划进行很多访谈——像他们一样打扮以及对于他们所做的事情表达出真诚的热情,对你的正在做的事情开诚布公也可能有帮助。

在计划访问的时候,需要注意的是因为花几个小时观察很辛苦,所以计划每天观察最好不要超过一个人。两个人去访问经常会得到好效果,两个人能比一个人获取更多正在发生的事情的信息,一个人很难在处理录制设备时同时拿出所有注意力进行观察。

检查所有设备,确保你需要的一切准备就绪,例如充足了电的电池。注意,设备需要时间来组装,并且可能吸引比预期更多的注意。如果你想给用户一些东西来感谢占用了他们的时间,记住去买下来(13.2.6小节)。

（7）运行。尝试在你周围建立低调和愉快的气氛,以便人们感觉到有你在身边很舒服。首先要介绍你自己、项目、访问、当天的计划等。检查你是否正在普通的一天访问或者是否有什么特殊的事情发生。时间的主要部分应该要花在观察、与使用环境中的人交谈以及学习人们如何进行他们的任务和其他重要的活动这些方面上。保持开放的头脑并确保收集列在你脚本中的数据。

为了充分理解人们的背景、角色、任务、使用环境、支持设备等,不要犹豫提问题和请求解释,以便更好地了解他们从你的系统中需要什么。所有的问题以中立的方式措词,避免事先训练。记住,你是在舞台上(6.4.4小节)！要有礼貌并了解情况,不要干涉,如果某个人正与客户交谈,或者在一个繁忙的港口进行协商,那么打断人家就可能是个坏主意。

整个过程要做大量的笔记。礼貌的方式是通过使用纸张和铅笔而不是笔记本电脑。记住,笔记是非常重要的,即使你另外进行录音或录像。如果你不进行这样的录制,拍摄使用环境的照片可能仍然是有用的。

（8）数据。数据包含来自访问的笔记,任何访谈笔记和填写好的调查问卷,任何音像记录和人们可能已经送给你的其他材料。既然访问可能需要几个小时,那么你可能最终以几十个小时记录下来的数据来结束。为减少数据处理所花费的时间,使用笔记作为原始数据源是一个好主意。如果可能的话,避免不得不译音音像记录,以及只在笔记混淆或不足时把它们作为备用来使用。

如果有可能,在进行下一个访问之前,键入并详细阐述所有来自访问的笔记。这有助于保持概述和发现缺失的信息。最低限度也要写下你的总体印象和简短结论。当现场研究结束时,随后你能迅速评审笔记并向团队展示第一个初步的一般性结论。

数据分析的任务通常看起来有点复杂:①你在现场收集关于人们如何完成任务或其他活动的数据,系统最终会支持或取代这些任务或活动;②基于AMI-TUDE框架(3.1节)、建立正在实际运行系统的AMITUDE使用模型的缺陷,分析这些数据;③进一步分析这个模型,以提取新系统的规范和设计的需求。新系统做事可能非常不同于现场正在进行的事情,但现场观察不能告诉你它们之间的区别。它能进行的就是为在工作场所或其他地方正在实际运行的系统建模,当然包括人们改进工作流程、进程、交流等的愿望。这就是我们在15.1节所说的大型数据处理间隔,也见第15、16章数据处理和分析。

（9）优点和缺点。宏观行为域方法提供很好的机会去体验和理解人们在进行某种意义上类似于系统想要支持或取代的那些活动时,在其真正环境中实际做的事。这种可用性信息不能以任何其他方式得到,只能通过现场调查;在自然环境下正在发生的事情,在实验室里一般不能被复制,并且我们不能简单地要求人们告知他们在工作场所中、在家里或其他地方做的事情,因为他们并不一定善

190

于记住和解释他们每天遵循的例行公事以及这种情况发生的详细的物理、心理、社会和组织环境。

然而,当外人在场时,人们可能有不同的行为,这取决于外人的存在有多大的侵入性。此外,真实生活有很多变化,因此如果你访问的那天非常沉闷或非常忙乱,或如果有什么特殊事情发生以致于花费了大半天,那么你就要冒着从你的数据里得到错误使用模型的风险。

访谈比纯观察更具侵入性,并且对人们来说更像是"时间强盗"。相反,如果你不问到足够的问题并验证你的解释,那么观察都是主观的和容易出错的。

宏观行为域方法成本较高,因为它是劳动密集型活动。你必须旅行到一个或几个地方去访问人,他们每一个人都要花时间,同样自己也要花大量的时间。数据分析经常是复杂的。这里要说的是,通过拥有好的笔记和查阅任何音像记录的办法,你至少能够节省时间。当然,准备工作也很繁重,特别是如果遇到充满了政治和其他复杂情况的巨大挑战,例如在医院和全国范围内电子病人期刊的创建和使用。最后,可能很难获得需要的现场研究许可。

(10) 实例:来自使用宏观行为域方法的笔记。图 10.1 显示了由作者之一在现场观察和在一家旅行社进行访谈过程中记下的摘录笔记。访问的目的是为了了解旅行社如何处理与国内航班机票相关的电话,包括预订、更改和取消。收集到的信息用于语音对话系统的规范(3.4.2 小节)。除了其他事情以外,我们了解了使用环境、工作进程和哪些信息存储在数据库中。后者给了我们一个如何在对话系统中应对旅行者名字的设想。

来自对旅行社访问的笔记

　　接听客户电话的 7 个旅行代理分享最大的房间。……除了秘书和两个处理团体旅行的人有个人计算机外,每个雇员在其桌上都有电话和连接到主机上的爱立信(诺基亚或 ICL)终端。……为了方便,书籍和材料也放在桌子上。很可能最重要的书是《飞行 ABC》,这是所有航班的表格。……不常用的材料沿墙放置,横靠着一些硬件。在一楼有一台电传打字机、两台传真机、一台用于打印预订信息的打印机、一台复印机。……

　　……预订要求,客户(通常是秘书)至少简要说明发票必须被送达的组织名称、出发机场和目的地机场、日期、大概时间、乘客姓名,以及如果需要往返票,还得简要说明日期和回程的大概时间。极为经常的是一份客户配置文件对应一个乘客而存在。人……关于旅行的人的信息经常保存在叫作客户配置文件系统中,该系统是智能系统的一部分。客户配置文件系统包括信息,如姓名、航空公司偏爱、座位,……这样就不必每次都要问,又如何拼写乘客的姓名。……

图 10.1　来自在旅行社进行的宏观行为域观察的笔记摘录(原文译自丹麦语)

10.2　微观行为域观察

像宏观行为域方法(10.1 节)一样,微观行为域观察也需要在现场进行,但有非常不同的中心和目的。前者收集关于任务或其他活动、合作样式、工作流程等的可用性信息,而微观行为观察关注活动的物理执行,以及这种执行表达思想的方式,也就是关注人的微观行为细节,见 4.2.5 小节的结尾。

关于与实验室(10.5 节)里的微观行为数据收集相对立的微观行为域观察的特殊之处在于,现场观察收集现实行为的数据,也就是在理想情况下决不受与数据收集相关的各种因素影响的数据。有一个可能的术语混乱埋伏在这里,我们有更好的澄清:一个人当然能够"前往现场",也就是说,离开实验室,并在记录他们之前给测试对象下达多个(不)做什么的指令。我们结合实验室里的微观行为数据收集来讨论这种情况,并为或多或少纯粹的、不引人注意的现实行为观察保留微观行为域观察这一术语。

(1)方法使用的时机及范围。微观行为域观察在生存周期的早期到中期用于为开发系统能力收集可用性数据,以识别和理解人的行为,并生成任何种类的人的行为模拟,包括从沉思步行到愤怒的疯狂爆发。微观行为有效性对成功的行为识别是至关重要的,并且人对手势、面部表情、口头表达、身体运动或动作是否在微观行为上有效是高度敏感的。

然而,既然这种数据大部分都能更容易地在受控的实验室环境或类似环境(10.5 节)里收集,那么当更受控的和有约束性的数据收集方法变得不切实际、不足或不可行时,就得主要使用微观行为域观察了。在不切实际的一个简单实例中,尽管我们可能永远都无法成功说服旅行代理史密斯来实验室跟来自他那里的客户交谈,但他和他的公司可能会非常愿意让我们记录他在工作时与客户的交流。为说明不足,我们需要现实的、不引人注意的数据来检测系统:为了在现场工作得无约无束,它最终要面对什么。

(2)多模态意义。微观行为观察很少与标准的基于图形用户界面的开发相关,但对用于与人融合的多模态系统至关重要,因为这些系统需要在人的感知、中央处理、交流和动作各方面建模(6.2.2 小节因素 1.5.6)。我们所有的案例都需要微观行为观察的数据(2.1 节),因为它们必须识别和理解人的行为输入,例如语音和信号语言,特别是"算术"系统可能需要来自现场的微观行为数据。为识别、理解或生成语音、指向手势、信号语言、面部表情和生物传感数据,这种数据正以不同的方式用于训练、设计和测试系统的组件。

(3)方法的工作思路。微观行为域观察几乎完全基于音频、视频、电生理学和其他数据的录制。微观行为通常过于快速和复杂而不能被人实时感知,这就是为什么奔跑着的马被错误描述了几个世纪而没有人能够发现差错。因此,关于数据要进行的实际观察,发生在数据分析过程中而不是数据收集过程中(第16 章)。

例如,尽管对于宏观行为域方法来说,记下旅行代理史密斯以友好的方式询问用户关于旅行的目的地是非常标准的——但微观行为在这种交换中的重要性却完全在于史密斯先生的脸和身体姿势如何表达友好,他使用哪些精确的措词来提问题,他使用哪些语调,他有哪些口音,他可能会做哪些精确的手势,以及这些微观行为如何及时协调。我们使用微观这一术语完全是为了突出显示对我们如何做我们所做事情的这种关注。

(4) 应用该方法需要的资源。适合指定的配置文件的人,音像录制设备,1~2个负责进行录制的人,可能的话再加上由数据产生者或他们的组织签订的知情同意书或其他许可,允许进行录制(13.3.4 小节)。注意,要被记录的测试对象可能与项目有很多不同的关系。当然,他们可能是目标用户或有代表性的用户群(3.3.1 小节),但他们经常是特别善于产生我们需要详细研究的微观行为的人,或者是能够简单地进行那些行为的人。例如,如果你想要录制探戈舞者的音像记录,那么就必须决定是否需要专业舞者或当地业余爱好者。在场或录制音像记录并不总是必要的。例如,如果能够与将提供客户电话音像记录存取的公司达成协议,那么为记录电话所有需要去做的就是装配在约定的期限里能自动把电话记入日志的设备。注意,可能不得不请求打电话者给予允许记录他们电话的许可。

(5) 系统/AMITUDE 模型。在某种程度上已经指定了系统模型。该方法的目的是收集支持设计规范或实际应用的可用性数据。

(6) 计划。基于6.4节描述的详细信息,制定可用性方法计划。从收集可用性数据(6.4.2 小节)的目的开始,以使该目的具有可操作性(6.4.3 小节)。然后指定数据产生者配置文件,并查明进行数据收集的场所或地点。如果一个人所需要的就是一堆欧洲冠军联赛的足球比赛录像,这可能是非常简单的。但是如果数据记录关注的是需要特殊设备设置的行为细节、给测试对象加上标志等,则可能更复杂。

需要多少测试对象以及多少数据,取决于数据收集的目的,并且必须基于可利用技术从各种情况进行估计。尽管一个电话可能是 2 分钟,但一场乒乓球比赛或者在学校的一堂课要花长得多的时间。因此请记住,数据收集和分析是耗时的,并且在资源方面很容易产生巨大费用。为收集超过 95% 的人们用来用英语预订航班的语言结构,我们需要用多少不同的人记录的多少小时的人—人机票预订数据?答案很可能是超过你能手工收集和分析的一百倍!

有必要经常联系记录对象,或与一个组织就录制时间和录制方法以及获得必要的许可达成协议。确保音像记录将在你想记录的行为真正产生时录制。准备好在联系测试对象时以口头或书面形式给他们的某些信息。至少你应该告诉测试对象,他们为什么是重要的,并告知记录的目的和数据的用途。如果测试对象必须有一定级别的专业知识,例如至少 3 年的教学经历,那么你就可能必须首先筛选他们(8.6 节)。

确保拥有所有的设备,包括足够多充足电的电池。检查一切都在正常运转。如果音像记录要在复杂的环境中录制,那么去那里先检查一下如何以及在哪里最适合安放摄影机和其他设备的方法和地点就可能是值得的。即使如此,在录制的每一天都要计划留出充裕的时间来安装和测试设备。

(7)运行。提前去录制地点安放设备并确保一切运转正常。建议至少2人去那里,因为这将使录制操作对于注定要发生的现实事件更加精力充沛。试着让自己受到友善和宽容,然后在录制时尽力被人忽视和不引人注目。做笔记通常不重要。如果有可能,都要在音像记录录制完成后进行抽样检查以确保它们都是正确的,以及没有必要进行调整。

(8)数据。这些音像记录就是数据。既然微观行为域观察是关于行为细节的,那么就经常需要细致的数据分析。为了能够提取重要的可用性信息,分析可能需要详细的数据注解。这必然要花费很多劳动力,所以在计划数据的深度注解量时要细心,见第15、16章中的数据处理和分析。

(9)优点和缺点。在产生关于人的微观行为细节的现实数据方面,微观行为域观察是独一无二的。如果未被由于录制进程的事先训练和其他因素毁坏,那么这个数据就精确地显示了特殊个体在真实生活中进行活动的方式。得到这一信息真的没有任何其他方式,最佳的近似方式很可能就是要求专业演员来表演。但是注意,为收集微观行为数据使用演员是一个受到激烈争论的问题。一旦你开始以任何方式控制现场的数据收集,那么它就不再是微观行为域观察,而是实验室里的数据收集。

当人们知道他们正在被录制时,他们可能会改变自己的行为,所以始终存在数据可靠性的问题,尤其是对于小的数据样本来说。

(10)实例:旅行代理微观行为。图10.2描述了一组语音对话的收集,目的是研究打电话者和旅行代理表达自己的方法,以及他们请求或展示信息的顺序。注意,问题本身是微观行为的,而信息展示顺序问题是宏观行为的。收集到的数据用作对3.4.2小节中描述的系统规范的输入。

微观行为域数据收集:基于电话的语音对话

结合20世纪90年代早期在飞行旅行领域一个通过电话的语音对话系统的开发,为了收集旅行代理和客户之间现实对话的音像记录,我们联系了一家旅行社。目的是分析对话以获得系统的对话应该如何建模的提示。

我们与旅行社达成协议,送给他们录制设备,而他们接下来会记录在特殊时期的相关来电。出于法律原因,旅行代理总是不得不通知打电话者,只要打电话者允许,那么对话就要被记录。一旦打电话者给出许可,记录就开始。既然我们无法研究对话如何开始,那么这当然是数据方面的弱点。另外,既然还有很多其他难题有待研究,例如被需求和指定的信息的顺序,收到的信息如何被演示,在人的数据库查询过程中进程反馈如何被提供,那么数据就非常有价值,即使每个对话的初始部分缺少了。

以下摘录来自客户和指派到丹麦奥尔堡的旅行代理之间被记录的对话。它显示了从记录开始的第一部分。客户继续预订另一张机票。	
旅行代理:我要查看一下你的配置文件。 客户:好的。 旅行代理:谁要去旅行? 客户:(姓名)。 旅行代理:(姓名),他想什么时候出发? 客户:今晚7点。 旅行代理:从哥本哈根? 客户:从哥本哈根到奥尔堡。 旅行代理:只是单程? 客户:不,他将在星期一上午回来。	旅行代理:好的,7:20起飞。 客户:7:20。 旅行代理:那么这是6号的机票。(停顿)你知道,他在那边(哥本哈根)需要它(机票)的时候,我得输入账号。 …… 旅行代理:7月3日晚上7点从哥本哈根起飞,7月6日早上7:20从当地起飞。 客户:好的。 旅行代理:查询号码是(号码)。……

图 10.2　现实语音对话的收集(对话译自丹麦语)

10.3　分类排序

在本书的各种方法中,分类排序法也是独一无二的,因为它唯一的目的就是要查明人们的想法,或者更特定地说,他们如何把现实世界分为各种概念类别。各种类别是信息表述和交换的根本,因为它们强烈地影响着人们对组织任何种类的详细信息分类的方法。因此,如果我们想要使表述能够如我们所愿地被人理解,那我们就要更好地使它们适应接受者,事实上这只是使系统适合人的一个特殊情况,分类排序是用于图形用户界面的卡片排序的一个归纳(Spencer 和 Warfel 2004,Nielsen 1995,Lamantia 2003,可用性网 2006c)。

(1) 方法使用的时机及范围。分类排序通常用于帮助挑选出在早期设计中表述信息的方式。信息可能是任何类型,例如在本节的末尾显示的面部表情实例。在基于图形用户界面的开发中,众所周知的卡片排序方法尝试应用于减少某些由经典图形用户界面风格的界面产生的关键可用性问题,也就是设计者设计的静态图形标记和关键词(4.3.2 小节)的问题,以及静态图形图标的相关问题。在这两种情况下,问题通常是在菜单里、按钮上和其他地方的标记/关键词(4.3.2 小节)和图标,即使被放在一起作为加了标记的图标,也是含糊不清的。原因一方面是每个用户都能够以不同方式解释某个表述;另一方面是因为不同的用户往往不同地解释表述;还有部分原因是传播的信息经常是用个别词语或短语特别难以传播的功能信息。有些后果是导致用户无法轻易找到他们正在寻找的东西、用户无法建立信息的简单心理模型(佩恩(Payne)2003)、用户保持在不确定和混乱的状态之中。

试图减少问题的方法之一就是要求测试对象把一堆卡片分成小堆,每张卡片有一个菜单标记或图标,把相关的详细信息放在一个常用的标题标记或图标下,并且有时还要指出无法理解的或含糊不清的关键词或图标以及提出另一种选择。

归纳一下,分类排序能够做的是,以任何模态或模态组合方式展示任何一组表述,并要求测试对象描述或批评每个表述;把表述分组到指定的或创建的标题之下;告诉一个群缺少什么或什么不属于它,或者什么听起来、看起来或觉得是奇怪的、自然的、可爱的、含糊不清的或令人不安的,等等;或者我们能够想到的用该方法去做的任何其他事情。每当我们有一组我们想要测试对象分类或获取的表述,都可以使用该方法。

注意,这种分类排序方法发挥作用通常需要创建大量的分析和表述。如果已经存在某个被普遍接受的、使用起来有意义的分类,例如一组来自某部分医学的分类,那么分类排序对于应用的域部分就不需要了。即便如此,对于与系统操作相关的界面部分,这通常在医学院是不教的,分类排序也可能是有用的。

(2) 多模态意义。分类排序提出了人在各类媒体中的分类和本书(第4章)中描述最多的模态,并且对于制定与人融合系统相关的人的所有分类方式都是重要的。这表明针对用户收集的数据类别普遍缺乏知识(6.2.2 小节因素5、6),方法对于多模态可用性可能要比对于基于图形用户界面的可用性更重要。分类排序应用于本节末尾的实例中的"算术"案例(2.1 节)。为了决定哪些声音用于表述哪些颜色(7.2.2 小节),该方法也可能已经应用于"寻宝"。在我们测试的版本(伯恩森(Bernsen)和迪布凯(Dybkjær)2007)中,声音都是任意的,且难以记忆,而其中两个十分相似,不能轻易地识别出来。使用分类排序,测试对象已经可以用声音清单加以展示,并被要求将这些声音按照相应的 5 个颜色预定义组加上一个"不知道"组进行分类,这已经可以产生一个更可用的声音组。

(3) 方法的工作思路。以任何模态或模态组合给每个测试对象提供用一组表述或分类详细信息,并要求他们要么以个人方式要么以小组方式(3.3.1 小节)讨论处理问题的方式,并参照上文进行分类。如果要求测试对象把详细信息分类为组,那么你就可以要么运行开放式分类排序,测试对象自己决定创建哪些组和多少个组;要么运行封闭式分类排序,你已经建立了各个组,而测试对象不得不把详细信息分配到这些组中。

(4) 应用该方法需要的资源。目标用户或有代表性的用户群、主试者,进行分类的表述,可能的话再加上计算机(数量与以并行方式工作的测试对象对应),可能的话再加上录像设备。

(5) 系统/AMITUDE 模型。系统模型的初始版本已被指定,而详细设计正在开始或正在进行。分类排序的目的是收集支持信息表述设计的可用性数据。

（6）计划。基于6.4节描述的详细信息，制定可用性方法计划。从收集可用性数据（6.4.2小节）的目的开始。

第一，通过创建或选择要展示给测试对象（6.4.3小节）的表述以使该目的具有可操作性。这就是在人—系统信息交换方面加以关注的地方，因为各种表述正在展示给测试对象，并且提出各种问题。测试对象不可能提供超越这些表述和问题的更多有用输入，所以，如果这些表述和问题不是精心准备的，那么方法应用就可能被浪费掉。要使表述容易处理，也就是容易浏览、个人检查、比较、再访问、分组或以其他方式注解等。

第二，编写测试对象指令的脚本，以便所有测试对象接收相同的相关信息：练习是关于什么的，确切来说他们应该用表述做什么，如何在计算机上处理表述（除非你使用物理卡片），以及当他们完成各自的任务时，事情应该是什么样子的。每个表述都可能伴随着问题，例如测试对象是否理解详细信息或是否有另一种选择的提议，或者它有多适合某个分类。对于测试对象应该如何处理"不知道"的情况一定要直截了当。给测试对象提供说"不知道"的选择，而不是迫使他们做出他们根本不确信的分类决定通常是更可取的。为便于参考，给表述编号，但要确保在展示给测试对象时保持内容的随机性。给测试对象简单的表格来填写他们的分类解决办法是实用的，而有些测试对象同样可能会对某种做笔记的方式表示感谢。把填写好的表格载入数据库可以节省宝贵的数据处理时间。

通常，保证测试对象有充裕的时间把他们深思熟虑的判断应用到工作中是非常重要的。人们把大量截然不同的时间花在给一堆详细信息分类上，作为经验法则，给50个详细信息分类大约需要0.5h。如果分类任务不同于经典的卡片排序，那么就应该与几个同事一起对需要多少时间进行测试。注意，比较起来，包括触觉或音效模态的表述比图形模态更耗时，因为为了进行比较，前者必须是检查一个，记住一个；而后者能够通过视觉进行并排比较。还要注意，可能存在需要快速自发分类的情况。

如果你使用物理卡片，则要准备好钢笔和橡皮筋。要有一个摄影机记录每个测试对象在桌子上摆卡片的过程。在使用电子表述时，要确保有足够的计算机。把表述放在每台计算机上并检查一切是否正常运转。准备好回答来自测试对象的问题。记住预订需要的房间。

我们的建议是至少邀请15名测试对象。见13.2节中的测试对象招聘和13.3节中的与准备实验室会话相关的其他问题。

（7）运行。测试对象可能同时或不同时到达。在任何情况下，你应该给他们已经准备好的指令，要么口头说、写在纸上，要么两者兼有，然后让他们去做自己的工作，使其不会感到处于任何压力之下。保证他们能很容易找到主试者，以免有问题或当完成时需要找主试者。确保对解决办法进行拍照或保存在磁盘上,见第 13 章中的与运行实验室会话相关的问题。

（8）数据。原始数据由分类工作的结果组成,最好是存储在数据库中。如果没有,有效的方法是把每个参与者数据的输入到电子表格或数据库中,以便你能够很容易地检查已经出现的结果样式。在很多情况下,测试对象经常会同意这么做。当然,这个协议本身可能很重要或令人惊讶。否则,值得特别关注的详细信息就是没有多少或根本没有共识以及"不知道"比例的那些项目。如果到处都有很大比例的不知道和不同意,那么这就可能是对理论分析的挑战,但是对于你正在创建的设计,它很可能意味着要回到制图板以彻底重新设计表述并准备一个新的分类排序练习见(第 15、16 章)中的数据处理和分析。

（9）优点和缺点。因为该方法采取直接和集中的方式存取人们对事物的分类,所以分类排序是一种非常好的工具,用于以系统的信息表述展现所有分类方式的优点和缺点,例如包括从清晰和无害性直到模糊和冒犯原教旨主义者这一切,以及所有跨分类的人际关系方式。此外,该方法使用起来通常成本较低。

潜在的缺点是分类排序与 AMITUDE 环境无关,所以在实际的 AMITUDE 环境中(3.1 节),使用的分类方法和实现的结果可能并不总是最优的。此外,结果有时是模糊的,并且难以解释。

进行按组分类的风险是,个人的感知可能会迷失在由少数几个测试对象的观点和耐力决定的集体共识上。优点是小组讨论。

（10）实例:"算术"面部表情分类。图 10.3 显示了来自"算术"系统(2.1 节)分类排序的一个小的实例。整个分类进程在计算机上进行。8 个文件,用 1~8 进行编号,每个文件包含一张脸。要求测试对象以任何顺序逐个打开文件,并将面部表情分类。首先,交给他们开放式任务,使用他们能想到的最适当的词

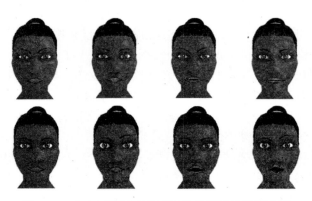

图 10.3　来自"算术"系统遵照分类排序的面部表情

给每个表情分类。接下来,他们被要求再一次仔细检查图片,这一次要完成把每张脸分成中性的、高兴的、生气的或惊讶的这一封闭式任务。分类加入到表格当中,每个表格都包含一个带有文件名字编号的表和要填写的空格。这些表格也要求测试对象在从非常容易到非常难 5 个等级上进行勾选,并简略地描述分类是如何进行的。最后,这些表格欢迎测试对象对开放式任务以及封闭式任务中的面部表情的适当性写下自由式评论。

10.4　用户实时观察

用户实时观察(鲁宾(Rubin)1994,夏普(Sharp)等 2007)指的是在测试对象与某个系统模型版本交互的同时观察他们的活动。其目标是收集关于用户—系统发生交互时的可用性信息,通常是为了补充从日志文件和测试后提问(8.8 节)收集到的数据,并创建尽可能完整的关于交互的数据集合。在本书的方法库中,最接近用户实时观察的方法是宏观行为域方法(10.1 节)中以观察为本的部分。而主要区别很可能在于,使用前者的观察者应该熟悉与之交互的系统,并熟悉针对交互的计划,而使用后者的观察者处于不熟悉的"自然环境"中,除了用户—系统交互外,还可能同时正在观察很多其他的东西。

(1) 方法使用的时机及范围。从用户与之交互有意义的系统模型产生开始,就能够使用实时观察方法。在第 12 章描述的 5 种交互方法中,用户观察方法经常应用于"绿野仙踪"和有声思考(12.1 节、12.2 节、12.3 节和 12.5 节)这两个原型的测试。从实际出发,该方法用于实验室会话,包括输出的实验室测试,例如测试对象正在驾车并与车载语音控制系统原型交互,同时观察者坐在车后座。另一方面,如果我们正在运行一个无人监督的现场测试(12.4 节),测试对象随时都可以使用该系统,而且正常情况下是在他们自己的环境中使用,例如在工作场所或者在家里,那么观察就会很难或不可能实现。同样,如果用户带着他们的移动 APP 不断走来走去,那么实时用户观察就会变得麻烦。

(2) 多模态意义。既然用户—系统交互测试是可用性开发中必须做的事,那么,用户观察对于基于图形用户界面的系统测试就非常重要,同对多模态系统测试一样重要。不过,对于高级的多模态系统项目,需要更多的实验室测试或被监督的现场测试,利用更多的迭代测试,并使用比标准图形用户界面项目更多的用户观察。这意味着用户观察法稍稍偏向用于多模态的可用性开发,参照6.2.2 小节中的因素 2、4、5、6,分别是用户对系统类型的熟悉度、系统类型与现实开发有多近、要针对用户收集的数据的类别和普遍缺乏知识。关于我们的案例,实时用户观察用于"数独""寻宝"和"算术"测试。

（3）方法的工作思路。带着纸和钢笔或一台笔记本电脑，观察者观看测试对象与系统模型的交互，并在整个会话期间对测试对象正在做的事情做记录，可能的话加上原因。从收集到的日志文件来看，这种信息的很大部分都不明显，也不会在测试后的问答中加以报告。某些形式的交互很难观察，例如"寻宝"案例中的虚拟触觉交互。

观察者作为自然人，拥有有限的注意范围和记忆存储，所以不要指望他们提供确切的定量信息。所以为了以后有可能检查，最好配上会话录像。

（4）应用该方法需要的资源。目标用户或有代表性的用户群（3.3.1 小节）、观察者、系统模型、钢笔和纸或一台笔记本电脑、音像录制设备。

（5）系统／AMITUDE 模型。只要你能够应用来自第 12 章的方法，并且测试对象能够与系统模型进行交互，任何模型版本都可以。

（6）计划。基于 6.4 节描述的详细信息，制定可用性方法计划。把收集可用性数据（6.4.2 小节）的一般目的看作是收集数据的目的，收集数据能从已经被计划的其他方法中补充数据，例如测试后提问（8.8 节）和日志文件。通常，要求观察者必须保持虚心并避免注意力分散，例如给正在日志中可靠地计算着的事件计数，或者描述只是遵循测试脚本的事件。此外，系统的性质，或在较早的测试中进行的观察，可能也会引起需要注意的特殊事件。

要确保熟悉进行测试的系统模型，以便知道该系统如何工作，也许还能知道潜在的问题。同样，好的观察者需要全面地熟悉测试脚本，以便知道在测试过程中应该期待什么。

观察方法经常与实验室测试方法集群到一起，参照 12.1 节、12.2 节、12.3 节、12.5 节。两种方法将共享测试对象招聘的任务，而其他大多数准备必须针对每个方法单独进行。另见第 13 章中的与实验室里的测试对象一起工作。

（7）运行。通常观察者应该承担不引人注意的旁观者角色。把观察者置于测试对象后面，并且在测试对象视线之外，或者更好的是置于单向镜后面，确保对测试对象进行观察的同时测试对象不能反向观察。在任何情况下，测试对象都应该被告知观察者的存在，尽管该事实信息可能会影响到交互的进行。一旦为测试对象所知，观察者就应该尽量回避，以避免任何额外的干扰。

关注用户在做什么。最好是有专人负责录制设备。如果你必须来照看，要确保能够启动设备，定期检查它是否在运行，以及在每次会话结束后关掉。确保有足够的磁带、电池或在接下来的会话中用到的东西。

观察不是对会议制定备忘录，它更像是注意到各种各样不拘泥于脚本的、可能很重要的细节，以及做出关于测试的局部和初步的假设和结论。观察者观看测试对象作为其精神状态信号的非语言行为和口头行为,难或易的东西是什么,什么地方出错了,测试对象如何应对,停顿,犹豫和重新开始,感叹,主试者提供的帮助,涉及其他人员的测试中断,不同的测试对象处理交互方式之间的差异,新兴的交互样式等。每当有错误或意想不到的事情发生,以及新的设想,就要把你的最初解释和结论记下来。另见第 13 章中的关于运行实验室会话的一般信息。

(8) 数据。数据通常包含笔记、音像记录和日志文件。音像记录只是作为备份使用,以免笔记在某个地方不足或者难以理解,或者为了满足可能很重要的某个特殊事件的细节需要。音像记录必须完整检查,因为由于对手或脸的阻挡,观察者可能不能够观看到测试过程中测试对象所做的一切;或者可能因为音像记录作为了测试对象宏观行为或微观行为方面的主要数据源,参照第 15、16 章中的数据处理和分析。通常,观察笔记和测试记录形成了在总体上分析的更大测试数据资源集合的一部分。

如果你把笔记写在纸上,那就要输入到计算机里。并且使它们连贯易懂。仔细检查笔记,看看关于测试本身、系统评价和系统模型的改进,能够得出哪些结论。然后把笔记与其他产生的数据资源结合起来。

(9) 优点和缺点。从系统的不完善性到主要缺陷,对交互过程中的测试对象行为所作的观察是一切信息的重要来源。此外,该方法成本很低,并且应用简单。

有一个潜在的严重问题,有些测试对象可能会感到不安和紧张,并且当房间里除了他们还有别人,可能再加上主试者时,他们会改变自己的行为方式。见上文和第 13 章中的防止测试对象紧张的有用步骤。

(10) 实例:"寻宝"观察笔记。图 10.4 显示了来自在"寻宝"系统的第一次实际应用原型评价会话上所作的详细阐述的观察笔记摘录(伯恩森(Bernsen)和迪布凯(Dybkjær)2007)。原来的笔记由两个观察者写在纸上,其中一人还担任主试者的角色,随后合并到一起的。方括号里的文本是由观察者增加的注解。这些注解给测试对象提供大量超过预期的帮助和建议。另见 5.1 节中的任务规范。对于笔记的完整版本,见本书的网站。

来自"寻宝"系统测试的观察笔记
任务 1—找到红色的壁橱 有理解寺庙遗址的问题。 被告知他必须进入房子找到红色的壁橱。 长时间寻找。找到房子,但是没有门。不再点击房子。 原来,他认为当他点击房子时他一定会听到哔哗声。他被告知只需点击即可进入,并且有 4 座人能进入的房子,4 座人不能进入的房子。[实际上只有 3 座人能进入的房子。]

进入正确的房子,但点击房子后、点击周围后、没有找到壁橱后,又从门里出来了。他只搜寻了房间的一边(那里没有红色的壁橱)。

[奇怪的是,当从里面摸到墙时,系统有时说"房子",而有时相反对于灰色它也出声。]

进入了一座新房子——这一次里面是蓝色的壁橱。

现在他点击各座房子。

离开,最后再次进入带有红色壁橱的房子。找到壁橱,并被告知他需要点击。

这个任务大约花费10min。

任务3—去寺庙遗址……任务5—去地下墓穴……

任务7—沿着开沟槽的路径前行

移动光标,在经过时没有首先发现沟槽。得到帮助,试着找到你能沿着前行的东西,并且它在特定方向上。似乎沿着沟槽前行,但又再次失去。得到帮助,找到了沟槽和它的尽头。

得到森林地图,并被告知他必须想象出地图正挂在墙上(也就是多半是一个2维物体)。他被告知,这次不要点击,而是要找到路径,去它的尽头,也许然后去另一端(它的起点)。

找到了起点,但是沿着路径前行有难度。被告知路径上面有障碍。测试对象:这就是到了一个人该认为路径终止的时候了。

过了一段时间后找对了,得到了某些帮助,然后找到了宝藏。

[用第一个测试对象进行的测试让我们意识到,在玩游戏之前,主要是在玩游戏过程中,我们很可能不得不进行大量的指导和解释。]

图10.4 来自"寻宝"系统的实际应用原型评价会话的键入并
详细阐述的观察笔记(原文翻译自丹麦语)

10.5 实验室内的人体数据采集

实验室内的人体数据采集服务于收集关于受控条件下的人的活动和行为的可用性信息或宏观行为和微观行为数据。通常在实验室里完成,也可在其他地方建立受控的条件,例如在车里、在街道上,或在借来的外科手术室中。这与避免对收集到的数据有任何控制影响的现场的人的数据收集(10.1节、10.2节)大不相同。收集受控条件下的人的数据,其目的是为组件训练创建数据资源,或为深度研究特殊形式的活动和行为创建数据资源,参照下面的实例。实验室内的人体数据采集不像实时用户观察(10.4节)那样涉及用户—系统交互。

(1)方法使用的时机及范围。取决于数据的不同,实验室内的人体数据采集能够在整个生存周期内随时使用。用于研究行为的数据经常早早就使用,而训练数据在组件实际应用过程中使用。

该方法的使用范围覆盖具有下列特性的系统:其输入识别和理解、中央处理或输出生成的功能能够受益于人的外表和行为的信息。某些系统这样的严格需求与受控条件下收集到的现场数据是矛盾的,但对于使用"受控数据"而非现场数据的原因可能包括现场数据质量太差、成本太高而无法收集、对于组件训练或其他使用太复杂,或不需要的噪声或变异性等。在实验室,我们能够尽力控制产生为某个目的确切需要的数据而进行的数据收集,测试对象只受伦理的约束。

（2）多模态意义。实验室内的人体数据采集偏向于多模态开发和与人融合的系统,因为标准的基于图形用户界面系统很少或没有使用收集到的数据的目的,参照 6.2.2 小节中的因素 1、5、6。该方法对于构造为人的感知、中央处理、交流和动作各方面建模的非图形用户界面系统尤为重要。我们所有的案例系统（2.1 节）都能够受益于训练,并能够测试用实验室里的人记录下来的数据。

（3）方法的工作思路。尽可能按照需要邀请测试对象到实验室里或"营造的实验室"环境中。指导测试对象,并在记录他们行为的同时,让他们进行你想要收集数据的活动。例如,测试对象什么都不用做,只是被拍下进行图形面部识别算法训练和测试的情景。另外,他们可能只是走路、大声朗读词语或句子、微笑、表现正常或表现生气、成对讨论某事;在城镇周围的特殊路线上驾车、也许是大口喝下 6 罐啤酒、或者做出大量的规定手势等。

（4）应用该方法需要的资源。目标用户或有代表性的用户群（3.3.1 小节）,或者只是适合数据收集的人,一个或几个主试者,音像录制设备,包括给测试对象指令的数据收集脚本,可能的话再加上知情同意书（13.3.4 小节）。

（5）系统/AMITUDE 模型。如果只有提纲系统模型,那么使用该方法的目的就是收集支持需求规范和设计的数据。如果系统模型处于实际应用阶段,那么该方法通常用于收集训练信息。

（6）计划。编写方法计划（6.4 节）,从收集可用性数据（6.4.2 小节）的目的开始。目的范围可能是无限的,但无论什么目的,获得正确的数据都需要详细的计划。如果把该目的的可操作性（6.4.3 小节）弄错了,那么数据收集就得全部再来一次,这就是用于大型有关人的数据收集协议为什么会达到数百页的原因。所以,要分析数据应具备的关键特征,以适合它要用于数据分析或组件训练的目的。然后从为产生拥有那些特征的数据和真人测试对象应该做什么开始设计数据收集进程;其次是进程本身的设计,包括测试对象数量、测试对象配置文件、测试对象指令、人员角色、可能是从话筒和摄影机通过生物传感器或身体和肢体的标示和无线射频识别标签等任何东西的数据收集设备。见第 13 章中的关于实验室会话的细节。

所需的测试对象数量可能会有很大的变化。专业的训练数据集合经常涉及数以百计的测试对象,而少数几个测试对象也可以用于行为的研究。这取决于所需可靠性的不同程度。为了能够从数据分析中得出高度可靠的结论,或者确保收集数据的代表性,一定要用有代表性的测试对象群,收集足够多的数据。但是要注意,需要收集的数据越多,就规划和准备、数据收集本身,尤其是后续处理和分析而言,进程的成本就会变得很高。

通过良好的设计,以及获得对资源的一些约束和团队可能具有的技能,你可以尽你所能地确定数据真正展现需要的数量以及所需的质量方面的现象。其他方面,见加框文字 10.1。

(7) 运行。在介绍记录设置之前,先从闲聊开始,使测试对象感到轻松和自在。给他们准备好的指令和其他任何材料,以及要查看的时间。在开始数据收集之前,按照需要给他们接通电源并精心指导需要做什么和如何做。即使与同事已经进行了演练,你可能还得对每个测试对象运行几个测试,以确保设置有效,并且保证测试对象按照指令去做,真正产生预期的行为。通常,尤其是在用于组件训练的数据收集方面,有必要全程细致监控每个测试对象,确保测试对象遵循指令。例如,对于组件训练,产生大量类似的和前后关系上毫无意义的数据是冗长乏味的,并且人的注意力可能很容易就开始消退。如果发生这种情况,就要中断数据收集并再次指导测试对象。关于这个问题,要预先警告测试对象,记住每一个新的指令需要花时间去吸收和遵循。在监控过程中,测试者要不引人注目,不要站在测试对象的前面盯着他或她看。

如果有可能,在音像记录完成之后立即进行样本检查,以确定有没有需要调整的内容。如果数据收集要花费几天、几周或几个月,只要实际上有可能,那么就要在更深层次上审查数据。如果出现错误,可能还来得及对数据收集进行补救。另见第 13 章中的关于运行实验室会话的建议。

加框文字 10.1　如何不进行人的数据收集

　　作者之一是一个组件训练练习中的测试对象,基于这个练习,组件将生成测试对象说话时的脸和嘴唇的动作动画。收集所谓的语音学上丰富的视听话语数据,是数据收集新手干的事。要在摄影机前大声朗读的短句用小字体的密集文本在纸片上打印出来,使阅读变得困难,如果句子非常相像就更是如此。对于至关重要的什么(不)能做,测试对象指令未能灌输。位置在一个很挤的实验室角落里,椅子上放着不稳定的设备,人们在房间里的其他地方偶尔交谈。在数据记录期间,主试者站在测试对象的视线之内,脸上的表情非常丰富。测试对象进行尝试,有时未能准确地读懂来自一个纸板上的大约 40 个句子——这些是远远不够的,即使那些句子都来自语音学上丰富的语料库——阅读时常被提出重新措词的和新的指令的、越来越受到挫折的主试者打断。对整个事情有一种急躁和时间压力的感觉。然后,数据收集突然终止,因为主试者觉得这个数据足够好了,此外,数据越多,组件训练时间、"视频数据占据大量磁盘空间"的时间就越长。

　　在用于交谈前的试验中,组件没有表现得非常令人信服,是意料之中的事。一个未被计划的数据重新录制不得不在短时间内完成,这一次多了几个句子,应测试对象的请求,现在是双倍行距的较大字体;更清晰、更迫切的指令;某些关注在于在第一次大声朗读的语料库部分中似乎没有出现的音位;在数据记录过程中,虽然是在一间安静的办公室里,但不少于 3 人拥在测试对象周围。也许动画会变好。

（8）数据。音像记录就是数据,并且通常只有即将进行数据处理的时候,真正的工作才开始,参照第 15 章。数据需要哪些进一步的处理取决于预期的数据用途。在对组件训练和深度分析两方面都做出预期的时候,有必要以某种方式对数据进行注解。例如,组件训练程序通常需要知道正确的(组件)输出应该是什么,并且这意味着用于语音识别器训练的数据必须译音。如果目标不是组件训练而是为实际或理论的目的深度分析行为,为了容易提取信息,很可能需要重要现象的注解。实际目的的实例是,为了塑造意大利政治家这样一个动画人物,提取出现在他们公共言论中的 10 种最常用的手势。理论目的的实例是理解眉毛动作的语义作用。见第 15、16 章中的数据处理和分析。

（9）优点和缺点。对于多模态系统开发来说,实验室内的人体数据采集是极其重要的。首先,该方法几乎使收集关于人的行为举止的任何类型数据成为可能。第二,用适当的控制我们能够产生数据,做到按时、符合质量规范、有或没有特殊种类的噪声、有指定的可变性和代表性。现场产生类似的数据源经常是很难或不可能的,而且成本很高。第三,如今的很多技术尚未充分成熟到用不受控制的现场数据加以训练,即使这一数据存在并能够被以足够的数量和质量进行收集。多模态系统和与人融合系统的开发者频繁使用实验室内的人体数据采集,并且将来可能大规模使用该方法,直到技术成熟到能够现场处理大多数种类不受控制的数据的地步。

新手有低估实验室内的人体数据采集的顽固倾向。大规模的数据收集不仅可能要花费一年的时间来完成,并且涉及几个全职人员,他们可能必须创建或至少是要一丝不苟地遵循数百页数据收集设计的文档资料。

（10）实例:人的会话数据收集。当我们开始在安徒生系统(3.4.5 小节,伯恩森(Bernsen)等 2004)上工作时,我们决定创建一个小的数据资源用于分析人—人会话中语言和非语言的话轮转换[①]行为。既然话轮转换是人们在交谈中一直在做的事情,那么你可能会认为,从某个电影或电视节目中抓取一小段会话很容易,并且相应地认为从头开始创建资源是很愚蠢的事情。然而,如果你仔细审查一下你记住的电影和电视节目,那么可能会意识到,摄影机很少同时显示两个或所有的对话者。大多数时候,摄影机只显示说话的那个人,而且通常只有那个人的脸部特写镜头,因此既忽略了对话者,也忽略了关于手和手臂的姿势、身体姿势和方位等很多重要的细节。因

---

① 会话的基本原则就是按话轮说话,也就是说,话轮中的两位交谈者必须要遵守"a–b–a–b"的原则——译者注。

为说话者的脸部图像无法显示说话者正在看着谁或者什么东西。既然话轮转换机制涉及授话的对话者与说话者一样多,甚至超过说话者,那么大多数时候你就不会知道对话者为了抓住话轮或发出不想要话轮的信号而采取的行为。

已经查看了一段时间,没有发现适合我们目的的、可重新使用的资源,我们最终在实验室里进行我们自己的人的数据收集。在开始录像后,两个人讨论的是不久我们就要搬进去的一座新大楼的平面图。三台摄影机在远处分别拍到了第一个对话者、第二个对话者和两个对话者以及他们的工作环境,该环境可能拥有会谈中使用的对象。在每个人身上的麦克风获取了语音。为便于分析,三个摄影机的记录后来被安放在单独的同步视频图像画面里,如图 10.5 所示。

图 10.5　安放在一个图像画面里的三个同步摄像机记录

从本节来看,在图 10.5 中的数据资源背后的数据收集目的是应用理论上的:我们想要研究话轮转换机制,目的是让安徒生系统在输入解释和输出生成两方面使用其中的某些机制。顺便说一句,对于分析语音和指向手势(为主)相结合的使用,资源也是很有用的,因为对话者一直在讨论并指向平面图。从广义上来讲,这一点有点违背我们的行为规范,即一个数据资源最多只能对单独的目的有用,也就是其数据收集的原始目的。不过,如果语音和指向手势是数据收集目的的话,我们能够做得更好。即使数据收集练习实际上成本很低,也做不到对它进行深度分析,因为它很耗时。

参 考 文 献

Alexander D (2006) Contextual inquiry and field studies. http://www. deyalexander. com/resources/uxd/contextual-inquiry. html. Accessed 19 January 2009.

Bernsen NO, Charfuelàn M, Corradini A, Dybkjær L, Hansen T, Kiilerich S, Kolodnytsky M, Kupkin D, Mehta M(2004) Conversational H. C. Andersen. First prototype description. In:André E,Dybkjær L,Minker W,Heisterkamp P (eds) Proceedings of the tutorial and research workshop on affective dialogue systems. Springer Verlag,Heidelberg:LNAI 3068:305-308.

Bernsen NO, Dybkjær L (2007) Report on iterative testing of multimodal usability and evaluation guide. SIMILAR deliverable D98.

Beyer H, Holtzblatt K (1998) Contextual design:defining customer - centered systems. Academic Press.

Gaffney G(2004) Contextual enquiry-a primer. http://www. sitepoint. com/article/contextualenquiry-primer. Accessed 19 January 2009.

Hom J(1998) Contextual inquiry. http://jthom. best. vwh. net/usability. Accessed 19 January 2009.

Lamantia J(2003) Analyzing card sort results with a spreadsheet template. http://www. boxesandarrows. com/view/analyzing_card_sort_results_with_a_spreadsheet_template. Accessed 19 January 2009.

Nielsen J(1995) Card sorting to discover the users' model of the information space. http://www. useit. com/papers/sun/cardsort. html. Accessed 19 January 2009.

Payne SJ(2003) Users' mental models:the very idea. In:Carroll JM (ed) HCI models,theories and frameworks. Towards a multidisciplinary science. Morgan Kaufmann,San Francisco.

Robson C(2002) Real world research. 2nd edn. Wiley-Blackwell,Oxford,UK.

Rubin J(1994) Handbook of usability testing. John Wiley and Sons,New York.

Sharp H, Rogers Y, Preece J (2007) Interaction design - beyond human - computer interaction. 2nd edn. John Wiley and Sons,New York.

Speecon (2004) Speech driven interfaces for consumer devices. http://www. speechdat. org/speecon/index. html. Accessed 6 February 2009.

Spencer D, Warfel T (2004) Card sorting:a definitive guide. http://

www. boxesandarrows. com/view/card_sorting_a_definitive_guide. Accessed 19 January 2009.

UsabilityNet(2006a) Contextual inquiry. http://usabilitynet. org/tools/contextualinquiry. htm. Accessed 6 February 2009.

UsabilityNet(2006b) User observation/field studies. http://usabilitynet. org/tools/userobservation. htm. Accessed 6 February 2009.

UsabilityNet (2006c) Card sorting. http://usabilitynet. org/tools/cardsorting. htm. Accessed 6 February 2009.

第11章 想 象

在关于多模态可用性方法(6.2.2小节)5章中的第4章里,展示的所有方法都不涉及测试对象或用户。相反,为推断用户活动、用户类型、用户—系统交互或如何提高系统易用性,所有的方法都利用开发团队或外部专家的想象和体验。

11.1节描述用例[①]和想定;11.2节描述虚拟形象;11.3节描述认知过程演练法;11.4节阐述方针;11.5节中的标准讨论关注国际标准化组织/国际电工技术委员会的可用性工作方法论。这不是我们意义上的可用性方法(6.2节),但是更适合与本书作一下总体上的比较。

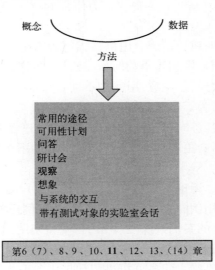

第6(7)、8、9、10、**11**、12、13、(14)章

---

① 用例(use case),或译为使用案例、用况,是软件工程或系统工程中对系统如何反映外界请求的描述,是一种通过用户的使用场景来获取需求的技术。每个用例提供了一个或多个场景,该场景说明了系统是如何和最终用户或其他系统互动,也就是谁可以用系统做什么,从而获得一个明确的业务目标。编写用例时要避免使用技术术语,而应该用最终用户或者领域专家的语言。用例一般是由软件开发者和最终用户共同创作的——译者注。

11.1 用例和想定

从 3.4 节的背景开始描述用例和想定方法。任务或活动分解(3.4.1 小节)用于分析和指定真实用户实际上使用系统的目的,阐述的重点在于功能性和交互,强调以用例进行工作是任务分析不可或缺的部分,如 3.4.2 小节所述。

在抽象层面上,用例(雅各布森(Jacobson)等 1992,科伯恩(Cockburn)2001、2002,马伦(Malan)和布雷德迈尔(Bredemeyer)2001,维基百科 2009a)描述了一段旨在实现某个(子)目标的用户—系统交互,例如在车载导航系统中"输入目的地""预定单程机票"或"让汉斯·克里斯蒂安·安徒生讲述他的生活"。因此,取决于被选择的分解层级,用例对应于 3.4.1 节中被描述为(子)任务或其他活动。

想定是用例的具体示例(13.3.5 节)。在上面给出的实例中,想定示例可以是"柏林菩提树大道""一张戴维·卡尔森于 2009 年 12 月 15 日 7:20 从哥本哈根到奥尔堡的单程机票"和"查明安徒生为什么 14 岁就离开他的母亲和家乡去哥本哈根"。

(1)方法使用的时机及范围。用例被指定为需求规范的一部分,并在设计过程中,也就是生存周期中相当早的时候,被进一步详述。如 3.4 节所描述,编写用例的前提是任务分析。注意,用例并不适合获取非功能性的需求或为其建模,如稳健性和实时行为等。

当不存在具体的任务时,只有域提供约束,而用户通常能够进行更大范围的输入,此时使用例分析会更加呈现不确定性。不过,用例分析高度支持非以任务为本的系统。

(2)多模态意义。无论系统是否是基于图形用户界面的或是多模态的,可用性都可能会受益于用例的应用。在 5.1 节中的案例任务分析与 7.2 节中的案例设计之间,我们所有的案例系统(2.1 节)都受益于用例分析和设计,参照本节末尾的"算术"用例和想定实例。

(3)方法的工作思路。任务分析进程如 3.4.2 小节描述,包括关于什么是基本任务、还有什么要做的、什么是问题的域,把任务分解成子任务或用例。作为具体用例的想定,服务于两方面:在任务分析过程中帮助发现用例(或子任务);帮助分析用例中固有的复杂性。例如,如果用例是用自然的语言输入日期,那么只需要产生几个不同的想定就能够意识到,系统不仅应该能够理解绝对的日期表示法,如"2010 年 2 月 5 日",而且也应该能够理解相对的日期表示法,如"明天"或"这个星期五",并且它必须能够拒绝无效的和无关的日期,如"我想预订一个去年 2 月 30 日的单人间"。

用例经常开始于需求分析方面的简要描述,并在设计分析过程中进一步详述。用于编写用例的典型描述性条目包括图 11.1 中解释的和图 11.2 中体现的内容。重点在于从用户的角度查看(子)任务或其他活动。

用 例 条 目	
用例名称	显示用例目的的唯一名称,如划拨资金,协商会议时间,或使动画人物感到同情并想帮助你
摘要	用例的简要描述
演员	以此用例与系统交互的人
前提	有可能在交互过程中进入用例的、必须是真实的条件
事件基本过程	完成用例涉及的主要步骤
另一条路径	如果出现问题,对可能的变化和例外做出的描述
后置条件	完成用例后将成为真实的条件
笔记	不适合上述分类之一的任何评论
作者和日期	适合追踪版本

图 11.1 详细用例描述中的主要条目

关于自由乘法训练的用例	
用例名称	训练乘法
摘要	用户进入自由乘法模块,被要求将两个数字相乘并说出结果,直到他/她不想提更多问题为止
演员	学生
前提	用户完成了筛选和两堂课的乘法基本原则,并通过进入第三堂课的初始测试
事件基本过程	用乘法机选择自由乘法。 设置最大乘积。如,如果最大乘积被设置为 50,那么用户就不能给出大于 10×5 的任务:一个因数最大是 10,另一个因数最大是 5。 [系统提供任务。 用户回答。 系统对答题正确提供反馈(包括面部表情),并提问用户是否想要新任务。 用户回答。如果是,继续]。 如果否,系统提供答案的统计数据,评价授课情况,并提出如何继续教学和训练(包括面部表情)
另一条路径	最大乘积不在 1 到 100 之间。用户要弄明白差错,并被要求提供一个新的最大乘积
后置条件	用户可以选择再次进入自由训练模块,可能会选择另一个上限,或者去一个用于训练和教学的其他选择都是可利用的等级
笔记	不适用
作者和日期	迪布凯(Dybkjær),2008 年 10 月 7 日

图 11.2 详细的用例描述

211

用例和想定可以由开发团队成员单独或作为团队工作来创建。在理想的情况下,我们应该制定涵盖所有可能的用户—系统交互的各种用例。如果交互是复杂的,涉及众多可能想定示例的可能子目标,那么实际上这是不可能的,这意味着我们失去了对用户—系统交互的控制。在这样的情况下,至少要确保把最重要的子任务或子活动包括进来。

　　(4)应用该方法需要的资源。已经存在于系统模型上的尽可能多的信息,包括任何指定的 AMITUDE 需求(第3、4章);开发团队成员;给用例和想定键入文本用的计算机。如果你已经进行了全面的任务(或活动)分析(3.4节),那么就形成了编写用例的基础。在其他方面,这个分析形成了应用用例方法的一部分。

　　(5)系统/AMITUDE 模型。模型以提纲形式存在。用例分析的目的是为支持进一步的需求和设计规范收集信息。

　　(6)计划。计划的主要步骤是在开发富有想象的用例和想定之前,收集关于系统模型、AMITUDE 规范进程,特别是任务和域分析和规范的所有可用信息。既然不是和用户或测试对象一起工作,那么6.4节中关于可用性方法计划就有几个典型的详细信息不适用。如果用例工作是作为一个小组练习来完成的,那么就需要组织一个开发者会议。对于富有想象的用例和想定创建,使这项工作与本书的某些其他方法进行交织,例如拜访潜在的用户(10.1节),或者邀请他们参加一个系统推介会或者研讨会(第9章),将会是非常高效的。

　　(7)运行。从任务分析(3.4节)开始。重要的是必须给系统划定在其范围内操作的域界并确认核心结构,如基本任务、子任务顺序,如果有的话再加上用户目标。如3.4.2小节所示,不要仅仅停留在确认了几个基本任务,而是继续问还有什么要做的,以找到新的用例,并通过想定分析增加对已确认用例的丰富了解。很多人发现,通过依据具体的想定(13.3.5小节)进行思考是有用的,这些想定随后可能变成更抽象的用例。如果进行虚拟形象描述(11.2节),那么这些描述也可以支持想定和用例确认。

　　尽管对于娱乐系统可能会有例外,但频繁使用的任务或其他活动必须要制定为容易开始和完成。

　　(8)数据。数据包含用例和已经生成的想定。这些可能需要详细阐述,特别是如果数据是通过手写速记得来的。对结果分类并确保所有用例都在大约相同层级的细节上加以表述。这个工作一旦完成,就应该输入到规范和设计中去,可能在设计进程中进一步详述。数据分析方面的两个关键问题如下:①用例集合是否足够全面?②对于每个用例,想定集合是否足够完整?对于这些问题,一个坚定而肯定的回答并不总是可利用。另见第15、16章中的数据处理和分析。

212

（9）优点和缺点。在系统开发中,任务(活动)、用例和想定的分析和设计是强制的。适当的域分析,以及任务—子任务结构和任务内容的适当分析和设计,对于成功完成一个系统的开发也是非常重要的。因为,对于可用性最通用的方面:功能性、易用性和用户体验(1.4.6小节),适当性或缺乏适当性能够产生重大影响。制定用例和想定强制我们具体和详细地思考系统的功能性和可用性。用例,特别是想定(13.3.5小节),对于包括其他的想象方法(本章)和所有用户—系统交互方法(第12章)在内的本书中描述的很多方法的应用,都是至关重要的。

尽管编写用例已经尽可能采用了一条系统化的途径,也就是由坚实的任务分析指导的途径,但还是存在着忽略重要用例和想定的风险。但是发现所有可能的和相关的用例和想定几乎是不可能的。所以开发总是迭代进行的,并且需要尽可能多的来自真实的人的输入。

（10）实例:"算术"用例,用例表和想定。开发者经常通过统一建模语言(布奇(Booch)等1999)在人的引导下认识用例。各种用例可能在一个用例表里加以整理,统一建模语言标准用于该用例表的图形符号。用例表是9种统一建模语言表中的一种。用例表显示了演员(用户)和用例之间的关系,参照图11.3中的实例。注意,一个演员可能是一个人或另一个系统。

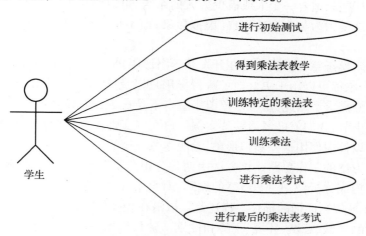

图11.3　用于在第三堂课学生与"算术"交互的用例

图11.2显示了用于自由乘法训练的用例,参照7.2.3小节图11.3显示了一个用例表,该用例表包括乘法训练用例和其他组成第三堂课的部分。图11.4显示了用户在第三堂课可能会进行的3个想定。注意,在图11.3中的任何其他用例能够进入之前,必须通过初始测试。第三个想定是图11.2中的用例的示例。想定可在以后用于测试目的。见13.3.5小节中关于想定的更多内容。

213

"算术"想定
1. 进行第三堂课的初始测试
2. 通过第三堂课的初始测试后,训练 7 的乘法表
3. 通过第三堂课的初始测试后,用 80 作为最大乘积训练 10min 乘法

图 11.4 与"算术"系统第三堂课相关的 3 个用例

11.2 虚拟形象

虚拟形象(库珀(Cooper)1999、2008,卡拉布里亚(Calabria)2004,普鲁伊特(Pruitt)和阿德林(Adlin)2006,夏普(Sharp)等 2007,维基百科 2009b)是对一个虚构人物的详细描述,这个虚拟人物是个典型的系统用户,因此象征着一个目标用户群。虚拟形象给目标用户其他方面的抽象概念添上了人的面孔,并且可以帮助查明哪些需要、偏爱、预期等要加以设计。

(1) 方法使用的时机及范围。虚拟形象由开发团队在分析阶段或在早期设计过程中进行指定。

除了那些只适合一个人或极少数人的系统,可以说该方法似乎适用于所有的系统。这是因为与典型的用户(虚拟形象)而不是与真正的用户一起工作,毫无意义。

(2) 多模态意义。无论是在开发基于图形用户界面的系统还是多模态的系统,虚拟形象都可以用于更好地了解目标用户以及这一开发可能暗示或让人想到的可用性需求。因此,虚拟形象似乎基本不受 6.2.2 小节中分异因素的影响。在 3.3.7 小节,我们就已经能够从案例用户配置文件中创建虚拟形象,并在 7.2 节的案例设计中使用这些虚拟形象,参照本节末尾的"算术"虚拟形象实例。

(3) 方法的工作思路。该方法由两部分组成:基于目标用户配置文件和目标用户群构成分析(3.3.1 小节)的编写,对每个你决定包括进来的虚拟形象所作的 1~2 页相当详细的描述。描述是获取潜在相关问题的叙述,如行为、目标、愿望、技能、体验、态度、环境、年龄和性别。像目标用户配置文件和目标用户群构成一样,虚拟形象的创建也可以利用以下方法收集到的信息:宏观行为域方法(10.1 节)、客户访谈(8.3 节)、中心小组会(9.1 节)、股东会议(9.2 节)或带有用户代表的会议/研讨会(9.3 节)。即使没有这样的信息数据,你仍然能够编写出虚拟形象,但确实需要来自某个地方关于目标用户的背景知识。

通常情况下,有必要区分主要虚拟形象和次要虚拟形象。主要虚拟形象表述目标用户群(3.3.1 小节),并且是设计的重点。如果有几个目标用户群,那么就需要同样多的主要虚拟形象。次要虚拟形象表述目标用户群里重要的子群。

214

次要虚拟形象的基本需要通常能够通过以定制选项或在线用户建模（3.3.1 小节）的形式为主要虚拟形象加上某些附加部分设计来满足。例如，"数独"案例系统只有单一的目标用户群（5.1 节），因此就只有一个主要虚拟形象。从目标群内部，我们随后能够分别定义 3 个次要虚拟形象，也就是新手、中级玩家和专家玩家，并通过提供定制选项，以便他们能够选择各自喜欢的游戏级难度，使每个人在使用系统时都能获得乐趣。或者在"算术"案例中，我们能够想象有两个非常不同的目标用户群，因此就有两个主要虚拟形象，也就是算术教师和学生。例如，当学生需要练习乘法时，教师可以给系统增加新练习，但反过来不行。

对于每个主要虚拟形象，标准的建议不要有超过两个的次要虚拟形象。在所有的情况下，尽量把你的努力限制在几个虚拟形象中，以便不会受挫和困惑于太多小的变化。

（4）应用该方法需要的资源。系统 AMITUDE 规范，包括目标用户群分析，参照 5.1 节，来自开发团队的一个或更多的人，给虚拟形象描述键入文本用的计算机。

（5）系统/AMITUDE 模型。系统模型可能以提纲的形式存在，并且 AMITUDE 使用模型应该是接近完整的。该方法的目的是收集将支持需求和设计规范的信息。

（6）计划。除了汇集已经收集到的所有用户信息之外，虚拟形象分析本身不需要太多的计划。既然我们不与用户或测试对象一起工作，那么 6.4 节中关于可用性方法计划就有几个典型详细信息不适用。如果虚拟形象的工作是作为小组练习来完成的，那么就需要组织一个开发者会议。另外，对于虚拟形象创建，使这项工作与本书的某些其他方法进行交织，例如上述该方法如何工作详细信息下提到的那些方法，会是非常高效的。

（7）运行。使用必须辅助识别需要、行为样式、态度、技能层级等的数据和知识，确认的东西可能会让人想到创建一个或多个虚拟形象。对于每个虚拟形象，决定它是主要虚拟形象还是次要虚拟形象并说明原因。开始虚拟形象描述的好方式是制定一个特征清单，参照图 11.6 和图 11.7。经常包括在虚拟形象描述中的特征主要有姓名、照片、年龄、性别、家庭、教育、工作、兴趣、目标、任务/活动、需要、环境、计算机能力等级，计算机和其他被使用的设备，进行系统完成的任务/活动的频率、障碍、预期、偏爱等。注意，该清单不是详尽无遗的，也不是强制必须要有的。不过，目标是重要的，包括虚拟形象想要实现的结果和虚拟形象更喜欢的用户体验。

很多人喜欢给他们的虚拟形象赋予像约翰·达尔林普尔或玛丽·琼斯这样真正的姓名，而其他人会觉得这很可笑，就反而使用描述性的名字，如"聪明的学生"或"懒惰的学生"。

获得制定虚拟形象特征清单后，你能够把清单用于编写叙述性的虚拟形象描述。但不要增加太多和不必要的细节。

（8）数据。数据就是虚拟形象描述。在开发中,分析不断进化的 AMITUDE 使用模型环境中的虚拟形象,能够有助于确认缺失的功能、方便编写想定和用例（11.1 节）,有助于做出关于内容和设计的决定、区分工作的优先顺序。例如,满足次要虚拟形象不如满足主要虚拟形象那么重要。在评价中,虚拟形象可以用作具体的身心健全的、系统应该与之相符的个体,另见第 15、16 章中的数据处理和分析。

（9）优点和缺点。虚拟形象给典型的用户添上了面孔,并且在理解、共享和应用一张开发团队成员实际上正在为系统开发的细节照片方面支持它们。很多人发现,对于上述数据名下描述的那些目的,虚拟形象是有用的。

然而,为了进行以用户为本的开发,以及考虑到符合目标用户配置文件的人拥有广泛而具体的多样性,其他人并不需要明确描述的虚拟形象。某些人会争论,使用虚拟形象要冒禁锢头脑并阻止头脑考虑在虚拟形象设计中没有出现的用户多样性的风险。无论对于开发者还是股东,都一样会很容易就沉浸在无关紧要的虚拟形象细节当中,像"另一个名字会更好"或"头发的颜色是错误的"等问题。虚拟形象并非坚实地基于有关目标用户的数据,可能会提供一张错误的照片,也可能提供一个错误的目标用户配置文件或目标用户群分析。

（10）实例:用于"算术"系统的一个主要虚拟形象和两个次要虚拟形象。图 11.5 描述一个主要虚拟形象,图 11.6 和图 11.7 概述两个次要虚拟形象。主要虚拟形象是保罗,一个算术普通、要学习乘法的学生。他的目标是保持他的普通等级,不要被视为笨蛋或傻瓜,并让他的父母为他的成绩感到高兴。

戴维是一个次要虚拟形象,在图 11.6 中以着重号详细信息加以简述。戴维能够使用保罗的界面,不过需要更多的内容来满足他雄心勃勃和争强好胜的本性。他的目标是成为班上的顶尖学生,并且对算术有更多的乐趣,可能会得益于新系统,他期待那是一个算术教师和计算机游戏的组合。

苏珊是另一个次要虚拟形象,在图 11.7 中加以简述。她能够使用保罗的界面,不过由于在算术方面自信不足和完全缺乏天赋,她需要某些东西来帮助和激励她。苏珊的目标是避免感觉到不被教师喜欢,在其他人不了解的情况下得到帮助,并获得对算术的基本了解,以便她不总是感到失落。

保罗:算术普通的学生
个人细节 保罗是一个 8 岁男孩,与父母和比他小两岁的弟弟住在丹麦哥本哈根附近的一座房子里。他和弟弟分别拥有自己的房间。他的父亲是客户经理,母亲是护士。 　　他是一个活跃、通常很快乐的儿童,快速运动,身体有些单薄,活泼的脸上长着一双蓝色的眼睛,头发是浅棕色的。当他着急的时候,他的声音经常有点刺耳。

保罗喜欢踢足球,喜欢他的 Gameboy 游戏机。他没有自己的计算机,但与他的弟弟共享一个。他有几个很好的朋友,经常在放学后和周末去看他们——无论何时只要符合他父母的要求。

计算机能力等级

保罗和他的弟弟两人经常玩计算机游戏,但保罗还有几个其他的兴趣,所以他并不觉得他不得不共享计算机是一个问题。他知道关于启动和停止程序的基本知识,并有几个他很熟悉的游戏。

如果他需要援助,正常情况下,他的父亲乐于帮助并对事情进行解释。

学校和算术

保罗上小学了。他在大多数科目中都是相当普通的,除了体育,这一科他高于普通等级。上学没问题。他很少被取笑,并且他喜欢在课间和同学玩。

他每周有 5 堂算术课,分布在 4 天里。到目前为止,他已经学了加法和减法,很快他就要开始学习乘法。幸运的是到目前为止没有多少家庭作业。他发现算术教师不错,尽管不是很有趣。

保罗在算术课上相当活跃,尽管他的教师有时希望他更活跃一些。保罗并不在意。他的雄心并没有超过普通等级,他无意在算术课上朝着前 5 或类似的位置努力。只要不被视为笨蛋,并且只要他的父母感到高兴,对他来讲一切就都很好。

他已经听说,当他们开始学习乘法时,他们将使用一个能对它说话的计算机系统。他希望在和计算机说话的时候,他不会把自己变成傻瓜,他认为被取笑是很可怕的事情。在其他方面他对新系统很好奇。

图 11.5 "算术"系统的主要虚拟形象

戴维:雄心勃勃的竞争者

个人细节

- 8 岁,黑色的头发,棕色的眼睛,愉快的面孔,高大,健壮,相对较少使用手势
- 与他的父母和姐姐住在哥本哈根郊区的一座房子里
- 有自己的房间
- 一般而言善长体育,打网球和踢足球,喜欢计算机游戏

计算机能力等级

- 有自己的计算机
- 每周在 Messenger 网上玩几个小时计算机游戏

学校和算术

- 上小学了
- 在大多数科目中都很精通,包括最喜欢的算术
- 受到竞争的激励
- 喜欢算术课,如果他能得到额外的练习,会很高兴在家里把时间用在算术上
- 父母总是乐于回答问题和给予帮助
- 目标是成为班上算术方面的顶尖学生;有来自另一个男孩和两个女孩的强大竞争
- 听说学校里有一个将帮助学生学习乘法新系统
- 期待这件事——听说它应该像一个计算机游戏,并且能够与系统竞争,此外你还能够在家里使用它
- 他不知道是否也能够和班上的其他人竞争

图 11.6 用于"算术"系统的次要虚拟形象

个人细节

- 8 岁,小个子,蓝色的眼睛,金色的头发,经常看起来有点伤心,说话相对缓慢
- 与她离婚的母亲和两个兄弟住在哥本哈根的一个公寓里
- 与哥哥共享一个房间
- 看电视,玩玩具和其他东西,没有多少朋友

计算机能力等级

- 家里有一台计算机,大多数时间都被兄弟俩占用
- 对计算机不是很感兴趣;试过几次玩游戏

学校和算术

- 上小学了
- 算术差,并且没有多少自信
- 关于学校里的功课,从她妈妈那里得不到太多帮助
- 因为她不能回答教师的问题,经常感觉到在算术方面很笨
- 感觉不被教师喜欢
- 听说他们打算使用乘法系统
- 对它很担心,因为她很不熟悉计算机游戏,但同时希望它会对自己比教师更耐心,当她需要它时会帮助她,不会有全班人都盯着她,并且希望她最终会学会一些算术

图 11.7　用于"算术"系统的另一个次要虚拟形象

11.3　认知过程演练法

认知过程演练法有助于评价系统关于以下两方面的"交互逻辑":①它有多容易使用,②它提供功能的适当性,参照 1.4.6 小节。重点在于在尝试基于系统提供的信息来完成任务/活动时用户的认知性进程。

（1）方法使用的时机及范围。演练通常是在设计已经详细到足以表达具体交互的时候进行。该方法分析人在交互过程中的认知性进程,并有助于评价任务逻辑与设计逻辑的结合。任务逻辑是由系统处理的、与任务相关的事实问题,例如有哪些子任务和任务顺序是什么,如果有的话（3.4 节）。设计逻辑是与交互设计相关的问题,例如如何完成任务或哪些元信息交流途径已被选中。为了从失败的交流中恢复出来,元信息交流设计为关于交流本身的交流,如澄清歧义性或重新描述被错误识别的东西。以任务为本的系统都有任务逻辑和设计逻辑,不以任务为本的系统只有设计逻辑。然而,既然我们在认知过程演练法中要测试的是任务逻辑和设计逻辑的结合,那么该方法就可用于两种系统。

（2）多模态意义。认知过程演练法最初用于图形用户界面的评价,但也能够应用于所有的多模态系统。该方法基本不受 6.2.2 小节中分异因素的影响。对我们所有的案例系统（7.2 节）,认知过程演练法都能够进行。

（3）方法的工作思路。让我们首先描述该方法在活跃而复杂的人机交互黄金时代（1.4.3 小节）的起源：认知过程演练法是基于探索性学习的"CE+认知性理论"。"CE+"从 CCT（认知性的复杂性理论）中获得"C"，从 EXPL（旨在为从演示中学习的进程建模的计算机程序）中获得"E"，从它所依据的其他内容，也就是益智问题文献和认知性结构获得"+"，见波尔森（Polson）和刘易斯（Lewis）（1990）的著作。"CE+认知性理论"包括人的认知和决策信息处理模型，依据在大多数情况下要重复几次的 4 个步骤描述人机交互：

（1）用户通过使用系统决定要实现的目标，如进行文档拼写检查。

（2）用户扫描静态图形的图形用户界面（屏幕、键盘），寻找可利用的输入操作，如菜单、按钮、命令行输入。

（3）用户选择似乎最有可能达到目标的操作。

（4）用户完成操作并评价屏幕上的图形反馈以查明他/她是否接近他/她的目标。

（5）用户设置下一个目标，等等。

然后评价者按照如下流程使用演练方法。针对指定的想定（11.1 节和13.3.5 小节），按正确操作顺序的每个步骤都要经过细察，随后评价者必须关于为什么这么做问以下 4 个问题，用户就会为做出正确的选择试着讲述一个看似合理的解释：

a. 用户是否意识到什么是找到任务解决办法的下一个正确步骤？

b. 用户是否意识到正确的操作在界面上可利用？

c. 用户是否领会到可利用的操作是下一个正确步骤？

d. 如果用户完成正确的操作，他/她是否意识到朝向目标有了进展？

这些问题构成需要在运行测试前准备好的评价表的基础，例如，评价表中的4 个问题用于每一个要完成的操作。

演练不仅仅是用户将实际选择操作的预演，更是一个测试，看看是否有一个看似有理的情节用于以基于想定的操作顺序、在沿着解决路径的每个步骤上进行正确的选择。如果没有，那么很明显界面就是有问题的。演练同样能够以比上面所描述的更严格的方式进行应用，只使用一个系统模型和某些想定，而不使用详细阐述的评价表。基于想定，通过一个步骤接一个步骤地演练系统模型，在追求目标并考虑到每个正确操作的同时，与系统进行的"交互"，记录有任何缺失、混淆或其他方面的问题。

上面的（1）~（5）点显然是以图形用户界面为本的，反映的是传统图形用户界面风格的有意交互（3.6.1 小节），而对很多其他的模态组合则失去了意义。例如，对于扫描一个完全动态的纯语音界面，没有感知检查 4.2.2 小节的自由，并且静态触觉的扫描甚至是一种非常不同于静态图形(4.4.5 小节)扫描的事情。我们相信,只要我们忘记上面那个(1)~(5)点并坚持上面更抽象的(a)~(d)点,认知过程演练法能够被广泛地用于多模态系统。例如,即使用户根本不能扫描纯语音的界面,但基于到目前为止系统提供的信息,以及在用户记住该信息这个意义上,用户也能够考虑要进行的下一个操作。

演练通常作为小组练习来进行,评价者试着把自己放在用户的位置上。基于想定,他们单步调试系统模型,并为每个步骤评价它对于用户确认和完成下一个正确操作有多难以及反馈有多清晰。一个相关的方法是多元性演练,就是除了开发者外,评价者小组还包括用户和可用性专家。评价者单步调试想定,考虑并讨论了他们的操作和任何相关的可用性问题(拜厄斯(Bias)1994,夏普(Sharp)等 2007)。

(4) 应用该方法需要的资源。系统模型;来自开发团队的评价者;目标用户、他们的知识和其他相关特征的描述;想定;用当前系统模型完成每个想定并实现每个目标所需的正确操作清单;可任选的记录员。一直与交互设计紧密相关的开发者可能偏离太大而不能应用该方法。

(5) 系统/AMITUDE 模型。包括 AMITUDE 使用模型,系统模型通常作为详细的设计规范存在。模型可能得到部分的实际应用,但随后只能存在于早期版本当中。

(6) 计划。基于 6.4 节描述的详细信息,制定可用性方法计划。从收集可用性数据(6.4.2 小节)的目的开始,通过创建一组有代表性的想定,并且对于每个想定创建实现目标所需的正确操作的清单,以使该目的具有可操作性(6.4.3 小节)。如果已经制定了用例(11.1 节),那么对于每个用例可以选择或构建一个想定以获得适合的一组。详细描述目标用户群组成。既然我们不与用户或测试对象一起工作,那么 6.4 节中关于可用性方法计划就有几个典型详细信息不适用。

如果工作是由小组练习来完成的,那么就需要组织一个开发者会议。任命一名评价者,或者最好是一组评价者,最好再任命一个做笔记的记录员,同时记录员也可以参与评价。此外,必须编写好评价表,用于记录演练过程中采取的每个步骤。

(7) 运行。基于该方法如何工作条目下的描述,系统的运行应该是简单的。但是要注意,要想流畅地使用该方法需要某些训练。

(8) 数据。数据包含评价表以及评价者和记录员记的笔记。如果是在纸上手写的,评价表和笔记要输入到计算机里。应该对评价表和笔记加以分析,变成描述在系统模型方面需要哪些改变和为什么改变的文档。另见第 15、16 章中的数据处理和分析。

220

（9）优点和缺点。认知过程演练法能够做到不涉及外部人,如目标用户或专家等。因此,具有相对成本低、速度快的特点。方法应用在生存周期早期产生系统模型,或其选定的部分系统化的评价,给重要的可用性问题提供输入,也就是易用性以及功能性的适当性。使用得当,该方法就会对系统模型任务逻辑和设计逻辑的结合给出很好的评价,但受限于所用的想定范围,想定对未来的实际系统使用越具有代表性,结果就越可靠。

（10）实例:语音对话系统演练。下面的实例来自机票预订语音对话系统(伯恩森(Bernsen)等1998a)的演练,另见3.4.2小节。主要的目标群是经常预订航班的秘书,但其他人同样可以使用。

演练基于像图11.8中的想定和表述为带有状态和转换图表的系统模型来完成。图11.9显示了早期系统模型的一小部分,用于指定想定的正确操作通过系统模型表对应特殊路径。

既然没有静态图形可以利用,那么用户怎么办? ①听口语输出,例如"你是否还有别的需要?"图11.9中,用于接下来的步骤和操作,②记住系统可能在早些时候提供的任何指令。对话大部分都以系统为主导,每一步骤都会提示用户下一个输入。因此,只要用户意识到在每一步骤所寻求的信息是朝着正确方向行进,只要用户拥有所需的信息并理解情况就是这样的,那么我们能够提供一个看似有理的论点,即用户会采取正确的下一步骤,等待反馈和新系统的主动性。

基于图11.8中的想定,对话临近结束,用户提供打算旅行者的身份证号码,而不是弗雷德·奥尔森的,并且已经被问过他是否想要改变什么,对此他回答说"不"。此时,从系统的角度来看,任务完成了,并且它问过用户是否还有什么别的需要。然而,系统没有提供适当的反馈,所以用户无法确切知道所需的更改是否实际完成。这使得很多用户有可能会寻求确认而不是回答系统的问题,参照图11.9中的有注解的系统模型部分。

我们没有使用评价表。相反,每当我们在选择正确的下一步骤操作方面发现问题,我们就注解系统模型表。评价团队是开发者和测试对象的混合体,几乎就像一个多元性的演练。

航班机票想定的更改
机票已被身份证号码为22的弗雷德·奥尔森预订。机票用于10月27日星期二7:30从哥本哈根到奥尔堡和当天17:25返回的旅行。机票查询号码为443。不幸的是,弗雷德生病了,而身份证号码为23的阿克塞尔·汉森将替他去。进行必要的更改。公司的客户号码是111

图11.8 演练中使用的想定

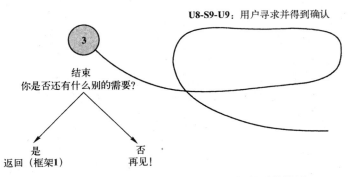

图 11.9 用演练中发现的问题进行注解的系统模型

11.4 基于方针的可用性开发和评价

基于方针的开发使系统的设计符合一套特殊的可用性方针。

（1）方法使用的时机及范围。基于方针的可用性开发和评价主要在设计过程中和实际应用早期使用。随着实际应用的进行，依据调查结果做出修改，使得系统困难增加，成本增加。另外，在系统运行之前，针对方针一致性，并不是所有的东西都能够进行检查。

当一套方针对于正在开发的系统所属的应用类型可利用时，该方法能够使用。在高级的多模态系统研究中，一般并没有任何致力于应用类型的方针集合可用。注意：①既然任何人都能够提出方针，那么就不是所有方针集合都是有根有据和值得应用的。总是要检查一下作为方针基础的工作范围和质量。②方针并不总是用他们应用的应用类型打上标记后出现。所谓的一般可用性方针来自它们对所有应用类型都是有效的这一主张，只是它们以图形用户界面为本的作者没有发现多模态系统，并且可能同样忽视了娱乐系统和其他非传统的应用类型，要谨慎使用它们。因为，方针作者没有针对你的系统进行设计。

（2）多模态意义。既然很多可用性方针集合是基于对某个应用类型的开发体验，那么从新的应用类型出现直到对它有足够的体验，就需要花些时间才能形成早期方针建议的基础。这就是为什么对于很多多模态和与人融合应用类型缺乏有根有据的方针，以及为什么由于普遍缺乏知识，基于方针的开发和评价偏向了基于图形用户界面系统，参照 6.2.2 小节中的因素 6。关于我们的案例（2.1节）我们能够把图 11.12 和图 11.13 中协调性的对话方针应用到每个系统的口语交互部分。其他方针集合可能会被应用到所有案例都具有的屏幕输出或两个案例的标准图形用户界面配置部分。例如单独为语音对话或单独为标准的基于图形用户界面交互开发的方针，未必广泛地适用于更大的多模态环境中的语音对话或基于图形用户界面的交互。

（3）方法的工作思路。要么方针基于理论,要么经验法则基于体验,在某个由 AMITUDE 各个方面定义的应用领域里总结好的做法。方针既可以用于开发也可以用于评价,在用于评价时,方针应用类似于数据注解,参照 15.5 节。

方针可由非专家以及专家使用,除非它们充满着理论概念以至于要充分理解基本理论才能应用它们。非专家总是需要花些时间熟悉才能够适当地应用。

在基于方针的评价即启发式评价中,一个或多个评价者仔细检查当前的系统模型,比照一套方针来检查界面和交互以查明哪些方针可能被违反了和如何被违反的。几个评价者应用方针是个好主意,因为单个评价者可能会错过太多,甚至专家也会遗漏事情。同时每个评价者都应该进行独立的评价,并应该就被违反的方针写下所有的调查结果,然后与他人协商这些调查结果。

如果基于方针的评价是由外部专家完成的,这经常被称为专家评审。新手只是试着应用方针,与他们相反,专家被期待基于坚实的体验和方针构成其中一部分的背景知识来评价当前系统模型的可用性。

让我们简要看一个具体的实例,它指的是用一套在用的方针"仔细检查系统模型"。图 11.12 中的第一个方针读取为"做出尽可能像(当前的交换目的)所需那样具有信息性的贡献"。这一方针至少适用于口语的、以任务为本的、目标共享的对话。在应用于开发时,要按照所写的仔细检查每个系统的输出措词,想一想该措词是否足以在指定的环境中具有信息性,也就是给用户提供为适当继续对话所需的信息。当方针应用于评价时,你要为评价环境中的每个系统而措词,看看它是否具有足够的信息性。

（4）应用该方法需要的资源。系统模型,方针,开发团队(如果方针用于开发),一个或多个内部或外部的评价者,时常再加上一组使用想定。

（5）系统/AMITUDE 模型。系统模型能够处于任何阶段,从提纲到完全实际应用的系统。如果模型是初步的,那么这些方针能够用于为其更详细的阐述生成设想。如果模型已被完全开发,那么这些方针就用于检查系统模型是否符合于它们。

（6）计划。基于 6.4 节描述的详细信息,制定可用性方法计划,既然你不与用户一起工作,那么有几个典型详细信息就可能不适用。从收集可用性数据(6.4.2 小节)的目的开始,并确认候选方针集合的适用性。确保系统或其一部分处于方针的范围内,并仔细查看它们的经验性或理论性基础:理论是完善的?还是全新和未经检验的? 方针是基于充实的和多样化的经验性研究,还是仅仅基于单独的原型开发进程被提出来? 如果方针值得以应有的谨慎加以应用,那么方针集合就构成数据收集目的的可操作化(6.4.3 小节)。

通过把使用想定实例放到一起进行仔细检查,在应用方针方面训练开发者或评价者,并讨论产生的问题。可做另一个选择,确认并邀请外部专家。

进行基于方针的评价很劳神,并且会话通常要持续1~2h。当系统比较复杂时,通常需要更多的时间,在这样的情况下,最好把评价分成几个会话,每个会话关注不同的系统模型部分或方针子集。

如果系统是走来即用(3.2.3小节)的或评价者都熟悉的域,那么他们就应该能够迅速构建用例和想定。如果评价者不熟悉域,那就给他们一组使用想定,取决于交互的复杂性设置规模。想定给评价者显示了用户为完成典型任务或其他活动而不得不采取的步骤。

为确保被确认的问题是经正确判断得出的,计划召开评价者和打算改正被确认问题的开发者之间的后评价数据分析会议是个好主意。方针通常有助于确认可用性问题,但很少涉及如何改正这些问题。

(7)运行。在把方针用于开发时,不像大多数其他方法那样应用会话。相反,方针应用应该成为开发者思考方式的一部分。

另一方面,在基于方针的评价中,该方法应用是基于会话的。重要的是在应用方针之前得到系统模型和结构的概述以及交互流程。这么做要通过查阅可利用系统模型表述,例如3.4.2小节中基于图表的或基于超文本的机票预订系统对话结构模型,以及通过使用想定弄清楚它们打算如何在实际交互中工作。然后你要仔细检查系统模型,应用的是已选择的方针集合。如果方针是图11.12和图11.13中显示的那些,那你就要研究每个设计好的、环境中的输出措词,并对照着方针来评价。这么做需要或者通过一次一个方针仔细检查每个系统输出,或者通过把每个方针应用到一次一个输出。

评价者必须对每一个已发现的潜在问题做笔记,指出被违反的方针,并尽可能对为什么有问题加以说明。仅仅指出不喜欢一个特殊的特征是不够的,你可能不喜欢它,认为有问题可能是对的,但这与应用清晰的方针集合无关。如果在某些方面有几件事情出错,那么每个问题都应该分别做笔记并加以解释,为那些必须思考改正问题方法的人开展工作提供便利条件。

如果评价者发现了尽管没有与方针产生冲突但看上去有问题的东西,那么也同样应该做好笔记。

如果涉及多个评价者,那么在完成他们的个人评价后,应该召开共识会议。在这次会议上,要讨论调查结果和分歧,直到达成共识。

(8)数据。尽管针对开发的应用方针通常不会产生特定的数据集合,但它可以这么做。通过编写工作的设计理论基础报告,对每个基于方针的主要设计决定,描述它基于了哪些方针并是如何起作用的。

来自基于方针的评价数据是由评价者做出的调查结果。如果有多个评价者,那么调查结果和结论应保持一致、进行融合、删除冗余。该数据应该以书面形式展示给负责改进系统的开发者。召开评价者和开发者之间的数据分析会议也是一个好主意,会上对数据加以展示和讨论。另见第 15、16 章中的数据处理和分析。

(9) 优点和缺点。方针应用相对成本低、速度快,因为它能够做到不涉及外部人,如目标用户或者专家。即使涉及外部专家,尽管有必须要付的费用,该方法也相对成本很低。在其他方面,一切都取决于方针的质量、方针对正在对其进行应用的特殊系统的适当性、应用方针的人的技能。使用有根有据的和适当的可用性方针的评价,提供两方面的信息:系统模型设计在哪种程度上符合良好的实践;为避免潜在的可用性问题,是否有什么东西要加以改变。

相比于基于交互、带有目标用户的测试(第 12 章),方针经常能够用于早期阶段,并可以提供在带有正在交互的用户的情况下也未必会被获得的信息。这些做法通常没有得到良好的实践,并且不能期待单一用户测试暴露出所有的可用性问题。

方针,无论是高级通用的还是低级特殊的,总有有限的范围和涵盖面,而这种局限会转到基于方针的开发和评价上。在应用一套方针时,重点必须完全放在他们提出的域。任何其他的可用性问题将不得不在其他方面被发现。

即使基于方针进行评价的专家也可能受到其他专家的态度和意见的影响。可用性专家对涉及特殊模态集合的多模态交互并不总是采取中立的立场,例如有些专家对口语交互或涉及动画人物的交互颇有争论,这是使用多个专家的主要原因之一。另一个原因是不同的人往往会发现不同的问题。

(10) 实例:3 个不同的方针集合。某些方针主张是一般通用的,而其他的方针则是特定地针对特殊的应用类型。例如因为很多方针在范围上非常有限或者缺乏坚实的经验性或理论性的基础,所以他们并没有得到广泛使用。风格指南是非常详细的,并且特定的方针集合主要为基于图形用户的界面而存在。例如,针对 Windows 应用的微软风格指南不仅被微软公司而且被一般的 Windows 应用开发者广泛应用。风格指南经常是全公司范围内的标准,参照 11.5 节。

我们显示 3 个方针集合的实例。前两个相当笼统,也就是本·施奈德曼(Ben Shneiderman)的黄金八法则(施奈德曼和普莱萨特(Plaisant)2005)和雅各布·尼尔森(Jakob Nielsen)的十大可用性启发式方法(尼尔森 1994a)。第三个实例(伯恩森(Bernsen)1998a)更为特定,为目标共享的、以任务为本的、语音对话的应用(图 11.12 和图 11.13)方面的系统协调性提供方针。

图 11.10 显示了施奈德曼的法则。多模态可用性的一个有趣问题是这些方针到底有多笼统。这些方针被深深地打上了好、旧、以任务为本的图形用户界面设计问题的标记,这也符合他们的第一个版本可追溯到施奈德曼(1987)的著作

这一事实。然而,图 11.10 中的更新版最新是 2005 年版。所提及的帮助界面、颜色、字体、删除命令、对象视觉展示、使菜单详细信息变灰、输入字段、重新键入、多页显示、窗口移动等,充分展现了这不是关于笼统的多模态交互。然而,令人惊奇的是方针 2 诉诸于普遍的可用性,好像基于图形用户界面的系统能够依靠自身满足该需求。

施奈德曼的黄金八法则

(1) 争取一致性。这条法则是最经常被违反的一个。遵循它会很棘手,因为有很多形式的一致性。在类似的情形中应该需要一致的操作顺序;在提示、菜单和帮助界面中应该使用相同的术语;自始至终都应该采用一致的颜色、布局、大小写、字体等。例如所需的删除命令确认或没有密码回显,这些例外应该是可以理解的,并且数量上也有限。

(2) 迎合普遍的可用性。识别不同用户的需要和设计的可塑性,便于内容的转换。新手和专家的差异、年龄范围、残疾、技术多样性,每一个都丰富了指南进行设计需求的领域。增加针对新手的特征,如解释,以及针对专家的特征,如快捷方式,这些能够丰富界面设计并改进感知到的系统质量。

(3) 提供具有信息性的反馈。对于每一个用户操作,都应该有某些系统反馈。对于频繁、次要的操作,反应要适度,而对于不频繁、主要的操作,反应应该更具实质性。重要对象的视觉展示提供了用于明确显示变化的便捷环境。

(4) 设计对话框以产生结束。操作顺序应该按照开始、中间和结束分组进行组织。操作分组完成时具有信息性的反馈给操作者带来成就感、放松感、从其头脑里丢掉应急计划的信号、准备下一组操作的信号。例如,电子商务网站把用户从选择产品移至结账处,以一个清楚的完成交易的确认来结束网页。

(5) 防止差错。尽可能设计这样的系统:用户无法产生严重的差错;例如,使不适当的菜单详细信息变灰,数字输入字段中不允许出现文字字符。如果用户产生了差错,那么界面就应该检测差错并提供简单的、建设性的以及特定的恢复指令。例如,如果用户输入一个无效的邮政编码,那么他们就应该不必重新键入整个名称—地址形式,而应该被引导至只需修复的出错部分。错误的操作应该维持系统现状不变,或者界面应该给出恢复状态的指令。

(6) 允许操作的易反转性。操作应该尽可能可逆。既然用户知道差错能够被取消,那么这个特征就能够缓解焦虑,从而鼓励探索陌生的选项。可逆性的单元可能是单独的操作、数据输入任务或完整的一组操作,例如名称和地址组块的输入。

(7) 支持内在控制。有经验的操作者强烈渴望这样的感觉:他们在负责界面,该界面反映他们的操作。令人惊讶的界面操作,单调乏味的数据条目顺序,无法获得或难以获得必要的信息,而无法产生渴望的操作,这一切引起了焦虑和不满。

(8) 减少短时存储载入。在短时存储方面人的信息处理受到了限制(经验法则是人能够记住"七加减二个组块"的信息),需要把显示保持为简单的,把多页显示合并,把窗口移动频率减小,把足够的训练时间分配给编码、记忆术和操作顺序。在适当的地方,在线存取命令—句法形式、缩略语、编码和其他信息都应被提供。

图 11.10 施奈德曼界面设计的黄金八法则(施奈德曼和普莱萨特 2005)

(这些法则来自施奈德曼/普莱萨特所著的《设计用户界面:预览》

(© 1998)。经培生教育出版公司和本·施奈德曼授权进行复制)

在未来的某一时刻,我们能否看到一个以任务为本,通用的多模态交互的、同样小的方针主旨集合。也许,所需的归纳可能会超越有意义的方针编写。例如经过编号的黄金法则,系统输出的一致性(1)可能是会谈系统中的麻烦事;结束(4)只用于某些子类的任务;差错预防(5)不用于竞争性的系统;操作反转(6)无关于计算机枪战游戏,并且经常在模拟器中遭到禁止:如果你犯了严重错误,你只能"死机和死亡"。对交互的控制(7)可能破坏娱乐性和沉浸感。至于普遍的可用性(2),那是否就是单一系统的任务,或者更确切地说,它是否就是针对普遍意义上的多模态系统开发者的使命,也就是为所有用户建立系统的使命,包括盲人和身体残疾者?合理的反馈很可能是必要的,就像人与人之间的交流。然而,它的具有信息性(3)明显地取决于系统的目的。一个扑克玩家界面代理应该有一张扑克脸吗?最后,减少短时存储载入(8)很重要,但不总是。增加短时存储载入有利于迷惑用户,如果那是系统想做的事,例如就像游戏的一部分。我们的建议是,如果你考虑应用黄金法则,那么就仔细思考你自己的系统和以任务为本的图形用户界面系统之间的关系。

图 11.11 所示为尼尔森的十大可用性方针。他们的第一个版本来自尼尔森和莫里奇(Molich)(1990)的著作以及莫里奇和尼尔森(1990)的著作,表 11.9 中的修订版本来自尼尔森(1994a,b)的著作。

我们把比较施奈德曼和尼尔森可用性方针的细节留给读者。这是一个有趣的练习,演示了甚至对于由一定的模态组合、任务取向和效率定义的特殊子类系统编写通用的可用性方针有多难。

尼尔森启发式方法的多模态共性怎么样呢?它们主要提出以任务为本的系统,并且已经想到用图形用户界面来编写,就像由术语"视觉"和派生物的很多事件所见证的那样,很多多模态系统根本没有视觉输出。或者来看看"取消"功能性如何:如果你冒犯一个动画朋友,是否应该有一个"取消"功能?道歉与"取消"不一样!然而,尽管它们也已陈旧,但尼尔森的方针看上去比施奈德曼的方针更少地依赖于图形用户界面,并且可能更容易适用于非图形用户界面的系统。在这些方针中有对多模态系统开发者有用的建议,只要你能找到它并合理地应用于你的系统,同时忽视一切不利于实现针对非图形用户界面或非以任务为本的系统的可用性的东西,你可能不得不忽视启发式方法提供的很多建议,不是一切都与可视性有关。例如,你可能既不需要以自然的和逻辑的顺序展示信息,也不需要担心加快针对专家用户的交互。

尼尔森的十大可用性启发式方法
(1)系统状况的可视性。通过适当的反馈、在合理的时间内,系统应该总是让用户获悉将会发生什么。

（2）系统和真实世界之间的匹配。系统应该以用户所熟悉的词语、短语和概念讲用户的语言，而不是以系统为本的术语。遵循真实世界中的惯例，让信息以自然的和逻辑的顺序出现。

（3）用户控制和自由。用户经常错误地选择系统功能，将需要一个清晰标记的"紧急出口"以离开不必要状态，而且不必经历完整的对话，支持取消和重来。

（4）一致性和标准。不同的词语、情形或操作是否意味着同一件事，用户应该不必怀疑。遵循平台惯例。

（5）差错预防。首先防止问题发生的精心设计往往要好于好的差错讯息。要么消除易出差错的条件，要么检查它们，在用户进行操作之前，展示给他们一个确认的选项。

（6）识别而不是回忆。通过使测试对象、操作和选择可视，将用户的存储载入减到最少。用户应该不必记住从对话的一个部分到另一个部分的信息。系统的使用指令应该可视或者在适当的时候容易检索到。

（7）使用的灵活性和效率。加速器——新手用户看不到——经常可以加快针对专家用户的交互，以至于系统能够迎合没有经验的和有经验的两种用户。允许用户调整频繁的操作。

（8）审美和简约的设计。对话不应该包括无关紧要的或很少需要的信息。对话中每一个额外的信息单元都在与相关单元的信息竞争，减少了它们的相对可视性。

（9）帮助用户识别差错、诊断差错和从差错中恢复。差错讯息应该以普通语言（没有编码）表达，精确显示问题，并建设性地提出解决办法。

（10）帮助和文档。如果没有文档系统就能够使用，那是再好不过了，但即使如此，也可能有必要提供帮助和文档。任何这样的信息应该易于搜索、重点在于用户任务、列出具体的完成步骤、不太大。

图 11.11　雅各布·尼尔森的十大可用性启发式方法
（这些启发式方法来自尼尔森（1994a）的著作，经雅各布·尼尔森授权进行复制）

图 11.12 和图 11.13 所示为一套针对协调性的、目标共享的、以任务为本的、口语交互的人机对话的方针。这些方针非常不同于施奈德曼和尼尔森的那些方针：①根本不提交图形用户界面；②不遗余力地宣布狭小的范围，在此范围内它们才是有效的；③不是一般的经验法则，而是由语言运用的协调性理论支持的经验法则。就 AMITUDE 各个方面而言，协调性方针的目标是特殊的应用类型，也就是目标共享的、以任务为本的系统；特殊的模态，也就是单模态语音输入和输出；特殊类型的交互，也就是有意的、非自愿的或不知不觉的双向交流，在这种交流中用户和系统能够被假设在整个交互过程中共享单一目标，也就是尽可能高效地实现任务的交互。

方面	通用方针	方针的明确表达
1. 具有信息性	通用方针 1	*做出尽可能像（当前的交换目的）所需那样具有信息性的贡献
	通用方针 2	*不要做出比所需更具有信息性的贡献。
2. 事实和证据	通用方针 3	*不要说你认为是错的东西
	通用方针 4	*不要说你为什么缺乏足够的证据
3. 相关性	通用方针 5	*在交易的每个阶段相关于也就是适合于即时需要

方面	通用方针	内容
4. 方式	通用方针 6	* 避免表达的隐晦性
	通用方针 7	* 避免歧义性
	通用方针 8	* 要简洁(避免不必要的罗嗦)
	通用方针 9	* 要有序
5. 搭档不对称	通用方针 10	为了在口语交互中表现出协作性,要通知用户他们应该考虑的重要的非标准字符。确保他们需求的可行性
6. 背景知识	通用方针 11	要考虑搭档的相关背景知识
	通用方针 12	要考虑搭档对你的背景知识的合理预期
7. 元信息交流	通用方针 13	假设交流失败,要使修复或澄清元信息交流成为可能

图 11.12 针对目标共享的、口语协作的人机对话的通用方针

方 面	特 定 方 针	方针的明确表达
1. 具有信息性	特定方针 1(通用方针 1)	在把他们许下的承诺提供给用户方面,要完全清晰
	特定方针 2(通用方针 1)	为每一条由用户提供的信息提供反馈
2. 方式	特定方针 3(通用方针 7)	在每一个系统交互转换的地方,给用户提供相同问题(或地址)的相同信息
3. 搭档不对称	特定方针 4(通用方针 10)	提供清楚且易于理解的交流:系统能够做什么和不能做什么
	特定方针 5(通用方针 10)	给用户提供关于如何与系统交互的清楚和充分的指令
4. 背景知识	特定方针 6(通用方针 11)	通过来自相关任务域的类比,考虑可能的(也可能是错误的)用户界面
	特定方针 7(通用方针 11)	无论何时尽可能把新手用户和专家用户的需要分开(用户自适应的交互)
	特定方针 8(通用方针 12)	提供足够的任务域知识和推论
5. 元信息交流	特定方针 9(通用方针 13)	如果系统理解已经失败,对修复元信息交流进行初始化
	特定方针 9(通用方针 13)	假设有不一致的用户输入,对澄清元信息交流进行初始化
	特定方针 10(通用方针 13)	假设有含糊不清的用户输入,对澄清元信息交流进行初始化

图 11.13 针对目标共享的、口语协作的人机对话的特定方针

基于创建、测试和修正用于机票预订系统(伯恩森(Bernsen)1998a)对话设计这一冗长的进程,我们开发了各种方针,另见 3.4.2 小节。事实证明,这些方针的大子集精确等同于葛莉丝(Grice)(1975)在其关于会谈含义的论文中提出的那些方针。这是该子集一个不错的理论支持,因为在限制到目标共享的对话上时,葛莉丝的结果仍然保持有效。这些方针可供网上使用(伯恩森等 1998b),包括它们如何应用的实例。

协调性方针表述了系统协调性在以任务为本的、目标共享的交互方面第一个近似的操作定义。它们的目的是为了尽可能直接和顺利地实现共享目标。换句话说,如果开发者在设计以任务为本的语音对话系统时遵循这些方针,那么在与用户对话的过程中,该系统将表现出最大的协调性。

图11.12所示为作为人—人会谈方面协调性的葛莉丝行为规范(添加 ∗ 号的)(葛莉丝1975)在同一普遍性层级上表达的13个通用方针。图11.13中的每个特定方针通过通用方针进行归类,并详细说明它某一特殊方面的重要性。左列描述由每个方针提出的交互某一方面的特点。

协调性方针是否存在比上面所说的更普遍的范围?我们尚未对这个问题开展太多调查。关于以任务为本的限制,目标共享的交互和在语言上表达的系统输出似乎是固定的。如果你的系统没有这些特征,那么至少有几条方针将是不适用的。除了那些限制,对于除了它们提出的语言(语音或文本)输出,还使用很多不同种类的输入/输出模态的交互式系统,甚至可能对于用非标准的图形用户界面模态加强的图形用户界面,有可能的是,协调性方针或多或少在总体上是有用的。

注意,我们已经选择了不再区分"方针""原则""启发式方法"和"法则"这些术语,主要使用广义上的"方针"。这4个术语有时在等价使用的同时,也有一些区别。"原则"有时用来指比"方针"更广泛和更持久的某个东西,"方针"用来指比较狭隘地关注现有技术。施奈德曼把黄金法则视为"原则"而不是"方针"。尼尔森把他的"方针"称为"启发式方法"清单,并把"启发式方法"定义为一组公认的可用性"原则"。

11.5 可用性标准

术语"标准"是指用于对由认证机构认可的建议进行描述的文档。一个尚未被认证机构认可事实上[①](de facto) 的标准,但因其广泛使用也可作为标准接受。

正常情况下,国际标准由一个专家小组或委员会来开发,利用在特殊的公司或国家开发的标准、最佳实践或研究。著名的国际标准组织包括国际标准化组织(ISO)、国际电工委员会(IEC)、国际电信联盟(ITU)、电气及电子工程师学会(IEEE)和万维网联盟(W3C)等。这些组织在很多远离所有与软件相关的不同主题上产生标准。与软件相关的标准提出软件开发的所有方面,包括:软件生存

---

① de facto 一词也可用于无法律或标准可跟从,但有一套习以为常、又非万能或广为人知的实作情况或共识——译者注。

周期进程,参照 IEEE 1074（2006）和 ISO/IEC 12207（2008）,以及软件需求规范,参照 IEEE 830（1998）。

　　某些标准是可用性标准,并以各种方式与可用性开发或评价相关。至少有3种非常不同的可用性标准:①复杂的可用性工作方法论用定义、可用性分解、可用性方法清单、评价标准、其他进程材料等来完成,就像在本书中提到的一样。实例是 ISO/IEC 9126 中的 1～4 部分(2001-2004),我们将在下面查看。②像11.4 节中描述的那些方针,例如万维网联盟网络内容可访问性方针(《万维网联盟网络内容可访问性方针》2008),这些方针为如何使网络内容可供更大范围的残疾人使用提供建议。例如,一个关于可感知性的推荐方针,文本选择被提供"给任何非文本内容,以便后者能够改变",如变成盲文或语音。每个方针被进一步分解为提供细节的更特定的方针,例如要使用哪些技术这样的细节。又如,对于刚才提到的方针,可分解成不同种类的非文本内容和在每个个体情况下要做什么。网络内容可访问性方针文档还包括关于对网络内容可访问性方针一致性的需求这一部分。③风格指南,也就是用于编写文档、网页和其他软件的、与设计相关的标准。例如,图形用户界面风格指南可以描述按钮的形状和尺寸、菜单的布局和内容及对话框的设计。实例是关于"信息技术——触控笔界面——用于用触控笔系统进行文本编辑的常用手势"的 ISO/IEC 14754（1999）,它定义了一组基本的二维手势输入命令(选择、删除、插入空格、分行、移动、复制、剪切、粘贴、滚动和取消)和对触控笔界面的反馈。

　　可用性标准方针就像 11.4 节中描述的方针那样加以应用。我们认为可用性标准风格指南不需要在本书中讨论:这些指南主要为了使开发者做同样的事而存在,对于每个新的应用以同样的方式使界面和交互生效,这同样有利于用户,因为在使差异消失这个意义上,用户就不必适应不同命名的界面和交互风格了。然而,风格指南的存在并不是主要为了解决其他可用性问题,"Ctrl+V"可能是在所有微软办公软件和很多其他软件中用于粘贴的标准快捷键,但那就是它对可用性的唯一主张。

11.5.1　国际标准化组织/国际电工技术委员会的可用性工作方法论

　　在本小节的其余部分,我们说明了国际标准化组织/国际电工技术委员会的可用性方法论,部分原因是我们希望你自己不仅尊重标准而且考虑应用它们,另外一些原因是比较突出显示了在标准方法论和本书中展示的方法论之间的差异。国际标准化组织和国际电工技术委员会已经产生了几个著名的并与可用性高度相关的标准。上面提到的其他国际机构很少关注可用性,而万维网联盟仅限于网络技术。随着时间的流逝,这就不再是限制了。尤其是,电气及电子工程师学会拥有用于质量保证的标准,但似乎关注的是技术方面和功能性,而不是用户的交互和体验。

根据可用性网(2006),与可用性相关的标准可以按照如下主要关注加以分类:

(1)在特殊使用环境中产品的使用(使用方面的质量);

(2)用户界面和交互(产品质量);

(3)用于开发产品的进程(进程质量);

(4)应用以用户为本的设计的组织所具有的能力(组织能力)。

使用方面的质量。"软件工程——产品质量——第1部分:质量模型"ISO/IEC 9126-1(2001)标准用于定义和指定质量需求。对使用方面的质量,标准定义如图11.14所示。

软件产品的能力,使指定用户能够在指定使用环境中实现有效性、生产力、安全、满意度的指定目标。

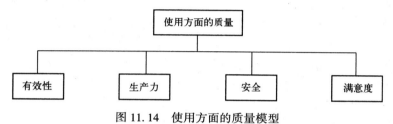

图11.14　使用方面的质量模型

(该图取自 ISO/IEC 9126-1(2001)软件工程——产品质量——第1部分:质量模型,
经国际标准化组织(ISO)授权进行复制。标准能够从任何国际标准化组织成员那里和从国际
标准化组织中央秘书处网站获得。版权属于国际标准化组织)

在本书的术语中,我们注意到用户方面、使用环境方面和交互方面的用户目标概念。同时也注意到某个种类的可用性分解,参见1.4.6小节。使用方面质量的4个属性定义如下:

有效性:使用户能够在指定使用环境中实现带有准确性和完整性的指定目标的软件产品的能力。

生产力:使用户能够在指定使用环境中扩展有关已实现的有效性的适量资源的软件产品的能力。

安全:在指定使用环境中实现对人、业务、软件、特征或环境的伤害处于可接受的风险层级的软件产品的能力。

满意度:在指定使用环境中使用户满意的软件产品的能力。

国际标准化组织的标准 ISO/IEC 9126-4(2004),"软件工程——产品质量——第4部分:使用度量标准方面的质量",包括用于有效性、生产力、安全、

满意度的度量标准,也就是用于客观和定量测量使用方面的质量属性的可用性标准的实例。我们在16.4节展示评价标准,在该节我们还讨论应用到本书案例中的那4个属性受限到何种程度,参照5.2节中案例可用性需求注解。

产品质量。使用方面的质量是用户的质量观,受到开发进程质量和产品质量的影响。遵循ISO/IEC 9126-1(2001),产品质量能够由测量内部和外部的质量属性来评价。内部质量是"从内部来看的软件产品的总体特征",而外部质量是"从外部来看的软件产品的总体特征"。图11.15所示为内部质量和外部质量如何被分类为6个特征,这6个特征又被分成子特征。

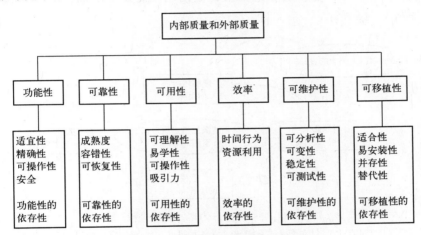

图11.15　内部质量和外部质量模型

(该图取自ISO/IEC 9126-1:2001软件工程——产品质量——第1部分:质量模型,经国际标准化组织(ISO)授权进行复制。标准能够从任何国际标准化组织成员那里和从国际标准化组织中央秘书处网站获得。版权属于国际标准化组织)

可用性被定义为"在指定条件下使用时,被理解、学习、使用和吸引用户的软件产品的能力"。

根据ISO/IEC 9126-1(2001),可用性有两个角色,也就是详细的软件设计活动(参照可用性的定义)和涵盖用户需要的总体目标(使用方面的质量)。

ISO/IEC 9126-2(2003)和ISO/IEC 9126-3(2003)包括用于测量可理解性、易学性、可操作性和吸引力的度量标准的实例,例如学会使用一个功能的时间,用户能够取消功能,用户对差错讯息做出正确的反应,为多大比例的功能提供文件资料,什么比例的功能能够被取消,什么比例的差错讯息是不需加以说明的。

除了ISO/IEC 9126-1(2001),还有几个标准也提出了产品质量的各个方面。这些标准并不总是被关注于图形用户界面。这里有某些实例:ISO14915

（2002-2003）和 IEC61997（2001）提供关于多媒体界面的建议,例如文本、图形和图像等静态输出模态和例如音频、动画和视频等动态输出模态都包括在内。ISO/IEC 18021（2002）展示关于用于像个人掌上计算机和智能手机等移动工具的用户界面的建议,这些移动工具能够通过通信线路从数据库更新或被更新。

进程质量。开发和评价是一个进程,而以人为本的开发进程经常被推荐,参照 6.2.1 节。关于"用于交互式系统的以人为本的设计进程"的 ISO 13407（1999）解释了需要以用户为本进行设计的活动。由该标准推荐的进程和主要活动如图 11.16 所示。

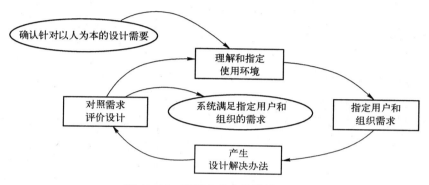

图 11.16　以用户为本的设计进程
（该图取自 13407:1999 针对交互式系统、以人为本的设计进程,经国际标准化组织（ISO）授权进行复制。标准能够从任何国际标准化组织成员那里和从国际标准化组织中央秘书处网站获得。版权属于国际标准化组织）

ISO 16982（2002）概述能够使用的可用性方法类型,包括用户观察（10.4 节）、调查问卷和访谈（第 5 章）、有声思考（12.5 节）。ISO/IEC 14598-5（1998）提供关于依据阶梯式程序的软件评价进程的指南,并利用在 ISO/IEC 9126-1（2001）中表达的质量特征,参照上文。可重复性、可再生产性、公正性和客观性这 4 个主要特征针对评价进程加以定义。主要进程活动包括评价需求分析、评价规范、评价设计和计划、计划执行和评价结论。

组织能力。关于"人类工效学——人—系统交互的人类工效学——以人为本的生存周期进程描述"的 ISO18529（2000）展示可用性的成熟度模型,该模型包括来源于 ISO 13407（1999）和一个良好实践调查的一组结构化的、以人为本的设计进程。以人为本的设计进程应遵循以下建议:

（1）确保系统策略中以人为本的设计内容;

（2）计划和管理以人为本的设计进程;

（3）指定用户和组织的需求;

（4）理解和指定使用环境；

（5）产生设计解决办法；

（6）对照着需求评价设计；

（7）介绍和操作系统。

可用性的成熟度模型能够用于评估一个组织在多大程度上有能力完成以用户为本的设计。模型能够与 ISO/IEC 15504（2003—2008）中的进程评估模型一起使用。

ISO/IEC 15504（2003-2008）包括一个由进程维度和能力维度组成的进程评估模型。因此该模型提供进程绩效和进程能力的指标。能够完成的进程分为9类，即获取、供应、工程、操作、支持、管理、进程改进、资源和基础设施、重新使用。进程能力在6个等级的量表上进行测量：未完成的（进程）、已完成的（进程）、已管理的（进程）、既定的（进程）、可预测的（进程）、最优化的（进程）。量图表达了完成进程的能力的增加程度。

11.5.2　与本书的比较

在前面节说明的国际标准化组织/国际电工技术委员会的可用性工作方法论，不是本书意义上的可用性方法（6.2 节），而是总体上，也就是作为一个针对致力于生存周期内的可用性的全面方法论，堪与本书进行比较。所以，依据我们的可用性方法模板（6.2.9 小节）来讨论国际标准化组织/国际电工技术委员会的方法论，没有什么意义。反过来，让我们问一下：为什么不使用国际标准化组织/国际电工技术委员会标准来代替本书呢？

我们共享以人为本的开发和评价具有的基本哲学体系，参照6.2.1小节，而我们对可用性的基本分解又是密切相关的，比较一下表1.1和图11.15。事实上，对于人机交互的新手，采用国际标准化组织/国际电工技术委员会的方法论之前拿起本书的主要原因是，如果没有任何之前对可用性工作的介绍，前者可能很难"冷不丁"就去做。另外，尽管标准可能会随时更新，但是标准产生和更新往往要花很长时间，通常是为了反映当前工业应用范围内最佳的工业实践，而后者总是处于创新曲线的后面。这意味着，起初只是对高级研究原型开发具有重要意义的新开发，可能要用10年或更长时间才能在标准中得以反映。因此，国际标准化组织/国际电工技术委员会的方法论显然不会与人机交互的归纳相结合，而人机交互是本书的目的所在，并在第18章加以总结。例如，国际标准化组织/国际电工技术委员会的方法论不包括完整的 AMITUDE 框架（3.1 节），而只是其中的一部分，并且11.5.1 小节中描述的有效性、生产力、安全和满意度的属性和度量标准，只是相关于描绘和评价系统的子集而非所有的系统，如16.4.1小节中的本书案例所述。

参 考 文 献

Bernsen NO, Dybkjær H, Dybkjær L(1998a) Designing interactive speech systems. From first ideas to user testing. Springer Verlag, Heidelberg.

Bernsen NO, Dybkjær H, Dybkjær L (1998b) Guidelines for cooperative dialogue. http://spokendialogue. dk/Cooperativity/Guidelines. html. Accessed 21 January 2009.

Bias RG (1994) The pluralistic usability walkthrough: coordinated empathies. In:Nielsen J, Mack R (eds) Usability inspection methods. John Wiley & Sons, New York:63-76.

Booch G, Rumbaugh J, Jacobson I(1999) The unified modeling language user guide. Addison-Wesley, USA.

Calabria T(2004) An introduction to personas and how to create them. http://www. steptwo. com. au/papers/kmc_personas. Accessed 20 January 2009.

Cockburn A(2001) Writing effective use cases. Addison-Wesley, New York.

Cockburn(2002) Use cases, ten years later. http://alistair. cockburn. us/Use+cases2c+ten+years+later. Accessed 7 February 2009.

Cooper A(2008) Personas. http://www. cooper. com/journal/personas. Accessed 20 January 2009.

Cooper A(1999) The inmates are running the asylum. SAMS, USA.

Grice P(1975) Logic and conversation. In:Cole P, Morgan JL (eds) Syntax and semantics 3:speech acts. New York:Academic Press,41-58. Reprinted in Grice P (1989) Studies in the way of words. Harvard University Press, Cambridge, MA.

IEC 61997(2001) Guidelines for the user interface in multimedia equipment for general purpose use. http://webstore. iec. ch/webstore/webstore. nsf/artnum/027914. Accessed 22 January 2009.

IEEE 1074(2006) IEEE standard for developing a software project life cycle process. Available via http://www. ieee. org/web/standards/home/index. html. Accessed 21 January 2009.

IEEE 830(1998) IEEE recommended practice for software requirements specifications-description. Available via http://standards. ieee. org/reading/ieee/std_public/description/se/830-1998_desc. html. Accessed 21 January 2009.

ISO 13407(1999) Human-centred design processes for interactive systems. http://www. iso. org/iso/iso_catalogue/catalogue_tc/catalogue_detail. htm? csnumber

236

=21197. Accessed 22 January 2009.

ISO 14915 (2002 – 2003) Software ergonomics for multimedia user interfaces. Parts 1 – 3, http://www. iso. org/iso/iso_catalogue/catalogue_tc/catalogue_detail. htm? csnumber=25578. Accessed 22 January 2009.

ISO 16982(2002) Ergonomics of human–system interaction–usability methods supporting human – centred design. http://www. iso. org/iso/catalogue_detail? csnumber=31176. Accessed 22 January 2009.

ISO 18529(2000) Ergonomics–ergonomics of human–system interaction–human –centred life cycle process descriptions. http://www. iso. org/iso/iso_catalogue/catalogue_tc/catalogue_detail. htm? csnumber=33499. Accessed 22 January 2009.

ISO/IEC 12207 (2008) Systems and software engineering – software life cycle processes. http://www. iso. org/iso/catalogue_detail? csnumber=43447. Accessed 21 January 2009.

ISO/IEC 14598–5(1998) Information technology–software product evaluation– part 5:process for evaluators. http://www. iso. org/iso/iso_catalogue/catalogue_tc/catalogue_detail. htm? csnumber=24906. Accessed 22 January 2009.

ISO/IEC 14754(1999) Information technology–pen–based interfaces–common gestures for text editing with pen–based systems. http://www. iso. org/iso/iso_catalogue/catalogue_tc/catalogue_detail. htm? csnumber=25490. Accessed 21 January 2009.

ISO/IEC 15407 (2003 – 2008) Information technology – process assessment. Parts 1 – 7, http://www. iso. org/iso/iso_catalogue/catalogue_tc/catalogue_detail. htm? csnumber=38932. Accessed 22 January 2009.

ISO/IEC 18021(2002) Information technology–user interfaces for mobile tools for management of database communications in a client – server model. http://www. iso. org/iso/iso_ catalogue/catalogue _ tc/catalogue _ detail. htm? csnumber = 30806. Accessed 22 February 2009.

ISO/IEC 9126–1(2001) Software engineering–product quality–part 1:quality model. http://www. iso. org/iso/iso_catalogue/catalogue_tc/catalogue_detail. htm? csnumber=22749. Accessed 22 January 2009.

ISO/IEC 9126–2(2003) Software engineering–product quality–part 2:external metrics. http://www. iso. org/iso/iso_catalogue/catalogue_tc/catalogue_detail. htm? csnumber=22750. Accessed 22 January 2009.

ISO/IEC 9126–3(2003) Software engineering–product quality–part 3:internal metrics. http://www. iso. org/iso/iso_catalogue/catalogue_tc/catalogue_detail. htm?

csnumber = 22891. Accessed 22 January 2009.

ISO/IEC 9126-4(2004) Software engineering-product quality-part 4: quality in use metrics. http://www. iso. org/iso/iso_catalogue/catalogue_tc/catalogue_detail. htm? csnumber = 39752. Accessed 22 January 2009.

Jacobson I, Christerson M, Jonsson P, Overgaard G(1992) Object-oriented software engineering: a use case driven approach. ACM Press, Addison-Wesley, New York.

Lewis C, Polson O, Wharton C, Rieman J(1990) Testing a walkthrough methodology for theorybased design of walk-up-and-use interfaces. Proceedings of CHI: 235-242.

Malan R, Bredemeyer D(2001) Functional requirements and use cases. Bredemeyer Consulting, white paper, http://www. bredemeyer. com/pdf_files/functreq. pdf. Accessed 20 January 2009.

Molich R, Nielsen J(1990) Improving a human-computer dialogue. Communications of the ACM 33/3: 338-348.

Nielsen J (1994a) Ten usability heuristics. http://www. useit. com/papers/ heuristic/heuristic_list. html. Accessed 21 January 2009.

Nielsen J(1994b) Heuristic evaluation. In: Nielsen J, Mack RL (eds) Usability inspection methods. John Wiley & Sons, New York.

Nielsen J, Molich R(1990) Heuristic evaluation of user interfaces. Proceedings of the ACM CHI conference. Seattle, WA: 249-256.

Polson PG, Lewis CH(1990) Theory-based design for easily learned interfaces. Human-Computer Interaction 5: 191-220. Lawrence Erlbaum Associates.

Pruitt J, Adlin T(2006) The persona life cycle: keeping people in mind throughout product design. Morgan Kaufmann Publishers.

Rowley DE, Rhoades DG(1992) The cognitive jogthrough: a fast-paced user interface evaluation procedure. Proceedings of CHI: 389-395.

Sharp H, Rogers Y, Preece J (2007) Interaction design - beyond human - computer interaction. 2nd edn. John Wiley and Sons, New York.

Shneidermann B (1987) Designing the user interface. Addison - Wesley, Reading, MA.

Shneiderman B, Plaisant C(2005) Designing the user interface. 4th edn. Addison Wesley, New York.

Spencer R (2000) The streamlined cognitive walkthrough method, working around social constraints encountered in a software development company.
238

Proceedings of CHI:353-359.

UsabilityNet(2006) International standards for HCI and usability. http://usabili-tynet. org/tools/r_international. htm. Accessed 22 January 2009.

W3CWCAG (2008) Web contents accessibility guidelines 2. 0. http://www. w3. org/TR/WCAG20/. Accessed 21 January 2009.

Wharton C, Rieman J, Lewis C, Polson P (1994) The cognitive walkthrough method:a practitioner's guide. In:Nielsen J, Mack R (eds) Usability inspection methods. John Wiley & Sons,New York,USA:105-140.

Wikipedia(2009a) Use case. http://en. wikipedia. org/wiki/Use_case. Accessed 20 January 2009.

Wikipedia(2009b) Personas. http://en. wikipedia. org/wiki/Personas. Accessed 7 February 2009.

第 12 章　与系统的交互

在关于多模态可用性方法(6.2.2 小节)5 章中的第 5 章、也是最后一章里，展示的所有方法都包含用户与系统模型原型之间的交互。原型是用于数据收集、测试或演示系统目标的实验性交互模型或其一部分。它可能是来自实体模型的任何东西，包括作为已完全编码和几乎完成的、要提交给最后现场测试的系统的幻灯片。如果原型部分或总体上没有实际应用过，那么在正常情况下，它需要人工干预以便于与测试对象进行交互。展示的方法包括两个以人为媒体的、非常不同的交互使用，两组用于测试实际应用的不同的条件以及一个用于研究交互过程中测试对象方面信息处理的特殊方法。

12.1 节描述与实体模型的交互；12.2 节描述"绿野仙踪"的方法；12.3 节描述与实际应用原型的交互；12.4 节描述现场测试；12.5 节描述有声思考的方法。

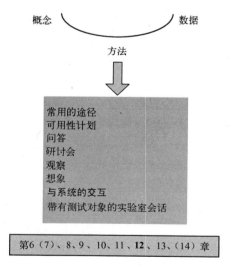

12.1　实体模型

实体模型从低保真原型到高保真(未实际应用的)原型(杜马斯(Dumas)和

雷迪希(Redish)1999,尼尔森·诺曼(Nielsen Norman)小组(年度未知),赛菲林(Sefelin)等2003,夏普(Sharp)等2007,维基百科2008)都有分布,主要用于收集关于用户—系统交互的早期数据。显然,低保真原型的设计是初步的,因为只有手绘的界面草图是可利用的,而未实际应用的高保真原型设计却可能是接近系统的最终版本。情节串连图板与实体模型相关,它由一系列说明用户可能如何单步调试任务或其他活动的草图组成,参照夏普等(2007)的著作。情节串连图板更关注进程,也就是我们基于想定想象用户做什么和能够做什么。实体模型是为了看起来、听起来或感觉起来像系统,而我们想通过让用户与系统交互来了解交互进程。

(1)方法使用的时机及范围。在设计过程中没有其他方法可以实际应用时,可使用该方法。

实体模型历来用于图形用户界面的环境中。然而,用一点创造力,通过口语或其他音效输出,甚至通过触觉,就可以补充甚至更换图形输出。同样,输入不必是标准的图形用户界面触觉,还可能包括语音、摄影机拍到的信息,甚至生物传感器数据,只要在实际情况下能够以容易理解的方式表述给参与者就行。然而,如果系统处理复杂的交互式任务,例如存在复杂的多模态输入/输出,存在后端数据接入,包括动态对象,假定高速、高精确的绩效或其他因素,那么实体模型很快就会变得难以使用了。然后你可能会考虑给一部分系统做实体模型(垂直途径)是否有意义,例如你最不确定的部分或形成用户—系统交互核心的部分。

实体模型基本上受限于系统模型表述是被模拟的而不是实际应用的这一事实。再加上实体模型或多或少早了一些、或多或少精致或精美了一些,结果导致系统模型表述或多或少对能够用该方法收集的可用性信息强加了严重的限制。然而,实体模型仍然能够提供有价值的输入,该输入另外还有作为早期输入的效益。

(2)多模态意义。在很大程度上,实体模型都能够超越它们标准的图形用户界面原型,因而得到高效使用。在实体模型中,当用户与它们发生交互时,即使交互或多或少不断地被人工干预进行调停,但是由纸张、存储的图像、键入和指向产生的系统模型表述,还是能够生成有意义的可用性数据。因此,由于用户—系统界面的性质,实体模型方法可能会相当强烈地偏向基于图形用户界面的交互,参照6.2.2小节的因素1。

"寻宝"系统(5.1节)的三维触觉虚拟环境的实体模型或其一部分,可能要通过下列做法来完成:建造一个带有房屋、森林等的三维玩具模型,让主试者低声说出口语关键词反馈,为了更好地与实际应用系统时使用的触觉设备一致,让盲人用户用铅笔替代手进行交互。模拟听力受损用户的基于图形用户界面的相应虚拟环境是非常容易的,并且信号语言输入/输出部分也能够很容易地包括进来。"数独"棋盘能够在活动挂图上或通过投射到墙上的幻灯片进行模拟,用户对着它们说话并使用激光指示器进行指向,用便签保存数字(参照下面的实例)。一部分的"算术"系统同样能够被模拟,例如乘法表的训练课程,包括要成为动画面孔的东西的照片。

这会成功的,不是么?例如,触觉虚拟环境中顺利导航需要低声说出的口语反馈,在这种口语反馈的数量和内容上,"寻宝"的实体模型可能会产生非常需要的数据。

(3)方法的工作思路。目标用户与模拟系统交互,并且通常按照想定进行。既然没有自动化功能,那么主试者和助手们就要处理所有的交互,例如通过留意输出音效或语音,或通过增加和移除贴纸以更改用户在"屏幕"上看到的东西。注意,该方法还能够用于测试设备的实体模型。

(4)应用该方法需要的资源。早期的系统模型,目标用户或有代表性的用户群(3.3.1小节),想定,主试者,可能的话再加上助手以及观察者(10.4节),音像录制设备,根据需要的其他材料,如贴纸或用于进行指向的铅笔(也就是设备的实体模型)。

(5)系统/AMITUDE 模型。在这个阶段,系统模型只作为一个没有基本功能的界面。粗略的界面称为低保真原型,更精心制作的和详细的界面为高保真原型。

(6)计划。基于6.4节描述的详细信息,制定可用性方法计划。从收集可用性数据(6.4.2小节)的目的开始,实体模型能够可靠地收集哪些种类的数据?能够模拟系统的哪些部分以生成可靠的数据?以使该目的具有可操作性以指导实体模型设计和想定创建,并制定会话将如何继续进行的脚本(6.4.3小节)。

规划实体模型的用户测试涉及很多标准步骤,如13.2节、13.3节关于会话准备所描述的那样,例如包括招聘测试对象。尽力让你所需要的一切都被绘制好、建造出来、写成脚本、记录下来,并在其他方面提前做好准备。与同事演练一下,这种演练可能会变成几次!注意,实体模型经常与其他方法组合使用,例如筛选、测试前提问和测试后提问(8.6节~8.8节),以及用户观察(10.4节)等。招聘测试对象在集群形式的方法中共享,而其他大多数准备必须针对每个方法单独进行。

很多应用都利用数据库或者其他内部或外部的信息来源。在使用实体模型时,不方便使用大量的数据。另一方面,使用的数据必须是真实的,实现的诀窍就是设计想定并把它们交给用户。想定有助于确保系统的所有部分或重要的部分正在得到测试,并且我们事先知道需要哪些数据。然后我们就能够在数据字段上使用贴纸,或者在"运行"带有用户的系统时,让正确的口语输出措词做好准备。

（7）运行。13.4节解释实验室会话过程中要做的和要了解的问题。特定到实体模型上,是指测试过程中主试者与用户进行密切交互。通常要求用户通过与系统模型进行交互来完成想定。主试者负责用户操作所需的任何动作能够及时和正确的完成,并且无论何时需要,负责解释发生的状况。既然主试者必须关注于系统的操作,那么有必要将其他重要问题交给做笔记的观察者。同时,主试者也要尽可能做笔记。

（8）数据。数据包含笔记以及会话的音像记录。通常,笔记是原始数据。如果是细心记下的,这些笔记会涵盖所有的主要问题,此时仔细检查音像记录就不会有太多的额外价值。对于检查数据分析过程中产生的任何问题,音像记录仍具有价值。数据分析中一个至关重要的问题是,是否能够被推断到与实际应用的系统模型版本的交互,在这两个结果之间要清楚地加以区分。

实体模型数据经常形成一组应该总体上进行分析的测试数据资源的一部分。另见第15、16章中的数据处理和分析。

（9）优点和缺点。实体模型通常成本较低,并且创建和修正起来速度较快。但收集到的信息却可能很有价值,因为在设计进程早期就得到它了。实际上,创建实体模型本身就是一个重要步骤,因为它使一个可能到目前为止只作为文本规范存在的界面在感知上变得具体了。低保真测试可以演示重要的功能性和易用性问题已经被忽视或造成指定不足,有助于需求的生成和详细阐述、任务或其他活动的分析,并允许低成本的交互实验。高保真测试同样可以在界面设计上提供大量输入。

注意,用户可能更倾向于批评看上去很不精良或显然还没有被实际应用的系统。当然,这并不是缺点。

缺点:①系统不是真实的,所以很多事情并不能有意义地测试,例如如果系统死机,它会在多大程度上识别并解释用户输入,并且在多快的时间内完成;②对能够被可靠地提供给系统开发的可用性信息和仅仅是在表现实体模型测试特点的特殊条件下产生的人工产品的信息进行区分,需要细心的准备和数据分析。

（10）实例:实体模型。图12.1所示为"数独"案例(2.1节)的实体模型。棋盘被投射到墙上。用户用激光指示器进行指向并说出他想插入所指向方框的数字。主试者识别数字,把它写在便笺上,并粘贴到墙上。

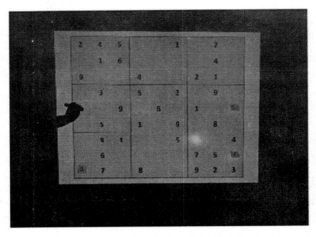

图 12.1　测试"数独"系统案例的实体模型

12.2　绿野仙踪

　　"绿野仙踪"方法（伯恩森（Bernsen）等 1998，弗雷泽（Fraser）和吉尔伯特（Gilbert）1991）是一个功能强大的模拟技术，用于在实际应用之前或用部分实际应用的系统收集可用性信息。在后一种情况下，我们称其为仿生的"绿野仙踪"。一个或几个真人"魔法师"模拟带有用户的系统，这些用户与真正的系统之间进行交互。

　　（1）方法使用的时机及范围。"绿野仙踪"方法用于设计和实际应用的过程，主要是在实验室中或在实验室外的"营造的实验室环境"中，例如在汽车里或作为展览会的一部分或通过电话。事实上，"绿野仙踪"甚至能够用于结合现场测试（12.4 节），就像我们曾经在一家博物馆里所做的那样，参照下面的实例。

　　"绿野仙踪"经常用于语音对话系统的开发中，但还有更大的潜能，并且事实上已被用于模拟很多不同类型的多模态系统。"绿野仙踪"特别适合于开发这样的系统：以用于人—人交流的自然交互式模态与用户交流，也就是语音、手势、面部表情、视线、头和身体姿势、身体动作等，或是这样的系统：提及人能够看到、听到、感觉到、尝到、闻到等的东西——因为对于真人魔法师来说，很容易就能在对用户输入的反应中去识别、理解和产生在这些模态中表述的信息。同样，系统越需要仿效人的中央处理，我们就越期待"绿野仙踪"能成为系统开发的组成部分。

　　在交互过程中，用户必须相信他们正在与真正的系统进行交互。对于语音对话，也就是通过让魔法师与用户在扬声器或电话里交流，这在技术上是容易完成的。魔法师还能够很轻松地遥控其他的输出方面,例如简单的图形输出,包括简单的动画人物手势和姿势。把魔法师的语音转换成动画交谈头像视听语音输出,如今也是能够完成的,但需要专用软件。把魔法师完全自然的多模态交流的行为、态度、情感和一切转换成三维动画人物或机器人的行为,是接下来几年中的挑战。

对于人而言,除了自然存在以外的模态和模态组合,无法解释魔法师、也无法模拟其中的某些模态。人们不得不使用想象和可行性感觉以确定进行尝试是否可取。魔法师能够立即理解以不同模态组合表述的很多不同种类的用户输入,例如语音和指示的手势。然而很少有人能够理解几十个同时和连续的"脑波"脑电图输入流。

(2)多模态意义。使用"绿野仙踪"模拟标准的基于图形用户界面的系统,几乎没有多大意义,因为它没有使用多少自然对人的输入/输出模态。"绿野仙踪"偏向于那些使用自然的真人交互的多模态系统或系统的某些部分。这意味着,该方法受到分异因素 1 和 5 的影响,也就是用户—系统界面的性质和要针对用户收集的数据的类别,参照 6.2.2 小节。该方法对创新性的多模态和与人融合的系统尤为重要。

在我们的案例中,尤其是"算术"系统(5.1 节)的高级语言会谈,将非常适合"绿野仙踪"的模拟。

(3)方法的工作思路。一个或多个魔法师模拟详细的系统设计或其中一部分。对于收集到的数据可靠性至关重要的是,测试对象是在并不知道系统被部分或完全模拟的情况下进行交互的。

(4)应用该方法需要的资源。一个或多个魔法师,主试者,可能的话再加上助手和观察者(10.4 节),目标用户或有代表性的用户群(3.3.1 小节),便于魔法师遵循的系统模型详细表述,通常再加上想定,音像录制设备以及可能要加上的日志记录设备,可能的话再加上"绿野仙踪"的支持工具。

(5)系统/AMITUDE 模型。系统模型的详细草图、内容、交互结构及流程。既然魔法师可能不是开发者,那么重要的是要调整或转换系统模型表述,以便魔法师能够近乎实时地使用它。

对于简单的系统,图形表述可能就足够了,用于显示交互结构和流程以及可能的用户输入和相应的系统输出。对于更复杂的系统,魔法师会迷失于图形表述,还需要别的东西,例如图 12.3 中的超文本。你可能会把模型画在纸上,但是电子(超文本、超媒体)模型也很受人喜欢,这是因为它允许魔法师只需点击链接即可开始下一个输出以及它允许工具支持。

(6)计划。基于 6.4 节描述的详细信息,制定可用性方法计划。从收集可用性数据(6.4.2 小节)的目的开始。使用该目的以指导创建想定,与系统的交互将基于这些想定，并制定会话如何继续进行的脚本（6.4.3小节）。通常，想定用于确保所有的系统各部分都会得到测试。

"绿野仙踪"的会话计划涉及很多的标准步骤，如13.2节、13.3节有关会话准备的描述，例如包括招聘测试对象。注意，"绿野仙踪"方法经常用于与其他方法的组合，例如筛选、测试前提问和测试后提问（8.6节~8.8节），以及用户观察（10.4节）。招聘测试对象在集群形式的方法中共享，而其他大多数准备必须针对每个方法单独进行。

要明白，魔法师需要时间来训练，因为对系统进行令人信服的实时模拟并非易事。魔法师必须尽可能学会在系统模型的限制内做事，也就是模拟简化的（相比于人的能力而言）输入识别、输入理解、推理、情感反应性等，对应于真实系统可能有的东西。既然我们尚未处于这样的阶段，例如系统能够构建不流利表达，那么输出必须按系统模型指定的进行，目前这通常意味着它必须是流利的，并且以完全一致的方式加以展示。在理想的情况下，如果在系统模型中有间隙，而用户产生了没有计划的输入，那么魔法师还必须能够用适当的频率模拟误解和其他的系统缺点，并且能够令人信服地改善会话。

例如，如果系统是复杂的，并且使用不止一个输入模态，那么就可能需要几个魔法师。例如，如果各个输入模态没有轻松地融合起来，那么每个魔法师可能就要负责处理不同的输入方式。在输入方面，这使他们的工作更简单了，但他们可能必须在输出方面进行合作，这也需要训练。

魔法师的工作至少能够以两种方式得到帮助：第一种方式是使用助手。不要给魔法师分派充当计算器或用计算机能做得更快的任务！反过来，让助手使用计算机并把结果展示给魔法师。例如，助手可以在一台单独的计算机上操作一个数据库或对相关事件做笔记，例如由用户提供的、稍后可能用于确认反馈的信息。助手也可以在模拟过程中进行有用的观察并记录下来。

使魔法师的工作得到帮助的第二个方式是通过电子工具支持。例如，数据手套可以用于获取魔法师的手势并把它们呈现给测试对象。对于语音，工具不是绝对必要之物而是应该仔细加以考虑的便利之物。语音输出可能要预先通过文本到语音的合成进行录制或发送。在这两种情况下，魔法师只需要点击一下就能把语音输出发送给用户，而不是冒着结结巴巴说话的风险去朗读输出。用户的语音输入可以经过语音识别器以确保真实层级的错误识别和非识别。声音失真可能在输入和输出两方面都适用：在用于输入时，设想是假设没有语音识别器用作前端，使魔法师更容易误解或不理解输入；在用于输出时，例如目的可以是要让女魔法师具有男性的声音，或确保声音听起来有点机器式的，因此用户不会期待系统拥有人的完全能力。其他帮助魔法师为交互结构导航和记录交互日志的工具参照图12.4。想定也作为工具为魔法师工作，允许魔法师知道从用户那里期待什么。在所有情况下,魔法师都需要训练,并且必须非常了解支持工具。

在魔法师的计算机上,除了在使用中的软件,在会话过程中不该运行其他程序,音像记录应该在另一台单独的计算机上完成,以避免对魔法师任务的任何干扰。除了模拟系统这一角色,魔法师不应该有任何其他的角色。因此,需要一个主试者负责照顾用户。

(7)运行。13.4 节解释实验室会话过程中要做的和要了解的问题,例如在使用"绿野仙踪"时,确保会话开始时,魔法师已经准备就绪,一切正常。

(8)数据。正常情况下,"绿野仙踪"模拟数据包含用户输入行为和系统输出行为的录音和录像、来自运行系统组件的笔记或日志文件。取决于数据收集的目的。录音可以被译音和注解,并且日志文件同样可以被注解。数据应该被分析到相当必要的程度,以确定我们离目标有多近,以及要对系统进行哪些改进做出决策。经常"绿野仙踪"数据所形成的较大一组测试数据资源应作为整体进行分析。另见第 15、16 章中的数据处理和分析。

(9)优点和缺点。不需要单独的编码去运行"绿野仙踪"的会话,会话中测试对象与某个感觉像是真实的和准完备的系统进行交互,而我们开始收集大量的实时交互式用户行为数据。以其他方式收集这些数据,我们就需要实际应用的原型。我们能够收集人们使用的词汇、语法和语义以及他们与语音相协调的面部表情和手势等数据,这样在更改系统模型成本很低的同时,非常有助于在生存周期早期查明问题。遵循数据分析,所有我们需要做的事情就是修正设计而不是修正程序编码。随后直到设计已被完善,这些修正就能够接触"绿野仙踪"新的模拟等,之后我们就实际应用结果。没有其他的可用性方法能够那么做。

一个相关的优点是"绿野仙踪"通过模拟用于集中的实验。例如,如果不确定特殊的系统行为风格或策略对交互的影响,那么我们能够模拟选择性的风格或策略,并将其留给后续数据分析以决定要实际应用哪种途径。"绿野仙踪"的这个方面也允许研究者去收集与任何特殊的系统开发进程无关的人的行为数据。

"绿野仙踪"的成功使用,很大程度上取决于魔法师有多好。不过,就连训练有素的魔法师也会发现,很难实时模拟实际应用的系统能够做到的各层级的识别、理解、推理、情感敏感性等。这种情况部分是因为在对未来的预测方面,人所具有的能力远远超过系统。另一部分是因为在很多系统组件建成之前,很难预测它们的绩效,因此不可能给魔法师提供真实的模拟绩效目标。还有,"绿野仙踪"成本往往相当高,主要是因为关于魔法师训练、团队协作、工具和材料创建涉及大量的准备。

（10）实例："绿野仙踪"设置，"绿野仙踪"系统模型表述和"绿野仙踪"工具。图 12.2 所示为用于测试"汉斯·克里斯蒂安·安徒生"系统第一个完整会谈设计的"绿野仙踪"现场设置，该系统是多模态、与人融合、走来即用的系统，用于与童话故事作者进行会谈（伯恩森（Bernsen）等 2004）。在显示出来的设置中，魔法师被安置在丹麦欧登塞的安徒生博物馆的地下室里，使用超链接文档作为导航工具以快速定位为响应用户输入而应提供的输出。魔法师还控制用户屏幕上简易的安徒生动画，使魔法师输出成为多模态。2 周多的时间里，2 个魔法师轮流记录了大约 500 个会谈。由于其中一个魔法师是女性，利用声音失真技术把她的声音呈现为男性声音效果。用户是博物馆的游客，他们在参观过程中能够自由地使用系统。

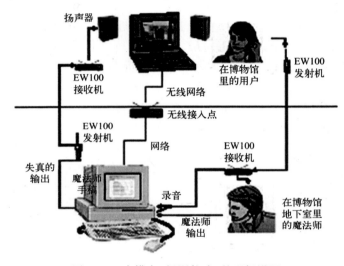

图 12.2　多模态"绿野仙踪"的现场设置

图 12.3 所示为魔法师的系统模型的样子，也就是便于魔法师导航的语音对话系统模型片段的一个超链接的超文本链接标记语言表述。该模型被用于一个关于假日津贴规章制度的 FAQ（常见问题）系统的开发和评价，那些规章制度是大多数丹麦人必须应对的（3.4.3 小节）（迪布凯（Dybkjær）和迪布凯 2004）。模型的主旨是对用户输入的回复给出的大量所谓的故事。故事要么提问题以查明用户想要什么，要么直接回复用户的问题。书中显示的故事是前一种的，问用户是想要少量金额的信息，还是与已付金额相关的差错的信息。所显示片段的大部分内容都应对如何处理用户输入可能出现的问题。

图 12.4 所示为"绿野仙踪"的工具，即对话设计者（迪布凯和迪布凯 2005）。在用户输入（中间、左边）的环境里，魔法师必须从接下来可能的转换（底部、左

248

边)当中进行选择,通过对此进行显示,该工具在语音对话模型中支持导航。在转换已经选定时,相应的系统提示以文本字段显示在输入上方。右边的日志显示了截至目前的交互。该工具已经被用于商业语音对话系统的开发和评价。所显示的披萨预订实例仅用于举例说明。

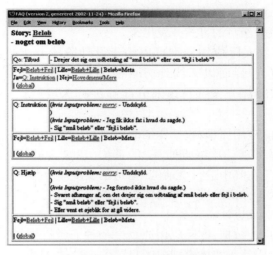

图 12.3 "绿野仙踪"模拟的系统模型的一部分

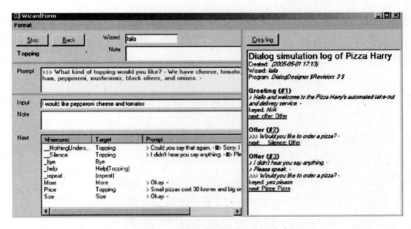

图 12.4 "绿野仙踪"工具的实例

12.3 实际应用原型的实验室测试

实际应用原型(维基百科 2009)是目标系统的实验模型或其中一部分。原型可能是几个里程碑式的系统版本之一,主要用于探讨被规划系统的可行性、评价其可用性,或为开发目的收集数据。在实验室测试中,原型通常要接触对其某些或所有现有能力的受控的和系统化的测试。

(1) 方法使用的时机及范围。为探索技术可行性,原型可以实际应用在生存周期的早期。通常,这些原型只应用于对系统可行性具有重要性的部分,它们必须尽可能以高速、经济的方式开发出来。

水平或垂直的实际应用原型可以用于设计阶段。水平的应用原型具有广泛的界面涵盖,但界面以下的地方可能不具有多少功能性。垂直的原型只包含界面的有限部分,然而,这部分能够进行深度测试(尼尔森(Nielsen)1993)。

同尺寸的实际应用原型,包括详细的界面和功能性设计,并且通常用于项目的中后期阶段。就像模拟"绿野仙踪"的系统(12.2节)一样,实际应用原型的实验室测试还用于在其中进行会话的"营造的实验室环境"中,例如在汽车里或在船坞中,但仍处于像实验室一样的受控条件下,以这些条件,我们决定交互何时发生以及测试对象应该做什么。

对于收集可用性数据,实际应用原型是一种非常有用的工具。某些新的输入/输出模态组合服从于实体模型(12.1节)测试并非易事,而是需要快速、实时的交互。甚至是"绿野仙踪"的方法(12.2节)也存在只能通过实际应用原型测试的局限性。这些观点使实际应用原型对于开发高级多模态系统更重要了。此外,早在系统被全面实际应用并稳定到足以供现场测试使用之前,实际应用原型的实验室测试就能够进行了。

(2) 多模态意义。无论系统是基于图形用户界面的还是多模态的,其可用性都将受益于实际应用原型评价。不过,我们相信,对于高级多模态系统项目,一个清晰的趋势就是需要更多的实验室测试,并比标准图形用户界面项目更多地利用迭代测试。这暗示着,实际应用原型的方法偏向于多模态可用性开发,参照6.2.2小节中的因素1、5、6,分别是"用户—系统界面的性质""要针对用户收集的数据的类别"和"普遍缺乏知识"。关于我们的案例(2.1节),实际应用原型的实验室测试已经完成了其中的两个,第三个也在计划当中。我们在第17章(案例5)中展示实际应用的"数独"原型的测试结果。

(3) 方法的工作思路。通常情况下,目标用户或有代表性的用户群与实际应用原型在受控的实验室使用环境下进行交互,而交互基于细心创建的想定,事先设计好的要使当前系统版本的所有主要方面系统地接触用户交互。这就强调控制和系统性——这些可以或多或少,参照13.1节——对本章中除现场测试(12.4节)外的所有方法都是常用的,而在现场测试中,用户总是自己决定用系统和在哪些使用环境中要完成哪些任务或活动。严格地说,对于拥有受控的和系统化的测试条件,既然这些条件也能够在实验室外建立起来,那么实验室就并非必要条件。在这些情况下,我们谈到了"营造的实验室测试"。

测试对象可以单独或在其他人面前与原型交互。例如,观察者可以和测试对象出现在同一房间里,或者最好出现在单向镜(10.4 节)的后面。注意,原型也能够使用户与硬件界面交互上的数据收集成为可能。

(4)应用该方法需要的资源。实际应用的系统模型,目标用户或有代表性的用户群(3.3.1 节),主试者,也许要加上观察者(10.4 节),典型情况下要加上想定、音像录制设备,通常情况下要加上日志记录设备、与系统模型的交互需要的任何硬件设备。

(5)系统/AMITUDE 模型。系统模型的实际应用版本必须是可利用的,以便用户能够与它交互,并得到至少一部分系统的功能性和可用性的真正印象。

(6)计划。基于 6.4 节描述的详细信息,制定可用性方法计划。从收集可用性数据(6.4.2 小节)的目的开始。使用该目的以指导想定创建,并指导会话如何继续进行脚本(6.4.3 小节)制定。

实际应用原型的实验室会话规划涉及大量在 13.2 节、13.3 节的会话准备中描述的标准步骤,如测试对象招聘。注意,实验室里的实际应用原型测试经常用于与其他方法的组合,例如筛选、测试前提问和测试后提问(8.6 节~8.8 节),以及用户观察(10.4 节)。测试对象招聘在集群形式的方法中共享,而其他大多数准备必须针对每个方法单独进行。

细心地创建想定能够尽可能确保系统的所有部分,那些具有特殊重要性的部分,或那些实际应用的部分,都将被系统化地加以测试。

(7)运行。13.4 节解释实际应用原型会话过程中要了解的问题。

(8)数据。来自测试对象与实验室里的实际应用原型进行交互的数据,包含用户输入行为和系统输出的音像记录,以及来自系统组件的日志文件。经常,来自实验室原型测试的数据所形成的较大一组测试数据资源应作为整体进行分析。另见第 15、16 章中的数据处理和分析。

(9)优点和缺点。实际应用原型实验室测试的独特优点:它们可以在系统模型设计所有方面收集可用性数据。在高级多模态系统开发中,第一个原型的实验室测试可能是第一次像当前系统这样遇到真实的人。对于展现某些可用性问题,例如相比于实体模型(12.1 节)或"绿野仙踪"的模拟(12.2 节),运行原型是更有效的,甚至是更强制性的。交互让用户与系统真实的看到、听到和感觉到面对面,并产生真实的系统数据而不是关于魔法师行为的数据。

该方法的主要限制:在实验室外对它完全控制时,我们看不到用户使用系统做什么。处于实验室里的用户按照他们被告知的去做,而这经常意味着很多表演和假装:假装想预订机票,假装想了解汉斯·克里斯蒂安·安徒生的生活等,所有这些有时会以不可思议的方式影响收集数据的可靠性。

某些收集到的数据可能会不适当地反映最终系统的特征。几乎由其定义即可看出,从完全具有最终系统想要具有的所有特征这一意义上说,原型并不是最终系统。这可能不是组件方面的问题,原型也可能拥有最终系统的所有组件。然而举例来说,它具有的知识可能仍然比最后系统要少,因为它是研究原型,并没有涉及为系统提供所有为其目的服务所需知识的有趣研究。这可能意味着,在原型表现得可接受的同时,如果最终系统变得不可接受地缓慢,或在其他方面不像期待的那样按比例扩大,则仍可能最终会引起问题。因此,重要的是要想一想缺失的或有限的原型特征可能如何影响用最终系统所产生的结果。

实际应用原型后,对于所进行的可用性评价结果为不太好的编码,诱人的是不把它扔掉。然而,扔掉糟糕的编码是值得的,因为它可能经常在后来引起很多问题。

(10)实例:实际应用原型。图 12.5 显示,用户正在与欧洲用于教育娱乐软件的自然交互式交流项目 2001—2004 中开发的"汉斯·克里斯蒂安·安徒生"系统的第二个和最后的实际应用原型进行交互。儿童和青少年这些主要的目标用户在作者的书房里访问他,就他的生活、童话故事、本性和学习进行口语会谈,并使用二维触觉指向手势来指出他们想听其故事的那些视觉对象(伯恩森(Bernsen)和迪布凯(Dybkjær)2005)。

图 12.5　多模态寓教于乐媒体系统的实际应用原型

12.4 现场测试

现场测试在目标的实际使用环境中进行,并带有自己决定何时以及为什么使用系统的目标用户。因此,在收集数据和联系用户的过程中具有相当大的不确定性。现场测试一般用于收集关于真实生活中为评价目的或在其他方面的系统使用的可用性数据。

(1)方法使用的时机及范围。通常,现场测试是在生存周期后期进行的,此时系统模型已在实验室完成了测试,完全得到了应用,并预计将接近生存周期的尾声。尽管如此,在现场进行"绿野仙踪"的模拟也是可能的,就像我们对于"汉斯·克里斯蒂安·安徒生"系统所做的那样,参照图 12.2 中的实例。

任何足够成熟的系统都能进行现场测试。现场测试经常是系统趋向商业化的必要步骤,甚至研究系统有时也进行现场测试,但因为通常缺乏技术上的成熟度或其他必要的因素,很多都没能进行。

(2)多模态意义。现场测试需要系统足够成熟和稳健以容忍真实用户。既然很多研究系统在项目结束前未能达到真实现场测试条件,那么由于 6.2.2 小节中的因素 1 和 3,也就是"用户—系统界面的性质"和"技术突破",导致该方法目前对多模态系统只具有有限使用的条件。现场测试必须像多模态系统那样成熟,预计要在重要方面有较大突破才行。注意,如果在多个安装中需要特殊的、难以获取的,或可安装的但成本很高的软件或设备,那么该方法可能很困难或者不切实际。

既然我们所有的案例系统(2.1 节)都使用这样的软件或硬件,那么就需采取特殊的预防措施完成现场测试。"数独"应该安装在某个公共地方,在那里预计有很多游客将要使用它。"寻宝"系统可以安装在盲人和聋哑人的机构里,在那里会有很多潜在用户到场。盲人使用的触觉设备成本很高,这会在安装数量和系统能够安全装配的地点上有所限制。"算术"的现场测试很可能需要长达数周甚至数月,至少要在大约 10~20 个家庭里进行,也许还需要在学校里进行。

(3)方法的工作思路。现场测试在不受控的环境中进行,很可能是在家里、在工作场所中、在博物馆里、在医院里、在凉亭里、在船上,或者其他任何地方。我们可能不确定系统正在哪里使用,并且我们不确定用户是谁。系统可能安装在用户自己的计算机、手机或其他东西里,也可能安装在属于铁路公司、博物馆的计算机里,或者通过电话或互联网即可获取,并且运行在某个地方的服务器上,而用户则是完全自由地来决定他们想要使用系统做什么,如何与之交互,何时与之交互,等等。这意味着,一方面,对哪些系统特征正在进行测试,我们没有控制;

另一方面,我们开始收集关于有人想要或需要完成的真实任务或其他活动的数据:它们是哪些,它们如何被完成,何时被完成,多久被完成也没有控制。

所以,对于任何现场测试来说,至关重要的问题是收集关于系统使用的数据,不管情况如何,这意味着必须确定指定环境中的可能性是什么,参照下面的具体讨论。

现场测试可能有很少或很多用户,需要数周或数月,并生成大量的相应数据。与实验室测试(12.1节、12.2节、12.3节、12.5节)不同,现场测试确保有代表性的用户群可能是不现实的。这个问题有时可以通过提高用户的数量来弥补,但得到关于用户的详细信息经常是不可行的。

(4)应用该方法需要的资源。系统模型,目标用户,可能的话再加上日志记录,可能的话再加上追踪和录制设备。

(5)系统/AMITUDE模型。通常,系统模型是完全实际应用的,并接近最终版。它必须非常稳健,以至于用户很少需要技术支持。

(6)计划。基于6.4节描述的详细信息,制定可用性方法计划。从收集可用性数据(6.4.2小节)的目的开始,并使用该目的以决定要收集的数据以及如何收集(6.4.3小节)。由于现场测试环境复杂多样,对如何使数据收集具有可操作性很难给出一般建议。接下来,我们提出相关于某些或最多的现场测试的问题,但你必须自己决定它们是否和如何应用于你的案例当中。

如果系统组件交互和系统输出的日志记录是可能的,那就去做,因为日志文件数据特别适用于展现关于技术质量和易用性(1.4.6小节)的可用性信息。如果系统可在互联网上使用并免费下载,那么日志记录可能无效,因为极有可能没有机会得到任何日志文件。还有,如果你正在使用"绿野仙踪"系统,经常没有日志需要记录。

如果有可能,用户输入也是值得记录的。屏幕追踪软件可以有助于记录用户在屏幕上的行为。同时,应该记录语音交互的录音,无论交互是通过电话完成还是直接在系统前完成。如果没有用户实际所说的记录,那么与按照语音识别器输出记入日志的东西相反,在分析数据时就没有办法判断用户说了什么。这一点对于众多的输入处理技术似乎有效,并似乎暗示着无论用户产生哪些信号,如果有可能,这些信号都应记录下来。因此,如果我们用图像处理组件进行现场测试,那么我们就需要输入的视频记录。

至于创建日志文件,只有在我们能够使用产生的文件的条件下,输入记录才会有意义。在很多情况下,这是可能的——至少如果在得到许可去录制音像记录方面没有问题的话。例如,如果系统安装在展览室,或在工作场所的固定地方,或在家里,那么我们就能够使用日志文件和音像记录,并且我们要么直接使用计算机,要么与系统管理员达成协议或类似于提取日志文件和音像记录并把

254

它们发送给我们(参照下面的实例)。有难度的案例包括可供互联网上免费使用的软件,而手机的 APP 通常也使录像变得困难。

就像在为某个组织开发一个应用,如果你能够与用户交流,那么就可以要求用户通过电子邮件报告他们遇到的任何可用性问题,或者当他们使用系统一段时间之后,你可以做一个调查(8.3 节)。如果系统安装在展览会上或其他某个人来人往的公共场所中,当人们试过系统后试着和他们取得联系,那么你可能还有机会去简要访谈用户。

如果你不认识用户,并且和他们没有直接联系,那么可以要求他们提供对系统的匿名评价。用基于电话的系统和在互联网上可利用的系统也可以做这件事。你还能把用户的注意力指引到基于网络的调查问卷(8.2 节)上来,或者把调查问卷宣传单留在凉亭旁边。基于网络的论坛是另一种可能性,在那里用户能够讨论你的软件并交换使用体验。

重要的是,在运行现场测试之前,检查针对收集数据和涉及的任何法律问题有什么需要。要知道,你不一定能有机会记录对话或给没有那些知识的用户录像,如果你不得不告诉他们,那么"不引人注目"的要求就消失了,而你就接近了一种实验室测试。

如果系统不是走来即用的,那么就必须要确保在线测试开始时,用户能够使用指导材料或用户手册。

用户测试可以用不同方式来实现。如果系统是针对客户的拨打电话系统,那么就把它安装在要使用它的组织的服务器上,等待用户呼叫。同样,如果已经开发了游客想要使用的某种凉亭,那么就把它放在火车站、城市中心广场或博物馆这样的地方,取决于被允许做什么以及什么似乎最相关,然后就等待用户露面并完全凭他们自己交付数据,不需要招聘用户的环节。在其他情况下,可能要明确地招聘用户并确保他们已经安装了系统。还有在其他情况下,你要使软件可供网站下载使用,并且给它做广告,然后就该那些想要用它的人去下载和安装了。

(7) 运行。确保系统已被安装,现场测试过程中要用的设备能够正常运行,或者可供下载使用,并适时地做了广告。在某些现场测试中,并不是来自开发团队的人来安装系统,而是用户或客户所在地方的人。然而,仍然是由你来确保一切运转正常,例如通过远程访问等手段。

如果有可能,整个测试中要频繁监控所有已安装的软件,以确保一切运转正常并收集到目前为止所产生的数据。如果系统死机,或者追踪、日志记录或音像录制设备已经停止工作,那么就不会从测试中获益很多,因为数据丢失了。

如果你运行一个论坛,有必要回答问题,并在其他方面为用户提供反馈。

(8) 数据。现场测试可以提供各种数据,包括日志文件、追踪数据、录音和

(或)录像、事件报告或匿名评论。取决于我们感兴趣的细节,可能必须对(部分的)数据进行注解。如果数据是通过其他方法收集的,例如访谈或调查问卷,那么这个数据就应该连同其余的测试数据一起分析。在所有情况下,分析的重点是查明系统是否有必须调查的缺陷。另见第15、16章中的数据处理和分析。

(9) 优点和缺点。在完成他们自己选择的或他们需要在工作中完成的任务或活动时,关于用户在真实生活中与系统进行交互有多真实,现场测试提供的数据有多大价值取决于应用的类型,现场测试还可以提供关于系统软件和硬件在现场(如在客户组织内)正在被如何处理、在支持系统现场正确运行方面遇到的问题、用户的动机和偏爱等信息。

现场测试可以提供其他方法无法获得的信息,例如在一个带有有代表性的用户群的实际应用原型实验室测试(12.3节)中。实验室测试创建测试对象与系统交互的人工动机,无论想定是否被使用,无论每个测试对象的动机在其他方面可能是什么,底线是这个测试对象已经同意去实验室并参加系统测试。测试对象如约而至,但正在被测试的系统却经常与测试对象的生活无关。例如,测试对象并不需要用正在测试的机票预订系统预订机票,因此他们基本上不会注意机票的有效期是一天还是几天。如果因为他们过于关注正在测试的复杂的多模态导航系统,导致正在驾驶的模拟汽车撞了车,他们也知道不会死或伤害其他人!要想看到带着真正动机的用户的行为,那我们就需要用户使用系统进行的一个现场测试,因为系统承诺,用户去做他们想要它去做的事情,或者他们的工作需要去做的事情。

在某些情况下,目标用户实际上不会被问及是否愿意参与现场测试,因为其组织在他们的计算机上安装了系统,他们就已经参与了。在其他情况下,人们有选择。注意,志愿参与现场测试的人们经常这么做,因为他们感兴趣的是为他们自己的目的使用系统,为什么一群现场测试的用户总体上并不一定就是目标用户群的代表,这就是原因之一。技术狂人会非常乐于参与,但其他目标用户却并非如此。除了狂热者外,有时人们非常想通过试用来获得优先或便宜使用系统的机会,这与是使用人工操作服务还是通过略去人工操作服务队列来获得更快的服务相似。

除非收集到极大量的数据,否则现场测试经常无法实现系统的全面测试。部分原因是某些系统功能被频繁地使用,而其他部分很少使用。因此,现场测试不能取代实验室测试或其他基于想定的测试方法,这些方法能让我们把系统功能性的任何部分都呈现给用户交互或检查。另一件要准备的事情是,即使非常小的现场测试,也可能生成大量用于分析的数据。

(10) 实例:发音训练器的现场测试。图12.6显示了丹麦语发音训练器的屏幕截图,它在9个训练地点进行现场测试——语言学校和其他地方——2004-

2005 年横跨丹麦,为期 4~5 个月(伯恩森(Bernsen)等 2006)。丹麦语发音训练器是针对语言技能自我训练的辅导应用。对于这样的应用,可用性测试实际上涉及两个截然不同的任务:一是评价用户界面和用户—系统的交互;二是用系统评价学生的学习进展。为了确保无论系统教他们什么,都能收集到使他们学习上的进展评估成为可能的数据,因此学习进展评价练习需要时间。出于空间、人员、时间等实际资源的原因,这经常很难在实验室里完成。在很多情况下,现场测试是唯一的解决办法。在丹麦语发音训练器的现场测试过程中学习的某些课程,更广泛地说明了现场测试的各个方面。

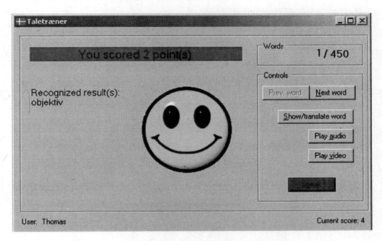

图 12.6　丹麦语发音训练器截图

对现场测试的支持是一个挑战。系统应该一直由当地的支持人员在 9 个训练网站上保持运行,这些人员依次由我们通过安装程序包、文件材料、电话、电子邮件和对 4 个最接近挪威信息安全实验室网站的访问给予支持。当地人员也给我们发送所产生的训练日志文件。结果是,只有这 4 个收到我们定期访问的网站真正产生了日志文件,这些文件可用于评估学生的进步。很多远程网站要么不发送任何日志文件,要么发送的日志文件不足以用于进步评价的目的。

现场用户真的不受控制。共有 88 名学生使用丹麦语发音训练器,产生了 800 多个日志文件。其中,22 个学生产生了使进步评价成为可能的足量日志文件。我们从未见过这些学生,也没有机会在训练过程中观察他们,更没有想过他们在每个网站如何被激发去用丹麦语发音训练器进行训练。

数据是有价值的。尽管存在刚刚描述的那些问题和状况,但是丹麦语发音训练器的现场试验数据提供了令人相当信服的证据,即系统真正成功地改进了试着学会第二语言的成年外国人的语言实际发音技能(伯恩森(Bernsen)等 2006)。

257

12.5 有声思考

有声思考方法的设想(杜马斯(Dumas)和雷迪希(Redish)1999,霍姆(Hom)1998,《网络初始评估报告》2004,鲁宾(Rubin)1994,夏普(Sharp)等2007,范·索默伦(van Someren)等1994)是要测试对象在交互过程中说出他们的所思所想,打开进入每个用户头脑运行方式的"窗口"。因此,不必尝试从我们以任何方式都可以观察到的非语言行为中推断出正在交互的用户的实时心理进程,相反,我们要求用户明确报告发生了什么事。

(1)方法使用的时机及范围。有声思考方法需要用户可以与之交互的系统模型。该模型可以是从早期实体模型到接近最终系统的任何东西。因此,有声思考可以从生存周期早期就开始。

至于该方法的使用范围,由于涉及不同的交互式实体模型,则有很强的局限性。既然这些限制是复杂的,那么我们就只能突出显示某些主要的局限性,并为其余的局限性提出改进意见(第4章)。既然测试对象需要时间以便能够进行交互并谈论它,那么有声思考就只能采用相对缓慢和有意的交互才能有效。它几乎不适用于实时虚拟拳击游戏中的参与者。此外,既然有声思考是一种涉及各种与说话相关的交流模态的、自然的人的交流,那么该方法就不适于涉及同类模态的系统交互。

因为静态图形输出和自定步速的触觉输入,有声思考对于标准的基于图形用户界面的交互有效,并且如果图形输出被静态触觉取代或扩充,也同样有效。事实上,只要在交互过程中,对于有声思考来说改变不是太快,那么图形和触觉都可能是动态的。不过,话又说回来,在思索和执行手写或键入文本输入时,不要期待用户对其他的事也能说出来,因为那些做法是语言模态,而有声思考更是如此,并且人们不善于并行产生两个独立的语言表述链。

还有,在与正在被评价系统进行交互的同时,应当考虑在交互过程中使用有声思考,即需要测试对象在高度动态的外部任务和事件上花费相当大的精力。在实际交通中的汽车驾驶时,我们建议要谨慎,这可能危及安全驾驶,因为测试对象不得不与某个车载系统进行交互时,安全驾驶正在受到挑战。

如果使用环境吵杂,那么记录测试对象大声说话就可能引起技术问题,但这些问题一般都能够得到解决。

(2)多模态意义。当用户有时间考虑与系统进行信息交换时,有声思考才最为有效,就像在普通的图形用户界面或静态的三维触觉交互中一样。因此,该方法受影响于分异因素1,也就是"用户—系统界面的性质"(6.2.2小节)。

在我们的案例(2.1节)中,"算术"和"数独"在关键作用方面都有语音交

258

互,这意味着不能使用有声思考。另一方面,盲人用户与"寻宝"系统的交互将是应用有声思考的极好目标。

（3）方法的工作思路。有声思考植根于实验心理学,是测试对象与系统模型交互的特殊方式。在交互过程中,用户自发地进行有声思考,也就是用语音（或信号语言）表达他/她正在做、尝试、期待、思考的事情、不理解的事情、情感反应等。如果用户停止有声思考,那么主试者就要提示用户。如果允许的话,可能会要求两个用户一起与系统进行交互。这经常会创建更自然的有声思考设置情境,因为用户只是交流如何通过交互解决想定。该方法有助于揭示交互中遇到的问题以及用户如何更普遍地思考问题并实施交互。在会话过程中对任何重要的东西做笔记,包括得出任何初级结论,是主试者或观察者的工作。

（4）应用该方法需要的资源。其模态适用于有声思考的系统模型,目标用户或有代表性的用户群（3.3.1 小节）,一两个用户,主试者,最好再加上观察者（10.4 节）,热身材料,想定,音像录制设备。

（5）系统/AMITUDE 模型。系统模型可以处于任何开发阶段,从早期的实体模型到完全实际应用的原型。

（6）计划。基于 6.4 节描述的详细信息,制定可用性方法计划。如果有声思考适于被使用的模态,那就使用模型分析进行评估。然后从收集可用性数据（6.4.2 小节）的目的开始,使用该目的以指导想定创建,并指导会话如何继续进行的脚本（6.4.3 小节）制定。

有声思考会话计划涉及 13.2 节、13.3 节中关于会话准备所描述的大量标准步骤,包括测试对象招聘。注意,有声思考测试经常与其他方法组合应用,例如筛选、测试前提问和测试后提问（8.6 节～8.8 节）,以及用户观察（10.4 节）。测试对象招聘在集群形式的方法中共享,而其他大多数准备必须针对每个方法单独进行。

想一想,可能的话写一写,通过介绍该方法的方式对测试对象说些什么,并且除了要使用的想定以外,再准备一些热身练习。有声思考,尤其是以其独白（单一测试对象）形式进行,并不是大多数人都习惯做的事。然而,一旦处于适当的心态,大多数人还是能够做这件事。记住,要把用于热身练习的时间包括在会话日程表之内。

（7）运行。要让测试对象感到舒适和安逸。紧张或有压力的人不善于有声思考,并且如果人们不知道如何解决他们觉得应该能够解决的任务,就可能会觉得尴尬。因此,自己的信心和信任的氛围都是非常重要的。记住,要给测试对象提供饮品。有声思考会话可能需要很长时间,对于说话会很费力。

首先解释将要发生什么和期待什么。给测试对象一个热身任务,以便演示该方法。在热身过程中鼓励他们问任何问题,并在会话过程中适当地解释不应该问的问题。测试对象已经理解你对与他/她解决任务或进行其他交互活动有关的一切感兴趣,感觉到有声思考可行并准备开始,在你对此没有完全满意之前,继续热身。这可能很容易就花掉 15min。

主试者应该尽量少干预用户的思考进程以避免影响他们。提供连续反馈(是、好的、嗯)以显示你正在听。如果用户出错,不要打断。如果有些事你不明白,做好笔记并在会话后马上澄清这个问题。经常发生这样的事:用户已经停止交谈,却又经常没有注意到,如果你需要提示该用户,那么有些话你不应该说,例如"告诉我你在想什么",因为这可能被理解为好像你在征求意见。倒不如说,"试着说说你想到的"或"继续说"。

注意,专家用户可能很难表达他们为什么这么做。这可能是因为他们不想共享他们的知识或因为他们试图为主试者(被错误地假定)的利益简化各种事情。更有可能的是因为他们所做的大部分都是基于技能的自动化动作,对这些事情他们不习惯于再做任何思考。好比一旦我们学会了骑自行车,我们就不再想如何来骑,并发现很难给别人解释清楚。比较容易的是,从那些没有使解决问题进程自动化、并且不得不认真想一想他们要做什么的测试对象那里得到口头信息。

(8)数据。来自有声思考会话的数据包含测试对象所说、所做的任何笔记,如果有视频的话还包括音像记录。来自有声思考测试的数据经常形成较大一组应该总体上进行分析的测试数据资源的一部分。特别是观察笔记经常与有声思考数据紧密结合。因此,如果你译音音像记录(15.5.3 小节),一个好主意就是插入观察笔记和带有语音的任何基于视频的观察,例如"测试对象蹙眉,看起来很迷惘"。观察应有明显标记,以免因译音而混淆。解释是后续数据分析的一部分。如果你把各种解释增加到译音和观察中,那么它们就应该被清楚地标记为解释。另见第 15、16 章中的数据处理和分析。

(9)优点和缺点。在依赖模态的限制中,有声思考提供了一个绝佳的机会来直接观察正在交互的用户头脑。该方法成本相当低,但是能提供关于用户绩效和用户的假设、推断、偏爱、预期、挫折感等的有价值数据,并就有关的误解和引起差错或问题的令人混淆的问题发出通知。我们得到了关于系统的用户心理模型(佩恩(Payne)2003)以及它们如何追求交互目标的数据。这有助于理解用户为什么会体验到系统所产生的问题的实际原因。当开发者尝试解决用户体验的问题时,了解引发这些问题的事物在中央处理的各个方面,就是一个很大的优点。

有声思考的数据从来没有完全表述过用户的中央处理、认知、意动、情感等(3.3 节),其可靠性也不是毫无疑问的。大多数人觉得有声思考有些不自然,并且延续一段时间就会让人筋疲力尽。测试对象时不时会忘了有声思考,必须由主试者进行提示。口头表达需要时间,并且要与致力于用户—系统交互的心理资源进行竞争。有些人非常善于表达自己和描述进程,而其他人则不太善于这种口头表达。数据的质量取决于测试对象有多善于口头表达进程。儿童一般都不是很善于有声思考。此外,情境的不自然状态可能使测试对象表现得不同于这个人在用相同的系统解决同样的想定时在其他方面的所做所为。尽管存在这些缺点,但是如上所述,有声思考在其应用范围内使用时,仍然是一种有用的方法。

　　(10)实例:来自带有观察者笔记的热身练习的译音。图12.7所示为来自有声思考练习的苹果公司 iPhone 手机的屏幕截图,练习中(丹麦)用户的任务是使用 iPhone 查明芝加哥现在是什么时间。图12.8显示了来自练习的译音(左)。观察笔记和其他注释被加到右边,连同图12.7一起便利于对所发生事情的了解。

图 12.7　美国苹果公司 iPhone 手机时钟屏幕(世界时)(点击在顶部的+
能增加一个城市的名字)

译　　音	观察笔记和分析
	用户看着起始页
如果我按下时钟会发生什么	其中的一个表标显示时钟。用户选择它并得到"时钟屏幕"
开始……世界时在底部显示	
华盛顿特区	显示哥本哈根和华盛顿哥伦比亚特区
不在本地	

嵌入式隐马尔可夫模型有哪些其他选项	再看看屏幕的底部
今天……按下华盛顿……没有太多事情发生	
我能增加内容	发现+(右上角)
是的,如果我现在在这里写下芝加哥	
C-H-I-C-A-G-O	用户拼写
Chocago……你如何删除	
完全删除它有可能更快	没有找到删除错误的 o 的方法,删除所有字母
芝加哥……在这里出现了	输入前几个字母后,芝加哥出现在其他选项中的菜单上。用户选择它,以便它出现在同最初的哥本哈根和华盛顿特区的选择一样的列中
好了……今天现在是 9:54……9:55	
在哥本哈根是 16:55,在芝加哥现在是 9:55	
这就意味着他们比我们晚 7 个小时	

图 12.8　带有观察笔记和分析(右)的、译音的有声思考协议(左)(原文译自丹麦语)

参 考 文 献

Bernsen NO, Dybkjær H, Dybkjær L(1998) Designing interactive speech systems. From first ideas to user testing. Springer Verlag, Heidelberg.

Bernsen NO, Dybkjær L(2005) Meet Hans Christian Andersen. Proceedings of the 6th SIGdial workshop on discourse and dialogue. Lisbon, Portugal:237-241.

Bernsen NO, Dybkjær L, Kiilerich S(2004) Evaluating conversation with Hans Christian Andersen. Proceedings of LREC 3:1011-1014. Lisbon, Portugal.

Bernsen NO, Hansen TK, Kiilerich S, Madsen TK(2006) Field evaluation of a single-word pronunciation training system. Proceedings of LREC, Genova, Italy: 2068-2073.

Dumas, JS, Redish, JC(1999) A practical guide to usability testing. Rev edn, Intellect Books.

Dybkjær H, Dybkjær L (2004) Modeling complex spoken dialog. IEEE Computer August, 32-40.

Dybkjær H, Dybkjær L (2005) DialogDesigner-a tool for rapid system design and evaluation. Proceedings of 6th SIGdial workshop on discourse and dialogue. Lisbon, Portugal:227-231.

Fraser NM, Gilbert GN (1991) Simulating speech systems. Computer Speech and Language 5:81-99.

Hom J (1998) Contextual inquiry. http://jthom. best. vwh. net/usability. Accessed 19 January 2009.

NIAR(2004) Think-aloud protocol. http://www. niar. wichita. edu/humanfactors/toolbox/T_A% 20Protocol. htm. Accessed 24 January 2009.

Nielsen J(1993) Usability engineering. Academic Press,New York.

Nielsen Norman Group (year unknown) Paper prototyping: a how-to training video. http://www. nngroup. com/reports/prototyping. Accessed 22 January 2009.

Payne SJ (2003) Users' mental models: The very idea. In: Carroll JM (ed) HCI models,theories and frameworks. Towards a multidisciplinary science. Morgan Kaufmann,San Francisco.

Rubin J(1994) Handbook of usability testing. John Wiley and Sons,New York.

Sefelin R,Tscheligi M,Giller V(2003) Paper prototyping-what is it good for? A comparison of paper-and computer-based low-fidelity prototyping. Proceedings of CHI:778-779.

Sharp H, Rogers Y, Preece J (2007) Interaction design - beyond human - computer interaction. 2nd edn. John Wiley and Sons,New York.

van Someren MW, Barnard Y, Sandberg J (1994) The think aloud method: a practical guide to modelling cognitive processes. Academic Press,London.

Wikipedia (2008) Paper prototyping. http://en. wikipedia. org/wiki/Paper _ prototypes. Accessed 7 February 2009.

Wikipedia (2009) Software prototyping. http://en. wikipedia. org/wiki/ Software_prototyping. Accessed 7 February 2009.

第 13 章　带有测试对象的实验室会话

　　第 8~12 章的方法中,大约有一半基于带有用户或测试对象的实验室会话。本章阐述这些方法和这些方法的具体可用性方法计划。实验室会话包括受到监控的、要被输出以发生在实验室外的如在汽车里或博物馆里的会话。要被描述的某些问题与非实验室会话的可用性方法有关,这就是为什么在前 5 章许多的方法描述都谈到了本章的内容。

　　13.1 节说明通常应用于实验室设置的方法,并讨论对实验室会话进行微观控制的问题;13.2 节描述测试对象招聘;13.3 节提出与设备和材料相关的实验室会话准备,如想定和知情同意书;13.4 节讨论当实验室测试正在运行时要做什么和注意什么,从选择测试对象训练直到帮助和即兴演绎;13.5 节描述任务报告和保持联系这样的会话后问题。

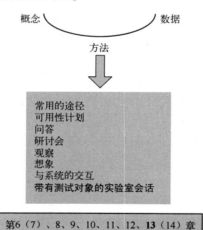

13.1　实验室测试和开发方法,微观调控

　　在 6.2 节中介绍的可用性方法中,通常有 11 个方法在实验室设置中应用于用户或测试对象:测试前访谈和调查问卷(第 8 章),测试后访谈和调查问卷(第 8 章),中心小组会(第 9 章),研讨会和带有用户的会议(第 9 章),分类排序(第 10 章),用户实时观察(第 10 章),实验室内的人体数据采集(第 10 章),实体模

型(第 12 章),"绿野仙踪"(第 12 章),实际应用的原型(第 12 章),有声思考(第 12 章)。其中,以下 7 个是主要的用户测试方法:测试前访谈/调查问卷在测试前使用,而测试后访谈/调查问卷在测试后使用,测试过程中可能使用"绿野仙踪"、实体模型、实际应用的原型、有声思考,并且可能会给以上方法中的任何一个增加用户观察。剩下的 4 种方法,也就是中心小组会、研讨会和带有用户的会议、分类排序、实验室内的人体数据采集是主要的用户开发方法。无明确声明,本章各节中提出的问题适用于上面提到的所有方法。

在说明关于如何处理实验室里的测试对象的细节之前,需要指出,上述用户实验室方法中的大多数可以计划并应用于更大或更小程度的微观控制,这对应用方法的结果具有重要的影响。微观控制意味着需要对要做什么和如何做进行详细计划;不太严格的微观控制意味着把更多细节留给测试对象;严格的微观控制,往往会确切地得到我们力求收集的可用性信息,但如果有更多的回旋余地,我们就得不到什么信息。用不太严格的微观控制,当有某些回旋余地时,在交互过程中或在其他方面,可以更好地查看测试对象的态度、对他们重要的事情或他们会做些什么,但我们在会话过程中不能确保涉及任何特定数量的领域。实际中,经常两方面都做,即在一部分会话中具有严格的微观控制,其余的会话中具有不太严格的微观控制。

严格的微观控制实例如下:调查问卷或访谈中只有封闭式问题;记录行为细致的完整协议;使系统所有部分的测试成为可能的一组设想;极其详细的会议议程等。不太严格的微观控制的实例如下:会议或研讨会中的自由头脑风暴;测试对象为给一组指定的示例排序创建分类,而不是被给予已经预定义的分类;测试对象自由创建所有必要细节的程序框架设想;全开放式的问题访谈;测试对象必须填写所有细节的高级行为描述等。

以特殊的实验室会话为目的的微观控制程度从可用性方法计划(6.4 节)中就得以体现。下面,我们描述一些潜在的方法计划问题,即该方法将被应用于实验室或实验室外类似的条件下,并且带有目标用户或具有代表性的用户群(3.3.1 小节)。其中的某些问题即使不涉及(类似的)实验室会话,也在针对其他方法应用的计划中被需要。请读者从本章提取在与非目标用户的会话中或在应用非实验室的方法时需要做什么。请参阅鲁宾(Rubin)(1994)以及杜马斯(Dumas)和雷迪希(Redish)(1999)的相关著作。

13.2 会话准备——招聘测试对象

招聘测试包括时间、地点及如何获得正确的测试对象,他们中有多少人是你需要的,以及如何与他们进行交互。

13.2.1 如何选择测试对象

一组测试对象或用户至少可由下面 4 种不同方式组成：

（1）所有目标用户；

（2）有代表性的目标用户群；

（3）非有代表性的目标用户群；

（4）非目标用户。

有机会遇到所有的目标用户并与之一起工作是相当少见的，但这种情况确实会发生，特别是当系统是为一个特定的个体或群体量身定做的时候。这种情况下，目标用户和测试对象完全相同。另外，还有 3 个选择。

第 1 个选择是尽可能多地使用有代表性的用户群(3.3.1 小节)。这会产生可靠的可用性数据。这也是我们为"数独"案例(第 17 章)尽力去做的。目标用户拥有不同的技能、背景、年龄、性别等，可能会有截然不同的态度，并且用相同的系统完成任务或其他活动的方式会非常不同。

第 2 个选择是拥有任何一个目标用户群即可。像"寻宝"(5.1 节)一类的系统在早期阶段，一个目标用户群对于发现第一批主要的可用性问题就足够好了。

第 3 个选择是最可疑、有时也最诱人的，只收集一群可供使用的人的可用性数据，例如大学生或同事。虽然他们有很多好特征，通常都聪明、好奇、精力充沛、精通计算机、容易联系和说服来参与，但通常他们都不属于目标用户群。让大学生为居家的老人测试系统，显然不是一个好主意。一般来说，大学生和同事主要被用于两个方面：首先，用于系统单个部分的快速测试，并修正系统组件，例如语音识别器或图像处理软件，并且不断被测试与修正。第二，他们有助于各种各样的准备工作，例如在真正的测试对象到达之前对驾驶评价设置进行测试，探索性测试尚无目标用户配置文件的系统概念。

为选择目标用户或他们中有代表性的用户群，必须首先进行用户配置文件分析(3.3.6 小节)，然后筛选潜在的测试对象(8.6 节)。可能存在几个目标用户群。

13.2.2 测试对象的数量

开发或评价会话需要多少测试对象，主要取决于以下因素：

（1）可用性的结果有多可靠：一般来说，所需的可靠性越高，所需的用户就越多。注意，这对于会议和研讨会并不适用。

（2）有多少资源可供计划和执行该方法以及分析收集到的数据使用：作为计划，你拥有的资源越多，你能负担得起招聘的测试对象就越多。注意，有更多的参与者并不意味着更多的有效数据(备忘录),所以,这同样并不适用于会议和研讨会。

(3)发现适合的测试对象愿意或被允许参与的难度。

(4)会话持续时间:如果每个测试对象生成大致相同数量的数据,如13.1节中提到的,除了两个会议方法以外的大多数实验室方法,如果会话时间很长,为了不产生过量用于分析的数据,应采用较少的测试对象而不是缩短会话时间。

(5)会话准备:如果准备工作很繁重,除非会话时间非常长,不然最好是收集带有两个以上测试对象的数据。数据的价值必须在某种程度上合理地对应于花费在准备工作上的时间的价值。

(6)是否需要统计有效的结果:一般来说,这需要相当数量的用户来实现,并且与会议和研讨会不相关。

(7)你是否正在进行比较研究,并且针对两个(或更多)不同的测试条件需要不同的测试对象。

我们推测涉及大部分可用性开发和评价会话的测试对象数量从4人到15人不等。因为会话前、会话时以及数据分析过程中花在测试对象身上的时间很多,所以如果涉及大量以个体为基础的测试对象,成本就会很高,涉及很多用户的会议很快就变得毫无实效。会有收益递减的风险。例如有12个测试对象的测试就可以确认由系统模型引起的90%的可用性问题,但24个测试对象的测试可能只把百分比提高到95%。因此,可行的方法是运行几个带有较少用户和某些开发时间间隔的测试,而不是运行单一的大型测试。带有4个用户的3次测试,每个带来的经济价值,通常都会多于带有12个用户的单一测试(尼尔森(Nielsen)1993)。

不过,通过有代表性的用户群以个体为基础产生的更多数据总是更好的数据。用于组件训练的专业数据收集有时需要几百个测试对象。

13.2.3 测试对象的招募

在哪里找到测试对象完全取决于指定的用户配置文件。为了对应配置文件里的每个不同个体,招聘测试对象经常有必要灵活进行。可考虑联系或使用下列人或物:

(1)正在开发该项目的组织;

(2)开发者和其同事的个人关系网络;

(3)体育俱乐部和类似的组织,为系统进行有效的口头传播;

(4)针对目标用户的专业机构,例如耳聋研究机构;

(5)各类学校,从学前教育到大学教育,一直到终身学习;

(6)通过网站上的广告;

（7）可以出版该项目的出版物——内刊、报纸、广播、电视和其他媒体。经常容易做的是,以需要测试对象的方式在记者的新闻题材中挖掘,连同网址、电话号码、电子邮件等;

（8）商场、火车等公共场所。

如果通过这些还是没有找到有效的训练对象就有必要考虑广告或借助招聘机构。确认潜在的测试对象可能需要数周或数月,需要无数的电话、电子邮件、解释等。

13.2.4　测试对象的初始联系信息

与测试对象的初次和后续联系需要很多不同的形式,例如通过电话和完全以书面形式;通过网站初始联系进行报名,然后面试筛选;通过网络进行筛选。在所有情况下,在初次联系时,你都需要通知他们会话的主题和内容,需要他们做什么,等等。并将信息记录下来供后续使用。

具体信息如下:

（1）对于开发会话:需要测试对象做什么,以及测试对象的重要性;

（2）对于评价会话:被测系统的功能,测试对象的职责,及该测试人的重要性;

（3）将进行会话的环境;

（4）会话持续时间;

（5）如果会话基于电话,需要提供电话号码,方便通知会话取消或推迟;

（6）电子邮件和网站地址:测试对象可以通过网站了解系统工作的情况,并且网站可以在与测试对象一起工作时起到辅助作用;

（7）实验室地址及开放情况;

（8）会话的日期和时间;

（9）用户得到什么回报（如果有的话）。

当然,这是最低的信息量,还有可能需要额外的信息,例如数据机密性。很多测试对象都带着好奇但又经常选择退出,所以如果有关于系统和开发目标的额外信息,应一并放在初始信息里,让测试对象尽早理解,选择是否加入测试（6.4.4小节）。

图13.1显示了公司发送给已经在电话里得到同意的测试参与者的介绍信件。系统模型是基于电话的语音对话机票预订系统（伯恩森（Bernsen）等1998）的"绿野仙踪"模拟（12.2节）,另见3.4.2小节。用户通过电话进行测试。对于测试对象,这是一个一次性的交流,目的是让他们在参与测试时,能得到足够的信息。在这样的情况下,用户是没有酬劳的。图13.1中是一张活页宣传单,它描述了机票预订系统,显示了实例对话。

亲爱的××，

非常感谢您同意花费时间来帮助测试系统。

信封内我们附上以下内容，请查看：

- 一张活页宣传单，描述您要使用的预定系统；
- 4 个任务，我们请求您通过给系统打电话来解决；
- 一份调查问卷，我们请求您在与系统交互后填写并装进附上的信封交回。

测试的目的是收集服务于两个目的的数据：①它将有助于我们评价预订系统工作得如何，特别是您与用户界面的交互；②它将提供一个改进系统的基础。

您与系统的对话将被记录在磁带上，以便我们通过分析，找到系统的薄弱环节，并试着做出改进。在测试之后，为确保您的隐私，你的所有个人信息都将被从数据中删除。

如果您有不明之处欢迎给我们打电话，电话号码×××。

我们希望您在 1 月 12 日(周四)，给我们的系统打电话来完成任务。当系统准备好接听您的电话时，我会通知您。

谨致问候　　莱拉·迪布凯(Laila Dybkjær)

图 13.1　给测试对象的介绍信件(原文译自丹麦语)

13.2.5　测试对象的确定

尽管测试对象有热情尝试测试系统，或有热情参与会话，但他们有自己的工作，他们的日程表可能很满，所以提前约好会话日期，例如 2 个月以前，并在进行会话前一两天提醒测试对象。即便如此，有些测试对象也可能会在最后一分钟临时退出测试。方法计划(6.4 节)中必须要考虑到这一点。一个办法是让测试对象待命，准备好一叫即来，填写一个自由测试时段，或者参加会议或其他会话。另一个办法是让所有的测试对象都来，确保超过精确需要的人数。第三个办法是招聘新的测试对象，直到够数。

13.2.6　测试对象的报酬

提供什么报酬给测试对象，要考虑到他们的年龄、性别、文化、宗教等。如电影票优惠券、一盒巧克力、一瓶酒或是少量的钱。或者以抽奖的形式进行，被抽中的幸运者得到奖励，其余人没有。当然，如果测试者远道而来，我们应支付差旅费。

13.3　会话准备——材料和设备

如方法计划(6.4 节)中所描述，会话准备的各种详细信息通常在实验室会话之前准备就绪。经常使用的材料和设备如下：

清单	想定
被测试或展示的系统模型的确定版本 设备：计算机、录像机、录音机、摄影机、扬声器、麦克风、大屏幕、桌子、椅子 视频、宣传单、幻灯片、其他的展示材料 对测试对象的介绍和指令 会议/研讨会议程(9.3节) 要提交问题的草稿清单(9.1节) 要进行的分类(10.3节) 知情同意书	测试对象训练材料(10.5节、12.5节) 用户指南、手册、其他的书面支持材料 实验室观察计划(10.4节) 魔法师指令(12.2节) 魔法师支持信息(12.2节) 人员角色和指令(6.4.6小节) 用户任务报告指南 访谈脚本 调查问卷 水、软饮料、糖果、食品 报酬(13.2.6小节)

13.3.1 清单

我们将用清单提醒参与组织和进行会话的每个人，以避免在会话中出现可能危及收集数据的数量与质量的错误，其清单如下：

（1）会话环境是否可供使用并准备就绪？

（2）包括录制设备在内的所有硬件是否装配？是否有效？

（3）额外的电池、磁带、存储空间等是否可供使用？

（4）所有软件是否已安装正确的版本，并可以运行？

（5）实验室里的每个人是否都明白，何时开始交互？

（6）给工作人员和测试对象的所有书面材料是否可供使用并被打印出来？

（7）像视频或网上调查问卷这样的其他材料是否可供使用并准备就绪？

（8）是否有取消的测试对象？

（9）仔细检查环境和设备——记住墨菲定律！

（10）参与会话的每个人是否都知道他/她的角色？要做什么？

（11）测试对象的报酬是否准备就绪？

（12）给测试对象的软饮料和糖果是否在什么地方准备就绪？

如果你想进行比较研究，你需要准备至少两种不同的应用方法的条件。这些条件可能与各种差异相关，例如给测试对象的指令数量，系统模型中的可利用模态、对任务描述或使用环境进行排序的分类，及创建在会话当天的工作清单等。

13.3.2 系统模型、软件、设备

不管在实际中是否得到应用，只要系统模型在会话中是关键组件，就像它正在被评价(第12章)时，那么就要确保它可供计划好的版本使用。

270

我们要仔细检查所有需要测试对象理解和与系统模型交互的东西：实体模型组件、"绿野仙踪"系统模型表述、计算机、交互式设备、网络连接、房间等。一切是否都已准备好？是否有备用设备？如果没有，会发生什么事？当测试对象到达时，按照即将进行的设置完整地测试一遍。仔细检查所有日志记录和音像记录软件和设备。检查日志记录软件是否按计划真正对数据进行了日志记录。检查音像录制设备，是否有足够的磁盘或磁带空间来存储音像记录？电池是否是新的？是否有备份？

为了避免会话当天发生恐慌和忙乱，需要好好花时间做准备。

13.3.3　展示材料、介绍指令

有些实验方法，需要展示材料进行讨论，如视频、幻灯片、绘图或纸张把数据展示出来。方法在会话过程中要被测试对象处理或使用，如分类排序或人工数据收集。我们要事先检查这些材料是否准备就绪。对于音像文件、文本文件或其他可以在计算机或其他电子设备上运行的材料，明确地检查一下这些材料是否可在要使用的实际设备上运行，以及计算机是否可与投影仪一起工作。

提前准备好对测试对象的介绍和指令打印相关材料，并确保每个人都以相同的顺序得到了相同的信息，有利于保证收集到的数据的质量。

13.3.4　知情同意书和其他许可

知情同意书是每个测试对象签订的一个表格，告知测试对象会话过程中的相关事宜。这可能是一个法律雷区。国际公认的基本原则是，你必须清晰地、客观地和完全地告知测试对象有关研究的目的，预计持续的时间和程序；可能的风险、不适、反作用或副作用（如果有的话）；测试对象可以从研究中获得的利益；收集数据的用途；确保个人隐私数据的存储方式，数据何时被销毁；测试开始后，他们拒绝参与并撤回的权利，拒绝或撤回的可预测后果；如有相关问题和谁联系等。

不同的国家立法不同。在欧洲，相关法规包括《欧洲基本权利宪章》、欧洲议会和 1995 年 10 月 24 日通过的欧盟理事会、关于数据处理的个人保护和这些数据自由流动的第 95/46/EC 号指令。关于知情同意的一个基本的、有影响力的文档是世界医学协会在 1964 年采用的、2000 年最新修改过的《赫尔辛基宣言》。

当然，通常我们不会以任何方式伤害测试对象！然而，正是在这样的时候才容易对会发生些什么变得盲目。在设计知情同意书时，有必要设计几个最坏情况的想定并使用这些想定为背景。如果测试对象在你的实验室里参加会话时摔断了一条腿，会发生什么事情？你是否确切知道，你将为未来的几年使用数据做详细记录？即使你所有想要的就是在会议展示上使用测试对象的抬头镜头，之后你不会在任何地方留下痕迹——甚至在保存展示和视频剪辑的会议计算机上

也不会——那么,这也可能被认为是对测试对象隐私的侵犯,除非已被明确以书面形式同意。按测试对象永远不会发现的这种假设来行事并不是明智之举。

我们经常需要收集关于测试对象的个人信息——地址、年龄、习惯、社会环境、种族、宗教,甚至关于健康的基本信息。知情同意书应该保证,在发布之前,该信息的任何使用都要完全匿名。

儿童和年轻人是特殊的测试对象。家长不想在关于会话的网站报告中看到孩子的图片或视频,也许还包括姓名、孩子生活或上学的地方,录制记录的时间和地点等。通常我们都是从后面拍摄儿童和青少年测试对象的视频,为的是连显示可认出的测试对象的数据也不拥有。对于儿童的知情同意书,由家长代签。有时候,需要家长参加会议来使进程顺利,家长基本上都是积极地洗耳恭听,但他们会质疑你是否能够使所有的事实、条件和安全措施公开透明。如果你通过学校招聘未成年的测试对象,那么他们的教师经常会参与到进程中,以我们的经验认为这是一件好事。至关重要的是不要把教师放在家长和项目之间两难的位置上。告诉教师相关的所有事情,并确保他/她了解所有与知情同意相关的问题。

图 13.2 所示为来自欧洲研究项目《今天的故事》的家长知情同意书的草案,在该项目中,为创建关于他们在校日的小故事,孩子们在他们的学校环境里使用小型的摄影机录制同步的音像记录(帕纳伊(Panayi)等 1999)。

基于可靠信息的知情同意书

项目:×××　　　　　　　　　　　项目编号:×××
项目协调者:×××　　　　　　　　研究团队:×××
实验室名称和地址:
联系人的姓名和电话:
参与者的姓名:
年龄:　　岁零　　月
我　　　　　　　　　　　　　　代表

证明:我的孩子要参与的"×××"项目已经向我解释过,并且我所有的问题已经得到满意的回答。我自愿同意允许我的孩子参与,并且明白,我可以在任何时间撤回我孩子的参与而不受惩罚。如果除了在某些类型的电子材料中,我孩子的匿名和机密性得到尊重,那么我也同意研究者在他们的工作中使用关于我孩子的个人信息。我明白,这项研究的结果将通过出版物、展示和其他电子媒体被学术研究团体和其他感兴趣的各方用于评审、分析和传播。如果没有追加的授权,这些材料中包括的信息将不会以任何其他的公共或商业形式进行使用。我已知晓来自项目结果的传播原因和性质,并且若有更改及时告知我。

材料将根据提交给大学伦理委员会的协议进行收集。
协议副本在大学保存。
我免除研究者与这些书面的、照片的、视频的、电子的材料的使用相关的任何责任。
我孩子的名字已在上文给出,我和他/她已经说过,并且作为他/她的家长/监护人,我相信他/她愿意参与这个项目。
签名　　　　　　　　　　　　　　(家长/监护人)
日期

图 13.2　来自涉及儿童作为测试对象的一个项目的知情同意书

举例来说,如果我们想在一个组织里进行微观的或微观行为的现场观察(10.1节、10.2节),那么我们还需要另一种不同的同意或许可。你可能不得不签订一份被允许进入组织的保密协议,包括如何利用收集到的数据或何时允许你收集数据。在组织里开始进行任何类型的数据收集之前,确保一切都是可靠的。

13.3.5 想定和事先训练

想定,也就是任务或其他活动的描述(11.1节),经常在实验室测试中交给用户,描述测试系统模型可能的使用情形,并给测试进程引入一定程度的系统性。例如,常用的途径是创建均匀涵盖系统能力或特定地关注某些方面交互的想定,因为通常认为这些方面会引起可用性问题。想定设计的基本问题就是在有限的想定中获取尽可能多的可能使用情形空间。

想定也用于用户实验室开发方法,例如当目标用户为了描述想象的使用情形,创建中心小组会或其他会议方面的想定。严格地说,想定就是特殊的交互式任务。尽管并不是所有的系统都是以任务为本的(3.4.5小节),但有时给测试对象更广泛的目标来通过交互实现更适当。例如一个协调性的会话冒险游戏,游戏中一个玩家按照一个难以相处的合作者所给的指令行事,这个合作者往往不同意其他参与者的目标,不管这些参与者是真人还是虚拟人物。我们同样把这样的指令称为"想定"。

对实验室里的系统模型测试的想定,通常由开发团队来设计。让测试对象来决定他们希望在与系统模型的全程交互中做什么是可行的。然而,存在的主要缺点如下:①交互经常未能提出开发者想要提出的所有系统功能;②用户行为和绩效的比较变得不太系统;③很难或不可能确切查明用户真正要尝试实现什么;④在面对未知的系统时,让用户试着提出想定,有时会让他们感到很茫然。另外,使用开发者设计的想定存在风险,在重要的真实任务方面,交互上有些与用户相关的约束都被忽略了,这可能使系统次优,除非那些问题以其他方式被发现。可以将开发者设计的想定与更自由式的用户交互混合使用才是首选。例如,实验室测试可能最初开始于自由式的条件,这些条件也允许用户探索和轻松愉快地与系统相处,然后再到第二步,基于想定的条件。

想定可以以口语或书面形式展示给测试对象。例如,在大多数情况下,静态的图形展示用在宣传单上。优点如下:①所有用户得到完全相同的信息;②用户可以随时在宣传单上查找;③测试目的:期待用户能记住以口语形式展示的简短的想定,但是较长的想定应以书面形式展示。

重要的是要确保想定的准确性。如果含糊不清,某些用户可能会误解。对于想定的一个关键问题就是,它们容易被认为存在事先训练用户的风险(6.4.4

小节、加框文字 6.2）。一个经典的例子是用口语或书面的想定作为本身包括口语或书面输入的交互的基础。如果应用是基于关键词命令或需要自发的口语或书面语输入——用户总是倾向于重新使用想定措词。结果收集到的数据不拥有关于人在与系统交谈中使用的自发语言（词汇、语法、语音行为等）的微观行为信息。数据显示的全部意义就是用户能够记住他们被告诉的内容并且能够朗读出来。因此，在对系统识别并理解口语输入的能力进行设计方面，测试根本没有提供帮助。

图 13.3 所示为高强度事先训练口语或书面交互的想定展示。例如，在被问到日期时，大多数用户会说"周一"，而不是"后天"、"1 月 16 日"或任何其他等同的、适当的并且是完全普通的日期表达。你是否认为，时间表达有可能同样要事先训练测试对象？

机票预订想定（高强度事先训练）
工作和生活在哥本哈根的简·詹森要在周一去奥尔堡参加一个会议。他想要一张 7:20 出发、17:45 返回的机票。预订他的机票。

图 13.3 高强度事先训练的想定描述

一种避免事先训练的途径是设计更抽象和开放的、基于文本的想定，以便用户不被特定的公式化陈述所事先训练，并且必须提供他们自己的最多细节，参照图 13.4 和图 13.5。

没有细节的机票预订想定
你住在哥本哈根。在奥尔堡的你最喜欢的叔叔希望能在圣诞节假日期间见到你，已经答应为你支付机票费用。计划一下你的旅行，预订你的机票。

图 13.4 开放式的想定描述。详细的决定留给测试对象

抽象的想定描述
1. 关于 H. C. 安徒生生活的地方，试着尽你所能得到更多的信息。 2. 告诉安徒生一个你喜欢的游戏。 3. 你是否能查明他喜欢哪些游戏？

图 13.5 对于与多模态（口语和指向手势输入，口语和图形输出）、与人融合、非以任务为本的系统进行交互的 3 个抽象目标的想定描述

这种途径对于不受控制的测试非常有效。然而，如果你想要微观控制（13.1 节），那么就必须完全计划好要测试的内容，并且不能用开放的或抽象的想定来完成。例如，在图 13.4 的想定中，我们不能预测用户是否会寻求折扣机票，所以我们没有选择任何想定中的任何测试对象都会选择的折扣选项，因此根

274

本就没有得到测试。在可控的测试中,想定必须以所有必要的细节描述要完成的任务,同时要避免用户重复用过的说法。好的解决办法是,在描述想定方面结合文本和模拟图形,更接近地模拟需要日期和时间信息、在日历或议程中查寻、看手表等这些用户的真实情形。图 13.6 和图 13.7 所示为以该方式标明日期和时间的两种不同办法(迪布凯(Dybkjær)等 1995)。注意两图中在日期信息方面的差异。图 13.6 中,日期以粗体在日历中标明(1 月 23 日)。图 13.7 中,日期在一个表示星期几的行中以黑体形式标明。

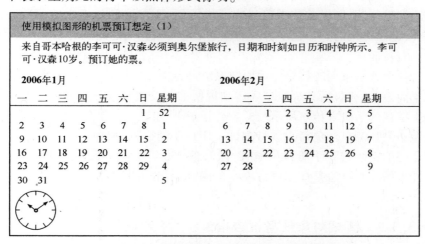

图 13.6 结合模拟图形和文本以传送能够事先训练用户
的关键信息的想定(实例 1)

图 13.7 结合模拟图形和文本以传送能够事先训练用户
的关键信息的想定(实例 2)

正好说明了语音交互在相当广泛的意义上是有效的,并且可能表达为:如果测试对象要提供自发的微观行为数据,那么就不给他们显示这一微观行为的实例,因为他们可能会复制这些实例。显示一张指指点点的人的图片,他们就会或多或少以相同的方式指指点点。要做什么?告诉他们去指点,使用语言的解释范围(4.2.2小节),并且没有什么要模仿的。以不同于那些他们为输入而使用的模态对他们下达指令,并且没有什么要复制的。

13.3.6　指南,手册,其他书面支持

实验室测试经常在纸上、屏幕上或其他方面需要书面支持材料。因此,交互可能有对其自身某种形式的复杂性,从口语指令来说这不容易被记住。有些系统是为在系统实际应用之前可能需要数小时研究的专家设计的。即使测试对象来实验室进行测试,提前使书面材料可供使用、要求他们露面之前研究一下材料,有时也是有用的。你也不喜欢处理毫无准备就露面的测试对象,所以尽量确保他们有备而来!

特殊形式的书面支持是为说明与系统进行交互而设计的用户指南。指南通常相当简短,一般包括系统模型描述和说明如何交互的实例,如图13.1中介绍信件里提到的活页宣传单所示(13.2.4小节)。如果设计用户最终要获得指南,好的做法是让测试对象对它进行测试。用户手册是详细阐述书面支持的文件。如果最终的系统带有手册,尽量让测试对象评价当前的手册版本和系统模型。做这件事的一个办法是让测试对象提前阅读手册,并且在交互过程中把它拿在手里。

13.3.7　测试对象任务报告指南

任务报告指南有助于在听取测试对象的任务报告时,主试者记住要问或要谈论的东西。另见13.5.1小节。

13.4　会话过程中

从测试对象到达那一刻起到整个会话期间,你和团队中的其他人必须知道要做什么以及如何处理可能发生的各种各样问题。我们下面讨论这些任务。

13.4.1　测试对象到达

不要让测试对象等待。如果他们一个接一个到达,那么要安排好他们的到达时间,以便可以立即开始。可能有很多测试对象同一天到来,严格坚持日程表,所以不要把日程表制定得过于紧密。当他们到达时表示欢迎,让他们在陌生的环境里感到舒适。如果他们需要等待,要确保有人与他们交谈。

无论测试对象是单个到达还是一组到达,都不要马上发布指令。先闲聊一下让他们感到轻松。解释清楚他们到来的原因,对于进行系统测试或收集对系统开发至关重要的信息是重要的。从一开始就要意识到事先训练(6.4.4小节)

的风险,要把自己当作演员。例如,你和测试对象关于系统的交谈,一定不能被视为好像你相信他们是要去尝试在全世界都算得上奇异和独特的东西。如果你那样做了,他们中的很多人会努力不让你失望,并且确实视系统为奇异之物。这不是你从测试对象那里所需要的东西,你需要的是可靠真实的数据。注意,不仅在实验室测试环境里,而且对于会议和研讨会,事先训练都可能存在问题。

13.4.2 对测试对象的介绍和指令,测试对象训练

通过介绍的方式告知测试对象会话的内容多少,很大程度上取决于要应用的方法。不过至少要提供某些实用细节,详细告诉他们有关的会话计划和任何间歇,告知他们会话是否正在被记录下来。如果同时有几个测试对象,让他们自我介绍,以便大家互相熟悉。把测试对象介绍给任何出现在会话发生房间里的人,并解释他们的角色。如果有观察者通过窗口或摄影机观察测试对象,要告诉测试对象。如果在会话过程中测试对象被独自留下,要确保有人陪同,通常是主试者,并且告诉测试对象如何与那个人联系。如果有时间限制,要提前告诉测试对象他们有多长时间——对于想定,对于他们在特殊条件下的工作——还要告诉他们,时间一到他们将被打断。除非已经完成,否则要让他们签署知情同意书。如果有同意书的话(13.3.4小节),你要花费时间来解释它,并回答相关问题。

你可能想给出关于你正在使用的可用性方法以及你想要测试对象做的事情的更多细节。如果他们不同时到达,那么要确保每个人都得到相同的信息。

实验室测试会话经常开始于训练阶段,主要基于以下 4 个原因:测试方法、交互式设备、系统模型和交互方式。

(1)测试方法。某些方法需要训练或习惯。例如,要想进行有声思考(12.5 节),在开始会话的数据收集前,测试对象必须感到轻松。同样,使用实体模型(12.1 节)要遵循测试对象和主试者之间某个协调性的程序,并且在数据收集开始之前,用户必须熟悉程序。

(2)交互式设备。作为规则,使用不熟悉设备的交互必须在数据收集开始前加以训练。否则,会话过程会被经常打断,例如用户努力操作某个三维触觉设备,或试着输入三维手势编码以控制屏幕上的鼠标指针。

(3)系统模型。初始训练一定不能在走来即用系统中使用,但许多其他系统在数据收集开始之前也需要进行训练,除非我们特别希望研究测试对象自主查明系统如何工作。让测试对象基于他们被告知的内容熟悉自己的角色,如果这意味着显示测试对象可能有事先训练效应的微观行为,那就不要把计划好的想定内容用于说明,并且不要演示。

(4)交互方式。大多数人都熟悉标准的基于图形用户界面的交互。然而,如果期待测试对象以他们不熟悉的方式进行交互,就需要从小的训练开始。对

系统说话是一个典型的例子。首先,很多用户需要熟悉如何戴上精心调试的耳机;第二,需要掌握关于何时(不)说话的、特定于系统的惯例,例如在交谈前按下按钮或等待虚拟人物完成其输出;第三,需要通过讲几个字调整记录层级。此外,用户对系统说话的方式至关重要。通常,用户应该依据语速和音高自然说话;如果系统未能理解输入,不要讲得太慢,也不要大声喊,尽量将会话内容规划合理,避免长篇大论。这些没有一个与输入内容有关。在这些方面你有权选择是否想训练测试对象。如果你不想,那么语音识别率将显著降低。你的决定应该取决于你是否期待真实用户接受指令和训练。在训练过程中,你可以要求测试对象调整语速、音量和其他方面,如果那是为了收集正确类型数据所需要的话。

如果需要对测试对象进行训练,那么必须计划好训练步骤,并且很可能准备训练材料。例如,这可能是用有声思考熟悉测试对象的小任务,或在进行音频记录和追踪嘴唇动作的数据收集会话中最初讲的几句话。

13.4.3 完成会话

在整个会话过程中都要小心留意。因为很容易就会误解你所听到或看到的东西,或无意当中影响发生的事情。充分了解自己的角色,并试着保持中立和公正。永远不要让测试对象感到愚蠢。

记住,不仅是你的语言表达很重要,而且你的身体语言也可能会影响测试对象。例如,了解了用户尝试用系统做什么或从系统那里期待什么后,不要感到惊奇。如果你需要在这方面进行工作,那就和同事一起记录会话,并分析你的所作所为是对是错。无论发生什么,在会话过程中都要保持轻松的气氛。

如果你正在运行一个测试,要关注的是正在测试的系统,而不是用户。如果用户有问题,你只能怪系统、你的测试前指令或你对用户的先入之见。

含蓄地和明确地鼓励测试对象成为自己本身,而不是以他们相信你想要他们表现的方式来表现。如果你需要在会话过程中强加对他们行为的约束,要解释原因。不管是好是坏,每个强加的约束都限制了出现在数据中的信息。

在运行会话时你很可能会犯错,但不要绝望。如果差错可能已经影响了测试对象或收集到的数据,记下来,继续进行。

13.4.4 何时及如何帮助测试对象

测试过程中,尽管有时测试对象需要帮助,但是作为一般规则,当他们奋力挣扎时,我们不应该为他们感到难过,也不应该试着挽救他们。通过干预,我们就有失去关于他们的问题以及他们如何设法解决问题的重要信息的风险。只有在下列情况下才可以提供帮助。

(1)用户很困惑或完全不知所措;

（2）用户受到很大挫折并接近放弃；

（3）用户似乎心情很坏；

（4）使交互和数据收集停止的系统不完备的某些情况，例如丢失使交互悬而不决的差错讯息；

（5）需要立即解决以使测试继续的技术问题，例如，如果系统死机，组件指令循环，或交互设备故障。

在这样的情况下提供帮助是主试者的责任。对用户接受的帮助、问题是什么以及提供了什么样的帮助，都要记录下来。

注意，上述内容基于这样的假设，即你有很好的理由相信用户理解了测试会话前提供的指令。如果不是，那你就已经创造了一个没有自由退路的情形。如果你干预，你会得到有误差的数据；如果你不干预，你会得到糟糕的数据。

如果出现错误并需要确定，永远都不要责备测试对象。有时你只需重复早期给出的指令，因为用户忘记了。如果问题的起因并不明显，那就试着通过让用户表达发生了什么以及令人困惑的是什么来澄清。不要明确告诉用户做什么。如果用户被难住了，尽量一点一点给出有用的信息。一个轻微的暗示就可能足以让用户回到正轨。在帮助用户时，注意后期的任务或活动以及这种帮助可能对用户在这些任务或活动上的绩效所产生的潜在影响。

13. 4. 5　当测试对象提问题时不能说的话

当测试对象提问题时要小心。例如，你可能很容易就泄露了他们不应该拥有的信息，因为它可能影响数据的真实性。一个技巧是倒转问题，问用户相信什么。另一个技巧是用你自己的方式说服用户不问那样的问题。因此，如果用户说"别人是否有这么多问题？"，你的回答可以是"你的问题是否比预料的更多？"

当然，也有很多你可以马上安全回答的问题，例如，如果在训练过程中测试对象问他/她所做的是否很好、与指令一致，或者问会话的持续时间。

在应对测试对象时，有些话不应该对他们说。某些不适当的幽默、讽刺、挖苦、责备和其他的实例如下（参照鲁宾（Rubin）1994）：

- "记住，我们不是在测试你"，不要说超过三次。
- 令人惊讶啊，以前没人这样做！
- 我们能不能停一下？看着你这样挣扎，我也很累。
- 我的意思实际上并不是你可以按任何按钮。
- 是，主试者在会话过程中哭喊是很自然的。
- 你确信你以前用过计算机？
- 我很清楚地告诉过你不要那样做！

13.4.6　何时偏离方法计划

偏离方法计划有时是必要的。像下列这些案例可能会证明偏离是有道理的：

- 测试对象不理解想定
○ 修正想定
- 涵盖本应该已经被测试的系统功能的各想定已经被错误地排除
○ 如果这能够通过想定的修正、增加或在其他方面以合理可控的方式来完成，那就试着包括问题中的各个部分
- 调查问卷或访谈脚本包括不适当的问题或错过重要的问题
○ 更改调查问卷或访谈问题。
- 某个测试对象没有露面
○ 如果需要，试着找到拥有相同配置文件的另一个测试对象，并且如果测试对象一次到一个，那就把那个没有露面的测试对象安排到最后。

当然，相比于这些案例，很多其他的案例发生在真实生活中。仔细地做好你的方法规划，并且为了避免会话过程或数据记录中危险的权宜计划变化，要考虑应变选项。在大多数突然改变方法计划的情况中，总有一两件事情发生：①日程表受损，并且正在给测试对象带来不便；②数据分成两个不同的数据集合，一个集合来自差错被发现之前的时候，而另一个集合来自问题已经按照我们所希望的、相当理性的和可控的方式被确定的时候。很难决定用这两个有部分不同的数据集合做什么。如果早期就确定了问题，并且测试对象一个接一个到达，那么大量的数据可能仍然会如愿而至，而修正的有效效应就是比原计划少的测试对象参与了生成该数据。如果会话是一组会话，差错可能冲击更大，因为对于受到问题影响的那一部分会话，可能没有给你留下任何可用数据。

13.4.7　主试者

主试者，也就是会话的主导者，在实验室会话过程中扮演着关键的角色。主试者的核心任务是与测试对象的联系：欢迎他们，介绍将要发生什么，给他们下达指令，帮助他们，在用户与实体模型交互的过程中执行系统操作，让测试对象进行有声思考，等等。要想履行好这个角色，主试者必须做好充分准备，对测试对象行为大方友好，并全程保持关注和留意。

在会话过程中，主试者不一定与测试对象在同一个房间，但必须总在邻近之地。

13.5　会话后

正常情况下,我们不会在会话后立即向测试对象表达告别之意。常常会听取他们的任务报告,或其他要处理的问题。

13.5.1　测试对象任务报告

任务报告让测试对象有机会知道他们可以知道的问题,例如告诉他们模拟魔法师奥兹的系统不是真的(12.2 节)。反过来,它还是一个测试对象表达他们想法的机会。如果没有测试后访谈或调查问卷,测试报告就特别重要,因为这是当时测试对象说出他们的挫折感、问出奇怪的问题、提供他们觉得必须给予的赞美评论等的唯一机会。让测试对象先说话,讲出他们在想些什么。然后你能够开始问更为一般的事情,并最终走向特定的问题,把重点放在理解问题和困难上。记住要保持中立。

如果有测试后访谈或调查问卷,既然到那时测试对象应该已经能够通过回答测试后的问题来解释他们的想法,在这样的情况下时间会很短,那么任务报告就可以在这之后完成。如果你对调查问卷中提供的回答有疑问,那么在听取任务报告过程中你可以问他们。

对于会议和研讨会快到结束时,有人会问是否还有其他的问题,在这个意义上,正常情况下"任务报告"被包括为会话的一部分。对于分类排序和实验室内的人体数据采集,正常情况下任务报告同样很短,并且可以采取闲聊的形式。

无论运行哪种会话,任务报告时间也是发放报酬和补偿、做出未来任何安排等的时间。

13.5.2　数据处理

数据处理和分析在可用性方法应用过程中开始或之后立即开始,参照第 15、16 章。

13.5.3　会话后的联系

会话之后,要与测试对象保持联系。如果他们在离开实验室后需要填写调查问卷,那么你就应该监控调查问卷是否交回,并提醒那些快要到期还未交回的测试对象。某些测试包括这样的测试对象,他们以前使用过早期的系统版本,并且已经回过头来对取得的进展给予反馈,以及与那些以前从未使用过系统的测试对象进行了比较。某些项目从开始到结束都与同一组测试对象一起工作。即使有些测试对象是一次性的,我们也可以告诉他们以后可能仍需他们的配合。

13.6　小结

在第 8、9、10、11 和 12 章中描述的近一半的可用性方法,通常伴随实验室设置中的或营造的实验室环境中的测试对象加以应用,在这个意义上,它们是用户实验室方法。此外,有些方法是实验室测试方法,有些是实验室开发方法。

用户实验室方法可以或多或少地通过微观控制方式加以应用,取决于使用该方法的目的。

在准备实验室会话时,重点一般应该是用户招聘和准备所需的材料和设备。

精心准备会话包括了解从他们到达之时起以及在会话全程中如何应对测试对象,还要明白很多事情可能不会完全按照计划完成。

在测试对象和用户离开实验室之前,总是听取任务报告,确保所有的共同承诺已经或即将得到兑现。

参 考 文 献

Bernsen N O, Dybkjær H, Dybkjær L(1998)Designing interactive speech systems. From first ideas to user testing. Springer Verlag, New York.

Dumas, J S, Redish, J C(1999)A practical guide to usability testing. Rev edn. Intellect Books.

Dybkjær L, Bernsen N O, Dybkjær H(1995)Scenario design for spoken language dialogue systems development. Proceedings of the ESCA workshop on spoken dialogue systems, VigsØ, Denmark, 93-96.

Nielsen J(1993)Usability engineering. Academic Press, New York.

Panayi M, Van de Velde W, Roy D, Cakmakci O, De Paepe K, Bernsen NO(1999)Today's stories. In: Gellersen HW(ed)Proceedings of the first international symposium on handheld and ubiquitous computing(HUC'99). Springer, Berlin, LNCS 1707:320-323.

Rubin J(1994)Handbook of usability testing. John Wiley and Sons, New York.

第 14 章　插曲 4:可用性方法计划案例

本章通过展示用于测试"数独"系统(2.1 节)的可用性方法,说明可用性方法计划案例。既然测试进程包括 4 种方法的集群,那么我们就以单一的方法计划进行说明,也就是筛选访谈(8.6 节)、实际应用原型的实验室测试(12.3 节)、用户观察(10.4 节)、测试后访谈(8.8 节),下面依次描述这些方法。

14.1　数据收集目的

数据收集的主要目的是评价"数独"系统的可用性(参见 1.4.6 小节)。

14.2　得到正确的数据

表 14.1 使数据收集目的具有可操作性,并显示要测量的内容和方法。表中所有 20 个详细信息将在测试后的访谈中提出,10 个详细信息(5~10、12、15~17)同样要基于测试对象的实时观察来评价。问题 1~4 是封闭式的里克特量表问题,所有其他的访谈问题是半开放式的或开放式的。访谈指令和问题的措词如图 8.9 所示。

表 14.1　在收集到的数据中要寻找的东西

测 量 内 容	测 量 方 法
被使用模态的适当性	
(1) 指向输入的适当性	封闭式的访谈问题
(2) 口语输入的适当性	封闭式的访谈问题
(3) 屏幕输出的适当性	封闭式的访谈问题
(4) 用于交互的模态组合的适当性	封闭式的访谈问题
交互的质量	
(5) 指向输入理解的质量	访谈问题+来自交互的数据
(6) 指向输入规定的质量	访谈问题+来自交互的数据
(7) 语音输入理解的质量	访谈问题+来自交互的数据
(8) 语音输入规定的质量	访谈问题+来自交互的数据
(9) 组合的语音手势输入理解的质量	访谈问题+来自交互的数据

测 量 内 容	测 量 方 法
交互的质量	
（10）组合的语音手势输入规定的质量	访谈问题+来自交互的数据
（11）丢失输入模态？	访谈问题
（12）输出界面的可理解性	访谈问题+来自交互的数据
（13）丢失输出模态？	访谈问题
（14）交互的自然性	访谈问题
（15）易交互性	访谈问题+来自交互的数据
（16）在控制之中的用户	访谈问题+来自交互的数据
功能性	
（17）功能性的充分性	访谈问题+来自交互的数据
用户体验	
（18）用户满意度	访谈问题
（19）优点和缺点	访谈问题
（20）再玩一次？	访谈问题

14.3 与数据产生者的交流

在邀请测试对象参与之前,将基于图 8.7 中的问题对他们加以筛选。我们告诉他们每个人,大约用 1h 帮助我们评价电子版的"数独"游戏,其中包括约 0.5h 的介绍和玩游戏,以及大约 20min 的后续访谈。报酬将是两张露天电影院的门票,但车费或其他花销不予报销。测试地点已定,如果有人适合该用户群并愿意参与,那就将测试日期和时间达成一致。所有受邀者都会得到电子邮件地址和电话号码,以便他们需要了解更多的信息或放弃参加时使用。为便于交流,测试对象也要提供他们的电子邮件地址和电话号码。

使用系统之前,主试者简要介绍系统,包括:

（1）告知系统预期的使用环境不是在家里,而是在商店、机场候机楼、火车站、展览会等。

（2）如果测试对象以前没有玩过"数独",简要解释规则。

（3）简要解释和显示屏幕上按钮的含义。

（4）演示如何开始游戏、玩游戏和改到新游戏上。

（5）告知用户被预计要尝试/玩两局,并开始第三局。

（6）要求用户选择简单、中等、高难的游戏级（7.2.1 小节）。

（7）解释和显示当测试对象应该改到新游戏或改变游戏级别时,主试者如何把一张纸滑进他/她的视野(不会用摄影机和语音输入来干扰)。

(8)解释在发出信号来开始新游戏或结束会话时,用户不一定会完成一局。

(9)清楚地强调,这根本不是用户对"数独"技能的测试,而是在特殊环境里玩游戏对于系统质量的测试。

此外,为了收集特殊操作上的额外数据,可以要求用户开始新游戏尽快使会话结束。

例外:如果测试对象在玩游戏过程中变得"冷冰冰",以致长时间很少或没有交互发生,例如如果用户似乎已经耗尽选项并停顿超过 3min,或几次超过 2min,那么用户将被要求在选择新游戏或降低一级游戏难度级之间进行挑选。如果用户不玩,我们就得不到有用的数据。

注意:为了收集在使用组合的语音和手势上的自发数据,主试者在演示如何说话和指向时必须极度小心。在介绍性的演示中,主试者必须使用所有 3 种可能的语音和手势的时间组合形式,也就是:①先说后指向;②或多或少同时说和指向;③指向,缩回手,然后说。这必须提前加以训练,并且必须在演示系统时保持自然。

14.4 招聘测试对象,有代表性的用户群

用于"数独"系统的用户配置文件如表 5.6 所述。

资源只允许一个较小的 10~15 个测试对象的用户群,我们决定邀请 12 人。关于性别,我们的目标是合理的平衡,至少有 40%男性,至少有 40%女性;关于年龄,大约 1/3 必须在 30 岁以下,30~50 岁及 50 岁以上各占 1/3。

关于"数独"游戏的技能,我们把测试对象分为 3 组,每组 4 人,并且性别平衡,3 组分别如下:

(1)很少或没有体验过"数独"但有兴趣(再一次)尝试的测试对象;

(2)努力完成过从容易到中等难度的游戏、有一些体验的测试对象;

(3)过去常常努力完成过高难游戏的测试对象。

要求测试对象在对应于他们的技能和体验的层级上玩。除了确保年龄跨度之外,还需确保在所有 3 个组里不会有超过两个具有相同职业的测试对象,我们不会在其他方面考虑测试对象的教育背景和年龄。

要想根据上述标准选择测试对象,就要通过电话或面对面与潜在的测试对象取得联系,并在招聘之前进行筛选。用户筛选指令和问题如图 8.7 所示。

14.5 人员角色和职责

我们需要有人担任下列的会话前角色:

（1）角色1，设计一套筛选访谈问题，包括要告诉潜在测试对象相关内容的指令和招聘方针。

（2）角色2，设计一套测试后访谈问题，包括给测试对象的指令。

（3）角色3，编写要告诉测试对象在他们开始使用系统之前，以及如果需要如何帮助他们这些相关内容的指令。

（4）角色4，根据（1）联系、筛选和招聘用户。

（5）角色5，要求是一个技师，负责系统的技术设置和测试，包括校准用于拍摄指向手势输入的立体摄影机。

（6）角色6，确保录制设备可供使用、功能齐全，并且已经安装到"数独"系统被装配的地方。

角色1、2和3将由奥莱（Ole）和莱拉（Laila）迭代负责，角色4将由斯文（Svend）负责，而角色5和6由托本（Torben）负责。

用户将一个接一个到达。在会话过程中，我们需要：

（1）角色1，当用户不在测试房间时接待和照顾他们。

（2）角色2，主试者，在会话过程中联系用户。

（3）角色3，一个技师，维护系统，并在每个会话前检查系统。

（4）角色4，照顾记录测试对象的摄影机。

（5）一两个观察者。

（6）一两个访谈者。

角色1将由斯文负责，角色3和4将由托本负责，而剩下的角色（2、5、6）将由奥莱和莱拉共同承担。

14.6 地点，设备，其他材料，数据，结果

地点。测试会话被安排在挪威信息安全实验室的可用性实验室内进行，为期2天，分别为6月7日星期四和6月12日星期二。预计会话持续时间约为50min。预计用户不用等待。但是如果他们来得早，他们将在一个备有咖啡和杂志的房间里等待。访谈也在这个具有轻松环境的房间里进行。

设备。"数独"棋盘在42英寸①的屏幕上显示。两台摄影机（来自德国ImagingSource的DMK 21F04）安装在天花板上。用户有一副用于对微软SAPI 1.5识别器进行语音输入的罗技科技公司出品的耳机和麦克风。地板上的一条粉笔线显示出为允许摄影机对指向手势拍摄而要求测试对象站立的地方。录像机上录制交互（视频和音频）过程。

---

① 1英寸=2.54cm。

其他材料。斯文(Svend)将制定一个参加测试的日程表。

数据收集和数据处理。要收集的数据如下：

（1）用户—系统交互的视频和音频信息。视频将会显示用户的手/臂和屏幕内容，并且将在用户后面一个稍微向左/右的位置进行拍摄。

（2）由观察者在会话过程中产生的观察笔记。

（3）在测试后访谈过程中写下的访谈笔记。

当测试数据收集已经完成时，为确保数据事实上适于计划好的数据分析，数据将被验证。用于数据标记和编码方案创建的详细计划将被指定。

结果展示。数据分析结果的概述将通过用每个评价标准的整体结果扩充表14.1来产生。结果将以标准的更多细节进行解释，并且尽可能在相关程度上伴有系统改进的建议。如果相关，那么结果也将逐一涉及3个测试组(14.4节)进行讨论。

14.7　方法脚本

在计划启动前，必须明确系统是否适合用于测试。角色和职责如14.5节所述。问题和指令必须提前准备好。

遵循14.4节中描述的标准对12个测试用户进行招聘。为减少交通成本，我们将招聘本地的测试对象。绝大多数测试对象都可能在雇员(研究者、管理者、支持者)和大学生中进行招聘，并且都要符合14.4节中的标准，至少招聘大学以外的4个测试对象。基于14.3节和图8.7中的筛选信息，对"数独"的技能和兴趣将加以评估，方式是询问下列问题：测试对象认为他们自己属于哪一组：新手、中等、专家；他们多久玩一次"数独"；他们已经玩了多长时间；他们喜欢玩哪一个难度级别。他们必须认识1~9的英语数字。根据14.4节，如果潜在的测试对象有一个仍然缺失的配置文件，那么他/她也将被邀请。如果不这样，我们会问是否可以让他/她在测试期间保持待命。

测试地点如14.6节所述。我们计划每天安排6个持续1h的会话，从而为每个测试留下足够的间隔时间，以便不需用户等待。会话预计在系统和任务介绍(14.3节)方面最多花5min，接下来25min玩游戏，然后在单独的房间里进行20min访谈。正常情况下，游戏会在第1局花12min，花1min改变游戏，再花12min玩第2局(参见14.3节)。

访谈将基于如图8.9所示的指令和问题，并基于表14.1进行。

每个用户将收到两张露天电影院门票以示感谢和奖励。

收集到的数据将如14.6节所述进行处理。

第一次会话开始之前,要提前完成以下内容:被分派的角色;完成的筛选访谈问题;完成的测试后访谈问题和指令;完成的第一次联系时给测试对象的指令;完成的玩游戏之前给用户的指令;12 个已招聘的用户;预订的测试房间;预订的访谈房间;买好的电影票;买好的糖果和软饮料,并在访谈房间里可供使用;测试过的系统适当性;测试过的系统设置;测试过的录制设备;打印好并演练过的指令;打印好的访谈问题和指令。

第 15 章 数 据 处 理

本章将介绍 CoMeDa 周期的第 3 个阶段(1.3.1 小节)。在该阶段中,我们将利用 24 个可用性方法中的任意一个来处理收集到的数据,这些可用性方法在第 8~12 章中已经进行了详细的描述,并通过第 13 章与实验室里的用户一起工作汇集起来。用多模态概念图表术语(4.2.4 小节),如果我们将这些信息塞进图 1.1 中用于分析的箱子里会发生什么?答案是数据处理,即原始可用性数据的处理直到展示其分析的最后结果。结果可以用于很多不同的目的,包括系统模型的改进,特别是其 AMITUDE 部分(加框文字 1.1)、组件训练、理论开发、发起项目的决定等。

数据处理实际开始于数据收集计划和已经成为第 6~13 章主题的数据收集。在本章和下一章,我们分析数据处理周期的其他步骤。第 15 章介绍有关先于数据分析和给收集到的原始数据增加价值的数据处理步骤。第 16 章介绍关于数据分析和评价以及结果报告。

15.1 节展示嵌入 CoMeDa 周期的数据处理周期;15.2 节详细阐述数据的特征;15.3 节描述可能已经收集到的不同种类数据;15.4 节讨论进行数据验证和数据后处理之前要完成的文档;15.5 节介绍数据注解,包括注解方案和注解工具;15.6 节讨论编码程序和编码最佳实践。

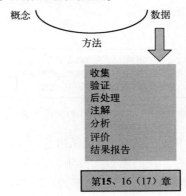

15.1 数据处理周期

每一个可用性方法(6.2 节)都是为了收集可用性数据而应用的。为了建立可用系统,在生存周期的任一阶段,我们都可以选择和应用特殊的方法或其他途径(6.1节)来收集我们需要的数据。让人非常愿意相信的是,一旦数据被收集到,事情就结束了,通过简要分析,然后把它用于我们最初收集它时所具有的任何目的。我们并不是说这是完全错误的。但这样的事实际上可能发生,例如说当专家(8.5节)审查我们的系统,并评论说我们需要测量视线方向以给用户提供适当的反馈,而我们意识到:是的!那是我们必须做的。评论是数据点,我们的操作是照原样使用它。然而,即使在这里也有介于数据和操作两者之间的东西,即我们从专家角度所做的推理。归纳如下:任何一个数据集合和基于它的操作之间,存在着一个数据处理周期,在该周期内,在得出数据对系统模型的影响的结论之前,数据正在被处理。

图 15.1 的上半部分显示,数据处理周期涵盖了每个可用性方法应用。我们不妨把周期马上转到下列原则中:

第 1 条数据处理规则:无论数据收集的目的和方法是什么,在数据处理周期内,总是需要仔细检查所有的步骤。

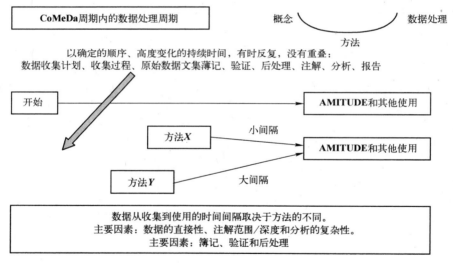

图 15.1　数据处理周期(顶部)和数据处理间隔(底部)

数据处理周期开始于数据收集计划,这是可用性工作计划(6.3节)及其关联的方法计划(6.4节)的核心。我们通过为其编写的方法计划来应用某种方法,并收集可用性数据,继续在本章和下一章中所描述的数据处理周期步骤,也就是原始数据文件文档、数据验证、数据后处理、数据注解、数据分析和报告。一旦你开始考虑这些术语,你就会看到,一个人能够跳过哪怕其中某个步骤都是很少见的。

图 15.1 的下半部分为数据处理进程的模型贡献出另一个要点。在第 6~13 章里,我们已经看到被描述的方法在很多方面存在不同——典型的生存周期阶

段、数据内容和系统类型相关性(6.2.2 小节)、成本、方法论的细节和复杂性、一般的使用频率等。图中所示的数据处理间隔是不同的,数据处理间隔的规模是在数量上的估计测量,是对用特殊方法收集到的数据在结果能够用于其目的之前的数据处理过程中必须经历的转换。该测量取决于列在图 15.1 底部的 3 个主要因素和 3 个次要因素。

例如,当股东会议正在讨论进化的 AMITUDE 模型(9.2 节)、会议备忘录(也就是收集到的数据)陈述结论时,间隔可能相对较小,这是因为:①既然结论可能打算直接应用于模型,那么数据的直接性就很高;②不需要注解:备忘录清晰扼要;③假设是在这样的情况下,那么分析的复杂性就很低,因为我们正在应对AMITUDE 使用模型直截了当的增加;④文档简单——它只是项目档案文件中一个明确命名的文件;⑤后处理;⑥在大多数情况下,数据验证都是直截了当的:我们把备忘录送给参与者,并基于他们的评论进行必要的修正。另外,如果我们去某个组织,使用宏观行为域方法(10.1 节)详细制定他们现有的工作进程,并且在引进可能从根本上改变那些工作进程的新系统的准备中,数据的直接性可能很低,而分析的复杂性却很高,因为新系统的大量推理需要完全利用收集到的信息。

因此,我们建议把数据处理间隔概念看作是一个用于规划数据处理和分配资源的有用工具,以及一个早在选择方法时就应该被纳入的工具。间隔大小不取决于收集到的数据量。通常,收集到的数据越多,意味着数据处理工作就越多。一个大型数据的间隔大小能够充当要完成工作量的乘数,而一个小型数据的间隔大小能够充当除数。此外,用于所有数据处理步骤的详细书面程序的存在,大大有助于提高数据处理的速度和效率。

15.2　数据性质,语料库,数据资源

在更详细讨论数据处理进程之前,让我们对数据的某些关键特征进行分析。介绍为特殊目的设计并在特定时间点收集的(数据)语料库或数据资源是必不可少的。数据的主要特点如下:

(1) 经验性的新知识。在用户—系统交互的过程中,收集来自用户行为的观察或日志记录、会议或与用户的访谈或给他们的调查问卷、对(没有用户参与的)系统模型方针的应用、甚至是人或人与人交互的观察和记录。从经验性上或理论性上来说,如果关于系统开发前的某类交互现象已知的东西太少,那么后者就是必不可少的。例如,如果我们不知道当人们笑或者哭时他们的眉毛如何移动,并且在文献中也没有发现关于它的适当表述,那么数据收集和分析可能就是真实的眉毛移动是否成为系统输出特征的唯一方式。

(2) 以某种外部形式在物理上具体呈现。从会议或纸上的观察笔记到视频

和日志文件。"外部"意味着数据原则上以一种每个人都可以得到的形式呈现为可利用的。只存在于你头脑里的信息不是数据。数据的外部性质表示它能够经常在分析前并且为了便利于分析而被有利地转换,最有可能的是通过某个自动化或半自动化的进程,如数字化、特征提取、过滤、文件分割、文件或表解格式转换、文件压缩、拼写更正、日志文件美化打印、视频框架安装或其他。

(3) 独特的。用特殊的人群在特殊情况下进行收集,用针对这一特殊系统模型的特殊的目的进行收集,等等。

(4) 默认的和被动的。用头脑中的特殊问题分析时,数据只产生新的信息。

(5) 极为丰富的。就像一个相当于一千多字的图像一样,一个数据集合能够产生关于比我们想要或需要询问的东西更多的信息。因此,提出正确的问题是至关重要的。

(6) 受限于收集目的和方法论。尽管有其丰富性,但数据只回答个别的问题,不回答所有所有问题。当数据收集结束,你所拥有的就是数据。例如,如果你在测试过程中忽视了获取用户行为的某个方面,而这个方面恰恰证明对评价是必不可少的,那么这就是运气不佳,而你不得不从头再来。另一个含义是,数据重新使用要比我们通常认为的难得多。例如,甚至在数据收集目的方面的轻微差异也能够致使现有的高质量数据集合变得无用,参照 10.5 节和图 10.5。所以,你需要在收集数据之前就确定问题。

(7) 需要验证。一旦收集完成,数据在充分利用之前需要验证。用于组件和系统训练和测试的数据尤其如此。对于大型和成本很高的数据集合,验证经常由一个验证数据质量是否符合强制标准的独立组织来进行。

(8) 珍贵的。数据收集,特别是带有目标用户或有代表性的用户群(3.3.6 小节),实施起来成本很高。大型的数据集合在流通领域可以值成百上千。同样重要的是,由于计划或执行过程中的小过失导致必须重复的数据收集周期,即使没有打乱大多数的开发进度和预算,也可能会使很多人心烦意乱。

(9) 稀有的。原因有两个:①数据受限于目的:可能有各种语料库帮助回答你的问题而不需要启动新的数据收集练习,但也很有可能没有一个语料库能够确切回答你需要回答的问题;②专用数据正在被随时地大量收集,但公司和学术界人士出于各种各样的原因,并且经常是不合理地抓住他们的数据不放。所以,即使你有很好的理由认为你可以重新使用别人的数据,你也可能会发现获得这一数据是不可能的。

15.3　原始数据文件,数据文档,元数据

15.3.1 小节列出用本书所描述的方法收集到的原始数据文件。在处理数

据之前,重要的是做些如 15.3.2 小节所述的文档。一种特殊的文档是元数据的编写(参见 15.3.3 小节)。

15.3.1 原始数据文件

收集到的数据是以原始数据文件,也就是尚未被转变、修改或注解的形式进行表述的。本书列出的方法应用可能会产生以下几种原始数据文件:

(1)访谈笔记,来自调查以及与客户、专家和测试对象访谈;

(2)填写好的调查问卷,来自调查、专家和测试对象的调查问卷;

(3)备忘录和笔记,来自带有中心小组会、股东和用户的会议;

(4)观察笔记,来自宏观行为域方法和实验室里、现场中的实时用户观察;

(5)用例、想定、虚拟形象描述、认知性演练笔记和注解、方针和标准应用笔记;

(6)音像记录、图片,来自中心小组会、测试对象访谈、用户会议和研讨会、宏观行为域研究和微观行为域研究、用户—系统模型交互、有声思考、人的数据收集;

(7)生物传感器和环境传感器读数,来自实验室测试;

(8)分类结果,来自分类排序;

(9)亲和表,来自带有用户的会议;

(10)系统和组件日志文件,来自实验室测试和现场测试;

(11)评论,来自现场测试用户。

数据的格式,笔记、评论、备忘录、填写好的调查问卷、用例、想定、注解、亲和表可能是手写或键入的;视频、音频和静态图像文件很有可能是常用格式,例如 avi 或 mpeg、vaw 和 gif、jpg、tif 等;日志文件是文本文件,传感器读数也可能是文本文件。关于原始数据文件,需要把握以下几个重点:①这些文件是非常重要的。它们是方法应用的结果,你必须充分利用它们的内容以使数据收集的努力有价值。②保存并备份数据,切记永远不要修改最初的文件版本!如果在数据处理周期后期出现错误,你可能必须回到最初的原始数据重新开始。③把原始数据基本保持原样用于文档、报告和出版物。④原始数据以后可能充分用于其他目的,而保持数据的常用文件格式便利于数据后处理和重新使用。

15.3.2 数据文档

如果你是一名数据处理人员,那么你可以跳过本节和下一节,如果你不是,那就必须认真阅读这些内容。对于某些方法应用,所有的结果就是几页备忘录或笔记。但很多其他情况,方法应用会留给你大量的数据文件,一旦开始处理那些文件,并且在你知道之前,原始数据文件就已经经历了很多个不同版本的处理。所以,有必要从一开始就为原始数据文件建立一个具有强大信息性的,也就是清晰的、明确的、确凿的、协调的标记策略,弄清楚文件的结构信息。因为所有的文件表述了同一交互的不同方面,标记哪些日志文件对应哪个视频或音频文件是重要的。这是数据文件层级基本的版本控制。

如果不能预计有多少努力要投入到数据(包括元数据)组织和文档之中,可以考虑以下各点:①拥有很多来自同一方法应用的原始数据文件,在时间和其他方面相关的大量文件版本,以及以并行方式对文件进行工作的几个人,是解决数据无序呈现的良方,除非每个人全程都维持一个非常严格的文件结构方案。一个较小的、12 个测试对象的系统模型测试很容易产生 60 个原始数据文件,这些原始数据文件随后将以各种方式进行后处理,以不同的方式进行注解,从不同的视角进行分析,还要产生以各种方式展示的结果,等等。②正如在各章中所有方法所强调的那样,数据收集是在可用性方法计划(6.4 节)和相关文档描述的环境里完成的,而这个环境的所有文档都应该全程遵循原始的和已处理的数据文件。③方法应用 3 个月后,或者更早,所有数据处理细节可能已经被遗忘了,所以协助数据方面工作所要做的就是文件结构及其文档。④事实上,这是新手的情形,为开始对数据进行工作,他得到了数据复件及其收集环境。⑤最后,在写论文和下次进行数据处理时,你会认识到已完成工作的重要性。

15.3.3　元数据

元数据是关于数据的数据,旨在便于数据处理和相关数据集合的检索,例如从网络检索。元数据是为原始数据给自己和其他数据提供证明的关键元素。即使没有针对原始数据文件标准集合的元数据信息,一个好的模型要记住以下内容:在试着决定是否使用别人的数据资源时,提供关于该资源你想要拥有的所有信息。我们建议包括与下列信息相关的一切,这些项目在很多案例中被证明是有用的(迪布凯(Dybkjær)等 2002)。如果需要其他的详细信息,只需把它们加到数据文件中即可:

(1) 参考的原始数据,文件结构;

(2) 原始数据收集的日期;

(3) 元数据创建的日期;

(4) 原始数据收集者的名字;

(5) 元数据创建者的名字;

(6) 原始数据收集的地点;

(7) 原始数据收集的目的,涉及的模态,等等;

(8) 数据收集方法;

(9) 原始数据大小(如以持续时间、交互数量或 MB 来测量);

(10) 可接近性(免费或计费、网站、联系信息、要填写的表格等);

（11）文件技术性：文件格式、压缩信息、其他后处理信息等；

（12）记录设置描述：环境、设备、麦克风、摄影机、传感器位置、观察约束等；

（13）收集环境描述：调查问卷、访谈脚本、会议议程、观察脚本、任务、想定、指令、方针、标准、系统模型等；

（14）参与者：数量、角色（会议参与者、目标用户、有代表性的用户群等）、国籍、语言等；

（15）如果有语音数据：采样率，每个说话者的年龄和性别，说话者的母语、地理起源、口音、社会阶层、饮酒和吸烟习惯，说话者是否互相认识，说话者是否在进行的对话活动方面得到过训练；

（16）对其他原始数据文件的参考，这些文件对描述的原始数据和描述的原始数据注解很重要；

（17）对文献、报告等的参考，对原始数据或它的某个方面提供更多细节；

（18）注：其他应该提到的东西。

每次修改数据文件时，给元数据增加所做修改的描述。这样，包括你自己在内的任何人都能随时回到数据中，很容易确定它是否重要。

15.4　准备使用数据

配备一组包括完整证明文件的原始数据文件（15.3 节）后，就该对数据进行分析、训练或其他方面的工作了。本节介绍可能需要的各种预备步骤。

15.4.1　原始数据验证

使用前必须对所有的原始数据语料库进行验证，查验收集到的原始数据能够真正被用于它被收集的目的，同时还需要查验数据的各种特征。查验的内容在一定程度上取决于数据收集的目的。数量、内容和质量可能会影响数据的可靠性。例如，如果我们需要 100h 高质量的数据，而只收集了 25h，那么我们就需要更多的数据；如果在视频里不能清楚地看到测试对象的眼睛，那么对于研究视觉表达来说，数据就没有用了；如果麦克风质量不高，那么对于语音识别器训练来说，产生的语音数据就可能是无用的；如果有代表性的用户群里 1/3 的人从未露面，并被学生取而代之，那么数据就很可能不再是有代表性的了。

既然我们已经完成了计划好的数据收集工作，那么为了继续进行不做任何计划修改的数据处理，我们是否拥有我们需要的东西？或者我们是否需要收集有更好内容、更高质量、更强可靠性的更多数据？数据验证主要是想要发现数据收集过程中产生的问题，但同样也能发现数据收集设计中的差错。

取决于数据和充分利用的目的，原始数据验证基本上是高成本的、正式的和严格的。加框文字15.1描述了大规模数据收集和严格的验证。然而,在很多情况下,所有我们需要做的就是确保计划好的数据存在并可读,例如研讨会笔记以完整形式存在;每个测试对象完全填写好的调查问卷存在;证实过的备忘录存在;10个用例存在;亲和表、每个测试对象的日志文件、分类表述等都存在。

加框文字15.1　数据收集的故事——针对消费者设备的语音

用于组件训练的大规模数据收集可能需要一年的时间来完成,涉及从一开始创建就需要的几个全职同事、数百页的数据收集设计证明文件。丹麦《Speecon(用于消费者设备的语音驱动界面)语料库》的收集就是这样的练习。《Speecon 语料库》(Speecon 2004)是一个欧盟发起的项目,后来在全球推广,该项目已经开发出超过 20 种语言的拥有足够质量的语音语料库,用于以下几个方面训练语音识别器:识别不同方言、不同年龄组和性别的说话者所说的语音,在不同的音效环境里,如大小不一的汽车以及办公室、户外空间、客厅、儿童房间、挤满了人的大型室内大厅。

通过体育俱乐部和其他组织的口头传话、印刷媒体上的广告、电台访谈的植入广告等,共招聘了 600 个说话者。对每个说话者进行了大约 1h 的指导,产生了有案可查的、关于已确定话题的阅读语音和自发语音的混合物。数据验证遵循了复杂抽样协议,并由一家专业的验证公司来完成。

尽管数据收集设计全程都被严格地遵循,但是该设计并不是 100%地完美,也做不到。例如,我们在 9 月开始数据收集,10 月碰巧对斯德哥尔摩的同事说起,他们正忙着为瑞典语进行同样的练习。在某种程度上他们注意到,冬季在户外录音不受欢迎,不幸的是,这一点我们没有想到。我们在丹麦 2 月和 3 月结束了户外音像录制,有时温度接近零摄氏度。

15.4.2　原始数据后处理

原始数据(15.2 节)的物理和外部性质为使用数据文件前的自动、半自动和手动原始数据后处理提供了无尽机会。进行数据后处理通常是为了针对特殊的分析或组件训练目的而优化数据表述。由此产生的后处理数据文件可能至少包括以下类型:①数据组合,组合来自分隔开的数据文件信息,如图 10.5 中的实例所示,组合访谈笔记或观察笔记等,均无原始数据损失;②数据转换,所有成为数据收集目的需要的信息,依然作为实际意义上信息相等的数据表述,可以用不同的方式表述,例如以键入文本而不是手写的方式,以不同的文件格式,以分段的或压缩的表述形式,或以重新结构的一组笔记形式,这些笔记连最初的一个公式说明都没有损失;③数据提取,为支持对特殊方面数据的关注,例如在特征提取和为任意数量目的过滤方面,某些数据分析支持工具(或编码工具)支持数据转换和特征提取,参见 15.5.6 小节。

后处理的原始数据是否还是原始数据呢?答案是肯定的。后处理的数据是经历了一个或几个刚才提到的后处理操作的原始数据。真正的问题是两种后处理数据之间的分界线,一种后处理数据,即使有信息减少,例如数据提取,也保存其原始数据状态;另一种后处理数据,由于包含了解释,后处理涉及原始数据的修改。解释对原始数据所做的事情要多于上面给出的操作,这些操作总是通过应用某个通用和机械的程序对数据进行组合、转换或删减。例如,研讨会或访谈的简短摘要就是解释。只要解释总是清楚地对数据进行标记,被解释的数据就不会出错,所以如果必要,解释的稳固性就可以通过其他东西来评价。

我们举例说明一个简单而实用的数据后处理形式,该方式是为了提高分析清晰度而把表述布局转换和数据提取组合起来的方式,称为**美化打印**。在进行手工数据分析时,如果数据表述能够很容易地进行相关信息扫描,那么同时提高工作效率并减少差错是可能的。有人宣称,阅读 XML 可扩展标记语言文本不会降低理解的速度,甚至还有乐于阅读 PostScript 语言的人。但对很多其他人来说,有必要把日志文件文本数据优化转换成为服务于数据分析目的,同时尽可能过滤掉不必要细节的专用格式。图 15.2(a)和图 15.2(b)分别显示一份日志文件及其美化打印版本,后者被设计成便利于分析和诊断语音对话中的交流问题。该实例来自关于机票预订(1991—1996)的丹麦语口语系统项目(伯恩森(Bernsen)等 1998)。美化打印使分析人员容易关注语音对话回合的内容和针对诊断的目的被需要时诉诸系统组件交流的手段。图 15.2(b)中用户和系统的口头表达已被译成英语。翻译涉及解释,所以翻译是另一个不再维持数据为原始数据的进程实例。注意,图 15.2(a)的内容对应于图 15.2(b)的上半部分。图 15.2(b)的其余部分显示了对话如何继续,以及有助于对美化打印给予更全面了解。

```
<u id="S3-29a" who="S" topic=customer> Oplys venligst kundenummer! </u>
<u id="U3-29a" who="C-3" topic=customer> Nummer <t type=cardinal value="4">fire</t>. </u>
<keyed which="U3-29a">nummerfire</keyed>
<recognised which="U3-29a" grammar="Number" score=0.000000>nummer fire</recognised>
<parse which="U3-29a">
         | Current parsecontext: grammarset:  Command
         |                        Command Command Yesno Number
         | semantic objects:
         | actionso(action ActionSO) [action --NULL--]
         | yesnoso(choice BooleanSO) [choice --NULL--]
         | customerso(number IntSO) [number [ones ••• ] ]
         | Resulting Parse Tree # 0
         | Subgrammar[ 5 ]: Number
         | L:[s_9,sem={number={ones={number=4}}}]:
         |                         {cat=s,stype=ellipse}.[
         |   L:[nummer_1]: {cat=n,nb=sing,semtype=id,
         |                         defs=indef, [ ••• ]
         | ]
         | set Slot number "4"
</parse>
<database type="query" modifier="CUSTOMER">
         | customer: 4  </database>
<database type="answer" modifier="STATUS">
         | status: DB_OK   </database>
<u id="S3-30a" who="S" topic=customer>kundenummer <t type=cardinal value="4">4</t></u>
```

图 15.2(a)   日志文件摘录

```
customer     S3-29a     Please state the customer number!
customer     U3-29a     Number 4.

                        keyed: numberfour
                        recognised [Number/0.000000]: number four
                        semantics: number "4"
                        database [query/CUSTOMER]
                        database [answer/STATUS] DB_OK


customer     S3-30a     Customer number 4
persons      S3-30b     How many people will travel?
persons      U3-30a     2 adults and 2 children.

                        keyed: Twoadultsandtwochildren
                        recognised [Persons/-76.000000]:
                        okay nine and two children
                        semantics: number "2" choice "1"


persons      S3-31a     2 people
```

图 15.2(b)　美化打印提取,部分来自图 15.2(a)中的日志文件

15.5　原始数据注解

　　本节介绍原始数据注解的特殊之处。继续从我们现在位于数据处理周期的位置开始,此刻我们已经拥有了需要处理的原始数据,并准备好进行接下来的数据处理步骤。本章介绍针对系统模型开发和评价、组件训练和其他更科学目的的数据处理,在任何情况下,下一步骤都是数据注解——也称为数据标签、数据标记或数据编码。注解相关于几乎所有种类的原始数据,能够是任何形式,从突出股东会议备忘录里的要点,到标记测试对象在会谈中的犹豫,再到各组详细阐述的编码方案对简朴多模态数据的应用。

　　数据注解的目的是通过创建指出数据中重要现象的标志或标签的方式,给原始数据文件增加价值,其方式要么是修改原始数据文件本身的备份,要么是建立以某种方式暂时或长久与原始数据文件关联的单独文件。后者称为分离式注解,是更常用的途径。我们都熟悉注解的简单形式,例如把评论用方括号插入文本内,或光标指向算术差错。针对很多在多模态系统开发及其基本理论方面的不同目的,例如分析人的行为,对各种可用性评价标准(第 16 章)进行测量,或训练微观行为识别器等,都有必要采用更高级的数据注解形式。某些形式的注解可以自动或半自动进行,就像口语对语音料库中按照句法词性贴标签一样。然而,仍然存在大量必须手动注解原始数据的现象,此时注解的经济成本和时间成本都很高。

　　接下来,15.5.1 小节通过熟悉的实例解释注解和编码方案的使用;15.5.2

小节列出由语料库注解达到的各种目的;15.5.3 小节说明使用数据译音为实例的注解,并显示译音标签设置的实例;15.5.4 小节说明自然交互的复杂注解;15.5.5 小节查看既定的用于与人融合的一般编码方案;15.5.6 小节讨论能够极大便利于注解工作的编码工具。

15.5.1 鸟类观察和数据编码

因为数据注解很像系统化的鸟类观察,所以使用鸟类观察作为实例来解释基本观念,详见加框文字15.2。

加框文字15.2 鸟类观察故事

您正在登上一个无人居住、也没有森林覆盖的小岛,您的任务是无需考虑时间长短尽可能发现在岛上有多少鸟和有多少种类(或物种)。

作为支持,您携带一份候选鸟类名称清单作为工具1,在清单上您要标记观察到的每个种类的数量。这份清单分为3个部分。第一部分表格区描述名称清单本身:谁开发的它,这份工作何时完成的,它的完成基于哪些鸟类观察练习和其他资源,等等。第二部分中有很多表格区要您来填写,例如名称、日期和练习的持续时间。第三部分列出了预计您可能看到的鸟类名称清单。每一只鸟的名称旁边是一个空白区,您可以填写观察到的该种类鸟的总数。

然而,鸟类的名称清单也无济于事,除非您是一个训练有素的鸟类观察者,我们认为您不是。这就是为什么您要带工具2,它是来自多模态观鸟指南的摘录,连同您清单里的每一只鸟的完整图片(包括幼鸟,雌雄,飞行和孵卵),名称,指向每只鸟区别特征的小箭头,描述每只鸟看到、听到和感觉到什么的一块文本,以及一个带有每只鸟所发声音的名称索引音频文件。工具2包括像工具1这样的首创者信息。

您完成了工作,但不得不承认在两种情况下失败了。在情况1中,有一群鸟似乎都是同一种类的,但不在您的清单里,而且在工具2里没有描述,因此您创建了一个虚构的名字,并且尽您所能描述它们。在情况2中,尽管您通过望远镜专心致志地观察了它们很长时间,但是依然无法断定一对鸟是否属于您工具1清单里两个种类中的这一个或那一个。

哦,我们忘了提起这件事,您带了两个朋友,他们进行了相同的练习,没有与您或与对方交换任何信息。其中一个是像您一样的新手鸟类观察者,另一个是专家。从岛上一回来,您使用专家的清单检查您自己清单里的第三部分,进入您的个人坐标位置、使用的工具和第二部分中的其他信息细目。您也把您的第三部分与由第二个新手得出的结果相比较。

加框文字15.2中的故事说明了数据注解的基本要素。事实上,鸟类观察是一种特殊的数据注解,因为在正常情况下,鸟类登记是在现实的时间里同步完成的,而不是根据分隔开地存在于它所表述的事实中被记录的原始数据(15.2节)。忽略这种差异,下列各项与数据注解术语和概念是一致的:

(1)岛上的生态系统是一个数据语料库。你的任务或编码目的是注解数据里一个特殊的现象类别,也就是该岛上的鸟类而不是哺乳动物、昆虫、植物、地质或小气候。

（2）岛上游客是注解者（贴标签者、编码者），他们在给故事中确定的目标现象进行编码时表述了不同的编码专业知识层级。

（3）鸟的种类是某一类别现象的类型；个体的鸟是现象的类型的标记。

（4）工具1，在岛上预计要被发现的鸟类的清单，表达了一个假设，在目前情况下，关于将在数据里出现的现象的类型，这是一个科学的假设。

（5）构成工具1主要部分的鸟类名称清单，是给语料库里观察到的现象贴标签的标签清单。所以，如果你看到两只银鸥，银鸥正好在标签清单中，那么你可能会记下"2只银鸥，下午14:09"。或者，为了效率和速度，你可能会通过用于给每只鸟贴标签的速记或缩略语来取代鸟的全称，如用 HeG 代替银鸥（herring gull）。标签包括这样或多或少可理解的简单符号。

（6）工具2，观鸟指南摘录和音频文件，是解释如何把语料库里的每个标记确认为属于一个特殊类型的标签语义。

（7）工具1第三部分和工具2联合构成用于注解特殊类别现象的编码方案的主要部分。我们可以称为"×岛夏季鸟类编码方案"之类的名字。

（8）举例来说，假设遗漏确实是被新手鸟类观察者正确发现的，而不是反映出观察者对正确应用标签语义的无能，那么情况1遗漏的鸟的类型，就是关于要注解的现象类别，也就是说，关于夏天在×岛有哪些鸟类这一假设存在缺陷，这样的缺陷发生了，而数据注解的一个目的就是为了提高关于现象类别的假设和理论。在调查多模态可用性时，我们一直创建新的编码方案，因为很多重要的现象没有在处理它们的机器所需要的程度上被调查。某些编码方案是基于坚实的、既定的理论或综合语料库分析，然而可以说，很多新的编码方案或多或少是强烈地基于假设的，就像故事中预计住在岛上或在岛上就食的鸟类的清单。

（9）假设两只鸟在清单上，并且事实上在可利用的观察条件下能被区分开，那么即使在长时间观察后也不能被确凿地加以归类的情况2的鸟类，就揭示了标签语义中的缺陷。不知何故，标签语义的制作者没有设法为类别中的几种类型现象提供清晰和确凿的确认特征。例如，这经常发生在新的编码方案中，并且能够意味着不同的事情，即编码方案制作者在描述标签语义方面并未充分明确，或者基本理论是不成熟的或有问题的。在任何情况下，编码方案都是有缺陷的，因为它不能由人或机器为确凿的应用进行交流。

（10）从岛上回来后，你用编码元数据填写了工具1的第二部分。首创信息对包括工具1和工具2来说都是元数据。对于考虑重新使用特殊编码方案的其他人，关于编码方案和编码文件的元数据信息是必不可少的。对一般意义上的元数据以及关于要包括的信息详细信息已经有了很多讨论。下列一组详细信息基于"自然交互活动工具工程"项目合伙人的常识和体验（迪布凯（Dybkjær）等

2002）：对编码文件主要部分的参考；创建、编码、修正的日期；编码者的名字及其特点；版本号；对被应用的编码方案的参考；对在被应用的编码方案中提到的实际编码文件或原始数据的参考；编码程序中（已编号）编码者的名字（见15.6节）；创建的目的；被注解的现象和模态的类别；编码程序的历史；笔记；对参考文献、报告、出版物的参考；等等。当然更专业的信息应该在特殊情况下按照特定的需要而增加。

（11）你和你的新手朋友使用专家的观察作为检查你的观察正确性的黄金标准。通过比较，你分别用类型和标记就能够轻易地标记做出正确确认的例子、遗漏（你没有发现这种鸟）、错误插入（你发现的这种鸟其实没有）。黄金标准编码由专家级编码者制作，并用于各种目的，如新手编码者的训练和进步评价。然而，不要指望当你需要时就能找到黄金标准编码！自己来做吧。

（12）在用新手编码者制作的编码检查你的编码时，你所做的就是设计出关于语料库的编码器间协议。编码器间协议措施能够在几方面提供信息：对于非编码专家，编码器间协议能够提供标签语义的清晰性和适当性信息；对于编码专家，编码器间协议提供关于基本科学理论的成熟度及其机器适用性这些至关重要的信息。很明显，我们都习惯于这样想，如果编码专家在任何足够的程度上都不能同意，那么就几乎不能训练机器以应用具有足够精确性的编码方案。

最后，需要注意的是，高级的鸟类观察者不只是数出鸟的数量，而更要详细地研究它们的行为，就像在研究和注解人的行为时我们所做的一样。

15.5.2 语料库注解的目的

为了实现很多不同的通用目的，对可用性方法收集的数据语料库进行注解，主要包括：

突出和评论以笔记、日志文件和其他数据资源形式存在的可用性信息（15.3.1小节）。这是在正常情况下而不是在非正式情况下完成的，并且不使用15.5.1小节中所描述的注解工具，但它是带有以下几点的连续统一体的一部分：

（1）为可用性开发和评价、技术组件和系统评价、组件和系统训练等创建注解的数据资源。

（2）为已知的或新类别的现象开发新的编码机制。

（3）开发关于现象类别及其相互关系的新的理论，它能够应用于可用性目的。

（4）测试理论的适当性和完整性。

15.5.3 正字化译音

我们需要通过一个基本的和常用的形式来说明注解，即语音的正字化①译

---

① 正字化是关于文字使用的规范性法则，主要讨论如何使用文字才合乎规范的问题。

音①(orthographic transcription)。你可能在下一个针对用户输入语音,或者对其他音像记录中人的语音数据处理的项目中需要它。假设语音识别器是用户测试的一部分,在这种情况下,通过使用语音识别日志文件数据可以节省时间,并且基于该数据工作而不是从头键入用户说了什么。通过提取日志文件,并听用户所说的音频产生输入语音的译音,为语音识别差错纠正日志文件。有能够提供帮助的编码工具(15.5.6小节)。

编码目的。到目前为止,毫不夸张地说,当今整个世界都需要注解,译音也需要注解。在对口语输入数据进行译音之前,需要确切知道编码的目的。通常包括以下做法:提取改进识别器的词汇和用于改进语言模型的语言数据;以各种方式对测试对象的口语会谈内容进行分类;研究任一语音行为现象;链接语音到其他交流事件上,例如手势,或者其他可能影响语音的外部事件上。所以对语音进行译音时,其编码目的无限多。但应记下的必须做的事情中大部分取决于特定的编码目的。

译音指令。无论编码目的是什么,译音都应该通过遵循一组指令来实现,从而尽可能保持同质的和一致的。如果有两个或多个编码者(译音者),但没有为其提供相当准确的指令,那么可能会以极为不同的方式译音相同的原始数据文件。有人可能会尝试"严格"按照所说的进行译音,有时按照所写的,例如"我已经(I have)",有时是"我已(I've)",取决于用户如何说这些词;在尝试翻译用户的发音时,例如当用户犹豫而说出"我不不不……"时,某些人会创建新意和新词,同时标点符号将会不同、大小写字母的使用也将会不同,等等。为了避免出现不同,我们必须严格指定译音应如何完成以达到编码目的。好的做法是要求编码者全程使用词语的正确拼写而不是创建他们自己的拼写,因为实际上这是唯一能够确保统一译音的方式。

译音编码常常用于标记对口头表达如何说及除了口头表达外音频里还有什么重要内容。为此,译音指令必须要补充译音编码方案。实例是带有下面一组标签和简短标签语义的一个方案:

1. bn=背景噪声(background noise):非语音的声音;
2. bs=背景语音(background speech):在背景中听到的语音;
3. fp=填充停顿(filled pause):里面带有说话者产生的非语音声音;
4. fs=错误开始(false start):说话者开始说话,停顿了一下,然后重复或修改;

---

① 译音是用字母(letters)的语音系统或转换语言的符号(signs)来表示某种语言中的字符(characters),而不论该语言原本的书写方式如何。译音系统必须以转换语言机器字母表的正字法为依据,因此,译音系统的使用者必须对转换语言有所了解,并能准确地读出其字符。与"译音"(transcription)相对应的另一个概念是"转写"(transliteration),它是指把一种字母表中的字符转换为另一种字母表中的字符的过程。从原则上讲,转写应该是字符之间一一对应的转换。

5. hs＝犹豫（hesitation）：说话者在词或措词的中间犹豫；

6. mw＝发音错误的词（mispronounced word）：没有正确发音的词；

7. os＝重叠语音（overlapping speech）：同时来自几个说话者的语音；

8. up＝非填充停顿（unfilled pause）：沉默；

9. uw＝未知词（unknown word）：不能确定这是哪个词。

该编码方案真正的适用版本将有更广泛的标签语义定义，例如要被注解的每种类型的现象实例、最小停顿时间指示等。文本编码倡议（Text Encoding Initiative，TEI）展示了用于语音译音的方针，包括可扩展的和可修改的标签设置（斯珀伯格—麦奎因（Sperberg-McQueen）和伯纳德（Burnard）1994，2004）。像其他很多的语音译音方案一样，上面给出的编码方案是关于文本编码倡议的变异。每种情况所需的精确标签设置取决于语料库内容和编码目的。例如，如果我们要对汽车驾驶员录制的语音进行译音，我们可能就想要一个用于指外部事件（external events）的 ee 标签，如交通事件，这潜在地影响驾驶员的语音。在语音对话中的其他工作者，例如会话分析者，为了更密切地反映实际上说了什么，会使用更多的标签。可能会创建用于新类型现象的标签，定义其语义，进而创建新的或扩展的编码方案。

可用性应用。上面提到的编码方案对于可用性开发非常重要。例如，方案包括几个用于标记用户语音中不同的不流利的标签（fp、fs、hs）。不流利现象可能反映出个体用户差异，但也可能反映出任务难度，在使用环境中的突发事件，年龄、性别和其他的用户特征，界面或交互设计问题，在以特殊模态或几个模态提供输入方面的难度，设备问题，等等。

增加会话语境。译音的输入语音自身能够为很多目的而进行分析。然而，如果基于语音识别器的日志文件进行译音，那么包括由用户和系统双方进行话轮转换的口语交互语境就是不完整的。分析语境经常是进行译音的主要目的，为了能够获取更多的口语交谈语境信息，我们可能需要提取语音合成器的输出日志文件，以适当的时间顺序在话轮方面把它与被译音的输入结合起来，可以产生便利于分析的整个事情的美化打印版，如图 15.2（b）所示。

正字化译音普遍用于口语交互的研究。更专业的译音是通过音标进行语音译音以获取发音细节，例如《音标语音评估法》（《音标语音评估法》2005）。

15.5.4 多模态注解，与人融合

在包括口语交互更复杂的语音语料库和多模态语料库注解中，正字化译音（15.5.3 小节）经常是第一个步骤，在用于未来多模态系统和与人融合系统的巨大注解类别中是非常重要的。

为了说明多模态的、自然交互式的人—人会谈的复杂注解,假设在视频记录的会谈过程中,S_1 对 S_2 说:"这个男人为他的孩子们买了这些玩具[指向玩具]。"这个实例是由爱丁堡大学"自然交互活动工具工程"("自然交互活动工具工程"2005)项目提出的。我们已经把这个实例插到图 15.3 的分层编码展示中。

复杂多模态注解									
CS/时间	....								N/A
POS1.1-S_1	结构								SC
POS1.2-S_1			动词短语超文本链路电子迁移=买						SC
SE1-S_1	帧=买 帧对象=卖方			帧=买 帧对象=买方			帧=买 帧对象=受益方		SC
POS1.3-S_1	名词短语超文本链路电子迁移=男人			名词短语超文本链路电子迁移=玩具		准确定位准备=为超文本链路电子迁移=孩子	名词短语超文本链路电子迁移=孩子		SC
POS1.4-S_1	数据	网络节点	话音频带数据	数据	网络节点服务器	输入	准确定位服务	网络节点服务器	SC
POS1.1-S_2									SC
POS1.2-S_2									SC
SE1-S_2									SC
POS1.3-S_2									SC
POS1.4-S_2									SC
C1-S_1				C2			C3		SC
CoR1-S_1	支撑点5						照应语5		SC
WL1-S_1	单词30 这个	单词31 男人	单词32 买	单词33 这些	单词34 玩具	单词35 为	单词36 他的	单词37 孩子们	TC
ToBI-S_1				高*			高*低		SC
C1-S_2									SC
CoR1-S_2									SC
WL11-S_2									TC
ToBI-S_2									SC
GPC1-S_1-R		准备	摆动	保持		收回			TC
GPC1-S_1-L					不适用				TC
GPC1-S_2-R									TC
GPC1-S_2-L									TC
GC1-S_1-R		G3,目标=玩具							TC
GC1-S_1-L						随意手势4			TC
GC1-S_2-R									TC
GC1-S_2-L									TC
UL1-S_1	U5,这个男人为他的孩子们买了这些玩具								TC
UL1-S_2									TC
ULC1	主要的								TC
时间	....								N/A

图 15.3 复杂多模态数据编码

该图中,左列第一个连字符前的缩写是指被应用的**编码方案**(Coding Schemes,CS),而在底部一行的连字符指的是测量的时间,例如以毫秒为单位。大多数的编码方案参考符号都是伪程序。表中编码表述相对空白的原因是大多

304

数属于特殊编码方案的标签均出现了两次,每次用于一个说话者,分别是**说话者1**(S_1)和**说话者2**(S_2),如左列第一个连字符后所示。交谈层级编码1标记交谈的全部形态,而该交谈对于当前处于主要交谈形态的对话者双方是共有的,而且我们需要为每个说话者的每只手/臂单独编码(见下文)的手势编码。

努力完成了以上工作,接下来要找到**口头表达层级编码**(Utterance-level Coding,UL1),也就是S_1用口头表达(utterance,U5)所说内容的正字化译音。然后我们从(视觉三维)**手势编码**(Gesture Coding,GC)1中看到,S_1指示性地发出了手势,也就是以指示手势3指向玩具,该动作是用右手/臂完成的,如最左列中代码的最右侧符号所示。图15.1中,水平距离表述时间,在该图的模拟编码表述中,我们随即就能看到**指示手势**(gesture,G3)所花的时间,以及S_1用左手/臂也做了一个"随意"手势4。在更详细的**手势形态编码**(Gesture Phase Coding,GPC1)表述中,指示手势3被分为4个形态进行分析,也就是准备、摆动、保持和手/臂的收回。另一只手,即左手/臂的随意手势4没有以上形态,在表中用"N/A"(不适用)表示。

更高一级,基于**音调和停顿索引**(Tones and Break Indices,ToBI)的韵律编码用于注解口头表达5中的单词重音。接下来是S1口头表达的**单词层级**(Word-Level,WL)译音,口头表达层级译音已经从中导出,每个单词都有经过编号的标识符。例如,查阅一下在底部的常用时间线,我们就会看到,S_1在指示手势的保持形态重读了"这些"这一单词。有些单词被放到加底纹的背景中,原因在于它们已经被编码为**共同引用**(co-reference,CoR1)。作为译音中的远距离——跳过单词、短语、甚至句子,很难以其他方式显示共同引用关系。共同引用编码方案行显示,短语"男人"充当指回到"那个人"的照应语"他的"的共同引用支撑点。双方都有相同的标识符(5)来标记它们在语料库中构成的共同引用集群5。

在共同引用编码层上方,我们遇到了某个东西,它具有自然交互活动编码,也就是**横向集群编码方案**(Cross-aspect Cluster Coding Scheme)1未来的高度意义符号,该方案1为两个由如上所述的协调口语对象引用、韵律和(或)手势组成的多模态集群提供标识符,分别为横向集群编码方案2和横向集群编码方案3。接下来是POS贴标签和语义贴标签,它们基于语义描述口头表达句法,使用几个步骤来显示说的话实现了语义上的买这一需要卖方、买方、受益方的框架。

最后,最右列显示了哪些编码层直接指的是时间线(timeline,TC)(带时间标记的编码层),以及哪些编码层直接随着编码同步起作用(结构编码,Structure Coding,SC)。

通过参考图15.3,能够得出下面一些基本观点:

(1)尽管有其复杂性,但是编码只对单一口头表达的更长的会谈贴标签。

(2)只对S_1说出口头表达5的内容进行了编码。例如,没有方案应用于给

305

S_1 的头部姿势和方向、身体姿势和方向、面部表情或凝视行为进行编码,这些情况中有几个很可能在口头表达 5 的过程中发生了动态改变。此外,口头表达 5 没有如 15.5.3 小节所说明的那样被贴标签译音,也没有按照语音学译音;例如,交谈没有为交流行为、交流风格、礼貌、修辞结构或说话者角色进行编码;在任何模态中,都没有为 S_1 在说出口头表达 5 时可能在音效上和视觉上显示出来的情感、态度或其他中央处理表情进行编码。

(3)对每一层(行)都要起作用——或者更准确地说,对每个单层、双层或四层都要起作用,取决于编码方案——需要对特殊编码方案及其基本理论以及对一般的编码最佳实践的熟悉度。例如,有些人像鸟类编码方面的专家(加框文字 15.2)一样,是以完全相同的方式进行共同引用编码方面的专家。但没有人是图 15.3 中说到的所有类型编码方案方面的专家。

(4)我们猜想,所有的交互式模态都有几个方面最终必须使用不同方案进行编码。每个方面都由可能是以多模态交互方式发生的一类现象来定义。例如,对于手势能够在下列各方面编码:①正在做手势的身体部位;②手势类型,比如指示手势;③手势形态,只对某些类型手势而言。更多信息见 15.5.5 小节。

(5)对于系统开发者和行为研究者一类的人,图 15.3 说明了基本的和最具挑战的事实,即展示于数据之中的交流是以很多方式相互关联的。这是因为:多模态人的交流行为在时间和内容方面协调起来是错综复杂的。只有复杂的数据注解才能在属于不同方面的现象之间获取这些协调横向集群的相互关系,例如在指向手势和所说内容与脸上同时出现的表情之间,或者在交谈话题和对话者情感变化之间,又或者在用词及其语义方面的紧张和交谈的环境意义之间,等等。

(6)如常用时间线所述,对于从不同方面获取现象之间的关系,时间是至关重要的。

(7)图 15.3 显示,某些方面是直接以时间标记的,这些方面在某种意义上都是基本的,而其他方面不需要独立的时间标记,这些方面表述了以时间标记的各个方面的高级分析。

对于人的交互式行为的每个方面以及对于它与人的交互式行为任一其他方面的协调关系,目前要查看科学合理,且经过良好测试的编码方案是不可能的,我们现在只解释为什么。在很多情况下,全面的理论还没有形成,因为:

(1)只是到现在我们才开始需要它的所有细节。

(2)除了几个编码方案外,在编码方案及其基本理论方面没有一个人是系统性的专家。

(3)实际上,除非受支持于允许我们轻松建立如图 15.3 所示的复杂编码那样的高效编码工具,否则适当的理论开发可能已经超越了我们的能力。例如,采

306

用"铁砧"编码工具(15.5.6小节)的复杂编码,见马格诺·卡尔多涅托(Magno Caldognetto)等(2004)著作中的"多模态乐谱"注解。

15.5.5　与人融合的语言和编码方案

就像在前面章节里结合了语音和指向的实例中所进行的说明,当系统能够理解人们在展示和彼此交换信息时产生微观行为的时候,系统开始与人融合。本小节将通过我们想用于开发与人融合系统的一般的和既定的编码方案和编码语言的结构性观点进行更进一步的讨论,3个步骤放大与人融合的微观行为。

层级1:**在信息展示和交换的层级与人融合**(图3.3)。人们展示并通过双向交流、动作和缄默观察与别人交换信息(他们还测量彼此的生物信号,但我们在随后发生的事情中会忽略这一点)。

层级2:**在模态的层级与人融合**(表4.2)。利用多种方法进行双向交流、动作和缄默观察的人使用多种模态,例如语音、面部表情、手势和身体动作。语音是音效的和视觉的(或图形的);面部表情是视觉的;手势是视觉的和(或)触觉的,并且可能也是音效的,就像正当你在看着什么并依靠触觉感觉碰撞的同时,有人大声拍打你肩膀的时候;身体动作可能是视觉的、音效的和触觉的。

层级3示例:**在微观行为注解的层级与人融合**(图15.3)。该图结合语音和指向手势微观行为,把人—人双向交流的简短描述分解为以下各方面:交谈状态;正字化的口头表达;视觉三维手势类型;视觉三维手势状态;韵律;正字化的单词;共同引用;视觉三维手势、单词和韵律的时间协调;词性;语义框架。附文强调,这只是常用的、处于双向交流中的各方面的子集,并且还有很多方面可能已经包括在图15.3的分解之中。此外,几乎所有图15.3中提到的编码方案都是伪程序。

通过展示我们了解到:①对层级3是结构化的概述而不仅仅是一个实例;②某些真正的和有用的编码方案以及用于注解多模态与人融合交互的相关倡议,都是试验性的,还不存在真正结构化的概述。

层级3结构:**在微观行为注解的层级与人融合**(表15.1)。看看为了建立能够与人融合的可用系统,我们需要什么?我们需要一般的和既定的编码方案,或更一般的表述语言或符号,用于表述像层级2列出的那些模态的微观行为方面,也就是视觉、音效、触觉的语音、面部表情、手势和身体动作。

需要某些一般编码方案、语言。这意味着我们不是在谈论高度特定的,例如注解百货商店入店行窃行为的编码方案。针对注解微观行为的编码目的有太多可能,所以永远都不会有现成的编码方案可供选用。如果你有一个特殊的编码目的,必须自己开发所需的编码方案。然而,我们想要利用通用的编码方案或语言,例如,如果我们需要注解10个特殊的面部表情,有效方法是能够利用使所有可能的面部表情的表述成为可能的编码方案或语言。如果我们需要系统能够反映出4个不同用户的情感,就要找到能够利用注解情感的通用方式。表15.1只是关于通用的编码方案或语言。

需要既定的通用编码方案或语言,同样不言而喻。例如,实际上,创建和验证一个新的用于手势或情感注解的通用编码方案或表述语言很可能要花费数年时间去做科学的理论构建工作,所以这不是我们通常认为的形成系统开发的工作。下列几个因素对建立编码方案发挥重要作用:基于此类现象的完善理论;由某个标准化团体建立的标准;已成为广泛使用的事实上的标准;或者即使仅仅是广泛使用但没有重大问题的标准。如果我们在原始数据中采用某个现有的但不是特别完善的编码方案来给现象编码,风险就在于某些现象并没有在编码方案中被表述,这使得我们要同时给方案的合作开发者和用户进行编码。

根据分类法中的4组模态,将表15.1分成:语音、面部表情、手势和身体动作。然而,表中试验性的部分是左列中的分类。

表 15.1　用于与人融合的不同级的一般编码方案或编码语言

级/模态	语音/声音	面部表情	手势	身体动作
单模态的				
非语义的基本的	**译音编码**,在很多语言中的所有音位,在某些语言中的视位,……	**所有的面部肌肉**	**所有的身体部位**	所有的身体部位?
非语义的结构的	词态、词性、句法结构	?	**手势形态**(某些手势类型)	身体动作形态(某些身体动作类型)?
语义的高级	**声音类型**	**脸部类型**	**手势类型**	?
语义的较低级	语素、单词、口头表达、语音行为……	?	在某些文化中的寓意	身体动作:抓、推、拉、提、转、踢……
多模态的				
全局状态	对认知的和意动的状态、情感和情绪、人际态度、物理状态、个性的多模态提示			
协调	双模态的:视听语音,语音和指向手势或指向视线,信号语言手势和面部表情……三模态的:……n模态的:……			

单模态的、非语义的基本编码方案或语言表述下列各类现象:①没有特殊的语义(或意义);②对于为所有可能的语义上有意义的现象提供基础。换句话说,在该层中的现象对于使更高层的现象成为可能是必要的,因为为了表述或交换信息,必须在物理上通过信息通道呈现,参见4.2.5小节。该层有几个用于语音的编码方案或表述语言,如用于音效语音的音位编码,用于视觉语音的视位编

码,如 15.5.3 小节所示的译音编码,还有用于很多其他的人的语音信息通道的编码,如音高、语调、节奏、持续时间、重音、音量、性别、年龄、声音质量、音位清晰度等。视位是在口语中音位的视觉对应物。不幸的是,这种对应不一定是完整的,所以对于所有或大多数语言来说,某些不同的音位①(phoneme)都伴随着相同的视位②(viseme)。

一位面部表情理论家的早期研究结果(埃克曼(Ekman)1993,1999a,1999b),面部动作编码系统(Facial Action Coding System,FACS)(《数据人脸》2003)基于这一事实,即面部表情是由单独或组合使用的以表达我们心理和物理状态的面部肌肉产生的。面部动作编码系统指定动作单元用于表述人脸部产生瞬时变化的 50 多块肌肉的活动,见图 15.4(FACS Manual(2002))。这意味着,原则上任何面部表情都能够由面部动作编码系统进行表述,包括带有交流意义的面部表情、不带有交流意义的面部表情、怪异的面部表情和那些真正的人脸从来不做的面部表情。因此理论上面部动作编码系统是完整的。

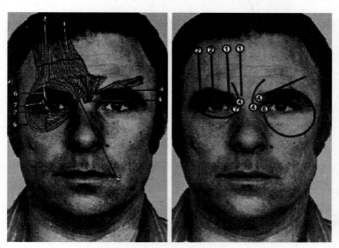

图 15.4　位于上脸部动作单元的肌肉(肌肉解剖(顶部);肌肉动作(底部))
(照片来自《面部动作编码系统手册》(2002)的第 2 章。经保罗·埃克曼(Paul Ekman)和约瑟夫·海格(Joseph C. Hager)授权进行复制)

对应于基本语音和面部编码,基本手势编码也需要一种语言用于系统地描述其物理维度,根据这些维度,通过身体及其部位就能够表达手势。这可能是一

① 　音位:是指语言系统中能够区分词义的最小的语音单位。
② 　视位:是指与某一音位相对应的嘴、舌头、下颚等可视发音器官所处的状态。人类对语言的理解是多模态的,即人们在相互交谈时,不仅听声音,而且用眼睛去观察说话人的面部表情。人们说话时复杂多变的面部表情不仅可以传达丰富的感情,而且可以增强对语言的理解。

个关注能够参与手势表达的身体各部位(也就是所有部位)的三维坐标系统,也可能是一种语言,用于表达所有可能构成手势的物理移动,包括身体方向、身体姿势(坐、站立、弯腰等)、头部方向和姿势、左右臂位置、手形、其他身体部位的方向和姿势、所有身体部位的速度和移动轨迹、移动形态之间的停顿和间隔等。图 15.5 所示为一个早期用于获取摆出姿势的躯干的动态的二维物理描述框架,身体下部离中心非常远(麦克尼尔(McNeill)1992)。该领域涵盖更多内容的一个手势编码方案是《表格》(马特尔(Martell)2005)。我们认为,只是加以简要叙述的手势编码语言是否足以表达关于身体动作的基本一切,是一个开放式的问题。而对应于用于语音的译音编码(15.5.3 小节),似乎没有最新的用于面部表情和手势的编码语言,但这是我们所需要的,例如,能够用手势和面部表情表达停顿、错误开始和闭塞。

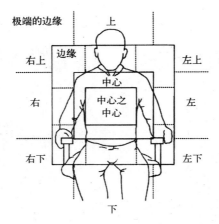

图 15.5　用于低级别手势注解的二维参考系统

(此图来自戴维·麦克尼尔(David McNeill)的著作:《心手合一》(© 1992 年芝加哥大学,第 89 页,表 3.1)。经戴维·麦克尼尔和芝加哥大学出版社授权进行复制)

　　单模态、非语义结构的是"靠近顶端"的下一层,并且这一层已经在上述所讨论的非语义的基本层中打下了基础。这一层中语音开发得很好,包括用于表达单词的词法、词性和句法结构的各种语言。我们不知道面部表情域是否同样包括这样的结构。然而,以如图 15.3 中指向手势所示的手势执行形态的形式,手势域是包括类似结构的。也许,某些手势类型拥有执行形态这一设想能够被转换成某些类型的身体动作。

　　单模态的、语义的高级语言和编码方案是为手势而设置的一组经典手势类型,这些经典手势类型由一位早期理论家(麦克尼尔 1992)的手势所描述。基于他的工作和其他人的工作,某个普遍公认的三维手势类型包括:

310

（1）指示手势，通过该手势我们使用手的指向、点头和以其他方式展现对象、事件和进程以及它们带有高度精确性的各方面。

（2）表标手势，我们以该手势产生某个时空实体的模拟表现，就像图像略表或更简单的东西，如同这一谚语所说："鱼是巨大的（向两侧伸展双臂到最长，并使手弯曲一些），但线断了！"。

（3）隐喻性的手势，我们以该手势从资源域产生表标手势，并且想要对话者从隐喻意义上把手势解释为关于目标域的信息，如当说到："然后他暴怒——轰！（向上和向外伸展双臂以勾画出爆炸的物质）"。

（4）寓意手势（或寓意），在交流中起作用，是以类似于传统的语言表达或口头表达的方式，如拇指向上、可恶的手指、代表胜利的 V 手势、表示肯定的点头、在背上拍打，等等。

（5）指挥棒（或指挥）手势，以音乐指挥家的指挥棒命名，也就是手臂和手通常重复的、有节奏的移动，例如为了强调语音中给出的重点。从政者们经常善于使用指挥手势！

这些手势类型似乎足够构建实际应用的编码方案。但还有另一个手势分类，即三维视觉手势。我们仍然缺少一个真正规范的（公认的、标准的）编码方案，原因是关于类型学的完整性，就像上面给出的一样。例如，情感性的手势是否适合类型学，例如一个人的拳头敲在桌子上？指挥手势是否走了极端？转喻性的手势怎么样？对于模仿的手势（有人模仿其他人的手势微观行为），我们是否需要单个的分类？此外，即使很多早期的手势研究是用坐着的测试对象进行的，但我们也可以用整个身体及其任何部位做出姿势。事实上，我们用整个身体进行交流，并且这一必要的整体归纳可能会产生额外的运动姿势类型。

手势类型学似乎是目前最好的了。我们可能会把类型学增加到表 4.2 的模态分类法中，把亚亚原子级别的动态图形手势（12a2）扩展到 12a2(a)~(e)，分别包括指示的、表标的、隐喻性的手势、寓意和指挥棒。像其他模态一样，手势类型很少用于这样的注解：仅仅通过给"一个指挥棒手势""一个表标手势"或"一个静态图形图像"贴标签，不包括任何内容，例如"指向房子"或"用弯成圆形的拇指和食指显示直径"，来给交流进行编码，这并非很有信息性。这就是为什么我们因"语义的高级"这样称呼编码语言。这些语言实际上表述模态。

到目前为止，我们只讨论语义的高级手势编码，因为它就是我们语义的高级编码概念的出处。现在让我们来问问是否有类似的东西为了语音、面部表情和身体动作而存在。这似乎是针对面部表情的情况：我们能够有面部寓意，例如有意的眨眼（或使眼色）；面部表标，例如模仿张大嘴巴的惊讶；面部隐喻，例如显示某人暴怒；眼光指示，当我们使用我们的视线指向某物的时候；也许甚至还有嘴唇指挥棒。此外，类似的东西存在同样是为了语音，或者更确切地说，是为了声音,或"嘴唇或发音器官产生的非语音声音":例如,狼嚎寓意着"太美了"(马萨罗(Massaro)等2005);我们能够很形象地学习他人说话;使用语音韵律作为指挥棒。

单模态的、语义的较低级编码方案和语言再一次成为语音显示优越性的出处。语素、单词、口头表达、共同引用、话题和重点、语音行为、交谈结构等表述了获得正在被表述或交换的意义单元的方式。例如,常见的是为语音行为,也就是为由说话者在讲到他们所讲单词时所做的动作进行编码。基本理论发现于塞尔(Searle)(1969、1983)的著作。不过,塞尔(1983)只是在理论上为5种基本语音行为之间的区别打下了基础,这5种基本语音行为是:断言类("窗户是开着的")、指令类("打开窗户")、承诺类("我会打开窗户的")、宣告类("我特此宣布这个新大桥通车")和表达类("我喜欢把窗口开着")。出于输入分析和输出生成的实用目的是不够的,所以大多数研究者编写自己的、更复杂的、特定于任务的对话行为编码方案,经常从有影响力的数层中的对话行为标记注解方案(艾伦(Allan)和科尔(Core)1997,科尔和艾伦1997)中进行挑选,该注解方案已经被应用于《训练》(《训练》2000)语料库。

目前,有很多用于给语音行为的语义进行编码的语言,但是可用于给面部表情和手势的语义进行编码我们还不清楚。微笑和皱眉是否是具有像单词一样的语义单元? 答案应该是否定的。至于手势,制作用于表述某一文化的寓意以及用于给指示手势、表标手势、隐喻手势和指挥棒手势进行编码的编码表述语言是有意义的。有趣的是,人的语言有成千上万的动词用于描述身体动作语义单元,例如"放""移动"或"打开",而给这些动词编码的一个途径可能就是扩展如图15.3所示的框架语义途径。

全局心理和物理状态——认知的、意动的、情感和情绪、人际态度、物理状态、个性——正在以我们讨论的多模态或所有模态中的跨模态方式进行表达,也就是语音、面部表情、手势和身体动作。因此,对于人的全局状态,每个与人融合的模态微观行为只提供一个提示,即一个需要考虑与别人在一起的因素。此外,年龄、性别、个性、物理和心理环境等,同样必须加以考虑。多年来人集中精力研究如何在全局心理和物理状态上生成和识别编码。

情感解读和生成被认为对于很多多模态的和自然的交互式系统是重要的。今天的研究者一直在通过人的情感方面的经典文献进行研究,例如对于单从脸上就很容易识别一个人当前的情感状态。面部表情只提供对于情感的提示,并且正如可提出证据加以证明的那样,面部情感识别在确认人的情感方面很少能够带有任何合理的确定性。如果人们的个性或社会环境暗示他们把一张笑脸放到他们的悲伤之上,那么他们就会这么做。所以,在方式上失去了原本的意义。

为获取一个人的真实情感,我们需要更多的环境信息,发生了什么才引起了情感？这个人会如何反应？我们还需要把感知到的面部情感提示与其他因素结合起来，例如如果有语音输入，就要把语音韵律和被说的内容与视线信息结合起来，可能的话再加上手势信息，例如手势速度和振幅。

就情感而言，仍然在根本问题上存在分歧，例如：①人的情感的种类数量；②情感是否形成基于较小一组基本情感的体系，也就是一小列文化上很普遍、是我们在起始计算时真正需要的关键情感，其余的是详细的调节和派生物；③为表现特殊情感的特色所需要的描述性参数。这些讨论源于埃克曼（Ekman）1999、奥托尼（Ortony）等1988以及奥托尼和特纳（Turner）1990的著作。图15.6说明了使用人机交互情感网的情感注解和表述语言（人机交互情感网2006）的情感注解，这是一个基于可扩展标记语言、用于表述和注解情感的语言。例如，注解能够通过使用《铁砧》编码工具来完成，参见15.5.6小节。在"算术"案例（2.1节）中，我们计划使用一个只为悲伤、愤怒、快乐和其他情感进行编码的务实编码方案为面部表情训练数据进行编码。

使用情感注解和表述语言的标记
＜情感分类＝"高兴"概率＝"0.4"开始＝"0.5"结束＝"1.02"/＞
＜情感模态＝"声音"分类＝"高兴"概率＝"0.9"开始＝"0.5"结束＝"1.02"/＞
＜情感模态＝"脸部"分类＝"中性"概率＝"0.5"开始？"0"结束＝"2"/＞
＜情感模态＝"文本"概率＝"0.4"开始＝"0.5"结束＝"1.02"觉醒＝"-0.5"效价？"0.1"/＞

图15.6　情感注解和表述语言情感标记

多模态协调编码方案和语言。我们将需要开发用于所有工作良好的模态组合的集群编码方案，参见4.4.3小节中的清单。

我们讨论4.4.2小节中的待选模态之间的关系，并且要增加几个对与人融合模态之间关系的观察。

面部表情和其他。面部表情是基础，因为面部表情始终存在。我们可能会很清醒，既不说话也不做手势也不做动作，然而表情和视线（阿盖尔（Argyle）1988，肯顿（Kendon）1990）总是在那"反映灵魂"，通过使用包括眼周围肌肉在内的面部肌肉、视线方向和瞳孔大小，给我们的心理和物理状态带来提示。当语音（尤其是语音韵律）和手势（包括头部姿势和身体姿势）以及身体动作同样产生的时候，我们期望它们能提供带给心理和物理状态与面部表情一致的提示，当然，并不总是能做到。

手势和语音。对于手势和其他模态之间的关系，值得记住的是，例如麦克尼尔不断强调手势和语音之间的密切协调关系。当然，没有伴随语音的手势经常进行，但大多数都是在表达寓意的情况下。一个寓意等于某一类别的口头表达，因此能够有意义地产生与语音共存的独立性。我们已经发现，没有伴随语音的明确指示(指向)手势同样存在,但似乎只是在限定范围的一类情况中,即手势已经被赋予明确的语义(伯恩森(Bernsen)2006)在语言上并通常通过语音。图15.3说明了指示手势、语音韵律和语义之间的协调。

这似乎意味着如果我们想要注解数据中的手势,那么我们通常就必须要同样对语音的各个方面进行编码。其中一个原因是,语音和指向手势通常用作补充模态(4.4.2小节)。麦克尼尔指出另一个有趣的原因是,大多数手势类型以不同的方式深度个性化了。表标的和隐喻性的手势表达,也就是以不同的方式创建它们所表述东西的一种实时图像的手势,经常被使用它们的人当场创建。还有,表标的、隐喻性的和指挥手势都以非常不同的频率由不同的人来使用(麦克尼尔1992)。这些手势在由别人做出时,为什么我们能理解,主要的原因是我们理解他们的伴随语音,这显然多余,也就是如同适用于整个模态分类,参照4.4.2小节。从苛刻的交互设计观点来说,作为交换信息的交互,我们几乎根本不需要表标的、隐喻性的和指挥手势,因为伴随的语音就能够表达必要的信息!即便我们需要那些手势类型,也主要是为了让我们的动画人物看起来真实。

结论。为了给这个概述下结论,我们想讲两点:

第一点:为建立用于上面讨论的模态中的多类单模态现象的一般编码方案,仍有很多工作要做。这些工作的研究进展将提高我们开发多模态应用的能力,这些应用不涉及作为输入或输出的完全自然的人的交流。例如,我们能够很容易地想到很多在单一的模态里只需要输入的应用,例如视线指向、口语关键词或寓意的三维手势,以及任何输出模态都是适当的。

第二点:我们只是刚刚开始对这一基本事实做出反应,即人们用他们整个身心进行交流(并与计算机进行交互),并以多种模态的形式通过协调表达来完成。在应对自然的多模态人的交互时,最终靠人工完成的只是为隔离中的语音、隔离中的面部表情、隔离中的手势等进行编码,任何一类特殊的现象都在每个情况中被编码。在我们理解涉及的复杂多模态协调和交流中非常活跃的多个模态关系之前,我们没有真正了解人的交流。此外,正是只有对通过个体模态被交流的全面理解,才使得机器能够应对非常人性的交流现象,例如无诚意、假装、模仿、撒谎、讽刺、情感隐蔽和简洁幽默。我们需要建立新的交流行为基本概念,这些交流行为依据使用的一整套模态被赋予特征。

15.5.6 编码工具

编码工具是用于通过应用一个或几个编码方案注解数据资源的工具。注解可以直接参考原始数据或其他注解层。编码工具可以包括特殊的编码方案,并可以支持新编码方案的规范。用于质询被注解的数据资源和用于运用统计数据给被注解的数据也可以得到支持。然而,并不是所有的编码工具都具有这些特征。通过帮助下列做法,编码工具能够非常有助于数据注解。

（1）处理一系列常用的原始数据文件格式,允许对这些格式中表述的数据进行细致操作,例如使用毫秒和逐帧导航。

（2）用时间来标记每个与常用的时间线有关的现象。用时间来标记对于分析交叉模态协调(图 15.3)以及在人的行为、交互性和其他方面的很多其他的时间相关性是必不可少的。

（3）以常用的格式创建编码文件(数据注解文件)。

（4）以常用的格式使编码方案的规范成为可能。

（5）以如图 15.3 所示的便利于数据分析的方式,从视觉上展示数据和数据编码,该图显示了在数据和数据编码展示中的几个风格之一。

（6）通过提供对应于指定编码方案的编码控制板,使编码更便利,并使其不易出错。而不是手动键入标签,我们从编码控制板中选择标签,再把它插入到编码文件中的相关位置上。

（7）支持质询被注解的数据以提取信息。

（8）支持简单的数据统计。

（9）使数据文件能够输入到工具中,并使数据文件能够导出到其他工具中,例如统计程序包,不需要工具之间繁琐的数据转换。

（10）支持对带有原始数据文件的元数据、编码方案和编码文件的包含。

几年前,我们围绕自然的交互式和多模态数据对编码工具进行了一个调查(迪布凯(Dybkjær)等 2001,迪布凯和伯恩森(Bernsen)2004)。我们发现,在过去,大多数研究者和开发者往往制作只能用于特殊编码目的的、自己内部的编码工具。虽然出现了几个广泛使用的编码工具,但大都是处理各类相对基本的编码任务,如译音编码等(15.5.3 小节)。除了这些专用的编码工具外,也出现了很多更一般的工具,也就是能够以几种模态支持现象编码的工具,例如口语语言和手势。但是直到今天,仍然没有哪个完全通用的编码工具能够支持上面列出的所有工具功能,使编码能够针对大多数可以想到的编码目的,并使数据文件展示的定制能够适合分析的任何目的。

就其他参数而言,商业的/免费的/开放的资源,稳健性和为新的编码目的使用它们所需的编程技能,与我们查看的编码工具有很大的不同。遵循易用性哲学体系,某些工具能够为一系列的目的,相对容易地进行定制,但它们能够实现的功能往往相当简单。遵循编码工具箱哲学体系,其他的工具能够被更广泛地进行配置,但只能由准备好的程序设计者来做,其投入大量的工作来实际应用编码方案、编码界面和其他任何他们需要的、缺少的模块。

随着已有编码工具新版本的不断出现,新工具也不断出现,所以我们不再详细说明任何特殊的工具。我们只提到几个实例,包括到哪里能够找到关于每个工具更多的信息并可能下载它的参考文献。并鼓励到互联网上和文献中去浏览查询是否需要编码工具，以及我们的实例是否似乎没有一个是你在寻找的东西。

"译音器"软件（"译音器"软件2008）是用于正确拼写语音译音和译音标签的专用工具，它同样提供语音信号的波形观察。"译音器"软件是开放的资源，能够免费下载和使用。

"Praat"语音学软件（"Praat"语音学软件2009）同时支持语音的语音译音和正字化译音，以及语音的可视化、分析和操作。"Praat"语音学软件是开放的资源，能够免费下载和使用。

"观测者"软件（诺达斯（Noldus）公司2009）是用于注解和分析在视频文件中获取的各种行为数据方式的商业工具。"观测者"软件也包括某些基本统计数据。

"铁砧"编码工具（基普（Kipp）2008）是用于注解视频文件的工具，原本为手势注解而开发。作为可供研究免费使用但不开放的资源，"铁砧"编码工具很可能是当前用于更一般地注解交流的多模态各方面的最好的工具之一。新的编码方案必须在可扩展标记语言中加以指定。在其他方面，"铁砧"编码工具准备待用。"铁砧"编码工具也把选项提供给来自"Praat"语音学软件的输入强度和音高数据，该软件接下来会在一个新层加以显示。

提到的这些工具以不同的方式表述编码。例如，观察者使用垂直符号表的格式，格式中每个条目都是被标记的时间。"铁砧"编码工具使用水平的模拟时间线以及标签沿时间线加以排列的水平层，就像在图15.3中的表述。"译音器"软件提供符号的和模拟的两种观察。

模拟观察使直接联系和比较不同的模态中交流贡献的时间安排在视觉上更加容易，而符号观察做不到。另一方面，在"译音器"软件中的口语会谈符号观察对会谈的实质性框架提供了很好的概述，显示了在他们的会谈环境中的口头表达。在模拟观察的"铁砧"编码工具方面，很难得到几个连续的话轮中正在被讲述内容的概述，因为在数据编码观察界面，会话贡献只占单独的一层（行），又如图15.3所示。

如同数据编码领域中的几乎所有其他的工作一样，对于该工具，在使用它之前，应该期望要花费某些训练和适应时间，假设你想要使用的工具运行在你选择的平台上，并支持你使用的数据文件格式。

注解工具箱。编码工具的另一分支是程序设计者的工具箱而不是随时可用的编码工具。像后者一样，注解工具箱并不是通用的，因为它们有库和带有特殊覆盖范围的组件，例如各方面的语言注解或视频注解。工具箱显示编程经验，而你经常不得不开发整个组件，包括你打算使用的编码方案的合并，以获得适合你目的的工具。另一方面，如果你能找到已经至少有某些你需要的组件的工具箱，

316

这仍比从头开始开发工具要好。

两个开放式资源工具箱的实例：一个是注解图形工具箱，即一套软件组件，例如用于建立音像文件语言注解工具（"注解图形工具箱"2007）；另一个是"自然交互活动工具工程"可扩展标记语言工具箱，即用于支持文本、音像文件注解的一组库和工具，并包括数据处理、搜索和图形用户界面组件（"自然交互活动工具工程"2007、2008）。

另一种选择。作为专用编码工具和工具箱的另一种选择，你可以满足于用于给原始数据进行注解的好用但旧的电子表格。例如，为研究"数独"（2.1节）测试视频中的或10.5节中数据资源实例的组合语音和手势交流，我们可以把由"译音器"软件录制的正字化译音贴标签复制到电子表格中；观察、聆听和运行一个显示用户手势的独立视频播放器；听用户说些什么；把观察到的手势类型和标记插入到单独的电子表格列中；符号意义上地描述时间关系，例如语音和手势的开始之间的关系；然后开始为语音—手势的关系进行编码。数据中的现象类型和标记的计数通过手工来完成，或者更好的是，通过把数字放到用于自动计数的单独列中来完成。你可以用底纹（图15.3）或彩色编码来便利于被注解数据的概述。应用的标签在单独的开放文件中。编码经常是研究风格和探索性的。这显然是一个次优的程序，但它确实对较为简单的多模态的和自然的交互性数据编码有效。

15.6 编码程序和最佳实践

你如何给15.5.1小节中的鸟类进行编码？是不是安静地坐在不引人注目的地方，观察鸟类，处理你的工具以确保正确地确认每只鸟，并做好关于每种鸟出现和数量的笔记？假设你记下的是2只A类鸟出现，然后1只B类鸟出现，然后3只C类鸟出现，最后又1只A类鸟出现。你是否确定，最后这只A类鸟不是最初的2只A类鸟中的1个？这并不总是容易确定。更可靠的程序可能已经是要一次只关注单个的物种，确保在开始为下一类鸟进行编码之前，列出这种类型的所有标记。或者，你可以先设法数出小岛上的所有的鸟，然后只集中注意力数出新来者。

幸运的是，在应对与实时行为相对立的原始数据时，即使在视频和声音文件里的现象也是转瞬即逝的，我们对原始数据显示有完全的控制，能够逐帧或逐毫秒地来回移动，按需要的次数重复检查数据的任何部分。为此，在仔细检查数据时，你可能会凭借训练能够并行寻找所有要遵循单个的编码方案被注解的现象。但在某些情况下会有难度，例如如果有很多类型要寻找；每种类型有很多标记；某些标记很难分类；类型以相对于个体标记的复杂方式产生相关；或编码需要高度的可靠性。在这样的情况下,逐个类型仔细检查数据文件可能更安全。另一种提高可靠性的方式是带着同样的重点多次仔细检查原始数据文件,检查已进行注解的正确性。第三个编码程序要涉及几个注解者,像15.5.1小节中鸟类观察者所做的那样。注解者首先要相互独立地注解数据,每人可能都要做几次迭代,然后比较各个注解,无论何时只要发现他们的编码之间存在差异就要返回到数据中,直到他们在每种情况下都达成共识或决定一种情况不可判定才讨论出正确的编码。后者可能反映了编码方案的语义、编码者的技能或基本理论。几个编码者的更轻量级使用是让一个编码者进行注解,而其他的编码者检查它。

注解者无论是否使用编码工具,都不应该试着同时运用几种不同的编码方案。这样会给注解者的注意力和记忆增加很多负担,即使注解者是几种编码方案的专家。应该在用另一种编码方案给数据进行编码之前,用一种编码方案完成编码。

在编码文件的元数据部分中,描述在注解数据中要遵循的编码程序,连同编码者的编码技能(15.5.1小节),是好的实践。遵循的编码程序和编码者的技能是保证进行编码可靠性的关键指标。没有人愿意使用或重新使用错误百出的编码文件,这样无法创造更高的利益。

15.7 小结

本章涵盖了我们准备分析数据点的数据处理进程。数据处理开始于数据收集,事实上,数据收集计划和数据收集已经成为第6~13章的核心话题。

收集到的数据可能是有几种不同类型的原始数据。通常,数据收集产生重要的原始数据,这意味着文档就变得很重要。同样,收集数据的适当元数据文档对将来的使用是至关重要的。在开始对收集到的数据进行工作或在其他方面使用之前,必须对原始数据加以验证以确保满足我们需要的数据质量和数量。原始数据的后处理也可能需要以针对数据将被使用的目的来优化数据表述。对于用本书的很多方法收集到的数据,尤其是关于用于与人融合的微观行为的数据,下一步骤就是注解,最好是通过既定的编码方案并遵循编码最佳实践,可能受支持于编码工具。

参 考 文 献

AGTK(2007) Annotation graph toolkit. http://sourceforge. net/projects/agtk/. Accessed 21 February 2009.

Allan J, Core M (1997) Draft of DAMSL: dialog act markup in several layers. http://www. cs. rochester. edu/research/cisd/resources/damsl/RevisedManual. Accessed 21 February 2009.

Argyle M(1988) Bodily communication. London, Methuen, 1975. 2nd edn, Routledge.

Bernsen N O (2006) Speech and 2D deictic gesture reference to virtual scenes. In: André E, Dybkjær L, Minker W, Neumann H, Weber M (eds) Perception and interactive technologies. Proceedings of international tutorial and research workshop. Springer: LNAI 4021.

Bernsen N O, Dybkjær H, Dybkjær L (1998) Designing interactive speech systems. From first ideas to user testing. Springer Verlag, Heidelberg.

Core M, Allen J (1997) Coding dialogs with the DAMSL annotation scheme. Proceedings of the AAAI fall symposium on communicative action in humans and machines 28–35. Boston.

DataFace(2003) Description of facial action coding system(FACS). http://face-andemotion. com/dataface/facs/description. jsp. Accessed 21 February 2009.

Dybkjær L, Berman S, Kipp M, Olsen MW, Pirrelli V, Reithinger N, Soria C (2001) Survey of existing tools, standards and user needs for annotation of natural interaction and multimodal data. ISLE deliverable D11. 1. NISLab, Denmark.

Dybkjær L, Bernsen NO (2004) Towards general–purpose annotation tools–how far are we today? Proceedings of LREC 1: 197–200. Lisbon, Portugal.

Dybkjær L, Bernsen NO, Carletta J, Evert S, Kolodnytsky M, O' Donnell T (2002) The NITE markup framework. NITE deliverable D2. 2. NISLab, Denmark.

Ekman P(1993) Facial expression and emotion. American Psychologist 48(4), 384–392.

Ekman P(1999a) Facial expressions. In: Dalgleish T, Power, M. (eds) Handbook of cognition and emotion, Chapter 16. John Wiley & Sons, New York.

Ekman P(1999b) Basic emotions. In: Dalgleish T, Power, M. (eds) Handbook of cognition and emotion, Chapter 3. John Wiley & Sons, New York.

FACS Manual(2002) Chapter 2: upper face action units. http://face–and–emotion. com/dataface/ facs/manual/Chapter2. html. Accessed 21 February 2009.

HUMAINE (2006) HUMAINE emotion annotation and representation language (EARL) . http://emotion–research. net/projects/humaine/earl. Accessed 21 February 2009.

Kendon A (1990) Conducting interaction. Cambridge University Press, Cambridge.

Kipp M (2008) Anvil: the video annotation research tool. http://www. anvil – software. de/. Accessed 21 February 2009.

Magno Caldognetto E, Poggi I, Cosi P, Cavicchio F, Merola G(2004) Multimodal score: an ANVIL based annotation scheme for multimodal audio – video analysis. Proceedings of LREC workshop on multimodal corpora, models of human behaviour for the specification and evaluation of multimodal input and output interfaces: 29–33. Lisbon, Portugal.

Martell C (2005) An extensible, kinematically – based gesture annotation scheme. In: van Kuppevelt J, Dybkjær L, Bernsen NO(eds) Advances in natural multimodal dialogue systems. Springer Series Text, Speech and Language Technology, 30: 79–95.

Massaro DW, Ouni S, Cohen MM, Clark R(2005) A multilingual embodied conversational agent. Proceedings of the 38th Hawaii International Conference on System Sciences, 296b.

McNeill(1992) Hand and mind. University of Chicago Press, Chicago.

NITE (2005) Natural interactivity tools engineering. http://nite. nis. sdu. dk. Accessed 21 February 2009.

NITE (2007) The NITE XML toolkit. http://www. ltg. ed. ac. uk/software/ nxt. Accessed 21 February 2009.

NITE(2008) NITE XML toolkit homepages. http://www. ltg. ed. ac. uk/NITE/. Accessed 21 February 2009.

Noldus(2009) The Observer XT. http://www. noldus. com/human–behavior–research/products/theobserver–xt. Accessed 21 February 2009.

Ortony A, Clore A, Collins G (1988) The cognitive structure of emotions. Cambridge University Press, Cambridge.

Ortony A, Turner TJ (1990) What's basic about basic emotions? Psychological Review 97(3): 315–331.

Praat (2009) Praat: doing phonetics by computer. http://www. fon. hum. uva. nl/praat/. Accessed 21 February 2009.

SAMPA(2005) SAMPA computer readable phonetic alphabet. http://www. phon. ucl. ac. uk/home/sampa/index. html. Accessed 21 February 2009.

Searle J(1969) Speech acts. Cambridge University Press, Cambridge.

Searle J(1983) Intentionality. Cambridge University Press, Cambridge.

Speecon (2004) Speech driven interfaces for consumer devices. http:// www. speechdat. org/speecon/index. html. Accessed 6 February 2009.

Sperberg–McQueen CM, Burnard L (1994) Guidelines for electronic text encoding and interchange. TEI P3, Text Encoding Initiative, Chicago, Oxford.

Sperberg–McQueen CM, Burnard L (2004) The XML version of the TEI guidelines. Text Encoding Initiative, http://www.tei-c.org/P4X/. Accessed 21 February 2009.

ToBI (1999) ToBI. http://www.ling.ohio-state.edu/~tobi. Accessed 21 February 2009.

TRAINS (2000) The TRAINS project: natural spoken dialogue and interactive planning. http://www.cs.rochester.edu/research/trains. Accessed 21 February 2009.

Transcriber (2008) A tool for segmenting, labeling and transcribing speech. http://trans.sourceforge.net/en/presentation.php. Accessed 21 February 2009.

第16章 可用性数据分析和评价

本章阐述 CoMeDa 周期最后的、最重要的步骤,也就是分析收集到的可用性数据和报告结果。除非我们纯粹为了组件训练目的(参见 10.2 节、10.5 节)收集微观行为数据或收集用户筛选数据(8.6 节),否则都要对收集的数据进行分析。本书描述的所有应用方法都需要数据分析的结果。

数据分析最重要的作用就是确认、提取和推断数据中的信息,这有助于使系统模型的可用性更好或者告诉我们它已经有多好。那两个斜体字表明一个非常重要的观点,也就是可用性数据分析本质上包括了可用性评价。由于它的重要性,我们在已经讨论了数据分析进程之后,分别提交了可用性评价。结果报告在本章末尾加以讨论。在继续本章内容之前,阅读数据分析报告的实例,可参见第17 章(案例 5)。

16.1 节展示可用性数据分析的一般模型,强调由分析环境提供的支持和在解释的非严格性质方面固有的危险因素;16.2 节关注用于可用性评价的数据分析四节中的第一节,介绍评价论点和标准;16.3 节面向计算机半高手讨论定量、定性和其他类型评价结果的优点,分析比较各种评价目的;16.4 节开阔我们在各种各样的可用性评价标准上的视角;16.5 节讨论实际上基于第 17 章中的"数独"可用性评价实例的可用性评价;16.6 节分析如何就分析和评价结果给出报告。

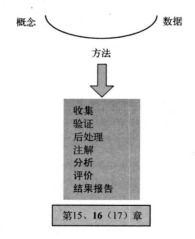

16.1　数据分析的进程和问题

本节说明支持数据分析(16.1.1 小节)的环境,并描述数据分析的一般模型(16.1.2 小节~16.1.4 小节)和基于分析结果的操作准备(16.1.5 小节)。

16.1.1　分析的环境

用数据处理周期的术语(图 15.1)来讲,首先我们通过可用性方法收集可用性数据,数据由原始数据文件类型(15.3.1 小节)组成,然后原始数据文件要经历数据文档和元数据描述(15.3 节)、验证和后处理(15.4 节),进行必要的注解(15.5 节),并遵循适当的编码程序(15.6 节)。然后,便可以分析数据。

假设数据收集、验证、后处理和注解工作已经按计划进行——这是一个苛刻的假设——大多数可用性数据分析被相当明确地限定了范围。当系统模型已经被指定时,分析的环境包括:

(1) AMITUDE 使用模型规范(5.1 节);

(2) 可用性需求(5.2 节);

(3) 指定要使用的数据收集方法的可用性工作计划(6.3 节);

(4) 用于每个方法的可用性方法计划,指定数据收集的目的,并且通常要组织好尽可能确定满足该目的的数据能够真正得到收集这一唯一的目标(6.4 节);

(5) 在准备和执行时,可用性方法计划设计并生成一定量的文档,这些文档连同计划本身都是不可缺少的数据分析环境;

(6) 在现有的方法之前可能已经应用了其他方法,同样可能已经生成相关的报告和其他文档。下面是基于本书中讨论的一个更详细的潜在环境清单。

- AMITUDE/系统设计
- AMITUDE/系统规范
- 异常
- 结构表
- 起作用的分类
- 检查清单
- 知情同意书
- 数据分析报告
- 要提交问题的草稿清单
- 早期系统文档
- 设备文档
- 评价标准
- 主试者指令

- 开放式的问题清单
- 许可
- 虚拟形象
- 调查问卷
- 想定
- 幻灯片
- 人员指令
- 标准集合
- 测试对象训练材料
- 系统模型
- 用户指南
- 用户指令
- 系统模型文档

- 现场观察计划
- 流程表
- 方针集合
- 访谈脚本
- 实验室观察计划
- 日志文件
- 手册
- 会议/研讨会议程
- 会议/研讨会展示

- 可用性方法计划
- 可用性需求
- 可用性工作计划
- 用例
- 用户任务报告指南
- 视频展示
- 魔法师指令
- 魔法师支持信息

也可以将不同种类的环境加入到清单中,这个环境包括了分析过程中使用的文献、从纸笔文具、电子表格到专用注解工具、统计程序包等。在系统开发非常早期阶段,数据分析缺少实质性的环境。在这些阶段,分析的主要目的是累积和组织最终将导致需求规范的设想,包括 AMITUDE 使用模型。

总之,我们在当时的项目需求设计和收集数据的基础上,根据收集目的在适当的环境中进行数据分析。大多数时候都有一个定义完善的情境。情境定义不好,数据的直接性当然就会减少(15.1 节),但在某种程度上这是使用某些方法的必然结果,并且要试着理解在一组自由讨论笔记或现场观察数据中潜在的系统模型,是一种与众不同的创造力挑战。

在理想情境中,数据处理周期里的一切都已经通过最佳实践并完全照计划完成,但通常不会这么理想,所以上面提到的清单上有一个详细信息说的是异常。异常是清单上我们以前没有提到过的详细信息。这些信息描述了没有根据计划继续完成或在方法应用和数据处理进程中直到数据分析开始之前已出现错误的内容。这种异常对分析十分不利,以至于我们会选择放弃数据分析而重新开始,就像当我们不知何故失去了视频数据,如加框文字 10.1 所述那样浪费时间,或原本计划要根据被记录的关于电视的讨论来分析话轮转换时,参照 10.5 节中的实例。或当测试对象招聘中的异常使数据不如计划的那么可靠时(17.1.2 小节)。

数据分析应该针对数据设计收集的目的实施。但经常会出现新的分析目标,并且这个目标同样值得追求;有时发生新的目标能够通过已经收集到的数据的分析被追求,但是并不需要新的数据的情况。这些目标可以反映开发过程中出乎意料地出现的需要,或可以通过数据资源本身的现象提出建议。

16.1.2 可用性数据分析的一般模型

本章认为可用性数据分析与评价有内在联系。通过分析下面的最低限度的系统开发和评价模型可以找到原因,该模型还解释了另一个观点,就是我们从开发模型的第一天直到结束,始终进行着可用性评价。

下面将模型逐步扩大,首先先从榛子壳的观点开始:在开发中所做的是两组二进制操作,也就是(操作1.1)增加或减去与系统模型相关的东西;(操作1.2)提出我们得到了什么这一问题。(操作2.1)给 AMITUDE 使用模型增加某个假设可用的东西,或从 AMITUDE 使用模型中减去某个假设不可用的东西;(操作2.2)提出我们现在拥有的东西是否可用这一问题。

　　为了检视这些操作如何能够在第一天执行,可以考虑 A 向 B 提议建立一个语音和三维指向的"数独"游戏系统。那是操作2.1中的一个增加操作。假设 B 沉思了一会儿,同意人们可能会喜欢该系统,那是操作2.2中的一个肯定的操作! 事实上,在提出此设想之前,A 很可能对于该设想同样做了一个肯定的操作。如果我们把操作2.1类型的操作称为可用性开发,把操作2.2类型的操作称为可用性评价,那么我们就得到整个生存周期过程中开发和评价携手并进的概貌。

　　把可用性方法(第8~13章)和其他途径(6.1节)包括在模型内也很容易:这些都服务于收集可用性信息以帮助我们执行那些操作。一旦我们处理了任何原始数据,数据分析的任务就是回答"加"或"减"、"是"或"否"。

　　为验证模型,看看6.2.2小节的方法概述。原则上,除了用户筛选(8.6节)以外所有方法都能够帮助我们完成这两组操作。选择任一方法,例如股东会议,很容易想象该方法既能评价某个系统特征的可用性,又能让人想到增加或删除一个系统特征。所以在本书的方法中我们避免进行任何关于可用性开发方法和可用性评价方法的严格区分。书中所有的24个方法都可以产生使我们增加某个假设可用于系统模型——特别是,可用于 AMITUDE 使用模型——的东西的数据,或从系统模型中减去某个假设不可用的东西,并对模型的当前版本是否可用这一问题做出"是"或"否"的回答。

　　下面通过在可用性数据分析方面进行的一组实际操作取代抽象模型操作。以下6个操作涵盖了大部分正在被做的事情。

　　(1) 确认 AMITUDE 需求和设计设想;

　　(2) 确认可用性问题;

　　(3) 评价当前的 AMITUDE 模型如何适合环境中的目标用户;

　　(4) 评价可用性开发进展;

　　(5) 获取尽可能多的关于为提高系统可用性应该被修改内容的操作信息;

　　(6) 评估一门技术的未来发展潜力。

　　在进行数据分析时,我们追求上面给出的某些或所有的目标。例如,在第17章的实例中主要追求第2、3、5和6项。此外,在所有情况下,数据分析的目标是获取尽可能可靠的结果。我们在16.1.4小节着手进行数据分析的可靠性分析,但要注意,一般来说,可靠性是由在整个数据收集和数据处理链条中实现的可靠性决定的。而且分析的最终目标是操作——促进或提高规范或设计，如果进展太慢或太快就修正开发计划，确定或减缓可用性问题，把开发带到一个新的、更多应用的阶段，把系统带到市场等。如果项目像分析结果那样中止，或系统出于某个其他原因不再进一步被开发或利用的情况下，那么在分析结果上的操作就不需要了。

以下是一个更完整的数据分析模型：

（1）初步的分析和报告，也就是以下各点的简版；

（2）带有上面给出的目标 1、2、3、4、5 和(或)目标 6 在环境里被注解的数据的分析；

（3）含义的确认；

（4）关于数据收集、结果和建议的报告。

我们下面讨论该模型，把报告推迟到 16.6 节。

16.1.3　初步的分析和报告

在收集数据之后，经常面对立即向同事报告整体结果和意义的压力。早期的报告通过列出数据收集会话过程中观察的关键清单就可以很容易地完成。第一个报告可能会基于这个清单，无论何时需要，都要强调这个结果是初步的。如果重大决策取决于这些结果，例如应该追求可选的设计理念或主要系统在运转中的修改设置，那么重要的就是要强调最后的决策必须等待更详细的分析。在更深入分析数据时，该分析可能位于下一步要做事情清单的最顶层。

在简单的情况下，数据分析以早期报告结束。举例来说，该报告可能只是由来自股东会议的经过同意和确认的优先考虑事项组成。在复杂的情况下，数据分析可能需要数周或数月。

16.1.4　数据分析

在一个运行正常的、考虑周到的项目中，数据分析有效地考虑了项目的任何一个时间，在 16.1.1 小节对此进行强调之后，接下来我们分析某些更具挑战性的方面：首先，重新考虑 15.2 节中的数据的性质，特别是其中那些被默认的、丰富的和有限的特征。数据只针对你问的问题回答。其次，你如何在学校进行文学、电影、艺术分析，也就是如何回答像"关于生命、死亡、我们的时代、未来和一切，这本书或这部电影或这幅画告诉了我们什么？""你是否喜欢艺术课？"这类问题。数据分析有时充满了解释、冲突的证据以及对于声音判断和推理的需求。

详细程度。分析应该尽可能按照由数据分析目的在可用性方法计划所需的那样详细，除非在数据中或开发环境中有意想不到的事情出现。例如：①要仔细地反思股东会议上习以为常的备忘录（9.2 节），并采取必要的行动，但不要做特别的、多余的事情;②要把可用性需求(5.2节)应用到"寻宝"测试数据中,但不要把时间花在测试视频记录上,除非需要判断可用性需求是否得到满足;③通过分析测试数据,对"数独"案例进行全局可用性评价,直到数据被发现向其提供证据的所有问题都已经被提出。如果对备忘录的反思出现了意想不到的事情。那么,不管问题是什么,都很少能够通过更深入的数据分析得到解决,而可能需要别的东西,例如抢先一步的开发者的讨论或一个新会议。然而,既然测试计划证明是过于乐观的,那么为了改进用于下一个用户测试的测试规划和测试对象指令,分析视频数据就是有必要的,参照10.4节中的实例。用于潜在的非常详细和持久的数据分析的决窍,如第17章(案例5)所示。

改变计划的一个常见原因是当分析忽略了意想不到的可用性问题时。例如,由于大量的漏洞(17.2.2小节)导致我们无法测量"数独"测试数据中的语音识别率。作为最低限度,为了解释原因,这些问题必须加以诊断,但它们的出现也可能导致数据资源的重新注解,例如为了更精确地评估问题的严重性,或者通过获得问题发生的原因更精确描绘而便于诊断。

当很少有或没有相互矛盾的数据时,分析通常能够较快地和较容易地进行。因此,中心小组会(19,1节)产生的相当一致结果的数据可能分析起来会容易和高效。也有例外,例如数据的"总体讯息"远比我们所预期的不清楚或非常不同于我们所预期的;数据解释遇到关于数据"真正意味着"什么的问题;或者计划好的数据分析开辟了一个新的分析方向,该方向证明对项目是重要的。

如果没有对数据分析进行详细的计划,那么为了考虑任何原始数据是否对系统开发有含义,经常要做的就是仔细检查原始数据以寻找任何意想不到的或不寻常的东西。例如,即使在测试人数里只有几个用户比其他人完成得差得多,那么这也可能潜在地意味着很大一部分的目标用户在使用该系统时存在困难。

可靠程度。除非完全实现自动化,数据分析通常总会涉及一定量的人的主观解释、判断和评估。不同的专家用同样的系统模型会发现不同的问题。分割、分类、计算、估计、诊断、标准化、优先或以其他方式判断详细信息时,人们会有不同意见并且出错。有时我们不得不在中途改变分类或修改标准,这同样也会增加差错。新手往往会比经验丰富的人产生更多的差错。有时分析能够实现部分自动化,特别是如果原始数据已被注解,例如某个程序就能计算出某些现象出现的次数。如果使用小的数据样本,那么在把它应用到语料库之前,就要验证程序真正计算出什么。某些编码工具(15.5.6小节)使各种信息提取成为可能。自动计数是一个优点,特别是在有大量数据的情况下,人的计数要慢很多,并容易出错。

对可靠性的需求越高,就越有必要关注数据分析的确切程序,通过几位分析师分析相同的数据并讨论产生的分歧,关注测试对象间的控制;让有经验的或训练过的人而不是新手进行分析。我们已经遇到了与编码程序(15.6节)有关的一些问题,可靠性影响数据分析的所有或大部分方面。例如,如果你只选择听来自会议或访谈的记录,边听边记笔记,而不是先译音记录,然后分析它,那么可靠性也就岌岌可危了。前者成本很低,在很多情况下可能是够用的,但后者更可靠。

下面讨论评价偏离(16.5.3小节)这个可怕的问题,应该指出的是,数据分析产生的偏离在潜在意义上是一个普遍的问题:就像我们希望系统评价尽可能是积极的,我们可能会以相比于对应数据中表达的实际事实,更多的对应我们的愿望和偏见的方式来解释会议备忘录、专家评审、现场数据或其他的数据语料库。倘若数据分析中涉及一定数量的解释和判断,那么个人偏见就能够轻易地影响结果,除非采取心理的和方法论的预防措施来预防它。

数据注解。在提取需要的信息以及应用评价标准或其他措施之前,详细的数据分析经常需要详细的注解。然而,正如第15章中争论的那样,数据注解几乎与15.3.1小节列出的所有种类的原始数据相关,所以在进行数据分析之前,可以根据计划很好地注解数据,但是一旦开始分析,我们可能就要进行更多的注解。

简单的测量经常形成数据分析的一部分。完成"寻宝"任务需要每个用户花多长时间?用户需要多少语音对话轮来完成机票预订任务(13.4.2小节)?每个口头表达有多少个单词?如果数据量很小,那么手动就能完成这些计数。然而,如果有大量的数据或数据都要被注解,那么像话轮数量这样简单的计数就应更好地自动完成以确保准确性。

数据统计。数据注解和简单测量的结果反馈到数据统计中。统计用于计算频率、分布、分数、可变性等表现数据特色的测量。例如每个任务或每个用户的平均差错量,每个训练小时的学习进步率,有关性别、年龄或对技术熟悉度的模态偏爱,在规定的时间内完成任务的用户百分比,系统吸引力的平均里克特量表等级,从未做手势而且不说话的用户百分比等。

以上例子中使用简单的描述性统计就可以,但为了提供统计意义上的有效结果,有时还需要推论性的统计。不过,除非你非常擅长使用,否则不要轻易尝试,因为很容易出错,并产生弊大于利的结果。

在存在一定量的解释调解时,即使是定性数据(16.3.3小节)也能够实现统计。例如,在开放式问题访谈译音(8.1.3小节)中的自由文本回答可能被分类为消极的、中性的或积极的,再计算出得分率。这应该由两个分析者分别完成。

16.1.5 问题分析:确认含义和优先顺序

回到16.1.2小节中我们的最低限设模型,可用性数据分析的目的是确定当前系统模型如何可用,以及如果必要的话,还应该相应地对模型增减内容以使模型更加有用。一旦数据展现它的秘密,并发现了问题,我们就必须决定针对问题采取行动。到达这个阶段并不总是一个线性进程。经常有必要回到数据再查看一下,以确保决策根据真正是什么。记住,我们正在谈论这样的数据,如 15.3.1小节所列那样在内容方面是不同的;在任何生存周期阶段都可进入;项目范围包括从全面熟悉到极度新奇。为接近对此进程的某些全面理解,我们首先看两个实例,一个来自可用性评价,一个来自可用性开发,然后归纳一下。在第一个实例中,当前系统模型评价过程中的数据分析已经确认了一系列的交互问题,而我们需要决定对它们要做什么。第二,我们已经从潜在用户那里收集了系统模型设想,必须决定要对它们做什么。

交互问题分析。假设我们已经进行了 3.4.2 小节描述的对语音对话系统的第一次实验室测试。基于数据分析过程中应用的可用性需求,我们发现并没有达到在开发阶段计划好的程度。任务完成的时间大大超过需求里指定的时间,该需求规定,90%的用户应该能够在一定时间框架内成功完成想定任务;任务失败的百分比太高;有些情况,大多数用户难以理解系统所说内容的意义。在给测试对象的某些特定想定中,这些问题尤为显著。诊断方针应用(11.4 节)已经展现出一系列的输出设计问题。多数情况下,测试数据诊断清楚地显示出了问题,即哪些输入步骤被忽略或者以意想不到的方式进行,哪些系统状态缺失,哪些输出措词引起误解和混乱。

所有确认的问题必须沿着相同的路线组织起来以支持进一步的分析和决策。一般来说,问题一经发现就可以确定是否糟糕或有风险。最严重的问题可能是最后发现的那个,到那时,可能就没有时间或其他资源用于确定了。什么是糟糕的问题？问题分析和评价至少必须包括下列因素的估计:

（1）范围:问题有多普遍（系统有多大比例受到影响）;

（2）严重性:问题对用户交互妨碍的程度;

（3）频率:问题多久发生一次;

（4）时间和其他资源,需要用来确定问题;

（5）风险,与确定问题相关。

我们从一切平等的视角简要地看看这些因素。

范围。影响到大部分系统的问题解决起来通常要比只与单个模块有关的问题更重要。例如,带有输出措词的问题是本地（输出生成）的问题,而任务成功率低可能是由于系统的几个部分有问题。

严重性。例如,每个确认的问题可能都会在从（1）~（4）的严重性量表上被评分,下面是解释:

（1）阻止任务或活动完成或以其他方式阻止系统服务于其目的的问题;

329

（2）不妨碍完成任务或活动但会造成严重延误和挫折感的问题；

（3）较少可用性意义的问题；

（4）指向未来工作和扩展的问题。

妨碍用户完成核心任务的问题显然比引起某些用户不确定要做什么，寻求帮助时的不适当措词更严重。

频率。频繁发生的问题应该得到更多的关注。相比于很少被观察到的更严重问题，这就使不太严重的问题前进到优先顺序清单的较高位置成为可能。

用于确定问题的时间和其他资源以及风险。假设有可利用的确定时间量和其他资源，那么常见的情境是，并不是所有被确认的问题都能够以我们想要的方式得到确定。所以，需强制确定优先顺序，并且时机是在能够判断下列所需资源是否重要的时候：①找到确定问题的解决办法，②确定办法。不同的解决办法之间经常有权衡，而"理想"的解决办法经常需要更长的时间，有时会比不太理想的解决办法更有风险。

对于每个问题，我们需要估计受影响用户的百分比以及一个用户有多大可能会真正遇到该问题。范围、严重性和频率加在一起确定一个问题有多严重，以及在多大程度上我们应该为找到解决办法确定优先顺序。当然，估计出来的时间或招致的风险也能够打乱优先顺序。

确定优先顺序。已经完成了问题分析，该对确定哪些问题提出建议了。提出建议并不容易，因为问题并不总是相互独立的，所以对一个问题的解决办法可能会与对其他问题的解决办法交互，或可能有副作用以及产生新的问题。先看看普遍的问题，因为它们通常有较大的影响。在开发者中讨论优先顺序以得到尽可能多的视角。不同的人审视相同的数据可能有很大不同，应使用所有的信息来源，例如在访谈和调查问卷中表达的用户优先顺序。

有时建议会走得很高，一直到组织顶层。最后决定的行动可能不会完全符合制定的建议，例如因为管理人员拥有重复使用特殊组件的计划，因此还不如当系统被认为处于孤立状态时，就为与该组件相关问题的解决办法确定优先顺序。即使没有计划进一步开发，例如因为数据来自最终的评价研究原型，但确认和分析问题以了解项目成功的程度仍然是重要的。还要注意，数据点和可用性问题之间经常不存在一对一的映像。单独的数据点可能展现几个可用性问题，而相同的可用性问题可能出现在多个数据点中。

交互需要分析。假设数据来自中心小组会而不是来自系统模型测试，被讨论的系统仍然是机票预订系统，但这一次基于口语和通过网页及动画旅行社的二维指向交互。数据分析显示，依赖环境的帮助以及音效和静态图形反馈的组合，对于几乎所有的中心小组成员似乎有很高的优先顺序，而动画面孔的自然性没有被认为像预期的那样重要。这就使人想到几个新的系统需求并放弃现有的系统需求。

类似于上面给出的交互问题分析,我们对每个确认问题的分析和评价至少必须包括下列因素的估计。

（1）范围:通过增加或减去由需求所暗示的特征或系统属性,系统有哪些部分会受到影响;

（2）严重性:需求得到满足对用户有多重要,遗漏有多严重;

（3）频率:特征有多久有可能被使用或在其他方面影响用户的活动;

（4）时间和其他资源,需要用来增加或减去某些特征;

（5）风险,与增加/减去特征相关。

对于上面给出的交互问题分析中提到的模型,要被估计的详细信息都是相同的。区别是,在涉及不到具体的系统模型时,估计是在更松散、更脆弱的基础上进行的。例如,只有具有带用户进行测试的系统模型,才能真正对很多特征的重要性进行估计。重要特征的遗漏是交互问题分析方面的严重问题。

一般意义上的问题分析。让我们试着归纳交互问题并描述可用性数据集合问题分析的需求实例,参照 16.1.2 小节所列的 6 个可用性数据分析操作。数据分析有时能产生清晰的描绘,有时却不能(16.1.4 小节)。因此,中心小组(9.1 节)可能产生相冲突的设计设想或因进一步分析需要指向特征;股东(9.2 节)可能按照当前情况展现关于规范的问题;有声思考(12.5 节)可能演示严重的用户困惑;某个组件可能会远远落后于原定计划;信号处理算法可能不会如期交货,引起关于实际应用原型的交互问题(12.3 节),等等。无论哪种情况,下列做法都是有必要的。

（1）组织、构成、分析问题和候选特征;

（2）基于范围、频率和严重性估计它们的个体临界性;

（3）找到问题的解决办法;

（4）为每个问题的解决办法和每个候选特征估计成本和风险;

（5）为提出的解决办法和特征确定优先顺序。

我们还没有展示本书中关于生存周期模型(1.2.2 小节)的任何真正详细的工作,但上述详细信息说明了几个生存周期模型都强调风险分析的原因(布恩(Boehm)1989,雅各布森(Jacobson)等 1999)。所以,作为整个项目计划中的风险管理,要包括用于被认为是高风险的开发问题的应变解决办法。当数据分析显示解决办法无效时,该回到 B 计划了。

非决定性的数据。对于开发和评价数据两方面,有时会出现收集到的数据对重要点不具有决定性:用户更喜欢哪个解决办法或他们被观察到的行为支持哪个解决办法,可能在分析中体现的并不清楚;或者,组件进展是否令人满意,可能并不清楚。例如:①进展不是令人印象深刻的;②确定进展目标是不可能的,因为组件做的是完全新的事情,例如识别人们与自己情感不同的态度。为使事实真相大白,可能采取的操作就是遵循不同的数据收集协议,尽快收集新数据;为比原计划更频繁地测量进展,要加强数据收集,遵循原始协议;或回到 B 计划。

16.2　可用性评价

本节的可用性评价是所有可用性数据分析的基础。16.2.1 小节介绍可用性评价中涉及的论点、需求和评价标准。16.2.2 小节详细定义可用性评价标准,并描述可用性评价中精确性和一般性之间的权衡。

16.2.1　可用性论点、需求、标准

16.1.2 小节讲过,我们可以在整个生存周期考虑和推断可用性评价。但是它太杂乱无章和不受控制了,需要把应用可用性方法、遵循更系统化的可用性评价实践的作用包括在内。我们需要可用性论点、可用性需求和可用性评价标准的观念,接下来分别对它们进行解释说明。

可用性论点。这一术语是指整个生存周期所做的所有非正式的可用性评价。在讨论中,隐含在对 AMITUDE 模型增加或删除某个东西的提议中,或基于其他途径(6.1 节),包括思考和体验。这些论点能吸引什么? 它们要么直接诉诸到顶级可用性规范,要么诉诸到表 1.1 中给可用性下定义的目标,要么诉诸到更特定的可用性规范,要么诉诸到能够归入这些论点的目标。后者的实例是当有人这样说的时候:"数独"手势输入还不够好,因为它仍然太难而无法控制,含蓄地诉诸到该表中的易用性顶级规范。在另一个实例中,假设我们有车载语音对话系统的一般系统模型设想。用户调查显示,大多数汽车驾驶员愿意为汽车导航目的而使用车载语音对话。那是(好的)可用性论点,大意是用户想要这个功能性,并且通过提到渴望的功能性,论点直接诉诸到表 1.1 中我们顶级可用性目标的功能性部分。

可用性需求。我们有用于开展可用性评价的更明确工具,即可用性需求,参见 5.2 节,它形成需求规范的一部分,把需求强加到系统可用性上,这个系统可用性被用于(a)引导开发和(b)基于用可用性方法收集到的数据评价系统模型。

可用性需求可能是几个不同种类。它可能是标准(11.5 节)或一套方针(11.4 节)的元需求,规定系统应该遵守;可能是一般可用性规范的专业化;或者可能是最终系统版本应该遵守的定量测量,例如"算术"案例(5.1 节)的情感识别精确性应该至少是 80%。

可用性评价标准。在国际标准化组织术语中为度量标准,是使用可用性方

法收集到的数据的明确标准,例如本书中展示的某些方法。可用性评价标准对于可用性需求可以是相同的,或者它可能致使可用性需求如下一节中解释的那样有效。

16.2.2 可用性评价标准:评价体系

可用性评价标准是评价工具箱里最精确的工具,分为3点描述:
(1) 测量对象;
(2) 被定量或定性指定的、可测量的参考点或目标值;
(3) 测量方法。

有时候,尤其是在研究原型中,开发不能用任何精确的定量来指定,因为人们并不知道可行的和可接受的目标值。例如,在第一个原型测试之前,"数独"游戏(5.2节)可用性需求缺少与定性目标值相对应的定量目标值,这个定量目标值用于口语输入理解和易于指向手势控制。从定性上说,前者只是说语音输入应该正确理解、指向手势应该易于控制。在这两种情况下,既然我们能够指定测量对象和测量方法,那么通过指定对象和方法,这些需求可能仍然会变成评价标准。此外,也有很多定性目标值是有几分含蓄地定量的,也就是说,我们能够得知它们什么时候是绝对不能令人满意的。例如,如果语音识别率是小于90%的正确关键词或关键短语识别(假设小于90%的正确识别转化为小于90%的正确理解,在这样的情况下这是看似有理的),那么"数独"系统就绝对不能正确地理解口语输入。

测量对象。这是可用性评价标准显而易见的一部分,例如口语输入理解或易于指向手势控制。

目标值。我们都非常习惯于思考"测定值"是定量的以及标准应用产生定量结果,因此可用性评价标准的目标值既可以定量的、也可以是定性的。我们都喜欢量化,但值得思考的是,表1.1中可用性目标并不是定量的而是定性的,并且作为事实,在可用性评价中,我们目前至少还有很多目标值不能以客观方式(16.3节)实现量化。有时我们能够使定性的可用性需求具有可操作性,变成定量的和客观的测量。例如,在"数独"系统的第一个实验室评价(第17章)之后,我们能够建立易于指向手势控制的合理的定量测量,易于指向手势控制形成用于系统第二版的可用性需求的一部分,并有助于指导其开发。

测量方法。评价标准的方法是在测量中用到目标值上的方法。这个方法必须被指定,因为通常可能要以不同的方式测量相同的对象。在上面给出的"数独"语音理解实例中,开发者就确切知道,为了实现有效识别,用训练有素的用户对正确念出口语指令的方法进行测量,可能产生超过98%的识别率,而用实验室里一大群有代表性的用户进行测量,可能产生平均91%的识别率,而现场测试可能产生平均 88% 的识别率。在这样的情况下,为什么我们会对 91% 或 88% 的范围比 98% 更加信任呢?

注意,当前的系统模型进行得好坏是完全不同的问题。如果上面报告的测试是最后的测试,那么系统似乎不会进行得太好;但如果测试是在早期进行的,那么关于语音理解系统可能处于计划的前面。作为语音识别的客观定量评价的另一个方案或是对刚才描述的补充,我们通过问用户他们如何在从"非常好"到"非常糟糕"这 7 个等级的量表上鉴定语音理解的等级,可能要进行主观定量评价。在这样的情况下,我们的目标值不能被指定为百分比,而应该是某个平均的用户分数,例如对应于"非常好"的一个分数。

对评价标准的定义,接近于 ISO/IEC 9126-1(2001)(软件工程——产品质量)标准对度量标准这一术语给出的"被定义的测量方法和测量量表"的定义。这些术语(评价)"标准"和"度量标准"经常能够在文献中互换使用。再根据 ISO/IEC 9126-1(2001),措施是"通过进行测量分配给实体属性的数量或类别"。

可用性评价体系。该体系的顶部是我们在表 1.1 中的可用性分解,它先把可用性分解成技术质量和用户质量,然后再把用户质量分解成组件功能性、易用性和用户体验。同样,在图 11.5 中,ISO/IEC 9126-1 的顶部节点"外部质量和内部质量"包含了被分解成易懂性、易学性、可操作性和吸引力的可用性。

对于某些高级目标来说,常见的有:①它们对我们称为可用性评价体系的这个巨大冰山尖略有不同的表述;②我们不能直接通过评价标准对这个冰山尖进行有意义地评价。

如果通过单独一个标准替换了所有低级的可用性评价,也就是在从等级 1 "绝对不可用"到等级 7"绝对可用"这 7 个等级的量表上评价该系统的可用性,并得到了 4.9 的平均分,那么考虑一下将会发生什么。关于如何提高系统可用性,连最模糊的设想也没有! 这就是为什么反过来要对任务完成测量像语音识别率或识别时间这样的细节,即使它们处于评价体系之中。通过对评价体系中的较低层进行评价,我们获得数据的精确性和操作潜力:如果语音识别率是 91,而目标应该是 98,那么我们就相当精确地知道了我们的目标是什么。另一方面,失去的是正在接近要得到的顶级可用性目标。例如,当已经发现任务完成的平均时间为 3min 时,可能在这个特殊的方面进行得很好,但系统在所有其他方面都可用并不是必然的结果。我们仍然有两个越来越普遍,也越来越难的问题要回答:①任务总体绩效如何,不仅是任务完成的时间而且还有出差错的数量,用户对任务完成的满意度等;②系统总体可用性如何? 很多不同的评价标准和论点可能需要回答这两个问题,每个提供一点我们探求的可用性事实。

由此推断,系统模型全面的可用性评价需要应用几个或可能是几十个可用性标准。另一方面,在单一的评价练习中,甚至在对可用性评价带有特殊关注的研究项目中,应用所有可用的可用性评价标准都是不切实际的。这意味着我们需要从一大堆潜在有用的标准中选择要应用的标准。

然而,当我们谈论选择评价标准时,经常是从标准中选择来应用,但是在创新开发的很多情况下,有必要在应用标准前先创建或定义标准。假设当系统面临手势不流利(15.5.5 小节)时,我们需要用于解释手势稳健性的标准。我们不知道针对这一现象的任何度量标准,但它们迟早会出现。测量与语音不流利有关的系统稳健性的方法已经很常见了。

在选择、定义和应用评价标准时,数据分析关于可用性问题的目标 2、关于适合用户的目标 3、关于操作信息的目标 5(16.1.2 小节),应该总是拥有最高的优先级。目标 3 推动我们向评价体系的顶层目标或规范前进,试着得到系统可用性的总体形势。然而,如果没有目标 2 和目标 5,那么基于评价结果我们也不可能有太多作为,因为收集到的信息不够详细和有效,所以为了得到关于每个系统特征尽可能详细的信息,目标 2 和目标 5 推动我们向评价体系的底部前进。

16.3 评价结果和目的类型

可用性评价的结果必须是可重复的、可再生的、公正的和客观的(11.5.1 小节)。在进行评价时,不管是谁,只要运用了正确的方法和途径都应该得到相同的结果。

本节着眼于评价和结果的各个方面,16.2 节主要使用平均百分比作为评价结果的实例,并且像这样未掺假的数量构成唯一的或至少最好的结果。然而,重要的是要理解为什么用各种不同的评价结果进行工作既是必要的,又是有用的,并且有用的是要记住,评价可能有一整系列的不同的、特殊的目的。16.3.1 小节讨论要么与设计问题相关、要么与技术问题相关的评价结果。16.3.2 小节说明客观评价和主观评价的关系。16.3.3 小节说明定量评价和定性评价的关系。16.3.4 小节描述了不同的评价目的和它们与软件生存周期的关系。

16.3.1 技术问题还是设计问题

如果系统模型能存活得够长久,那么就要仔细检查其设想、指定、设计和建造的各个阶段。让我们将涉及前 3 项的内容归为设计问题,将涉及第四项的内容归为技术问题。我们就能够要么评价设计、要么评价技术实际应用(或两者都评价)了。要检视二者之间的区别,可以考虑都能使用户失控的两个界面:第一个使用青绿背景上的明黄文本,第二个是无效的语音识别。这两个都是可用性问题,第一个是设计问题,第二个是技术问题,因为拥有语音识别的设计理念很好、可实现,它只是还没有被正确意识到。

正是出于上述原因,第 17 章中的"数独"可用性评价就给技术问题安排了一节内容。此外把这一节放进评价报告里也是合乎标准的。原因在于,测试对象并不在意我们现在正在讨论的区别。例如,如果他们遇到技术上微不足道但非常烦人的系统回路,同样也将影响他们对系统的整个评价。因此,把技术问题放在测试报告前面,因为它们描述了测试对象在其中体验过系统设计的环境,并且要在用户测试前试着摆脱所有可避免的技术问题,因为毁掉测试数据的价值,只需几个具有严重破坏性的技术问题,这也是为什么我们的案例可用性需求一成不变地包括稳健性需求(5.2 节)。

16.3.2 客观评价和主观评价

当今的可用性评价是客观评价和主观评价的混合物,但不应该与在本节(16.3 节)开始定义的一般意义的"客观的"和"主观的"相混淆。

客观评价通常由内部评价者或由外部评价团队来完成。客观评价的目标是得到独立于用户或测试对象个人意见的结果。主观评价通常表述用户非专家的、个人的观点,针对的是系统的某个特征,或作为整体的系统,或者偶尔针对某个组件。

客观评价是否是以某种方式"优于"主观评价?事实上,用户的主观评价,就像遵循最佳评价实践收集到的,对可用性评价是必不可少的,并且在可预测的未来很可能也是如此。例如,标准的做法是收集语音识别器单词差错率数据,因为语音识别器单词差错率表述关于语音识别准确性的事情,以它的角度来说,这可以假设为测试对象对作为总体的系统进行主观评价的重要因素。然而,我们既不能从语音识别器单词差错率方面,也不能从任何其他已知的客观测量组合方面来预测测试对象对作为总体的系统进行的评价,否则就不再需要收集用户的主观评价。而正是主观评价才能确定人们是否想要使用系统、购买系统、更新当前的系统版本,以得到一个新的、希望是更好的一个,等等。

然而,能够计算用户主观评价的梦想依然存在,如他们想要什么,他们将如何体验系统等,来自根本无需为测试对象费心的客观测量。

16.3.3 定量评价和定性评价

我们习惯于认为客观的就是定量的,主观的就是定性的,但事实并不是这样的。客观评价和主观评价都可能是定量的或定性的。定量评价在于用定量术语表达系统评价。在客观的定量评价之时,定量评价是以下两种结果之一:①应用某个标准,例如语音识别器单词差错率,那是独立于用户个人意见的;②定量表达专家的判断。

主观的定量评价可以采取不同的形式:①用户可以表达自己的意见,作为某种定量分数,比如在 5 个等级的量表上给动画代理眼睛运动的自然性评为 4 级。我们认为这样的评分是定量的,即使经常的情况下,每个等级同样以语音下定义,比如"5=完全像人的声音"。②用户可以用定量术语表达他们从交互当中记住了什么,例如当用户说他/她求助 6 次的时候。③评价者可以以某种方式量化用户的意见,例如在发现 80% 的测试用户首选他们摄影机拍摄到的手操作三维鼠标进行在屏导航。当然,计算本身是客观的,与此同时,80% 仍然表达了用户的个人意见。

定性评价以非定量的方式表达。在进行客观的定性评价时,通过参考专家的标准和规则估计或判断某个特征,例如在发现缺少适当反馈的时候。主观的定性评价在于通过定性表达非专业意见估计或判断某个特征,例如在发现说话者眉毛运动不自然的时候。

这里面大部分都是有用的东西。关于由测试对象记住的数量,要小心:如果某件事情对他们很重要,他们可能会夸大它发生的次数,反之亦然。因此,以其他方式测量各种数量是更好的选择。当目的是判断系统方面成本很高时,客观的专家意见可能是极有价值的,以其他方式评价则相当难或相当复杂,这样的评价通常用定性术语表达。同样的主观,但我们经常更喜欢测试对象的定性评价而不是他们的定量评价,因为前者给我们提供更详细的信息。例如,比较测试对象的里克特量表等级 4 和对访谈问题的详细反应,完成后续问题的反应。

16.3.4　5 个不同的评价目的

测量对象(16.2.2 小节)与评价目的密切相关。经常在关注发现可用性差错的诊断性评价和它们的原因之间进行区分;用户如何用系统完成任务的绩效评价;更一般地测量系统对用户的适用性评价;在某些方面比较两个或多个系统或系统版本的比较性评价;比较相同系统的后续版本做出的测试结果的进展评价。特殊的可用性评价练习可能有任何一个或所有的这些目的。

诊断性评价:主要是使用客观的措施——定量、定性或两者相加。措施通常与用户—系统交互问题相关,例如交互问题的类型、交互问题类型和标记的数量、特殊类型交互问题的严重性。后者对于为要立即、首先或全部确定的哪些问题确定优先顺序是重要的,并且应该由对确定问题需要的努力的估计加以伴随(16.1.5 小节)。取决于问题的性质,诊断可能要寻找技术原因、设计原因或其他原因,例如使用环境甚至用户等。用于防止交互问题方针的实例如图 11.12 和图 11.13 所示。同样可以使用主观的措施,例如问用户有关任何他们可能已经体验过的交互问题。

绩效评价:主要使用定量的客观措施。某些常见的实例是任务完成的时间、正确完成任务的数量或百分比、花在差错上的时间、花在手册或帮助上的时间、不正确选择的数量。一旦已经对系统进行过测试，可用性专家就可能使用定性措施，例如在编写描述发现的问题的评价报告时。同样也可能使用主观措施。例如，把用户使用系统绩效的意见等问题包括进来，在测试后访谈和调查问卷中并不少见。

适当性评价：通常既使用客观的和主观的措施，又使用定量的和定性的措施。如第 17 章（案例 5）中报告的"数独"案例的适当性评价所示。有时，可用性需求中包括了关键的适当性评价标准，例如在需求规范指定了最终用户测试，以这样的方式进行招聘，并以一定的方式组合而成的一群 X 用户，在测试中比方说应该有 98% 的任务成功率。

比较性评价：可能既使用客观的和主观的措施，又使用定量措施或定性措施，并熟悉很多由消费者杂志和其他组织发布的市场产品评价。这种形式的评价以科学合理的方式实施起来通常是复杂的，因为不同的系统往往以很多不同的方式产生，并具有不同的优点和缺点。通常，客观的和定量的比较经常用于用户绩效比较，例如任务成功率，或者系统或组件的适当性，例如三维指向手势识别器的适当性。为使有意义的比较成为可能，所有系统都在尽可能类似的条件下评价，例如使用相同的输入数据集合、相同的想定集合、相同的目标用户群、相同的使用环境等。

评价运动计划旨在通过比较性的和竞争性的评价推动系统绩效。在其他情况下，被比较的系统只在某些重要方面有所不同，并且正是这种不同才是比较性评价的话题。例如，让测试对象使用不同的模态和交互设备与相同的 APP 进行交互，在多模态系统研究中是常见的，例如比较只有语音和语音+二维触觉指向手势，然后比较它们的绩效和主观印象。

进展评价：是一种对开发者非常重要的、特殊的比较性评价。既然为了比较结果，进展评价只需要将相同的措施应用于两个不同的系统版本，通常被应用于后续系统版本，那么措施就能够是用于诊断性评价、绩效评价和适当性评价的措施中的任何一种。

显然，从它们的描述中就能看出，那些与目的相关的评价类型根本就互不相关。相反，它们反映了特殊评价可能甚至同时服务于很多不同的目的，例如带有有代表性的用户群的测试。在多模态系统研究项目中，所有这些评价我们通常都要进行。

与生存周期的关系。在早期开发中，重点往往是诊断性评价，然后是适当性评价。从消除早期各级的交互问题到测试系统满足可用性需求和总体上适合用户的程度，评价是一个自然的连续体。诊断性评价和适当性评价全程涉及，早期开发中的需求分析充满了关于是否包括特殊系统属性特征的评价推理。

338

在整个生存周期,也就是从能够完全进行绩效测量的时候开始,绩效评价是同等重要的。很多绩效措施只有存在实际应用的系统模型时才有意义。例如,只要语音识别是通过人扮演的魔法师(12.2节)进行的,那么测量交互速度就没有意义。两个可比较的系统模型一旦完成测试,就可以完成进展评价,包括像实体模型(12.1节)这样的早期模型。使用"绿野仙踪"的进展评价使得项目能够做出实质性的进展,而且无需编写任何编码。比较性评价同样能够从早期就开始,就像在科学策划的、迭代的评价运动计划中。使用不同模态的系统版本的比较性评价通常是尽早完成,以确定哪些版本要继续,哪些版本要扔掉。

16.4 评价标准的类型

在5.2节讨论可用性评价标准的主要来源是想要确保AMITUDE规范和设计会适合目标用户的可用性需求。如果有必要,可用性需求可投入到方法计划(6.4节)中的评价标准中。换句话说,我们基于需求规范来选择或定义评价标准(5.2节)。但表5.9中的可用性需求是相对贫弱的评价标准来源,因为所有的系统都是第一次评价的研究原型。随着我们关于潜在问题是什么、测量对象、测量内容和要力争哪些目标值的深入了解,第二次评价可以得到更多和更精确的标准。

本节可以扩展我们对种类繁多的评价标准的视野(作为实例,本书的网站上显示了一整套应用于"安徒生"系统(3.4.5节)的评价标准)。

16.4.1 来自国际标准化组织可用性标准的常用评价标准

11.5节提到与可用性评价有关的几个标准实例。一个被频繁引用的标准是关于"软件工程—产品质量"ISO/IEC 9126的第1部分"质量模型"(2001),它依据4个特征(有效性、生产力、安全和满意度)定义了使用方面的质量。第4部分"使用度量标准方面的质量"(2004)针对每个特征提出了一套基本的度量标准(评价标准):

有效性度量标准包括任务有效性、任务完成和差错率。这些度量标准关注测量用户的目标实现的程度,不关注它们实现的方法。

生产力度量标准包括任务时间、任务效率、经济生产力(用户有多划算)、生产性比例(用户完成生产性操作的时间比例)和相对用户效率(与专家相比)。这些度量标准测量涉及完成任务花费的资源。

安全度量标准包括用户健康和安全、受系统使用影响的人的安全、经济损失、软件损失。这些度量标准关注风险和危害问题。

满意度度量标准包括满意度量表、满意度调查问卷和任意使用(选择使用系统的潜在用户比例）。这些度量标准主要评估用户的态度。

在标准文档里，每个度量标准都有更加详细的定义，包括解释结果的方法。然而，在应用这些标准之前，重要的是要确保它们真正适用于手边的系统。

在表 5.9 中，我们已经用上述 4 个特征对案例可用性需求进行了注解，并用"数独"游戏系统在表 17.4 中总结得到令人满意的结果。鉴于生产力特征和有效性度量标准都与以工作为本的系统密切相关。有人会想，像"数独"和"寻宝"这样的游戏已经很少与生产力相关了，因为只要好玩，谁会在乎生产力？同样，如果它好玩，那么谁会在乎任务有效性？

不过，事情并非他们认为的那样，因为游戏的生产力度量标准根本不是要测量玩游戏的生产力。它们的目的是确保测试对象会产生游戏所有阶段的足量测试数据，因为很明显我们不可能从分析观察、日志文件和视频数据中了解很多，例如视频数据显示，一位选择了证明真是太难的"数独"游戏的测试对象，盯着棋盘 30min 没有插入一个数字。这就是为什么在"数独"和"寻宝"这两个测试中，如果测试对象被困住了一段时间，就需要主试者去解决问题。所以，游戏的生产力度量标准确实是生产力度量标准，但它们是为确保数据生产而不是依据游戏生产力测量系统可用性所制的人造物。

一般来说，生产力标准与游戏评价关系不大，也就是你不可能想要推出一个没有人能完成的游戏，也不会推出一个简单得让人立即感到无聊的游戏，而有效性标准与所有或者大多数系统相关。这不是因为国际标准化组织假设所有系统都是以任务为本，而是因为它们测量用户在与系统进行交互时是否实现了他们的目标。

但现实中我们会遇到障碍。假设我们使用上面给出的国际标准化组织的有效性度量标准，也就是用任务有效性、任务完成和差错率来度量玩过的某个计算机游戏，并发现非常高的任务有效性、100% 的任务完成和很低的差错率。此外，假设为了精辟地阐明好消息，我们也会在测试后访谈或调查问卷中问测试对象他们发现他们的任务有多容易，而他们一致回答"非常容易"。然而，在我们获得胜利之前，我们可能会想到是不是这意味着"玩这种无聊的游戏太容易了，再也不玩了！"可能游戏应用最初需要低的任务有效性和任务完成以及高差错率才好玩。

国际标准化组织认为，为评价使用方面的质量，正常情况下有必要至少为提到的 4 个特征中的每个特征使用一个度量标准。注意，对于表 5.9 中的两个游戏，我们没有任何安全度量标准，因为想到任何一个都很难，并且很可能我们也没有任何实验室测试环境之外的生产力度量标准。国际标准化组织还指出，度量标准的选择和它们被测量的环境取决于涉及测量的当事人。每个度量标准对目标的相对重要性应该加以考虑。例如，在使用少的地方，较高的重要性可以被赋予用于可理解性和易学性的度量标准,而不是用于使用方面的质量的度量标准。

用于评价外部质量和内部质量(图 11.15)的度量标准,能够在 ISO/IEC 9126-2 和 9126-3(2003)中找到,包括用于可理解性和易学性的度量标准。ISO/IEC 9126-2 提到易学性度量标准,也就是用于测量学会使用系统的标准,例如功能易学性(用户需要多长时间学会使用一个功能),在使用中完成任务的易学性(用户需要多长时间学会如何有效地完成指定的任务),用户文档的有效性和(或)帮助系统(使用了用户文档和(或)帮助系统后,多大比例的任务能够被正确完成),用户文档的有效性和(或)使用中的帮助系统(阅读了文档或使用帮助系统后,多大比例的功能能够被正确使用),帮助可接近性(用户能够确定多大比例的帮助话题),帮助频率(用户有多频繁必须获取帮助来学会操作以完成任务),用户文档的完整性和(或)帮助工具(多大比例的功能在用户文档和(或)帮助工具中被描述)。注意,目标值取决于系统目的、目标用户和可能其他的很多方面。如果系统想要用于走来即用,那么被测量的学会次数应该基本上是零,并且应该不需要文档或帮助功能。

易学性标准是非常不同于用于测量在辅导、训练和教学系统中的学生学习的标准,例如我们的"算术"案例(12.1 节)。当然学生必须首先学会使用系统,但是在那之后,我们需要测量学生的学习进步、课程完成等。学生学习标准往往相当复杂,因为它经常有必要先测量学生的基础知识或技能,为的是完全测量学习进步的情况;过了几天、几周甚至几个月,再测量学习进步;再测量测试绩效;几个月后,再全部测量一遍,即测量所教内容的长时保持。

最后,为了提供有效的结果,ISO/IEC 9126-4 列出了度量标准最好应该有的一组特征,包括可靠性、可重复性、可再生产性、可利用性、指示性、正确性、意义性。

总之,在需要时,要准备好定义你自己的标准,其次在准备评价创新多模态系统的可用性或非标准应用类型时,永远不要把一个既定的评价框架看作是福音。

16.4.2 其他种类和来源的标准

本节介绍评价标准如何从系统需求中,特别是从 AMITUDE 中建立起来。在建立系统、AMITUDE 和可用性需求的这个进程中,可以从广阔的范围获得有用的帮助。

来自类似系统的评价标准。寻找经过可用性评价的类似系统并研究用过的标准和报告结果是有帮助的。如果你找到一个相关的 S 系统,那就要注意下面这 3 个要点:①评估 S 系统与你自己的系统的相似性。差异可能反映在评价标准的不同选择上。②查看用于 S 系统的可用性需求,并且不仅仅是查看它的目的。如果 S 系统的开发者主要评价系统目的,而你追求的是评价特殊的可用性需求,或反之亦然,那么在这两种情况下,标准只能是不同的。③不要指望所有可用性评价描述中的顶级质量。作为文件评审者,我们经常看到草率的可用性评价报告与可能是或可能不是令人兴奋的新多模态系统的东西一同而来。通常,低质量的评价报告不太讲述标准是哪些内容,它们如何应用,用户是谁以及有多少,确切来说结果是什么,结果的意义是什么。一个人有时有这样的印象,报告越差,作者们就越高兴于他们系统可用性评价的结果。

作为评价标准的方针。通常可用性方针描述系统有或没有可取的各种特征,所以试着从它们中制定评价标准是一个显而易见的设想。例如,我们把图 11.12 和图 11.13 中的方针,用作给语音对话系统中的协调性差错类型的数量计数的可用性评价标准(伯恩森(Bernsen)等 1998a、b)。

在详细指定测量对象、测量方法和用于把一套可用性方针应用为评价标准的可能目标值之前,需要采取下列预防措施:一是确保方针与已有的系统相关。建立方针要考虑到系统的特定类别,例如基于图形用户界面的应用、基于语音的系统、以任务为本的系统,并且可能或多或少不相关于有不同性质的系统。二是查看方针在评价体系中的高度。例如,图 11.10 和图 11.11 中施奈德曼(Shneiderman)的和尼尔森(Nielsen)的方针集合,可能被视为顶层易用性规范(1.4.6 小节)在评价体系(16.2.2 小节)中向下的扩展。这意味着,这些方针在体系中仍非常高,使每个方针可操作得以进入评价标准中可能很难。例如,施奈德曼和尼尔森两个人都有关于差错预防的方针,并且对于很多系统,交互过程中尽可能少地发生差错是可取的,使差错预防成为可取的特征。所以,使这条方针成为可用性标准的真正难度,似乎是给测量内容系统中的差错预防下定义。记住,定义应该使熟悉这些问题的任何一个人都能为指定的系统得出同样的评价结果。

基于理论的评价标准。在开发研究原型的过程中,特殊的系统特征可以应用详细的理论细节,关于社会交互、会谈、情感性学习等,让它们首先成为测量理论真正有效程度或已经成功实际应用程度的可用性评价的一部分。

假设理论来自社会科学,并涉及用于解决语音对话冲突的策略。它遵循三大策略之一:①谈点别的话题,②攻击对话者的假设和明确表达,③倾听并建设性地寻求妥协(特劳姆(Traum)等 2008)。就该理论而言,开发目标是要建立一个系统,用于在使系统追求策略③和避免被卷入策略①或策略②方面训练人的对话者。在这样的情况下,基于理论的评价必须分析人—系统的协商,并根据由人做出的每一步骤是否有利于使系统采用策略③来给这些协商评分。因此,一个标准可能是能被分类为属于策略①或策略②的交互变化的数量。另一个标准就可能是解决冲突的成功率。

342

新的可用性评价标准。在多模态系统开发中,我们有时必须给评价标准下定义,用于测量以前没有被测量过的东西。这可能是比较容易做的,就像在系统应该把用户的悲伤与愤怒区别开的时候,而我们想要收集关于系统运转得有多好的主观数据。通过一个或几个调查问卷或访谈问题就可能完成这项工作。开发用于客观定量地测量系统把用户悲伤与愤怒区别开方面的成功的标准,经常是一个更大的挑战。

对于一般意义上的交互式多模态系统,刚才提到的标准很可能是微不足道的。问题是,我们还需要用于各种各样目的的新评价标准。这些新标准中的有些将成为对可用性评价的重要贡献力量。例如,用于对系统的口语会谈质量进行评价的、合理的和一般的度量标准会与各种各样的未来口语和多模态会话系统相关。对这样的度量标准的首次尝试特劳姆(Traum)等(2004)已经进行过。复杂评价标准的另一个实例是用于测量自发语音和指向手势输入理解组合的一般质量。在这样的情况下,理论远未准备好(伯恩森(Bernsen)2006)。

16.5　实践中的可用性评价

第 17 章中的"数独"评价显示了可用性评价报告以及异常现象。为了消除可能留下的任何单向偏狭的评价心理模型,本节我们要试着细致入微地描绘到目前为止可用性评价展示的表画。阅读 16.5.3 小节之前,先阅读第 17 章(插曲5)可能是有用的。

16.5.1　"数独"和其他评价

让我们先把"数独"评价确定在由本书仔细研究过的可用性评价空间里。"数独"评价是①第一次②总体的(或适当性)基于③实验室测试的可用性评价,④带有代表性的用户群、⑤创新的、多模态的、⑥相对简单的、⑦实际应用过的⑧计算机游戏⑨研究原型的。

第①~⑨点确定在某个空间里的评价,所以让我们看看在空间里能找到什么。

第①点:第一次。可能是第二次、第三次……现货供应的商业测试第二版,或相反是独此一家定制的,在这样的情况下,我们会知道更多关于测量对象和测量方法的内容,并且会应用大量的客观和量化标准。这是典型的第一次用户测试,即有人能发现新的重要测量特征以及对已知特征的更精确测量。

第②点:总体的(或适当性)。相反可能是诊断性的、绩效、比较性的、进展性的(16.3.4 小节),或单纯是选择性的。带有代表性用户群的适当性评价是我们能够进行的最大交易,只有大规模现场测试才可与之相比。某些内容在最后的测试中根本就没起作用,必须尽快像淬火一样地加以测试;或者其他一切东西的可用性都已得到控制。例如,在研究中,我们没有必要为一切润色以达到完美,所以在静态图形和图形动画方面我们可能选择基本的质量,而使尽可能多的资源进入到优化语音和手势交互的可用性当中。选择性评价的另一个原因是,并非所有在需求和设计分析过程中做出的假设和决策都可能同样有充分根据。那些不太有充分根据的需要特殊监控,经常包括选择性可用性评价以查明一个组件是否完全可用、绩效目标应该是什么、测试对象认为它是什么等。

第③点实验室测试。相反可能是任何一个想象方法(第 11 章)、后期调查(8.3 节)、专家评价(8.5 节)或现场测试(12.4 节),并且真正使用的测试后访谈相反可能是调查问卷(8.8 节),或者同样可能有测试前访谈或调查问卷(8.7 节)。

第④点:有代表性的用户群。相反可能只是任何目标用户群,就像我们进行过的"寻宝"案例测试,参见 3.3.7 小节,以及伯恩森(Bernsen)和迪布凯(Dybkjær)(2007)的著作,或者甚至只是同事或学生。这个选择会强烈影响数据的可靠性和数据收集的总体利益,特别是如果测试对象是同事或学生。

第⑤点:创新的、多模态的。可能是用旧的、标准的、基于图形用户界面的,在这样的情况下,在评价中我们能够受益于一大堆标准、方针、详细的风格指南等。

第⑥点:相对简单的。可能是复杂的,在复杂的情况下,评价报告可能就得达到 100 多页了。

第⑦点:实际应用过的。可能是实体模型仿制的(12.1 节)或模拟的(12.2 节),在这样的情况下,我们会错过用关键的系统组件,也就是组合起来的语音识别和指向手势,进行的绩效评价。

第⑧点:计算机游戏。可能是其他应用类型的加载,这强烈影响相关评价标准的种类(16.4 节)。

第⑨点:研究原型。取决于第①点的值,可能需要修改。

16.5.2 任务成功:可用性评价标准实例

可用性评价标准具有测量对象和测量方法的目标值和规范(16.2.2 小节)。目标值经常不能在早期的系统模型测试中被有意义地确定下来,但对于决定系统是否准备好开发和后续的商业化,可能是至关重要的。

为说明对于客观的和定量的可用性评价标准需要什么来指定测量对象和测量内容,加框文字 16.1 显示了任务成功率标准,就像它可能被用于 3.4.2 小节中的语音对话系统那样,以及可能被用于 3.4.3 小节中的常见问题系统的标准的变异。该实例说明了需要深思熟虑、精确性和了解事先训练的风险的方法和内容。

加框文字 16.1　任务成功率

任务成功是用于以任务为本的系统的、重要的客观/量化度量标准。设想是要让用户用系统完成大量任务，并测量成功完成了的任务的百分比。像往常一样，我们需要仔细考虑涉及这些度量标准的各种参数，举例如下：

使用时机。对以任务为本的系统而言，任务成功是关键，无论系统模型处于哪一个开发阶段，我们都要以某种方式寻找用户能够有多好地用系统完成任务。然而，如果我们想要测量任务成功率以得到对最终系统的任务成功率可能是什么的第一个合理的估计，那么我们就必须有被模拟的或正在运行的大部分系统模型。

测量对象。我们想要测试对象完成有代表性的任务并测量成功完成了任务的百分比。任务越是有代表性的真实系统使用，被测量的任务成功率对最终系统版本能够期待的东西就越具有信息量。在实验室测试中，任务通常是由我们下定义，并以想定的形式交给用户。在这样的情况下，问题是要为用户指定一组有代表性的任务来完成。在现场测试中，用户确定任务将是什么，而我们可能无法保证用户由足够有代表性的群组成。

有代表性的用户群。任务成功度量标准只有用有代表性的用户群才能产生可靠的数据。

测量方法。对于完成电话机票预订系统任务，能够以像图 13.7 中的那个一样的想定加以指定。

像其他很多任务一样，甚至当一切工作顺畅，不需要额外的交互以解决出现的任何问题时，该任务也需要一系列的用户—系统交互。为测量特殊的任务绩效是否是成功的，我们根据用户提供的规范测量用户是否成功预订到航班。注意，我们不测量个人用户操作的成功。如果用户最终预订到寻求的航班，那么任务就成功完成。如果用户用不同于想定里的那些规范的规范寻求航班——这当然发生过——那么度量标准使用用户真正寻求的东西，而不是想定里的东西。如果用户没能预订到航班，那就挂断电话，然后再次尝试并寻求成功，所以我们必须决定，这次和前面的呼叫是否计数为单独一次的任务成功，或者用户再次给系统打电话这一事实是否意味着，一个新任务正在基于相同的想定被处理，并紧随前一个失败的任务尝试。我们的决定必须被描述为我们对任务成功标准描述的一部分，并且为消除对我们结果的任何不明确，我们应该测量和报告多少任务成功是由挂断和再尝试先行发生后才取得的。

还有另一类的任务，需要稍微不同的途径进行任务成功测量。例如，像 3.4.3 小节描述的那样的常见问题系统，不会像下面的一系列强制性的和可选的对话步骤成为可能。相反，目标是基于系统的常见问题知识来成功回答用户的一个或多个问题。既然每个问题及其正确答案独立于所有其他问题，那么就如这一事实所见证，即用户可能：①问任何一个问题，并忽略其他问题，②以任何顺序问任何数量的问题，③成功得到对某些问题的正确回答，但没有得到对其他问题的正确回答——任务成功必须在这样的情况下，通过查看问题是否得到适当的回答，对每个个体的一问一答的操作等级加以测量。

有趣的是,测量系统(子)任务绩效的这后一种途径也能够应用于像上面给出的机票预订系统那样的系统。我们在这样的情况下测量的东西不是任务成功,而是子任务完成率,关于系统的哪些部分工作得好,哪些部分似乎有各种各样的困难,这可能会产生详细得多的信息。还有,假设有一个正在运行的系统模型,每个时间间隔子任务完成的度量标准能够用来测量效率。

了解用户的当前任务目标。对于任务成功度量标准应用,是必不可少的。如果我们不知道用户在忙些什么,那么我们就不能确定用户是否实现了目标。想定有帮助,因为正常情况下,我们能假设用户已经理解了想定,并且如果这还不够好,那么我们能够问用户如何解释想定。口语输入,更一般的意义上是语言输入,也有帮助,因为在大多数但并非所有的情况下,从用户说、键入、通过信号语言表达等的内容中,我们能够得知用户在忙些什么。这就是我们如何确定是否用户已经误解了想定。如果既没有想定输入也没有语言输入被使用,那么重要的是要确保,为了任务成功度量标准的应用能够有意义,用户的任务目标已经以某个一般的方式被了解得足够好。

什么未被测量。任务成功度量标准很好说明了为什么我们需要几个不同的可用性标准。有了几个任务成功度量标准,但是通过使用这些度量标准得到的结果没有带来太多关于很多我们想要测量的其他东西的信息,例如用户—系统交互有多高效、简单、顺畅或愉快。

16.5.3 "数独"评价的总体观点

在第 16.5.1 小节,我们在多维评价空间给第 17 章(插曲 5)中报告的"数独"评价进行了定位,并简要描述了在那个巨大空间里还有什么别的东西。在本小节中,我们关注由"数独"测试说明的总体观点,主要是关于早期实际应用的原型适当性评价的观点。

(1)系统必须准备计划好的评价类型。幸运的是,它准备了。我们已经回到还没准备好用户测试的较早期版本,但对于数字在错误方框里的漏洞带来的大规模影响,我们没有准备。在用户测试之前,在我们的内部测试中没有出现这个问题。

(2)如第 15 章所述处理收集到的数据。

(3)收集所有的环境分析文档(参见 16.1.1 小节)。

(4)制定完整的异常清单(参见 16.1.1 小节、17.1.2 小节)。最周详的计划……——是的,尽管有它们,还有我们最好的努力,但事情还是出错了,最严重的就是测试对象总体的代表性。在准备下一次的用户测试方法计划时,要确保异常可利用。

(5)第一个用户实验室测试产生了可用性信息。从第 17 章(插曲 5)来看,这很清楚。我们看看在接下来的观点中关于信息要做什么。

（6）首先创建某些基本的数据统计（参见 17.1.4 小节、17.1.5 小节）。

（7）分析数据中的任何技术问题（参见 16.3.1 小节）。这些有助于描绘用户在与系统模型进行交互时会面对什么，参见 17.2 节。任何出现的技术问题都可能影响测试对象对系统的评价，因此在数据分析全程都应该牢记。当你置身其中的时候，要诊断技术问题。

（8）在分析过程中要组合来自不同数据源的信息。我们在第 17 章（插曲5）中对此做了很多，组合定量和定性、主观和客观的数据，为的是获得关于每个被确认的可用性问题尽可能多的信息，并自由地利用实时用户观察数据、视频数据、测试后访谈结果（我们没有日志文件访问权力）和环境文档。然而，不要迷失于计算视频数据中的一切！无论如何你都不要做这件事，因为它的内容太丰富了，一旦你开始揭示数据演示或让人想到的可用性问题，你就会有大量的计算要做。

（9）分析可用性需求满意度。这提供了一个系统模型如何接受的底线，参见 17.6 节。

（10）第一次可用性需求很可能是不够的。从第 17 章（插曲5）来看，这很清楚。可以说，如果我们正在应对某个真正新的东西，那么对第一次用户测试的需求一定是不足的。不足能够有几种，包括①直到第一次用户测试都应该被进行定量但必须保持定性的需求，因为有意义的定量目标值无法被指定；②不存在但应该有的需求。

（11）组织剩余的数据分析。为支持"数独"用户测试数据分析的结构化，我们拥有的东西主要是：①可用性需求（5.2 节）；②访谈问题（图 8.9）和在它们身上反映出来的或多或少明确的评价优先顺序；③来自测试本身的观察笔记。这很好，也很典型，为其他要在数据里寻求的东西提供了良好的开端。AMITUDE（3.1 节）和可用性的定义（1.4.6 小节）同样能够用来支持系统化的查看。然而，同样极其重要的是，要让数据为它自己"说话"并披露新问题，即使这不可避免地会增加数据上的工作。还要记住，基于可用性需求、为可用性评价标准打下坚实的评价基础后，我们要独立自主，还得使用评价标准和证明数据所需的论点（16.2.1 小节）。

（12）完成剩余的数据分析。这是工作中真正困难的部分，主要是因为 5 个因素：①数据丰富。开放或半开放的访谈数据到处都是，单独一个用户评论就可以增加或提出几个可用性问题，而我们需要追踪这些问题。②在有代表性的用户群中，数字非常重要，所以就单独每个重要观点而言，我们需要追踪多少用户说过或做过什么。③子配置文件。用户说过的内容和数量几乎一样重要，因为用户群通常由子配置文件根据各种条件组成，例如性别、年龄、背景或经历，并且某个问题是否正在被不同子群以非常不同的方式判断非常重要。对此必须保持追踪，就像这样的时候：我们发现没有在机场参与玩"数独"的测试对象主要是那些不经常以任何方式玩"数独"的人。④语义。关于观点 N 究竟用户说了什么？测试对象 X 说，她肯定会在机场玩"数独"。测试对象 Y 说，他或许可能在机场玩"数独"。X 和 Y 是说了同一件事还是没有？为追踪那些问题，我们必须创建自组织答案分类。通过忽略重要的语义差异伪造数据分析是非常容易的。⑤相关性：见下一个观点。

（13）数据间的相关性。我们至少以两种方式寻找相关性：①通过在测试中计算已知实体之间的相关性，例如特殊测试对象的子配置文件，或赋予某个测试对象的想定子集，以及数据中的某个东西——任何东西都可能。我们能够这样做，是因为我们想要测试一个假设，或仅仅是想看看结果最后是什么。②通过试着做出某个东西在数据中的解释性意义，我们感觉这以某种方式显得非常突出，就像与系统进行了充分的会谈后，所有的测试对象或多或少都很快乐，除了单独一个对此怨恨的用户。为什么？哦，就是这个测试对象，系统不理解对他的两个弱口语输入尝试！

这个实例可能无关紧要，但它说明了相关性的一个重要形式，也就是主观数据与客观数据之间，相关性可以是一种确认，就像在这样的时候：在"数独"测试中，某些测试对象发现交互很费力，而其他人却没有，并且视频分析显示，前者往往全程保持他们的手臂抬起，而后者在每一次走子之后都会降低手臂。一旦我们确定了相关性，我们就能够从客观视频观察中预测主观访谈反应，并且在某种程度上，我们不再需要主观数据。

然而，两个数据集合之间的矛盾或"紧张"同样频繁发生，例如当测试对象以非常不同于交互真正情况的方式记住了交互的时候。不管最终是否真实或者只是貌似，这样的不一致都应进一步探索。下面是来自第二个"安徒生"系统原型评价（3.4.5 小节）的相互矛盾结果的实例：用户是否同时说话和指向？"是的！"用户说。然而，根据日志文件，事实并非如此。我们通过进一步的数据挖掘发现的东西就是在那些"不一致的用户"和那些把交互语言（英语）作为第二语言用户之间的相关性。以英语为母语的说话者实际上确实同时使用说话和指向以及说出他们做过的事。试着去思考这一发现。

当前很多情况下，在客观／定量标准和主观标准（不管是否定量）之间建立任何强大的相关性似乎是不可能的。当我们主观上和客观上测量"它"的时候，只是不清楚我们正在何种程度上测量同一种东西。例如，很难客观地量化系统有多好玩、有多身临其境和引人入胜，或用于长期训练有多激动人心；动画人物有多值得信赖、懂礼貌或可爱；它的手势或语音有多自然；它的知识或输出图形给人留下的印象有多深刻。当像这些方面的特征很重要时，目前没有其他方式来评价它们，只有通过主观性的用户意见，在可能的程度上由相关的客观／定量

348

测量进行补充或支持。

相关的客观—客观或主观—主观数据同样可能产生重要的结果。解释性的相关性、因果关系或在其他方面的危险在于，被提出的解释可能是虚假的。

（14）加强可用性需求并增加可用性需求的数量以指导第二次用户测试准备中的工作（或其他方法应用）。特别是对于"数独"系统，我们需要定量的最低或最高目标值，分别用于指向手势控制（最低），语音识别（最低），语音理解（最低），无影响语音输入（最高），光标抖动（最高），光标位置、屏幕对象激活和激活反馈的相关性（100%），确定性的游戏（100%）。而我们需要新的需求交给在确定的和插入的数字之间的可感知差异，屏幕对象激活延迟的优化，游戏加载进程的反馈，口语和指向的时间序列，关于图形质量的几个观点，玩游戏的功能性的适当性（也就是给现有的最低功能性增加什么，如果有的话），以及交互的一致性。

（15）把结果带进设计中。"数独"的另一部分数据分析结果进入设计修正讨论之中。系统是否应该提供音效口语或非语音反馈？如何提供？它是否应该有取消功能？如果可以定制帮助，它是否应该提供更多的帮助？等等。有些测试对象提出了这些特征，或通过介绍这些特征表达了能够得到实现的关心，其他的测试对象没有提出这些特征。或者，因为测试用户群并不是真正有代表性的，我们是否应该推迟某些或所有的设计改变？或者我们是否应该为那些特征中的某些特征实际应用我们最好的方法，并确保它们在下一次用户测试中得到认真评价？

（16）判断及其缺陷。当然，声音判断在数据分析全程都需要。第一个原型后的最重要决策是：这是或不是？我们相信，"数独"系统值得进一步进行以应用为本的研究，为的是了解在下一个开发阶段它能有多好。然而，真正的判断问题是，这个风险较低而又乐观的判断依据何在？它基于下列内容：①丰富的数据（对较为简单的系统而言）。②大量的数据处理工作，包括被相当详尽分析的可用性测试数据。③良好的系统设想。数据证明，出于娱乐目的想在机场或公共场合使用该系统的用户，测试者认为大量的数独爱好者如果不是以百万计、也是以千计代表了爱好者，即使这些测试者不能代表所有的用户。④总体可用性概念正确、完整。在数据中有相当强的证据，即整体多模态设计概念的可用性相当接近正确和完整，并且需要的很多改进全都是细节方面的问题，这包括用户—系统交互的大多数方面。解决这些问题应该消除用户不确定性并提供顺畅的交互。如果系统臻于完善，那么我们就会知道我们将得到什么。⑤清晰的技术可行性。原型证明了概念，而我们相当确信，实现用于指向手势控制和语音理解的关键绩效目标在技术上是可行的。这里有很多判断！是我们错了吗？看看第17章（插曲5），自己做出判断吧。

差错总是伴随着判断而产生。如果你不能为你自己的系统确认上述 5 个陈述，那你就有麻烦了，而要做的正确事情是借鉴无论他们以哪一种方式导致的含义。对①的"不能确认"意味着基于数据的小操作，更多的数据收集，以及很可能是关于方法论改进的工作。对②的"不能确认"意味着小操作和更多的数据处理工作。对③的"不能确认"让人想到做些别的事情。对④的"不能确认"意味着回到设计。对⑤的"不能确认"意味着技术实验或做其他的事情。

这就是诱惑开始的地方，并且它们不必是有意识的，也不必是有意追求的。

摆脱困境最简单的办法是拥有者的正偏置，这是数据分析的一个简单形式。在数据分析中，你只是在可用性数据中努力寻找一样东西，即你的系统是好的这一确认！采取哪种方式没有关系，只要它是正面的，或至少不是负面的。你收集的数据太少了，你的数据处理方法太不适当了，都没有关系，毫无疑问会有某些正面的东西在那里。你根本不需要关心上述的③、④和⑤。而当你置身其中的时候，你可能同样把在数据处理上节省下来的时间花在发现为什么数据不足的解释上，试着责怪测试对象：他们从未露面，不听指令，在现场测试中伪造系统安装，从不交回日志文件数据，为退出制造可疑借口，不填写调查问卷等。对不起！请不要那样做。

另一个重要的判断风险的因素是测试对象的正偏置。测试对象不过是凡人而已，已经知道要珍惜好主意和美好未来展望到了忽略检测技术中明显缺陷的程度。所以，不要把太多东西放进主观评分和访谈答案里，这些都容易受到梦想的影响，并且不能通过带有客观数据的相关性进行反复核对。另一方面，清楚有力的测试对象视觉可以提供很大的洞察力，就像我们看到的一个"寻宝"测试对象，参照伯恩森和迪布凯（2007）的著作。

16.6 报告数据分析的结果

数据的分析报告是每一个 CoMeDa 周期上皇冠的宝石，如果数据分析结果没有被报告过，那么它就从未发生过。取决于应用的数据收集方法，你可能只需要下面详细信息中的一小部分。

我们已经查看了数据文档和元数据在保护未来数据的可接近性方面具有的至关重要的作用。适当的元数据描述服务于为数据收集进程、原始数据文件和这些东西的任何后处理提供文档（15.3 节）。同样，任何基于编码方案的数据注解会在编码文件元数据中提供文档（15.6 节）。这些最佳实践步骤可以为轻松提取成数据处理信息，形成报告的目的服务。至于数据分析，全面报告包括要遵循的数据分析程序的描述、结果的展示和由对结果的参考证明正确的建议，参见第 17 章（插曲 5）中的"数独"评价报告。

从如 16.1.1 小节所列的环境文档、数据文档和全面的数据分析报告来看，在方法选择、方法应用和数据处理的整个过程中，为各种目的产生报告都是直截了当的。报告可以充作记录、交流工具、驱动和指导要做工作的工具、出版物的基础等。主要包括以下部分：

（1）执行摘要：方法、程序、结果和建议的概述；

（2）方法：数据收集方法、数据收集准备、设置、用户配置文件、收集进程、原始数据文件、数据收集过程中的任何异常；

（3）程序：原始数据处理程序、数据分析、任何异常；

（4）结果：定量结果和定性结果：数据里被发现的东西；

（5）建议：根据结果应该讨论和解释的内容，使得到最重要观点的概述变得容易；

（6）附录：为关键数据收集材料（16.1.1 小节）；

（7）参考文献：使用的任何其他材料；

（8）鸣谢：涉及的人，受到的支持。

方法。来源包括可用性工作计划（6.3 节）、可用性方法计划（6.4 节）、原始数据的元数据（15.3.3 小节）或者来自 16.1.1 小节中的清单的其他文档，而且还包括异常。如果异常清单为空，一切必须完全依据计划进行。很多方法细节对判断结果的可靠性非常重要，尤其是数据产生者（测试对象、专家、开发者等）选中的方式。

程序。来源包括编码文件元数据（15.6 节）、数据分析报告（上文）和异常清单（16.1.1 小节）。结果如何得到、如何反复核对，如何拒绝可选解释，等等。附有这样内容的报告程序是至关重要的，因为它允许其他人来判断结果的可靠性和可信性。如果是以相当不同的某种方式展示结果，但没有仔细描述程序就无法令人信服，那么专业的读者就会怀疑作者很可能搞砸了他们的数据处理和分析。

结果。本节应该有两部分：概述，允许快速进入最重要的结果和结论；小节，带有更详细的结果，包括对原始数据的交叉参考。

建议。本节可能有两个部分：总体建议的总结和提供更多细节，包括讨论和所做建议的正当理由的小节。在这部分的推理不足可能是项目要走向失败的第一个信号。建议可考虑分成短期建议和长期建议。如果有地方需要进一步调查，这应该清楚地指出来。要全面处理所有被确认的问题。

附录、参考文献。调查结果和结论报告越轰动、经济上意义越重大、越有风险或越有争议，支持文档就应该越强大、越完整。

注意，刚才所描述的报告形式有些比第 17 章（插曲 5）中的"数独"报告更正式、更独立，这一点受支持于本书中其他地方的条目。

16.7 小结

通过讨论数据分析和结果报告,本章继续进行第15章数据处理的展示。一旦对原始数据进行了适当地收集、验证、后处理和注解,那么就可以开始数据分析了,数据分析必须为其收集的目的而进行,并且在适当的环境下,随着时间的推移按照规范、计划、文档等方面进行积累。

基于可用性论点或源自可用性需求的可用性评价标准,可用性评价对于可用性分析是不可或缺的,是分析的基础。展示了不同种类的评价标准,包括来自国际标准化组织的常见标准。基于第17章中的"数独"评价,描绘了评价可能在实践中的概貌。最后,为数据分析的报告结果提出了常用的各个部分。

参 考 文 献

Bernsen N O (2006) Speech and 2D deictic gesture reference to virtual scenes. In: André E, Dybkjær L, Minker W, Neumann H, Weber M (eds) Perception and interactive technologies. Proceedings of international tutorial and research workshop. Springer, New York: LNAI 4021.

Bernsen N O, Dybkjær H, Dybkjær L(1998a) Designing interactive speech systems. From first ideas to user testing. Springer Verlag, Heidelberg.

Bernsen N O, Dybkjær H, Dybkjær L(1998b) Guidelines for cooperative dialogue. http://spokendialogue. dk/Cooperativity/Guidelines. html. Accessed 21 January 2009.

Bernsen N O, Dybkjær L (2007) Report on iterative testing of multimodal usability and evaluation guide. SIMILAR deliverable D98.

Boehm BW (ed) (1989) Software risk management. IEEE Press, Piscataway, NJ, USA.

ISO/IEC 9126 - 1 (2001) Software engineering - product quality - part 1: quality model. http://www. iso. org/iso/iso_catalogue/catalogue_tc/catalogue_detail. htm? csnumber = 22749. Accessed 22 January 2009.

ISO/IEC 9126 - 2(2003) Software engineering - product quality - part 2: external metrics. http://www. iso. org/iso_catalogue/catalogue_tc/catalogue_detail. htm? csnumber = 22750. Accessed 22 January 2009.

ISO/IEC 9126 - 3(2003) Software engineering - product quality - part 3: internal metrics. http://www. iso. org/iso/iso_catalogue/catalogue_tc/catalogue_detail. htm? csnumber = 22891. Accessed 22 January 2009.

ISO/IEC 9126-4(2004)Software engineering-product quality-part 4:quality in use metrics. http://www. iso. org/iso/iso _ catalogue/catalogue _ tc/catalogue _ detail. htm? csnumber=39752. Accessed 22 January 2009.

Jacobson I, Boosch G, Rumbaugh J(1999). The unified software development process. Addison-Wesley, New York.

Traum D, Robinson S, Stephan J(2004) Evaluation of multi-party virtual reality dialogue interaction. In: Proceedings of LREC, Lisbon, Portugal: 1699-1702.

Traum D, Swartout W, Gratch J, Marsella S(2008) A virtual human dialogue model for non-team interaction. In: Dybkjær L, Minker W(eds) Recent trends in discourse and dialogue. Text, Speech and Language Technology Series 39: 45 - 67. Springer, New York.

第 17 章　插曲 5:"数独"可用性评价

本章用实例阐述第 15、16 章中描述的数据处理和报告。使用的实例是基于 2007 年 6 月 7 日和 12 日在挪威信息安全实验室进行的实验室测试中收集到的并首次在伯恩森(Bernsen)和迪布凯(Dybkjær)(2007)的著作中提到的对"数独"案例系统数据(2.1 节)的评价。根据第 14 章中的可用性方法计划,该实例涉及下列方法集群的应用:用户筛选(8.6 节)、实际应用的原型实验室测试(12.3 节)、实时用户观察(10.4 节)和测试后访谈(8.8 节)。评价的目的是要让有代表性的用户群玩"数独"游戏,评价内容如下:

(1) 在现阶段技术有多可用(包括基于 5.2 节中建立的可用性需求的系统评价);

(2) 关于测试中被确认的可用性问题,能够做些什么;

(3) 未来技术的发展前景。

本章对系统模型描述全局可用性评价,主要是对 AMITUDE 规范和设计如何适合环境中的用户进行评价。评价报告可以由不同的方式构成(16.6 节),我们选择好要说明一个对其他多模态系统评价可能重复使用的形式,也就是始于:①数据处理和基本数据分析的描述(17.1 节);然后开始下列分析;②与可用性相关的所有技术问题(17.2 节);③个体模态和模态组合、总体上的多模态交互、交互过程中被交换的信息的适当性(17.3 节);④其他功能问题(17.4 节);⑤访谈中的封闭式问题(17.5 节);⑥主要结论(17.6 节),包括系统在多大程度上满足其可用性需求的总结。

17.1　数据

本节查看数据分析环境、数据收集引起的异常和问题、数据验证、关于用户及其玩游戏的简单统计。

17.1.1　数据分析的环境

参照 16.1.1 小节中的清单对评审本书中展示的数据分析环境是有用的。环境包括"数独"系统设想(2.1 节),AMITUDE 规范(5.1 节),可用性需求(5.2 节),设计(7.2.1 小节),可用性方法计划(第 14 章):包括数据收集目的(14.1

节），测量对象和测量内容（14.2节），与数据产生者交流（14.3节），测试对象招聘（14.4节），人员角色和职责（14.5节），例如地点、设备、各种材料这些实用性以及关于数据收集、数据处理和结果展示的决定（14.6节）和用于测试的脚本（14.7节），筛选访谈脚本（用作8.6节中的实例），测试后访谈脚本（用作8.8节中的实例）。

下面将根据需要谈谈数据分析的环境。

17.1.2 异常

测试按计划进行，除了与第14章中的方法计划相比产生的下列异常：

（1）按照计划，测试对象第一天参加测试，但第二天才来。

（2）包括用户访谈，会话平均时间最终是55min，这超过了计划，并太接近于给每个用户预定的60min。这给参与测试的人员造成了某些压力。

（3）在给测试对象关于如何说话和指向的玩游戏前指令中，我们选择了一个不同于14.3节中关于事先训练的注意事项所描述的解决办法。我们只是没有给测试对象显示如何说话和指向，感觉就像这是避免事先训练的更安全的选择。相反，我们告诉测试对象，他们能够在任何时间关系内说话和指向。

（4）对于测试对象1，访谈者忘了问作为封闭式问题的问题1~4(8.8节)。

（5）对于测试对象1，访谈者忘了问是否有任何其他意见的问题(8.8节)。

（6）更严重的是这一事实，即用户对象总体比计划更少具有代表性(17.1.4小节)。

17.1.3 访谈问题

测试后的访谈(8.8节)包括4个里克特量表问题(1~4)。作为实验，在访谈的开始，一半的测试对象就被问到这些问题，而另一半的测试对象则是在第16个问题后才被问到这些问题。我们可以得出结论，在访谈的开始被问到时，这4个问题似乎很难理解，因为他们应对的是"像你刚试过那样的系统"。此时，刚刚从系统测试中回来，人们在处理封闭式问题时很难一下子从这一特殊系统中把注意力转移开。将这4个问题放到最后来问似乎更可取。此时，人们已经摆脱了对试验的意见，对考虑多模态游戏已经有了更普遍的准备。

似乎几个访谈问题对(5+6、7+8、9+10)表述了太细致的和以研究为本的区别，这些区别没有被测试对象共享，结果几个测试对象的回答往往张冠李戴。

访谈过程中，根据一个测试对象所给的意见，我们意识到并产生了一个额外的问题。这就是测试对象是否在玩游戏过程中学到了使他们改变交互方式的东西。

17.1.4 用户统计

为组成满足所述需求的用户群,潜在的测试对象通过电话或面对面进行筛选(8.6 节)。表 17.1 显示测试对象总体组成。测试对象性别男女各 1/2。关于熟练程度也按计划进行了平衡,也就是 1/3 为初学者,1/3 为中等经验玩家,1/3 为富有经验的玩家。

表 17.1　"数独"测试用户

测试对象编号	年龄	性别	职业/教育	"数独"熟练程度
1	24	男	医科学生	初学者
2	23	男	医科学生	初学者
3	60	男	计算机科学专业讲师	富有经验
4	76	女	学校教师,已退休	初学者
5	33	男	经济学家	中级
6	30	男	生物力学/物理教育学科学生	富有经验
7	23	女	数学/物理教育学科学生	富有经验
8	23	女	数学/宗教学科学生	中级
9	31	女	生物学博士生	中级
10	22	女	1 年级理科学生	中级
11	50 多	女	医学	初学者
12	31	男	工程学科学生	富有经验

年龄分布与需求不太一致。由于刚过二三十岁的年轻用户的过多,导致整个测试对象的平均年龄约为 36 岁。只有 3 个用户超过 50 岁,并且没有一个人接近 40 岁或 50 岁。这种年龄上不平衡的分布很可能与另一个依据职业或教育的代表性有关,后者有更为严重的不适当性。不少于 8 个测试对象都是大学生,包括一个博士生,其中大部分学习自然科学、医学或工程学。如果我们把剩下的 4 个测试对象也包括进来,那么有 3 个同样是学者。事实上,测试对象中接受教育时间最短的可能是学校教师。总之,这是对"数独"玩家对象总体的一个糟糕表述,它包含的过多拥有广泛教育背景和职业的人。

所需的年龄划分在一定程度上得到满足。问题是,第一个年龄组(17~29 岁)包括 5 个年龄在 22~24 岁的用户,而第二个年龄组(30~49 岁)包括 4 个年龄在 30~33 岁的用户,这在任意年龄区间内都不具有一个好的伸展性。第三个年龄组(50 岁以上)包括 3 个用户,带有一个好得多的年龄分布(分别为 50 多岁、60 岁和 76 岁)。

测试对象招聘由挪威信息安全实验室负责招聘工作的人处理,并且做得很好,通常附有筛选脚本,例如在当前案例中使用的那个。

356

测试对象的过度年轻化是因为招聘了太多的学生。本意是最多招聘不超过两个学生,不管他们的学业是什么,显然"不超过两个具有相同职业的测试者"的明确表达没有被按其本来的意义得到理解。此外,只有 3 个测试对象来自大学以外。原来,大多数的测试对象是通过在大学每天《时事通讯》里宣布"数独"测试找来的,《时事通讯》分布在大学自助餐厅和其他地方,几乎只有大学生和大学教职员工能看到。这种招聘方式简单,但导致我们拥有非代表性样本。所以,我们应该更加密切地监督招聘进程。失败的测试对象招聘意味着我们没能拥有有代表性的用户群,而结果就不能宣称对更大的目标用户群有效。

17.1.5 游戏统计

表 17.2 显示了基于测试视频分析的用户测试游戏统计。该表详细显示了 16 个(48.5%)没有完成游戏的原因。初学者选择了最简单的游戏等级,中级等级玩家坚持中级游戏等级,而富有经验的玩家都尝试挑战最难的等级,但其中只有两人设法完成了高难的游戏。另外两个人(测试对象 3 和测试对象 7)经过一番奋斗退回到中级等级。在 7 种情况下,测试对象放弃了,因为系统给了他们如 17.2 节将要讨论的问题。按测试用户应该在 30min 内至少完成两场游戏(5.2 节)这一评价标准,显然交互失败了。

表 17.2 游戏统计

游戏数据/测试对象编号	1	2	3	4	5	6	7	8	9	10	11	12
游戏开始												
每个玩家总数:下面的 ＊＋＊＊	3	4	2	2	3	2	3	2	2	3	4	3
总计:33												
游戏完成												
容易	××	××		×						×	×	
中等					×	×	×	××		××		×
高难						×						×
每个玩家总数＊	2	2	0	1	1	2	1	2	0	3	1	2
总计:17＝51.5%												
未完成游戏:问题												
游戏太难了:测试对象改到更容易的等级	×	×					×					
游戏太难了:测试对象要求选择更容易的等级			×									
问题:放弃并选择同一等级的新游戏						×			×		××	
问题:重置游戏(同一等级)												×
游戏错误重置						×						

357

游戏数据/测试对象编号	1	2	3	4	5	6	7	8	9	10	11	12
由于死机游戏停止			×									
每个玩家总数	1	1	2	0	2	0	1	0	1	0	2	1
总计：11 = 33.3%												
未完成游戏：时间到												
每个玩家总数	0	1	0	1	0	0	1	0	1	0	1	0
总计：5 = 15.2%												
未完成游戏：总数												
每个玩家总数 **	1	2	2	1	2	0	2	0	2	0	3	1
总计：16 = 48.5%												

17.1.6　数据验证

在数量方面,测试数据是按计划收集的,包括一组来自测试对象玩游戏的观察笔记、12 个完整的测试视频和两套分别由访谈者和观察者或主试者所做的访谈笔记。

在质量方面,一套测试视频全程包括着嘈杂背景,但测试对象所说的话都能够听到。在测试视频中,有时候很难区别"数独"棋盘上的某些数字。尽管对于其他方面的视频分析不存在障碍,但它确实让分析者很难或不可能做一件特殊的事情,也就是比用户"先落子",并追踪非初级差错。然而,这在计划好的系统可用性评价范围以外,对这里展示的评价并没有不利的影响。

17.2　技术问题

研究原型很少能在技术上达到完美。甚至在可用性测试报告中,至关重要的是要列出测试过程中遇到的主要技术问题,因为这些会影响用户绩效,并往往"影响"用户与系统的体验,如测试后访谈所记录。

17.2.1　稳健性

系统行为稳健,在 5~6h 的测试过程中没有任何一个死机。视窗死机一次,导致测试对象 3 提前几分钟结束测试,参照表 17.2。死机很可能是由于过热引起的,可通过增加机器通风进行修正。重新启动后,短时间内光标移动有点抖动。总体来说,系统满足 5.2 节中的稳健性需求。此外唯一的技术问题是妨碍测试对象 8 语音识别的麦克风,直到游戏开始大约 5min 后这个麦克风才被调试好。

17.2.2 语音和指向

指向精确性。指向精确性是指易于把光标放置在屏幕对象上,例如棋盘方框(7.2.1 小节),并且只要完成某个操作需要,即可保持不动,例如插入一个数字。指向精确性的需求取决于以下事情:

(1) 某些用户想快玩,并需要相应等级的光标精确控制。

(2) 如果长时间用手臂和食指伸向屏幕玩游戏,大多数用户的手臂或手会感到累,这种情况的结果就是他们的手臂或手或手指可能开始晃动。

(3) 为了在玩游戏过程中感觉是在控制之下,所有用户都需要可接受的最低指向精确性和没有光标抖动。

(4) 被指向的屏幕对象的大小。

几个测试对象在测试后的访谈中表示保持指向的精确性存在一定难度,涉及上面提到的因素——手指或手晃动(测试对象 1、测试对象 11),手臂降低(测试对象 2),光标抖动(测试对象 4、测试对象 5),或更概括地(测试对象 6、测试对象 9)——还有单独一个用户(测试对象 7)被观察到由于不精确的指向,无法在预期的方框内插入数字。至于方框的大小,测试对象 2 评论说方框不能再比测试版本中的更小了。

总之,既然游戏是为了在公共场所玩,并且预计用户只玩有限的时间,例如0.5h,所以目前的指向精确性倘若经过适当的摄影机校准,似乎可以在最低程度上为广大用户所接受。在我们观察测试对象玩的过程中,或者在我们自己玩的时候,倘若手臂、手或食指伸向屏幕,指向合理的精确性和微不足道的抖动似乎还是能够完成的。还有,总有增加棋盘尺寸的可能性,等到指向精确性有了进一步改进时,这很容易就能做到。

数字填错方框。当口述数字无意间填错方框时,出现了数字填错方框的问题。这很可能是目前的系统版本中最严重的技术问题。

口述数字会在各种各样的情境下填错方框。典型的情境是用户指向一个方框,确保它突出显示并说出一个数字,但是,这个数字没能出现在方框内。然后大多数用户会重复那个数字一次或多次——在视频里我们观察到最多有 6~7次重复——同时保持方框突出显示。在某些时候,为了放下手臂、放松并再次尝试,用户会暂时放弃并把光标移出那个方框。在这个阶段,要么在手臂、手或手指放到足够低,让光标从屏幕上消失之前,要么在手臂、手或手指抬高,再次指向那个方框时,光标经过另一个突出显示的方框,并显示早些时候说过的那个数字。现在,在回到原来的那个方框重新尝试插入那个数字之前,用户就必须移除这个(大多数情况下)被错误插入的数字。更糟糕的是,被错误插入数字的那个方框不是空的,而是包含了原先已插入、现在被替换的数字。有时候,用户可能记不住原先插入的数字,为了开始回到正轨就得试着查明原先那个数字可能是几。还有最糟糕的,用户没有注意到错误的插入,结果后来在游戏中吃了亏。想定的变异是当光标无意中犯错进入一个相邻的、口述数字插入的方框内的时候。

数字填错方框的原因仍有些模糊。显然,一部分是使口述数字进入任何一个带有指向的时间关系成为可能的设计决策。只要方框被突出显示和活跃着,如果只能输入一个数字,那么问题就不可能先出现。方框一旦成为不活跃的,口述数字就会从记忆中抹掉。然而,我们将这个问题分类为技术的而不是设计决策的效果,是因为在实际应用中有一个问题。如果一个口述数字没有插入到被突出显示的方框内,即该数字没有被识别,那么这个确切的数字后来就不会填错到不同的方框内。为此,数字必须被正确识别。我们猜想有在系统模块之间的交流方面有一个丢失线程的问题:识别器生成一个被识别数字的队列,当主线程有空闲时间时,这些数字中的第一个就在屏幕上被投影出来。

所有的测试对象都遇到了数字填错方框,经常好几次,总数是83次,个体差异非常明显。没有一个测试对象能避免这个问题:你可能会通过移动光标通过一系列确定的数字,避免所有的空方框和包含插入数字的方框,试着把光标从棋盘上"溜过去",但是这很难控制,并可能无法实现;或者,你可能收拢食指,沿垂直于屏幕的一个轴缩回手或手臂,以避免任何进一步的光标移动,但这是一个复杂的、不自然的、不一定成功的方式。这个问题扰乱了游戏,并引起所有人的挫折感、烦恼和不解。

语音识别。我们提到过,所有的测试对象都体验过,甚至在重复几次数字后都无法把一个口述数字插入到被指向的方框中,而这可能并不总是语音识别失败的问题。

另一方面,有些部分问题是针对大多数用户的,很多时候只针对几个用户,即他们的语音被系统错误识别了,这种情况的结果是插入了一个与实际说出来的数字不同的数字。对于有最严重识别困难的用户,经常有一个错误识别的样式。例如,测试对象4、6、7让系统理解他们说出的"数字3"有困难,而测试对象9有插入"4"几乎总是被识别为"5"的严重问题。事实上,测试笔记显示,除了"9"以外的所有数字都让某个测试对象出了问题。此外,几个测试对象通过说"删除这个或那个"或"消除这个或那个"来消除数字有困难。在几种情况下,当无法消除被错误识别的数字后,测试对象只能重置游戏。最糟糕的例子可能就是测试对象9了,她无法插入"4",为了不被击败而与系统抗争,最终避开了需要4的方框。这就是测试对象9连一个游戏都未能完成的主要原因。另一方面,很少有语音识别问题的几个测试对象得出结论,系统的语音理解是"完美的"(测试对象3)或"系统很好理解了我"(测试对象10)。

错误识别对于完成游戏是破坏性的,尤其是在不断重复的时候。但要注意的是,所有的测试对象都是以丹麦语为母语的说话者,没有一个是以英语为母语的说话者。任何人不能随便指责英语语音识别器在面临或多或少的重口音时不能完美完成任务。我们没有进行任何详细的测试对象英语质量语音评价,但每个测试对象做出错误识别的数字都是丹麦口音强度居高。此外,没有一个测试对象把系统的语音识别质量列为没有再玩一次的原因,既没有直接提出也没有间接提出。甚至是那个由于识别问题未能完成任何游戏的不幸的测试对象 9,过后也说,她不得不练习更正确的发音。主试者演示了系统如何对发音适当的"4"做出正确反应,然后她自己成功地重复了正确发音。

事实是,在视频语料库中共发现了 23 个正向的错误识别情况,而语料库显示共有 300 个系统无回应的语音输入事件,其中绝大多数发生在测试对象不断重复一个数字,一直没有效果,直到最终数字填错方框的时候。在那 323 个事件中,测试对象 9 涉及了不少于 107 个,也就是 1/3。我们相信,那些无回应事件中的大多数与上面假设的缺少线程的问题相关。

在这个充满漏洞的背景下,很难准确地给语音识别质量评分。

17.2.3 其他问题

涉及方框的问题。在玩游戏过程中对棋盘方框的观察似乎反映出两个简单漏洞问题:

(1)空方框没有成功激活(突出显示)或需要加力才能激活,例如在它上面来回移动光标。但是同一个方框在游戏后期可能运转良好,所以这个问题似乎总是暂时的。

(2)方框似乎没有被指向就被突出显示。

问题(1)发生了 12 次,总是引起测试对象的挫折感,因为把数字插入到非突出显示的方框内是不可能的。如果你无法插入目前关注的数字,那么就会打乱你的游戏进程。在大多数情况下,测试对象会继续花很长一段时间试图插入他们想要插入的数字,而不是移至其他的方框和数字。

问题(2)发生得相当频繁,一个或几个方框出现永久突出显示。对于游戏过程中没有被指向的方框和被测试对象插入数字的方框,这个问题都会发生。尽管这个问题只是次要的,但是倘若两个相邻方框同时突出显示,那么关于用户实际上指向哪一个方框,可能会在用户方面引起不确定性。没有测试对象评论这个问题。

"数独"生成算法。系统使用一个简单算法用于生成新游戏。该算法开始于一个简单的已完成游戏,并在维持正确性的同时,改变棋盘各行的排列顺序。该算法不做或做得不好的事情是检查生成的游戏是否存在唯一解法,这是"数独"玩家习惯于期待的,并且这充当了一个含蓄的游戏规则(3.2.2 节)。因此,测试对象 5 以多个可能的解法结束,似乎不知道该做什么,直到主试者建议他只需选择其中之一。测试对象 6 是测试对象中最好的玩家,以类似的情境结束。过了一会儿,他意识到发生了什么事,然后选择了其中一个可能的解法。测试后,测试对象 6 确认了这件事,说他从未见过没有唯一解法的"数独"。这个问题的解决办法是在游戏生成算法中包括进一个唯一解法测试。

17.3 模态适当性

模态适当性评价是测试数据的定性分析,这些测试数据能够形成任何交互式系统可用性评价的一部分。只要每个人都使用标准的图形用户界面,那么做出这种评价就没有什么原因可讲。如果评价让人们对标准的图形用户界面不满,那么他们还能选择什么呢?然而,随着模态组合的激增,模态适当性评价可能就是可用性评价的主要组件。

我们把适当性评价分成 3 个部分:第一个部分评价个体模态及其组合(17.3.1 小节);第二个部分查看由测试数据证实的多模态组合(17.3.2 小节);第三个部分查看系统模态中表述的任何对信息所需的更改(17.3.3 小节)。

17.3.1 组件模态适当性

下面的分析具有常用的格式,那就是用你自己的模态替代下列模态。在"数独"案例中,组件模态适当性关系到下列内容的可用性:组合起来的口语符号和基于关键词的语音输入、三维视觉指向手势输入、二维静态图形图像、标记的图像表标、用于玩"数独"的文本。

(1)现有模态是否应该被其他模态替代或移除;

(2)现有模态是否应该在被指定的一定条件下加以维持;

(3)是否需要额外的模态。

这些问题是是否给定数据(17.1 节)、AMITUDE 规范(5.1 节)和设计(7.2.1 小节)、可用性需求(5.2 节)、参考可用性的论点(1.4.6 小节)。

基于关键词的语音输入。系统使用特殊的原子级别输入语音模态,也就是已经被开发者确定的关键词和短语(7.2.1 小节)。任何其他的口语输入要么不被识别要么被错误识别,因此遭受常见问题和局限性的困扰。要想玩游戏,首先用户就必须学习或被告知允许使用哪些关键词。第二,关键词越多,用户学习对系统要说些什么就越困难。原则上,这并不适合走来即用系统,不过话又说回来,"数独"系统并未宣称过要成为"纯正的"走来即用。相反,它想要使用似乎需要某些东西接近于走来即用的环境。特别是,对怎样告诉用户必须使用的关键词此时还不清楚。清楚的是，必须以某种方式告知用户，因为他们中的大多数不可能自己查明要使用哪些关键词。一个简单的解决办法是，可以在主屏幕上以小字体文本列出关键词（7.2.1小节）。在用户测试中，为了让测试数据显示测试对象记住关键词有多容易，主试者在介绍中就把关键词告诉用户。

尽管出现了由丹麦口音造成的识别问题（17.2节），但测试对象还是广泛认为语音输入对"数独"游戏和其他如国际象棋等类似的游戏在预期的公共场所使用环境有用。

关于使用关键词，测试对象非常努力坚持使用他们被告知要使用的词语。少有的例外是，测试对象5几次忘了在整数前面说"数字"；测试对象10有一次试着说"擦掉这个"，没有效果；测试对象11所说"消除……嗯嗯……这个"，可能是由于对记住说什么存在困难；几个测试对象有一次或几次忘了给"删除"或"消除"命令加上"这个"或"那个"。没有用户抱怨说关键词很难记住，尽管事实上对每个测试对象只告诉过一次。

比较而言，有一个测试对象（测试对象10）发现口语输入比使用从互联网上"数独"面板中选择的拖放数字更容易。

在测试中，输入的语音被头戴式耳机麦克风接收。两个测试对象（测试对象1、测试对象10）指出，这不是一个最优的解决办法，因为头戴式耳机戴起来很繁琐。在公共场合中，使用翻领麦克风可能是明智的，因为这可能更容易被用户接受。

我们认为，使用少量为应用所需的口语关键词是可接受的。

对语音输入的另一种选择。出于不同的原因，3个测试对象考虑了去除语音输入或用不同的模态替代语音的设想。测试对象7发现对一台游戏机器说话是"好笑的""愚蠢的""奇怪的"和"难以习惯的"。这似乎就是一个"对我来说太奇异"的用户偏见的清楚例子。作为另一种选择，并且为了让游戏比已有的更需要体能的和活跃的，测试对象6建议，用户指向一个方框，然后通过跳到地板上的控制板上的编码字段上选择要插入的数字。同样，测试对象9建议，通过指向控制板再指向棋盘来替代语音。建议是为解决测试对象9控制口述数字填在预期方框内这些大规模问题而提出的（17.2.2小节）。

三维指向输入。大多数测试对象发现三维指向对于当众玩"数独"和类似游戏有用。7个测试对象指出，伴随手臂、手或手指完全伸展的三维指向只适合短时间玩。在指向一个特殊的方框时，保持手臂、手或手指不动的同时很难集中精力；很难保持手臂长时间的伸展；保持手臂伸直也是一个问题。

显然这些观点是正确的。然而通过比较视频上的玩家，会发现一个有趣的和潜在缓解的因素：从一开始，几个玩家用光标控制表现出了冷静的风格和受控的手势动作。当其他的测试对象往往经过长时间保持手臂抬起并指向屏时，这些玩家会在扫描棋盘寻找下一个要填的空方框时放下手臂。我们认为,差异就是某些测试对象凭直觉去做所有或大多数其他人能够学会做的事情。

除了采用一个更轻松的游戏风格外,为了使玩游戏不太费劲,还可以不时地改换手臂。测试对象6发现,使用哪一只手臂进行指向都很好。在某一时刻,几个测试对象开始这样做。然而,测试对象9指出,改换指向手臂不一定是一件轻松的事情。人们通常有一个"主导眼"用于瞄准某个东西。如果手臂改换,它会妨碍"主导眼"(当你改换手臂时,你没有改换眼睛),于是身体开始向一边倾斜以避免手臂/手的遮挡。这就解释了为什么测试对象9在用她的左臂进行指向时,往往采用一种有点扭曲的姿势。自己试试吧!

对三维指向的另一种选择和增加。三维指向输入及其与语音输入的组合是"数独"游戏最创新的方面。此外,某些测试对象感到长时间站着不动、伸展手臂很累人,并且还有数字填错方框问题(17.2.2小节)。这些因素导致了用于对三维指向的另一种选择和增加的几个建议。

谈到体力消耗,测试对象7更喜欢一种不同的指向手势子模态,也就是二维触觉(触摸屏)指向,而不是目前的游戏风格,他发现这个游戏风格很烦人而不是使人放松。同样,测试对象3说,用触摸屏游戏将会更加稳定,并且测试对象6也提到选择触摸屏。事实上,二维触觉指向是完全可行的另一种选择,也就是有一个大的触摸屏用于当众玩"数独"。此外,像三维视觉指向一样,二维触觉指向已经完成,不需要额外的输入设备。事实上,这可能是反对在公共场所安装三维指向"数独"游戏最有力的论点。

测试对象1建议通过给三维视觉指向增加触觉模态,使用"钢笔而不是手指以便一个人能够点击",增加输入模态的数量。尚不清楚这个建议是否只反映了测试对象使用鼠标进行指向和选择的习惯,或者它是否也反映了用户没有通过三维指向和语音感觉到数字插入的完全控制。同样,测试对象3认为系统应以双击为特征而不是仅仅是指向。然而,在被问及原因时,他只是说他怀念点击,表明他只是不习惯图形输出域,不习惯进入一个人不需要点击以使事情发生的域。然而,仿效测试对象1,测试对象7说她更喜欢触摸屏,这也可以使用触觉编码输入,而不是站在那,手臂举在空中,问"我是否可以点击?"。这至少表明了一种不受控制的感觉。还有,测试对象9也希望有问题时能够点击某个东西。

而另一个触觉指向输入模态是由测试对象4建议的,也就是使用指向长杆。建议用长杆替代三维指向,似乎很奇异(或过时了),但仍然对现有的系统提出了质疑。由测试对象提出的其他模态的另一种选择,分为与应用无关的不同分类。测试对象5指出,使用铅笔或鼠标而不是三维手势,这样对体力要求不太高;而测试对象9发现,使用鼠标进行指向要更好一些,因为三维指向很烦人。

而对系统的批评应该加以注意,并且在上面进行了讨论,那些可选的建议是不相关的,因为目前的游戏没有被作为玩"数独"的传统方式的另一种选择或替代被提出来。

基于关键词的语音+三维指向输入。尽管引起了很多有关口语和三维指向交互细节的问题,但是没有一个测试对象直接质疑语音和三维指向输入的组合。这种对语音和三维指向模态组合的接受程度是不足为奇的,因为它是人们一直都自然运用的一种极为有用的做法。如大家所知,语音并不善于消除空间参考(表4.3)的歧义,因此通过语音进行空间参考的尝试往往充满了如奥维亚特(Oviatt)在众多论文中所示的不流利,例如奥维亚特和科恩(Cohen)(2000)的著作。当然,在玩"数独"时,例如可能会说"行5列3插入数字7",完全避免使用指向。但指向用于提供刚才所说的空间参考的一部分,使得操作更加方便,这就是我们把语音和指向组合起来了的原因。在强调这个模态组合的自然性时,测试对象3说,组合起来的语音和指向输入对于不习惯使用键盘的用户是一个很大的帮助。

在讨论数字填错方框(17.2.2小节)这个问题时,我们看到,如果系统只把口述数字输入到同时被突出显示的方框内,那么这个问题可能(几乎)就完全解决了。这种解决办法的代价是消除在任何时间序列中的说话和指向的机会。既然我们从体验和科学文献中了解到,有时人们说话和指向"不同步",甚至在语音和指向是相同交流意义的互补性部分时也是如此,这个代价似乎就构成了交互自然性的一个严重牺牲。另一方面,人的交流是复杂的。我们不应该想当然地认为,与计算机交互过程中不同时间排序的语音和指向的报告结果,能够被归纳给所有的交互式任务。

事实上,测试视频显示,所有的测试对象都始终通过同时指向和说话玩游戏,尽管事实上他们被清楚地告知,他们能够以任何时间顺序说话和指向。甚至更明确地,他们可以首先确保他们看到了来自他们指向的方框的突出显示反馈;然后确保光标依然稳定地指向这个方框;只有到了这个时候才说出要插入的数字。然后,在保持方框突出显示的同时,他们将验证数字已经插入,并且是正确的(没有错误识别),最后把光标移到其他地方或放下手臂。换句话说,说话总是"在时间上被封装"在指向手势里。测试对象12对这种途径表达了看法,说他更喜欢同时指向和说话。

静态表形输出。系统的静态输出图形包括4个显示:1个主屏幕显示和3个独立的文本显示(7.2.1小节)。这些表述通常是简单、清楚、易理解的。一个测试对象判断屏幕大小是好的,其他人没有相反的评论。测试对象2、测试对象11和测试对象12说,红色的差错指示效果很好,而只有一个人(测试对象7)提到了消除它们的可能性。测试对象2评论说,方框的尺寸不应小于测试中用过的尺寸。

增加音效输出。对于熟悉计算机游戏的用户来说,考虑增加音效输出——语音或非语音声音——用于各种目的,可能看起来相当明显。测试对象提出了增加很多听觉输出,主要是为了提高系统的娱乐价值——或减少听觉输出,这取决于一个人的偏爱。

测试对象 1 提到了增加非语音声音输出,但没有指定。测试对象 5 建议使用音效警告代替或连同表面错误的红色突出显示。测试对象 6 建议为此目的使用"啊哈!"讯息。测试对象 6 和测试对象 12 觉得,当游戏已经成功完成时,有一首号曲或一声"是的!"会很好玩。反思了用户在交互过程中的不确定性,测试对象 6 建议让"小声音"发出系统已经识别语音输入数字的信号。但某些人也有相反的偏爱,测试对象 7 说,非语音声音能够使人不愉快的,而没有声音输出才是好的,例如在出错的情况下。同样,谈到系统仅通过图形的输出,测试对象 8 评论说,它"很好,以至于没有更好的了。当你正在考虑的时候,声音使人不愉快,就像身处'谁想成为百万富翁'的电视节目中"。

这些意见让人想到,在某些计算机游戏和娱乐系统中使用冗余音效输出这一问题,至少是有争议的。

增加动态表形输出。主屏幕需要用于显示棋盘的静态图形,因为玩家们需要感知检查的自由以计划下一个做法(4.2.2 小节)。然而,这并不排除用于其他目的的动态图形使用。特别是,测试对象 5 建议,团队竞争可以有一个显示用户游戏进行时间的计时器。如果计时器是在屏幕上运行,这就是一个动态图形的例子。

17.3.2 使用语音、指向和图形的游戏设置

本小节总体上查看系统的输入/输出模态,以及测试对象如何看待他们玩"数独"和类似游戏的适当性。测试对象对这些问题有很多不同的观点。为保持集中注意力,我们首先要特别提到,在我们看来,关键的问题是:①用于系统主要目的的模态组合有多适合,也就是使在公共场所玩"数独"游戏成为可能;②测试对象如何看待不仅在这种环境中用于玩"数独"还用于其他如国际象棋等类似棋类游戏的模态组合的适宜性。

将系统和在互联网上或在纸上玩"数独"来比较并没有价值,因为系统并不打算替代这些原有的方式或与之竞争。不出所料,测试对象,特别是他们中的热心"数独"游戏玩家,关于系统和传统的玩游戏方式之间的差异,以及关于他们的首选模态集合,有很多话要说,但这就好比是比较苹果和胡萝卜,二者并不具有可比性。我们下面总结了测试对象对这些问题的评论,但若以系统为前提,则这些评论语与系统的功能评价离题甚远。不过,某些比较性的主张实际上确实

展现了测试对象对系统前景的意见,例如在测试对象承认系统像使用铅笔和纸那样好的时候。这是有启迪作用的,因为我们都想当然地认为,用铅笔和纸玩"数独"是经过测试的成功的玩游戏方式,这一点可由其在世界各地每天都玩的数百万玩家中的声望作证。

几个测试对象对在他们的测试会话过程中系统工作的方式很满意。测试对象1(不是普通玩家)和测试对象4发现玩游戏"比较容易",而测试对象1说,所有需要的功能性都在那,包括删除数字等。测试对象2同样欣赏差错更正功能。测试对象3发现玩游戏很容易,并说如果有问题那也是他自己的错。测试对象7认为很容易就能得到一个新游戏,很容易就能删除数字以免错误。

让我们首先看一下系统用于当众玩游戏的模态组合的适宜性。

在公共场所玩游戏。测试对象提供了在机场、火车站、商店和其他公共场所玩游戏方面丰富的输入。有4个人说,如果他们在公共场所遇到这个系统并有空余时间,他们可能会使用它。测试对象3说,尽管他自己不会以这种方式玩"数独",但其他人可能会非常想。事实上,他认为语音和指向输入(我们假设,再加上静态图形输出)的组合,有利于国际象棋和很多其他游戏。同样,测试对象9发现,系统的输入/输出模态组合对很多不同的目的是有用的。测试对象9指出,在空中旅行过程中一个人往往会坐很长时间,在机场站起来、玩一下将是不错的选择。测试对象5说,相比于在报纸上玩,如果有观众,他们就能够更好地遵循屏幕上的游戏玩法。倘若事实是测试对象中的3个并不是真的对以任何形式玩"数独"感兴趣,那么这些数据就提供了证据,即在公共场所使用系统可能有相当多的兴趣。

几个人发现,系统有社交娱乐潜力。测试对象5说,它可能被用于游戏厅内的团队竞争,或者举例来说,人们能够在家庭竞争中一起玩。测试对象12用流行游戏,例如射飞镖、台球比较了在公共场所玩"数独"游戏,想要把系统用于以类似方式进行的竞争。测试对象1觉得,系统可能会被用作派对游戏;测试对象2说,如果两个人能互相对战就更好了;测试对象10发现,系统更适合于几个人在场的娱乐。加起来,8个测试对象采用了当众使用系统的设想。

然而,关于当众玩游戏,测试对象也很关注。测试对象1不是"数独"玩家,不喜欢当众玩"数独",但相反很乐意玩"棋盘问答"游戏。测试对象4不会当众玩,因为观众可能会妨碍她的游戏。尽管测试对象5并不反对旁观者,但他不希望观众对他玩游戏产生太多的兴趣。测试对象12特别提到了观众可能会讨论口语输入的风险。这是对的,引发了用于当众玩游戏的麦克风设置要适当这样的问题。倘若观众能够被指望在别人的游戏过程中不太大声说话以避免麦克风获取背景语音,那么翻领麦克就可能有效。测试对象6指出,在公共场所边玩游戏边说话,可能会打扰到别人。这也是对的。在别人期望安静环境的地方玩是个挑战。

比较。这里附上测试对象的那些评论,包括当众玩游戏方面重要的总体观点,尽管用的是其他玩"数独"的方式与系统进行比较。

最佳组合。测试对象 1 发现,系统的交互式模态是用于玩"数独"的最佳组合,像在纸上一样好。对于测试对象 4 来说,使用系统或多或少就像在报纸上解决"数独"一样好。对于儿童,测试对象 5 评论说,儿童可能更喜欢用铅笔和纸进行的测试游戏。这一观点可能与下面的内容相关:让身体活跃起来。像测试对象 9 一样,测试对象 6 认为,涉及手臂和身体非常好。"让身体活跃起来非常好。"测试对象 8 发现,相比于在《数独游戏》书里玩,游戏是更需体力的和更身临其境的或吸引人的。"当你以某种方式参与其中时,肾上腺素就会增加一些。这个游戏比互联网更好玩,很有意思。"然而,在我们对体力练习前景过于兴奋之前,测试对象 9 提出了一个值得注意的评论,他认为,游戏设置需要以动作为本的游戏——它更加相关于更加以移动为本的游戏。同样,测试对象 6 发现,技术非常适合在身体上比"数独"更活跃的游戏。测试对象 5 发现,与在互联网上玩相比,有更大的屏幕非常好,"这样你就不需要眼镜了"。

下面,测试对象用更传统的玩"数独"的方式进行比较。测试对象 2 发现,在立即显示差错方面,系统比纸更好。测试对象 4 指出,不像纸质"数独",系统不需要铅笔和橡皮擦,因为你能够自动删除错误插入的数字。此外,你永远不会以完全填满了(支持)数字的纸和笔记(破坏了对成功完成游戏有必要的概述)来结束。测试对象 2 发现,与在纸上玩相比,系统中玩游戏有点笨重和缓慢,而测试对象 7 同意关于缓慢的说法。然而,她发现,游戏像娱乐一样好玩,确认了系统当众玩游戏的潜力。测试对象 2 还指出,触摸屏指向+控制板数字选择将会更快。测试对象 3 坚持,"数独"需要纸和笔,不喜欢在屏幕上玩。测试对象 4 更喜欢玩填字谜游戏。

17.3.3　信息适当性

在本小节中,我们假设系统的模态是原样的,并且问问那些模态与用户交换的信息,对于玩"数独"是否是必要的和充分的。

(1) 信息是否应该以任何模态由更多的信息进行补充?

(2) 真正以任何模态提供的信息是否应该被消除?

注意,信息包括输入和输出两方面。下面,我们对测试对象有多强烈地坚持某个信息问题不做区分。当然,在测试对象给他们的建议措词的方式方面有一个连续统一体,并且确信的程度能够是重要的。然而,倘若是小的和不太有代表性的测试对象总体(17.1.4 小节),那么更重要的就是要评价测试对象设想的优点,而不是仔细检查个体测试对象的确信程度。不过,由几个测试对象独立提出的设想可以保证经过了认真的考虑。

大多数关于玩游戏的信息评论都支持功能性。

撤销操作。作为带有静态图形反馈的口语命令的回溯法，在发现早先插入的数字错了的时候，"数独"玩家对于产生的问题很熟悉。此时，记住错误的数字插入之后所采取的步骤的序列通常是不可能的，这意味着一个人的游戏已经被毁了。针对被测试游戏的电子性质，4个测试对象（测试对象3、6、7、12）建议，增加一个能够有助于回溯到错误数字被插入的那一刻的撤销操作功能，擦除自那一刻起插入的数字。其中3个人补充说，这个功能应该仅仅通过语音就能被执行，不用任何指向。

差错指示。作为由语音和／（或）指向引起的静态图形文本。撤销操作是一个具有很多帮助和支持功能、能够被包括在电子"数独"游戏中的实例。当前的系统提供了其中一个功能。它发出信号——通过把相关行、列或3×3字段颜色变红（7.2.1小节）——在那个行、列或3×3字段，一个被插入的数字与另一个数字是相同的。在确认错误插入数据方面，关于系统是否应该提供额外的帮助，测试对象产生了分歧。测试对象5说，一个能够给不明显的错误发出信号（系统将使用其正确解法的知识来评价每个插入的数字）设置开关功能是有用的，而测试对象11想要"更多防止差错方面的信息"。然而，其他提出这种类型功能测试对象对此提出了警告。对红色差错指示满意的同时，测试对象9说，该系统不应该确认"深度"差错，因为那样会使游戏太简单了；而测试对象12觉得，即使"深度"差错功能是可选的，它的存在也可能会诱使他和其他人使用它，破坏了对玩游戏的真正挑战。相反，测试对象9建议帮助功能，当玩家卡住时，这个功能将提供插入下一个数字。测试对象6恰恰相反，对帮助功能提出了警告，因为很容易诱惑玩家过多或过早使用该功能。测试对象7甚至争论说，如果游戏工作得更好，那么它甚至都不应该突出显示表面差错。她很可能是指的是数字填错方框漏洞（17.2.2小节）。尽管如此，几个测试对象确实制造了"深度"差错，并且这些差错后来在他们各自的游戏里造成了相当多的障碍。

游戏笔记，作为通过指向和语音插入的静态图形数字。

"数独"玩家以不同的方式玩这个游戏，并且开发个人的成功策略。对于大多数玩家而言，一个常见的问题是内存储器载入，特别是在游戏难度级别上升的时候。在这一切发生的时候，你会发现自己在进行各种各样的计算，关于哪些数字可能适合特定的行、列、3×3字段或3×3字段组块。进行计算并得出没有一个数字能够马上被插入的结论后，困难就是当更多的数字存在时，要记住结果，为的是以后在游戏中使用。很多玩家使用外部内存支持，编写可能的数字放到方框内，在纸边空白写下这些数字等，而后来当所有这些评述遮掩了棋盘上的数字、他们必须擦除或遮盖无效或已被插入的数字时，就要经常受苦了。因此，如果完全可能，顶级玩家往往不会轻易使用外部内存。如果你在纸上玩，你能够自由创建任何你想要的外部存储系统，而某些互联网"数独"网站提供各种外部存储功能性。

目前的游戏版本不提供任何记笔记的功能，因此能够预计，某些测试对象希望增加这样的功能，部分因为他们习惯于有它的存在，部分是因为它确实真正摆脱了内存储器。测试对象 7 评论说，"纸张使插入可能的数字到方框内成为可能。但是在这里，我需要把一切都记在我的脑子里"。测试对象 7、9 和 12 未能插入可能的数字到方框内。测试对象 10 既想要这个机会，又想选择在纸边空白插入可能的数字来玩比她在测试过程中玩的那些更难的游戏。测试对象 11 同样需要用于高难游戏的纸边空白支持。测试对象 3 强烈地喜欢纸笔游戏，他提到，他在方框内写下可能的数字，随后再把它们擦除。

从技术视角来看，方框内笔记和旁注功能很容易增加。然而，从可用性的视角来看，前者似乎更可取，因为它需要大量的屏幕基板面来强行把某个清晰的结构放到用户可能想进行的旁注上。这很可能就是为什么在互联网"数独"网站上还没有看到任何旁注功能，而几个网站却呈现了方框内笔记功能性特征。

其他的音效输入信息。有些测试对象希望增加各种口语命令。测试对象 1 指出，系统的输入命令语言词汇表十分有限，并说如果能够使用更多的词语会更好玩。测试对象 4 提到，可能增加移动已插入数字到其他地方的命令。测试对象 6 提到了一个明显的观点，即有个用丹麦进行语音识别的系统版本就好了。反思在加载新游戏时的长时间等待，测试对象 6 建议，使用口语命令用于选择新游戏，就不用等这么久了。然而，加载时间不会受到口语命令的正向影响。

17.4　功能问题

在本节中，我们讨论测试中确认的功能问题。功能问题不是技术问题，它是设计解决办法或各个设计决策相结合的结果，这个结果最终出于某个原因是可疑的。这并不意味着每个功能问题必须通过重新设计和进一步开发被重新解决，但它确实意味着开发者应该认真审视他们的系统，并问问它是否能够变得更好。

缓慢的响应时间。对于语音和指向，即使一个测试对象觉得系统反应够快了，没有烦人的延迟，但是其他几人评论了响应输入的延迟。在这样的一个系统中，"实时行为"是一个模糊的概念，而出于各种原因，你不得不确认延迟的事实。这就是为什么我们把缓慢的响应时间分类为一种功能问题。

根据测试对象 3，"一个人不得不习惯于系统需要一些时间来发现手指已经移动"。测试对象 6 说，指向有点慢，因为系统反应需要时间：当你发现了一个样式，并有 4~5 个数字要插入时，可系统跟不上。既然测试对象 6 提出通过说话而不是做手势加快新游戏的加载时间，那么他就清楚地把延迟反应归因于指向进程中的延迟了。他是对的，在于指向手势有一个内置的延迟，但他也是错的，在于相信语音会加快加载时间。测试对象 7 说，系统对指向反应很慢，而测试对象 11 说，系统有时慢。测试对象 10 用外交口吻说，系统理解语音+指向"有时花的时间比别人长一些"。

要么普遍地，要么针对特定的输入动作，响应时间太慢了，用户的这一体验能够归因于交互过程中所做的很多不同的观察。先提到某些：①几个测试对象反复尝试在一个特殊的方框内插入一个数字，没有成功；②某些方框几乎没有立即突出显示；③当测试对象选择一个新游戏时，估计花了大约 10~20s 系统才加载；④测试对象经常花比严格必要更长的时间来确保预期的方框被突出显示，并确保说出数字前光标稳定在方框内；⑤高级用户可能觉得受到这一事实的妨碍，即对于任何可指向的屏幕对象，都不得不有某种最低的激活延迟，以免只是通过光标划过对象就能太容易地意外激活对象。

这些因素中，①与数字填错方框问题相关（17.2.2 小节），所以这未必是语音识别或发音问题；即使它是这些种类的问题之一，它也不是响应时间的问题。②不是响应时间问题，它是漏洞。③是非常特殊的响应时间问题，因为它只在加载新游戏时发生。④不是响应时间问题。此外，④能够通过有效使用系统方面的训练来减少。例如，测试对象 5 说，回想起来，一旦他突出显示了一个方框，他就可能早说了，而不是说话前重新检查突出显示是否还在原地。最后，如果用户觉得它是，那么⑤就是响应时间问题。然而，它是必要的，而唯一真正的问题就是校准响应时间以便它变得尽可能少而不会使用户意外激活任何东西成为可能。

总之，我们不清楚，除了游戏加载时间外，系统是否确实有真正的响应时间问题，并且这个问题的不确定性影响能够减轻，参照下一部分。

交互过程中的不确定性和缺乏控制。在大多数交互设计中，消除用户的不确定性是一个重要的目标。关于在交互过程中在某一时刻要做什么的不确定性、是否要做什么事情、系统是否确实得到最新的输入等——不利于用户对控制交互的感受，并负向地影响用户体验。当前系统版本的几个特征往往创造了用户的不确定性。

用户背景。有时，不确定性是由用户背景决定的。可以预计的是，正是用户以前从未接触过的技术创造了不确定性。我们相信，在很多这样的情况下，关于不确定性没有什么能够做的，也不应该做些什么。技术是新的，人们尚未习惯它，这就是事实。

漏掉点击。测试对象 1、3、7 全都"漏掉点击"，并且至少测试对象 7 接近于表达了不确定性。测试对象 7 问："怎样确认选择——指向？语音？还是两个加起来？"这可以被解释为不确定性的另一种表达（而不是理性的好奇心）。测试对象 7 还问到，是否有必要把手指向方框保持一段时间。测试对象 9 直接表达了缺乏控制及其效果，她说在有问题时她想点击某个东西，并补充说，"一个人感到无助，而这是一个人不习惯的东西"。测试对象 9 谈到的的情境是，口述数字没能插入到预期的方框内，而测试对象对下列情况失控：(a) 继续发生什么，(b) 下次尝试是否能够插入数字，(c) 数字是否最终会填在其他方框内。她的无助显示、消除数字填错方框问题多么重要（17.2.2 小节）。

加载新游戏。测试对象 9 说，在等待新游戏加载时她不知道要做什么；测试对象 7 变得明显不耐烦；测试对象 11 不确定何时没有事情发生。不确定性可能被另一个因素加剧，也就是测试对象不知道在选择新的游戏级别、选择新的游戏或重置当前游戏（7.2.1 小节）时，除了指向外，他们是否应该说话——尽管在系统介绍中已被告知。毕竟，为插入数字他们不得不说话和指向，而对他们可能不明显的是，那些其他的功能不是指向和语音两方面都需要，因此开发者选择指向唯一用于激活——除了选择玩新游戏，在那个地方，语音和指向是相等的另一个选择。特别是在加载新游戏时，以及在重置游戏或选择新游戏时，我们观察到，几个测试对象试着说出同时可视的标记里的内容。他们在指向新游戏表标时会说"新游戏"，或者在确认他们希望继续加载新游戏时会说"是的"，并且承认玩过的游戏也会丢失（7.2.1 小节）。难度级别屏幕（7.2.1 小节）可能使简单地大声读出选择好的游戏难度级别变得很难，所以我们观察到，几个用户（如测试对象 6）开始与系统自由讨论或甚至用丹麦语咕哝着意见和问题。

不一致性。刚才记下来的问题，也就是除了指向外不知道何时说话，是否是交互设计中的不一致性？现在判断可能为时过早，因为对于什么是指向和语音输入的一致性的设计，我们首先需要一个范例或一套方针。然而，当语音或指向不能单独进行这项工作时，除了指向外，用户只预计到会说话，就这种情况而言，直观地说这并不矛盾。此外，既然当回应他们的指向对象什么都没发生时，测试对象中的很多人会首先开始对屏幕说话继续进行，那么测试视频就显示出测试对象大多确实理解了这一点。然而，显然这是不一致性的设计，以使语音和指向二者之一用于选择玩新游戏而不是用于其他类似的命令。

表标。用户不确定性的另一个潜在原因涉及屏幕左上角标记的新游戏和重置游戏表标（7.2.1 小节）。有两个问题：①表标部分隐藏在屏幕网框的背后，只有部分是可视的；②在移动光标到那儿的时候，在光标到达新游戏前，你可能会很容易地点中较低的那个（重置）。问题①是一个相对简单的事情，只需确保游戏显示适合标准的屏幕。问题②更重要。

测试对象 5 错误地指向重置游戏而不是新游戏，得到他刚刚玩过的游戏而不是新游戏。并且,在观察玩家的时候,我们注意到,某些玩家走极端,试着不使光标穿过重置前往新游戏。在指向这些表标(确保只是经过表标的光标的自由通行)时,无论是用户还是我们都不知道是否有一个激活延迟,但是看见他的数字填错方框(17.2.2 小节)的用户,可能就会小心翼翼地使光标穿过重置前往新游戏。这同样适用于游戏级别选择(7.2.1 小节)。正如测试对象 7 问到,在试着选择特殊的游戏级别时,如果指向手(也就是光标)经过菜单上其他某个活跃的字段,那么会发生什么事?

补救方法。可能会降低上面提到的不确定性的某些修改方法如下:第一,解决数字填错方框问题(17.2.2 小节),该问题似乎是到目前为止在玩游戏过程中最重要的用户不确定性原因。第二,游戏加载时间问题应该通过在加载新游戏过程中提供进程反馈加以解决:通过屏幕上的讯息、输出语音或以其他方式。第三,可以考虑对①成功的方框激活提供少量非语音声音反馈,这不包括当前的突出显示,我们不确定作为方框激活(也就是让口述数字插入的方框准备就绪)指示器的突出显示的可靠性;和/(或)可以考虑对②这一事实提供少量非语音声音反馈,即系统已收到并在尝试识别语音输入,事实上这正如测试对象 6 所建议的。任何一个这种反馈是否应该增加,要取决于数字填错方框如何成功地加以解决才能进行。即使这个问题得到解决,不确定性在某些情况下仍将存在,例如当用户在试着输入一个口述数字时,在连续多次尝试后无法被识别的时候。最后,如果问题不能被消除,那么一个差错讯息就可能被包括进来了,例如系统会说或显示"恐怕我难以识别你"。第四,必须确保,在光标已经指向方框、表标和文本字段任何一个达一定时间后,这三者的通过指向激活才能完成,以便测试对象不会意外地激活图形输出域中的任何东西。

测试对象 6 评论说,屏幕(图形)质量"能够改进",但有几个候选者,此时我们不知道他指的是什么。一个是重置游戏和新游戏表标,参照上文;另一个是"被错误地突出显示"的方框。第 3 个候选者是难度级别屏幕,屏幕上有的地方模糊不清(7.2.1 小节)。

显示功能性。棋盘上已有数字均小于那些被插入的数字,此外,被插入的数字出现在稍微淡一些的背景上(7.2.1 小节)。我们假设所有测试对象会注意到。测试对象 8 发现这种大小差异很好,因为当一个人不得不消除一个数字(已有数字不能被消除)时,它就很有用了。然而,测试对象 4、测试对象 5 和测试对象 11 未能注意到这种差异,并在遇到麻烦时试着消除已有数字。此外,似乎很明显的是,至少测试对象 11 没有发现,消除已有数字这种做法是不可能的。

证据表明,要么并非所有的测试对象都发现了已有数字和插入数字之间可见的差异,要么他们无法理解那些差异的意义。我们建议,让已有数字和插入数字之间的差异进一步明显,以至于它会立刻被几乎所有初次的玩家所感知。举例来说，在这个特殊的情况下，我们相信，几乎每一个用户都会设法正确理解已有数字和插入数字之间大小或颜色方面的显著差异，很可能不得不广泛搜索以找到不熟悉已有数字和插入数字之间差异的"数独"用户：前者定义当前的游戏，遇到麻烦时你就不要消除他们了！毕竟，几乎所有的游戏玩家知道，遇到麻烦时，一个人是不被允许改变游戏规则的。

可能出于各种原因，例如那些刚刚提到的原因——也就是，如果你感知到一个清晰可见的差异，那么你会理解其实效意义——我们预计所有的用户能够理解当表面差错已发生(7.2.1 小节)时出现的、清晰可见、用红色着色的行、列和3×3 字段的实效意义。让我们吃惊的是，测试对象 11 没有理解红色的意义，即使她清楚地感知到了它的突然出现。"[我不确定]什么时候部分棋盘变红了。我把红色问题推迟到以后再说。[我]一开始不明白红色的意义"，她说。举例来说，这个观察可以是一个用于介绍口语输出的原因，以便系统会说，"哦哦，你犯一个简单错误"。另一种选择是，在这种特殊的情况下，即使测试对象 11 是相当大量用户的代表，对此直到现在我们也不知道，所以我们可能会把它留给用户的自然智能去发现红色的实效意义。

语言问题。我们看到，测试对象 6 要求系统的丹麦语版本(17.3.3 小节)。唯一不能正确理解屏幕上的文本的测试对象 4 不理解"继续进行"这一单词，并由主试者给予帮助(7.2.1 小节)。丹麦语版本的系统也有可能消除很多由测试对象的丹麦口音造成的语音识别问题。显然，如果系统是当众使用，那么它就应该包括针对其安装所在国专用的语音识别。用于机场的系统可能使用英语，或者甚至更好的是，使用世界上主要语言的一个选择，在这样的情况下，用户不得不先选择交互的语言。

学习和走来即用。系统有多接近走来即用，在如何使用方面有多接近没有任何指令即可用？

系统不是走来即用的，因为它虽然不讲授或者甚至列出"数独"规则，但是假设用户已经知道它们。那么对于熟悉规则的人来说，它是否是走来即用？不，但是在调查原因之前，可以特别提到的是，很可能永远都不会有一个这样的走来即用系统：使用新的和不熟悉的模态—设备组合，例如用于三维指向和输入语音。对于很多用户来说，该系统利用新的和不熟悉的这两方面的技术。10 年后，情形可能会大有不同，但对于现在来说，测试对象需要如何玩的指令：怎样站在一个从屏幕算起的预定义距离；用伸开的手臂、手或食指指向；使用英语；使用特定的关键词；安装并使用麦克风。这可能看起来有很多指令，但可以说，当这种系统用于公共场所时，大部分指令都是老生常谈，以至于最终用户只需要被告知输入关键词。如果这些都显示在屏幕上，那么系统将成为走来即用的。

然而，走来即用并不意味着用户不必学习就能善于使用系统。通过使用训练的这种需求可能是公用系统里的一个麻烦事,但实际上也可能是娱乐系统的一个优点。测试对象以前没有一个人使用过语音和三维手势组合,当他们开始玩的时候开始学习如何使用好系统。这个进程不仅要发现如何确切指向和说话,而且也可能涉及放弃或修改下列预想:计算机能不能做或理解图形用户界面习惯、来自于在纸上或在互联网上玩"数独"的习惯等。

让我们看看玩游戏过程中收集到的关于测试对象继续学习进步的数据。正如测试对象6所说,以这种方式玩"数独"需要习惯了才行。

对系统说话。测试对象4发现,一旦你养成习惯,对系统说话就很容易。既然测试对象并没有被告知如何说话,那么他们就不得不自学,从他们最初可能有的、关于一个人如何对机器说话的假设开始。因此,测试对象5在游戏过程中学会,没必要那么大声说话。测试对象5起初相信,与对人说话相比,机器需要"特殊对待"。测试对象5随后发现,这是不是必要的,并且推测起来,从那时起再对系统说话时就轻松了。测试对象9评论到,"一个人必须学会以正确的方式说话"。用丹麦语自言自语说过一遍后,把正确的"7"变成了"4",同样得到了红色,结果在玩游戏过程中测试对象11(基本上)停止了自言自语。

指向。测试对象8特别提到,要花时间才能了解在指向时有某个延迟时间。在游戏的某个早些时候,测试对象5开始交替使用双臂进行指向。测试对象6特别提到,要花时间才能习惯于在不需要时放下手臂。测试对象8愿意能够指向和点击,但是发现,当你习惯时,设计好的玩游戏方式很好。

说话和指向。测试对象5相信,回想起来,他可能早些时候说过一次他已经突出显示了一个方框,而不是说话前重新检查突出显示是否处于原地。

表形输出。到了游戏结束的时候,测试对象11可能了解也可能没有了解红色差错着色手段。我们不太知道。

游戏总体。在会话的最后,测试对象8"习惯以后",感觉到受到了控制。测试对象9说,语音+指向"效果会更好,如果我成为一个常规用户的话"。测试对象11"很快就意识到它是如何工作的"。测试对象12说,"当你第一次理解了系统,它就足够简单了。他不得不习惯于没有鼠标或铅笔,以后就好了"。

17.5 用户访谈:封闭式问题概述

测试后访谈(8.8节)中的4个里克特量表问题不仅提到了"数独"游戏,而且更普遍地提到了在类似游戏里语音和指向手势输入、静态图形输出的适当性。测试对象被要求在量表上用从1~5这5个等级回答问题:1＝不适合的,2＝相当不适合的,3＝既不是不适合的也不是适合的,4＝相当适合的,5＝适合的。由于测试对象1没有以这种方式被问过问题(17.1.2小节),那么测试对象1的答案就从表17.3中省略了。

表 17.3　"数独"游戏模态的适当性
(底纹背景表明在测试后访谈后期被问了4个问题的测试对象。
所有其他测试对象是在访谈开始被问了问题(白色背景))

测试对象	指 向 输 入	口 语 输 入	屏 幕 输 出	三 者 组 合
1	—	—	—	—
2	4	3(慢)	5	3
3	1(4~5为象棋)	4	4	1(4~5为象棋)
4	4(坚持相反)	4	5	4
5	4	3	5	3
6	4	4	4~5	5(3在具体游戏中)
7	4(在公共场所)	2(好玩)	5	3(语音好玩)
8	3	4	4(有用,被插入的数字看起来不同)	4
9	2~3(不精确,手臂伸出很烦人,鼠标更好	4(当它有效时)	4	3(如果更以动作为本,就评为4)
10	4(缺少笔记功能)	3	5	4
11	4(需要保持手伸直)	4	3(有时慢)	4(缺少笔记功能)
12	4	4~5(针对"数独",3~4针对国际象棋)	5	4(2~3在嘈杂的环境中)
平均(最初)	3.1	3.4	4.2	2.8
平均(后期)	3.83	3.75	4.75	4.0
平均(总计)	3.5	3.6	4.5	3.45

表17.3显示,在访谈开始被问模态适当性问题的测试对象,给所有4个问题评分平均低于在访谈后期被问问题的测试对象。可能的是,首先让用户谈论他们与具体游戏的体验影响了他们回答更普遍评价问题的方式。

17.6　结论

表17.4总结了来自5.2节的可用性需求。该表的内容可以被视为数据分析中展示的大量更详细信息的大体上总结。

表 17.4   关于"数独"可用性需求的结果

可用性需求／标准	结　果
技术质量:稳健性:最大。每交互 2h,一次死机或其他破坏性差错	很好(17.2.1 小节)
功能性:用于玩"数独"的基本功能性	很好,数据中没有相反的证据
易用性:指向手势容易控制	指向精确性最低限度可接受(17.2.2 小节)
易用性:语音输入被正确理解	太多来历不明的识别问题(17.2.2 小节)
易用性:系统容易理解和操作	是:输入词汇表(17.3.1 小节)、输出图形(17.3.1 小节) 否:无效语音输入(17.2.1 小节)、数字填错方框(17.2.2 小节)
易用性:测试用户应该在 30min 内至少完成两场游戏	不好(17.1.5 小节)
用户体验:以这种方式玩"数独"游戏,好玩	是:可以说大多数测试对象(17.3.2 小节)
用户体验:愿意再玩一次,例如在机场	是:大略说超过一半的测试对象(17.3.2 小节)

　　根据测试的主要结论可能是,计算机已准备好用于棋盘游戏。系统的主要技术问题,即数字填错方框漏洞(17.2.2 小节)当然能够解决。分析同样让人想到设计的变化,也就是降低所有与语音的时间组合(之前、同时、之后)中的促成指向目标。视频数据分析强烈地让人想到,用户在说话之前或之后不可能错过指向选项,因为没有一个测试对象使用这些选项。此外,我们假设,确定数字填错方框漏洞将使语音识别至少会最低限度地对于游戏可接受。

　　测试让人想到,系统为其目的使用了适当的模态组合。最接近的竞争对手似乎是这样一个东西:它用触觉二维触摸屏指向替代视觉三维指向,但以其他方式保存被测试系统的优点,也就是基于自然的人的语音和指向交流能力的优点,以及不需要触觉输入设备(独立于屏幕)的优点。替代有其意义的更深入原因是,"数独"系统并不强烈需要拍摄手臂或手的三维动作,因为摄影机处理的全部工作就是产生二维屏幕坐标的指向手势。只有在指向手势成为被其他手势类型(15.5.5 小节),甚至更普遍地,被手臂或手的动作,例如抓住虚拟的国际象棋棋子,然后把它放在棋盘上,以及无数的其他动作替代或补充时——视觉三维手势／动作技术才能超越用标准的触觉二维触摸屏手势能够容易完成的事情。

　　"数独"系统也摇摆不定,也就是它物理状态很好,但并不真正限定为一个需要体力的游戏。然而,在这方面,站着玩的"数独"游戏类似于很多流行的游戏,例如射飞镖或台球,所以似乎没有明显的原因能说明"数独"游戏为什么应该进行比它已经有的还要多的体力上的要求。此外,超过一半的测试对象说,如果他们在公共场所遇到它,并且有空余时间,那么他们可以使用系统。这些测试对象都是"数独"玩家,而不是并不真正对玩这个游戏感兴趣的 3 个测试对象,测试对象中只有一两个"数独"玩家没有预想过使用系统。另一方面,还应特别提到的是,测试没有设法改变不是"数独"爱好者的那些人的想法。

至于指令和学习需求,尽管测试对象不熟悉交互技术,但没有给他们提供过多的游戏操作指令,但玩和改进游戏玩法最终还属于用户力所能及之事,例如那些被选来参加测试的人。唯一的例外似乎是英语语言,这是以丹麦语为母语的说话者在测试中不得不使用的语言。然而,一个重要的限制应该被特别提到,那就是测试用户总体缺乏代表性,如17.1.4小节所讨论。

参 考 文 献

Bernsen N O, Dybkjær L(2007) Report on iterative testing of multimodal usability and evaluation guide. SIMILAR deliverable D98.

Oviatt S, Cohen P(2000) Multimodal interfaces that process what comes naturally. Communications of the ACM 43/3: 45-53.

第 18 章　总结与展望

最后一章将回顾编写本书的两个关键目的:总体上掌握多模态可用性是否得到简化(18.1 节)？如何归纳传统的以图形用户界面为本的人机交互？我们演示了什么(18.2 节)？18.3 节着眼于多模态人机交互方面的未来发展。

18.1　是否易于掌握

我们非常希望得到肯定的回答。总的来说,开发可用系统是关于理解 AMI-TUDE、可用性(概念)、适合的语言,并进行适当的数据收集计划、方法选择、可用性数据收集、数据处理和分析的过程。对数据进行分析后,我们希望更多地了解关于当前系统模型的可用性,并以某种可能的方式对它进行修改。

但还是存在诱惑和困惑。对于某个系统而言,采取较少的可用性方法是具有诱惑力的,或者在分析和解释数据时是有偏差的。困惑来自于很多方面,系统随着时间的推进变得越来越复杂,甚至有些系统开始有点像人那样行为。为了找到用于给定情境的某个方法的最优版本,或者甚至是多个方法的最优组合,对本书的可用性方法描述必须要相当灵活地加以理解;对很多人来说,微观行为注解是一个新的挑战;有时候新的编码方案或可用性评价标准必须从头开发。

不要被诱惑,更不要完全依赖本书中的方法和信息。因为从特定的角度看,我们可能对,也可能错。此外,我们总体上对方法、其他途径、技术、可用性方法论的描述,针对真实世界中真正的可用性开发工作不可避免地有点太局限了,在真实世界中,每个新开发项目都以无数的方式不同于所有其他的项目。所以,准备看透局限性和简化,准备像新模态组合、系统与人融合要求的那样有创造性,使其他与系统可用相关的一切形成有条不紊的工作。

18.2　人机交互的归纳

我们开始探索和演示某些急需的、确实早该完成的人机交互理论和实践。人机交互研究者的常见目标是努力使系统适合它们的用户,也就是人。归纳需要基准,而我们已经把这个基准或多或少地用于标准基于窗口、表标、菜单、指向的图形用户界面的人机交互理论和实践。40年来至今,尽管越来越多的新的输出和输入模态一直发出信号需要一个更广泛的系统可用性途径,但这些理论和实践一直占支配地位,无论在网站、手机、控制台,还是用于工作和游戏的计算机里。

让我们来列举和评论本书中演示的归纳。我们从人机交互内容(18.2.1小节)开始,然后在正式的科学体系中拾级而上找到了方法论(18.2.2小节),最后是框架和理论(18.2.3小节)。

18.2.1　多模态人机交互的内容

毫无疑问,多模态人机交互比其经典的图形用户界面前身有着更广的范围和更多样化的内容。重要的是,范围和内容必须在几个相互包含与被包含的不同维度内加以归纳。

(1) 从标准基于窗口、表标、菜单、指向的图形用户界面交互到多模态交互。因为窗口、表标、菜单、指向模态组合只是成千上万个模态组合中的一个,取决于一个人如何计数,而模态理论(4.2节)确实提供了几种相当精确计数的方式。此外,它标志着在很大程度上从忽略模态到在开发可用系统时把模态放在中心阶段的转换——如果一切都是窗口、表标、菜单、指向,讨论模态还有什么意义?如果天总是下雨,或永远阳光普照,谁还需要气象预报呢?

(2) 从作为工具的计算机到与人融合。在窗口、表标、菜单、指向交互很像与计算机交互(旋钮、刻度盘、打字机、手表)的涡轮增压版本的同时,我们正在进入系统越来越能够感知、进行心理处理、交流和像人一样做事的时代,或者我们称为第五代技术时代。这就引发了对与多模态密切相关的可用性工作全新需求。

(3) 从人机交互到人和计算机系统之间的信息表述和交换。这是传统的和原型的交互早该完成的概念更新,也就是有意的、计划好的、经常是到静态图形工作区的日常工作。我们不介意保持"交互"这一术语,但将其内涵等同于原型的交互显然是不恰当的,并且很长一段时间以来都是如此。

(4) 从宏观行为到全行为。我们希望已经强有力地证明了这一说法,即多模态可用性和与人交互工作对微观行为数据、编码方案和工具有强烈的需求,因此这个归纳才认为行为可以从宏观行为角度和微观行为角度两方面来看待。基于图形用户界面的人机交互很少需要或不需要微观行为数据,但是如果我们想要系统理解在强调特殊口语短语环境中的表标手势、生成尴尬的表情或做人们每天都做的事情,那么我们最好研究一下人们究竟是如何做出这些行为的。

(5) 从可用性方法应用到可用性数据处理周期。这一点被认为是观点的改变——对于那些以前从来没有这样想过的人,或许这很有戏剧性。在多模态可用性方面的工作,需要通过实践检验的、正确理解的概念适当存储,就像CoMeDa周期设想中所强调的那样。同时该工作需要高效的数据处理周期实践,包括从方法选择,到数据收集、处理、分析直到结果报告。当然,人机交互总是关于数据的,但是我们认为数据处理周期是重要的归纳,因为多模态可用性和与人融合从根本上需要关于微观行为数据注解的全新工作。迄今为止,与模态和微观行为相同,数据处理周期在人机交互方面还不是非常明显。

在所有这5点上,归纳被解释为关于模态①、系统性能②、信息表述和交换③、行为④和数据⑤的内容范围的扩展,也就是作为提出比以前更广泛多样性的需要。由于这些扩展,多模态可用性需要建立新的理论,例如模态理论①;需要输入新的理论,例如关于人的各方面理论②;需要利用新技术域,例如生物传感③;需要与新社区融合,例如微观行为数据注解社区④;需要学习新的方法论,例如用于微观行为数据处理⑤。

18.2.2 多模态人机交互的方法论

在科学理论方面,我们预期范围和内容的急剧扩展,潜在意义上要带有一定量的更高级别扩展。所以让我们来问一下,与基于图形用户界面的可用性相比,更多的多模态可用性方法论是否能够或应该和以前一样提出来,或者它是否需要归纳或扩展方法论。我们通过回顾已展示的方法论继续完成归纳清单。

(6)重新确定标准的图形用户界面数据收集方法的优先顺序。本书24种方法中的绝大多数已经以某种形式正在被用于基于窗口、表标、菜单、指向的图形用户界面的开发。一方面是常用的基于图形用户界面的技术开发,另一方面是高级的多模态研究原型开发,对于每个方法,我们都讨论该方法对两方面开发的适用性和相关性方面是否有差异。依据分异因素很多被确认的差异(6.2.2小节)在第8、9、10、11、12方法各章的多模态意义条目中加以表达,并被用于案例(7.1节)说明。对于多模态开发者来说,大部分差异在近年所做的方法选择是重要的,但预计在多模态系统顺流而下并转成主流时这些差异会逐渐消失(6.2.2小节),以便用户能够熟悉系统,技术能够突破增长,能够开发系统,关于它们的专家知识能够增加。

(7)标准的图形用户界面数据收集方法归纳。我们把卡片排序归纳到针对多模态使用的分类排序(10.3节)中。

(8)新的多模态可用性方法。我们描述了3种与多模态开发具有特殊相关性,但与基于窗口、表标、菜单、指向的图形用户界面的开发几乎没有相关性的方法,也就是微观行为域观察(10.2节)、实验室内的人体数据采集(10.5节)和"绿野仙踪"(12.2节)。此外,我们给标准的人机交互增加了微观行为编码(15.5 节)、模态分析(第 4 章)、一般数据处理(第 15、16 章)的方法和技术。

(9)用于人机交互的新的一般方法论。在规划本书目前的版本时,在创建多模态可用性工作的兴趣驱动下,我们得出结论,人机交互方法论完全是关于数据处理的,包括数据收集。

就像预期的那样,我们看到,本书中演示的和上面(1)~(5)点描述的从基于图形用户界面到多模态人机交互这些内容的巨大扩展,伴随着不同可用性方法之间相对重要性的变化;伴随着个体方法(在单个例子中)的归纳;伴随着与非图形用户界面相关方法的崭露头角;最后,伴随着作为数据处理的人机交互方法论的重新定义。相反地,这些方法论层级的变化本身就让人想到,我们正在应对人机交互和可用性工作方面的一个相当实质性的转换。

18.2.3 多模态人机交互的框架和理论

最后一个问题是,前两个小节中描述的内容和方法论归纳是否涉及在极高层级框架(或途径)和理论上的归纳。

(10)途径、框架。因为层级高,我们提出一个用于多模态人机交互的简单框架。那就是,实用的人机交互工作基本上保证 3 件事同时运转良好,也就是:①AMITUDE 使用模型的迭代开发;②数据处理方法论和适合语言的理解;③可用性观念以及可用性需求、论点、评价标准和评价体系相关观念的理解。我们认为这个框架是对事情真相的合理大致估计,解释和理解起来既舒适又容易。作为可用性开发者,我们的目标是收集需要的可用性数据,通过分析数据以评估和改进使用模型,并且在全程以方法论意义上合理的方式进行工作,最终以系统可用结束。或者,如果可用性分析演示了我们的项目可能的不可行性,那么我们就停下来。

(11)理论。本书特别关注从主要涉及基于图形用户界面的系统和交互到处理一般意义上的多模态系统和交互对可用性和人机交互进行归纳,为此,我们主要关注对作为给人机交互打基础的必要理论的模态理论进行描述。如果有任何有用的和以可用性为本的应用类型、任务、用户配置文件、设备或使用环境的分类法,那么我们就展示它们。

(12)可用性。关于可用性,我们已经关注了下列内容:①提出了高层级的概念分解(1.4.6 小节);②一般意义上向下描述"该"评价体系(16.2.2 小节)——没有人真的知道是否能够对所有更特定的可用性概念加以归类,并在 1.4.6 小节所描述的可用性冰山顶部下面能够令人满意地在体系意义上组织起来;③努力通过讨论方针集合或国际标准化组织标准(11.4 节、11.5.1 小节和 16.4.1 小节)获取"该"可用性体系某个顶级下一层级。对多模态使用来说,这一切并非不可改变。它是不完整的,有时源自图形用户界面,有时又是图形用户界面产生变质的,但就其本身而言仍然有用的。给 1.4.6 小节中我们可用性的分解增加一两个一般的规范性概念,例如良好的绩效或漂亮的审美,是很简单的。事实上,是太简单了,因为在恰恰增加这些规范而不是其他规范的背后,原则在哪里? 在这方面,就像多模态可用性的很多其他方面一样,仍有很多工作要做。

(10)~(12)点是否等同于用于人机交互的一个新框架? 我们不知道,但它的重要性要远远小于在前面两个小节描述的归纳。以前是否有"一个"在同一层级的普遍性的框架,以便能够首先进行一个有意义的比较? 在某种意义上,答案是肯定的,因为在本书中描述的归纳是实质性的,正如它现在的样子。它来自:①以标准的基于图形用户界面的交互为特征的、对于所有模态及其组合而言很小的一个输入/输出模态组合族系;②从第一代技术到第四代技术,再到包括使人自动化的第五代技术的各代计算技术,参照 1.4.2 小节。那不是几乎每个月都发生、需要人机交互社区注意的交互范例转换,而是两个组合起来的技术革命。

18.3　未来展望

人机交互社区需要与下列各社区联手:数据处理和注解、多模态系统开发、与人融合系统、多模态信号处理。因为归纳的多模态人机交互需要在几条战线上的更多工作,而这项工作的某些部分必须由那些社区来完成。表 18.1 使用前面各小节的 12 点结构来描述理由能够在本书找到的明显挑战。

表 18.1　多模态人机交互未来工作的需要

归　纳	需要的更多工作
(1) 从或多或少的标准基于窗口、表标、菜单、指向的图形用户界面交互到多模态交互	模态描述、特征、自然倾向、关系、分类法扩展到味觉媒体和嗅觉媒体;新模态组合;可用性预测
(2) 从作为工具的计算机到与人融合	为人为中央处理建模;绘制从微观行为到中央处理的路线表,反之亦然
(3) 从人机交互到人和计算机系统之间的信息表述和交换	为完全自发的、自然的多模态交流行为建模
(4) 从宏观行为到行为	对所有层级的人的交流和动作建立一般的表述语言和编码方案;用于分析和组件训练的更多免费的公共域微观行为数据收集
(5) 从可用性方法应用到可用性数据处理周期	对该见解的评价
(6) 重新确定标准的图形用户界面数据收集方法的优先顺序	使用带有新的、难以解释的模态和组合的早期可用性方法的新方式

归　　纳	需要的更多工作
（7）标准的图形用户界面数据收集方法归纳	针对新模态组合和针对一般可用性的方针和标准建议,如果可能的话
（8）新的多模态可用性方法	用于可移动的和无处不在的交互和现场测试的、改进的数据收集
（9）用于人机交互的新的一般方法论,也就是数据处理	更好的专用的和一般的数据编码工具。对何时把特征增加到系统模型中或从系统模型中减去特征的更好理解
（10）～（12）途径和框架、理论、可用性	在顶部和下面层级的更适当的和有原则的可用性分解。所有的模态和模态组合在人机交互中一视同仁

缩 略 语

ACM	国际计算机组织
AGTK	注解图形工具箱。编码工具
AI	人工智能
AMITUDE	应用类型、模态、交互、任务或其他活动及域、用户、设备、使用环境。本书框架的一部分
ATM	自动柜员机(银行)
AU	动作单元
CCT	认知复杂性理论
CHI	人机交互。年度国际会议
CoMeDa	概念、方法和数据处理。本书框架的一部分
DAMSL	数层中的对话行为标记。编码方案
DPT	丹麦语发音训练器
EARL	情感注解和表述语言。标记语言
ECA	拟人化的对话机器人
EEG	脑电图
FACS	面部动作编码系统
FAQ	常见问题
GG	一般方针
GUI	图形用户界面
HCI	人机交互
HUMAINE	人机交互情感网。欧洲研究网络 2004—2007
ICT	信息和交流技术
IEC	国际电工技术委员会
IEEE	电气及电子工程师学会
I/O	输入 / 输出
IPR	知识产权
ISLE	语言工程国际标准。欧美研究项目
ISO	国际标准化组织

ITU	国际电信联盟
LNAI	人工智能讲义。斯普林格系列
LNCS	计算机科学讲义。斯普林格系列
LREC	语言资源和评价会议
MP	模态特征
MR	3.4.3 小节中的强制性规则
NICE	用于教育娱乐软件的自然交互式交流。欧洲研究项目 2001—2004
NITE	"自然交互活动工具工程"。欧洲研究项目 2001—2003
NIWS	数字填错方框。17.2.2 小节中的系统问题
nm	纳米
NWB	"自然交互活动工具工程"视窗工作台。编码工具
NXT	"自然交互活动工具工程"可扩展标记语言工具箱。编码工具
PC	个人计算机
PDA	个人掌上计算机
Q&A	问答方法或系统
R&D	研发
RFID	无线射频识别(标签)
RT	3.4.3 小节中的经验法则
SAMPA	"音标语音评估法"
SC	结构编码
SDS	语音对话系统
SG	特定方针
SIMILAR	创建与人–人交流相似的人机界面的工作组。欧洲研究网 2003—2007
SMALTO	语音模态辅助工具
SMS	手机短信服务
TC	带时间标记的编码
TEI	文本编码倡议
ToBI	音调和停顿索引。韵律译音系统
UCD	以用户为本进行设计
UML	统一建模语言
UPA	可用性专家协会

VE	虚拟环境
VR	虚拟现实
W3C	万维网联盟
WCAG	网络内容可访问性方针
WER	语音识别器单词差错率
WIMP	窗口、表标、菜单、指向。标准的图形用户界面组件
WOZ	绿野仙踪
WYSIWYG	所见即所得（在图形用户界面输出中）

关键词中英文对照

A

Abstraction focus, 抽象关注

Acoustic representation, 音效表述

Acoustics, 音效

Acting, 做动作

Action, 动作

Action units, 动作单元

Actor, 演员

Adequacy evaluation, 适当性评价

Ad hoc assignment of meaning, 意义的自组织分配

Aesthetics, 审美

Affective computing, 情感性计算

Affective learning, 情感性学习

Affinity diagram, 亲和表

Alarm signals, 报警信号

Alerts, 警报

Ambient intelligence, 环境智能

AMITUDE analysis, AMITUDE 分析

AMITUDE model of use, AMITUDE 使用模型

Analogue, 模拟

  acoustics, 音效

  coding representation, 编码表述

  graphics, 图形

  haptics, 触觉

  modalities, 模态

  modality families, 模态族

  representation, 表述

  signs, 记号

  view, 见解, 观察

Anaphor,照应语

Andersen system,"安徒生"系统

Annotation,注解

  Graph Toolkit,图形工具箱

  stand-off,分离式

  symbolic view of,……的符号观察

  toolkits,工具箱

Annotator,注解者

Anomalies,异常

Anthropology,人类学

Anvil,"铁砧"编码工具

Application type,应用类型

Application type analysis,应用类型分析

Arbitrary meaning,任意意义

Arbitrary modalities,任意模态

Aristotle,亚里士多德

Artefacts,人造物

Attention,注意

Attitude,态度

Attractiveness metrics,吸引力度量标准

Audiovisual speech,视听语音

Availability of evaluation criteria,评价标准的可利用性

Awareness,意识

B

Bar graphs,柱状表

Barge-in,打断

Basic task,基本任务

Basic task means-ends analysis,基本任务意味着结束分析

Baton gesture,指挥棒手势

Behaviour,行为

Bionic Wizard of Oz,仿生的"绿野仙踪"

Bio-sensor data,生物传感器数据

Bird watching story,鸟类观察故事

Blending with people,与人融合

Blending with people micro-behaviour,与人融合微观行为

390

Cognitive walk-through,认知性走来即用

Combining modalities,组合模态

CoMeDa cycle,概念、方法和其他途径、数据处理周期

Common approach,常用的途径

Communication act,交流行为

Communication style,交流风格

Companions,同伴

Comparative evaluation,比较性评价

Completeness of user documentation，用户文档的完整性

Complexity of analysis,分析的复杂性

Compositional diagram,组成表

Compositionality,组合性

Computer games,计算机游戏

Computer-mediated human-human communication,以计算机为媒体的人-人交流

Conation,意动

Conceptual diagram,概念表

Conflicting-goal system,相互冲突的目标系统

Consent form,知情同意书

Context of data analysis,数据分析环境

Context of interaction,交互环境

Conversational analysis,会话分析

Cooperativity guidelines,协调性方针

Co-reference,共同引用

Core task analysis,核心任务分析

Corpus,语料库

Correctness of evaluation criteria,评价标准的正确性

Cost,成本

Cue to mental or physical state，对心理或物理状态的提示

Culture,教养

Customer interview,客户访谈

Customer interview script,客户访谈脚本

Customisation of data file presentation,数据文件展示的定制

Customisation of system,系统的定制

D

DAMSL annotation scheme,数层中的对话行为标记,注解方案

rationale,理论基础

Design-time user model,设计-时间用户模型

Device,设备

    analysis,分析

    analysis of the Cases,案例分析

    proliferation,激增

    unavailability,不可利用性

Diagnostic evaluation,诊断性评价

Dialog Designer,对话设计者

Differentiation factors,分异因素

Direction of fit,适合方向

Disappearing computer,正在消失的计算机

Discount usability,折扣可用性

Discourse,交谈

Discourse context,交谈环境

Discourse-level coding,交谈层级编码

Discretionary usage,任意使用

Disfluency phenomena,不流利现象

Domain,域

Domain-oriented systems,以域为本的系统

Dynamic graphic language,动态图形语言

E

Earcons,声音信号

EARL (Emotion Annotation and Representation Language),情感注解和表述语言

Ease,容易

    of function learning,功能易学性

    of learning to perform a task in use,使用中完成任务的易学性

    of use,易用性

ECAs,see Embodied conversational agents,拟人化的对话机器人

Economic,经济

    damage,破坏

    import,输入

    productivity,生产力

Edutainment,教育娱乐软件

Exported lab sessions,导出实验室会话
Expressiveness of modalities,模态的表现力
External quality of system,系统的外部质量
Extrovert users,性格外向的用户

F

Facial expression,面部表情
FACS (Facial Action Coding System),面部动作编码系统
FAQ system,常见问题系统
Field test,现场测试
Film,电影
Fit system to users,使系统适合用户
Flight ticket booking,机票预订
Focus group meeting,中心小组会
Focus group questions,中心小组问题
FORM coding scheme,"表格"编码方案
Form-filling applications,表格填写应用
Friends,朋友
Functional issues,功能问题
Functionality,功能性
Future work,未来的工作

G

Game,游戏
Game statistics,游戏统计
Gender,性别
Gender balance,性别平衡
General-purpose coding tools,一般目的编码工具
Generic level,通用级别
Gesture,手势
   3D pointing,三维指向
   coding,编码
   phase coding,形态编码
   types,类型
Goals of this book,本书的目标
Gold standard,黄金标准
Google,谷歌

a test subject,测试对象

accessibility,可接近性

frequency,频率

Helsinki Declaration,赫尔辛基宣言

Heterogeneity in a user group,用户群里的异质性

Heuristic evaluation,启发式评价

Heuristics,启发式方法

Hieroglyphs,象形文字

High-fidelity prototype,高保真原型

Holistic reasoning,整体推理

Horizontal prototype,水平原型

How to measure,测量内容

HUMAINE network,人机交互情感网

Human,人的

conversation data collection,会话数据收集

data collection in the lab,实验室里的数据收集

factors,因素

rights,权利

Human-computer interaction,see HCI,人机交互,参见 HCI

Humanoid robots,人形机器人

I

Iconic gesture,表标手势

ICT,see Information and Communication Technologies,信息和交流技术,参见 Information and Communication Technologies

IEC,国际电工技术委员会

IEEE,电气及电子工程师学会

Ill-structured task,不符合结构标准的任务

Image,图像

Image icons,图像表标

Imagination methods,想象方法

Implemented prototype lab test,实际应用原型实验室测试

Inconclusive data,非决定性的数据

Indicativeness of evaluation criteria,评价标准的指示性

Information,信息

Keyword-based speech input, 基于关键词的语音输入

Knowledge elicitation, 知识引出

L

Lab session material, 实验室会话材料

Lab sessions, 实验室会话

Label, see Keyword, 标记, 参见 Keyword

Labelling policy, 标记政策

Lack of control during interaction, 交互过程中缺乏控制

Learnability metrics, 易学性度量标准

Learning, 学习

Learning during the session, 在会话中学习

Legal and ethical issues, 法律和伦理问题

Levels of coding schemes, 编码方案层级

Life cycle, 生存周期

Line graphs, 路线图

Linguistic modalities, 语言模态

Linguistic modality families, 语言模态族

Lip reading, 唇读

Location, 位置

Logfile text data, 日志文件文本数据

Long-term retention, 长时保持

Low-fidelity prototype, 低保真原型

M

Macro-behavioural field methods, 宏观行为域方法

Macro-behavioural observation, 宏观行为观察

Map, 地表

Market survey, 市场调查

Mathematical notation, 算术符号

Maths Case, "算术"案例

Meaning, 意义

Meaningfulness of evaluation criteria, 评价标准的意义性

Measure, 测量

Medium, 媒体

Meeting negotiation system, 会议协商系统

Meeting with discussion, 研讨会

relationship complementarity,关系互补性

relationship conflict,关系冲突

relationship coordination,关系协调

relationship elaboration,关系详细阐述

relationship redundancy,关系冗余

relationship stand-in,关系替代物

relationship substitution,关系取代

relationships,关系

symmetry,对称

theory,理论

Model of usability data analysis,可用性数据分析模型

Mood,情绪

Morse code,莫尔斯代码

Multimodal,多模态

annotation,注解

cluster annotation,集群注解

coordination,协调

HCI,see HCI,人机交互,参见 HCI

interaction,交互

representation,表述

system,系统

Multimodal usability,see Usability,多模态可用性,参见 Usability

Multiple-choice,多项选择

Multi-user system,多用户系统

Multi-user task,多用户任务

N

Narrow task concept,狭义的任务概念

Natural,自然的

communication,交流

communication act,交流行为

interaction,交互

Nerdy stuff,计算机高手那些东西

New usability evaluation criteria,新的可用性评价标准

Nielsen's ten usability heuristics,尼尔森的十大可用性启发式方法

NITE,自然交互工具工程

NITE XML Toolkit,自然交互工具工程可扩展标记语言(XML)工具箱

Non-deliberate communication,无意的交流

Non-standard meaning,非标准的意义

Notation,符号

Number of subjects,测试对象的数量

O

Objective evaluation,客观评价

Observation methods,观察方法

Observation of users,用户观察

The Observer,"观测者"软件

Omnidirectional,全方位的

One-way information presentation,单向信息展示

On-line user model,在线用户模型

Operability metrics,可操作性度量标准

Organisational capability,组织能力

Organisational context,组织环境

Origins of the modality taxonomy,模态分类法的起源

Orthographic transcription,正字化译音

Other,其他

　　activities,活动

　　approaches,途径

　　material,材料

Output modalities,输出模态

Overviews of this book,本书概述

P

Pain,疼痛

Paradigms of information representation and exchange,信息表述和交换的范例

Part-of-speech tagging,词性贴标签

PC,个人计算机

People,人

　　complete,完整的

　　models,模型

　　persona,虚拟形象

Performance,绩效

Performance evaluation,绩效评价

Permission, 许可

Personal history, 个人历史

Personality, 个性

Personas, 虚拟形象

Pervasive computing, 普遍深入的计算

Phenomena, 现象

 tokens of, 标记

 types of, 类型

Phonetic transcription, 语音译音

Physical 物理

 carriers of information, 信息载体

 environment, 环境

 state, 状态

Pie graphs, 饼状图

Pluralistic walk-through, 多元性演练

Pointing gesture, 指向手势

Pointing precision, 指向精确性

Politeness, 礼貌

Post-session user contact, 会话后用户联系

Post-test, 测试后

 interview, 访谈

 interview script, 访谈脚本

 questionnaire, 调查问卷

Praat, "Praat" 语音学软件

Precision or confidence interval, 精确性或置信区间

Prediction of multimodal usability, 多模态可用性预测

Prediction of subjects' evaluations, 测试对象评价预测

Preliminary data analysis and report, 初步的数据分析和报告

Pre-recorded speech, 预录式语音

Presence, 存在

Presentation material, 展示材料

Pre-test, 测试前

 interview, 访谈

 interview script, 访谈脚本

 questionnaire, 调查问卷

404

closed,封闭式的

for the reader,对于读者

Likert scale,里克特量表

numeric open-ended,数字开放式的

open-ended,开放式的

order of,顺序

types of,类型

when subjects ask,在测试对象问的时候

QWERTY keyboard,标准键盘

R

Raw data,原始数据

file formats,文件格式

files,文件

post-processing,后处理

validation,验证

Recommendations,建议

Related systems and projects,相关的系统和项目

Relative user efficiency metrics,相对用户效率度量标准

Reliability of data analysis,数据分析的可靠性

Reliability of evaluation criteria,评价标准的可靠性

Remuneration of subjects,测试对象的报酬

Repeatability of evaluation criteria,评价标准的可重复性

Reporting results of data analysis,数据分析结果报告

Representation and exchange of information,信息表述和交换

Representative user group,有代表性的用户群

Reproducibility of evaluation criteria,评价标准的可再生产性

Response time,响应时间

Return rate for questionnaires,调查问卷回收率

Rhetorical structure,修辞结构

Risk management,风险管理

Robustness,稳健性

Rules of interaction design,交互设计的规则

S

Safety,安全

Safety-critical system,安全要求严格的系统